급변의
과학
Critical Transitions in Nature and Society

CRITICAL TRANSITIONS IN NATURE AND SOCIETY

급변의 과학

Critical Transitions in Nature and Society

자연과 인간 사회의 아주 사소한 움직임에서 미래의 거대한 변화를 예측하다

마틴 셰퍼 지음 | 사회급변현상연구소 옮김

궁리
KungRee

일러두기 ─

1. 이 책은 2010년도 정부재원(교육과학기술부 인문사회연구역량강화사업비)으로 한국연구재단의 지원을 받았다.(NRF-2010-371-B00008)
2. 본문 저자 주는 1, 2, 3 …… 으로, 역자 주는 1), 2), 3) …… 으로 표기했다.

카밀라, 파블로 그리고 밀레나에게

1

분자 수준의 생명에 대한 이해는 갈수록 보편화되고 있지만 산호초, 숲, 호수, 바다와 같은 생태계에서 안정과 복원을 조절하는 메커니즘, 또는 사회에서 일어나는 거대한 변화 과정에 대해서 우리가 알고 있는 것은 거의 없다. 인구증가와 문명발달은 느리게 진행되지만 지구에 심각한 변화를 만들어내며 이 결과는 다양한 모습으로 나타나고 있다. 예를 들어 이산화탄소의 증가, 호수와 강에서의 부영양화와 독성물질의 증가, 지하수의 고갈, 해양자원의 남획은 심화되고 있으며 숲도 갈수록 황폐화되고 있다. 사람들은 지금 나타나고 있는 변화는 점진적이며 또한 충분히 예상된 것이기 때문에 쉽게 복구될 수 있다고 생각해왔다. 하지만 급격한 변화는 자연이나 사회에서 흔히 나타나는 현상이다. 페스트와 같은 병원균의 창궐, 폭발적으로 늘어나는 쥐떼의 주기, 안 보이던 동물이 새로이 나타나는 것은 급변의 좋은 예라고 할 수 있다. 좀 더 큰 규모로 보자면, 지구 시스템은 과

거의 기후변화에서 나타났듯이[1] 많은 급변을 거쳐왔으며 이런 지구의 급격한 전이가 미래에 다시 일어나지 않으리라는 법도 없을 것이다. 그리고 집단의 요구부터 국가나 문화를 붕괴시키는 거대한 변혁에 이르기까지, 인간 사회 시스템은 그 속도 면에서 자연계의 변화와는 대비된다.[2] 이 책에서 필자는 이러한 급격한 변화를 임계전이(critical transition)라는 현상으로 설명하고자 한다. 너무 많은 화물을 실으면 배가 불안정해지듯이 기후 생태계, 사회와 같은 복잡계가 서서히 회복력을 잃어가는 중에는 아주 조그마한 요동에 의해서도 전체가 전환점(tipping point)을 넘어 불안정한 임계 수준으로 급격하게 떨어질 수 있다. 어떤 임계전이는 사회를 대혼란으로 만드는 반면, 어떤 임계전이들은 바람직하지 못한 상황으로부터 사회를 벗어나게 할 수도 있다. 이러한 전이 현상을 이해함으로써 우리는 변화를 관리하는 새로운 방법을 알아내고자 한다. 예를 들어, 소규모 대출형태인 마이크로크레디트(microcredit)[3]는 한 가족을 빈곤의 덫에서 벗어날 수 있도록 하며, 호수에서 특정 기간 동안 집중적으로 물고기를 잡도록 함으로써 혼탁한 호수를 안정적인 맑은 상태로 되돌릴 수도 있다.

우리는 임계전이와 관련된 놀랄 만한 전환(shift)의 예를 다음 절에서 살펴보고자 한다. 이러한 변화의 원인 중에는 잘 알려진 것도 있지만, 여전히 많은 부분이 해결되지 않은 숙제로 남아 있다.

---

1) 인류가 나타나기 이전 지구의 역사에서 나타난 빙하기 및 간빙기.
2) 기후의 변화가 수천 년에 걸쳐 진행되는 것과는 다르게 인간 사회는 최근 리비아의 경우와 같이 매우 빠른 시간에 급격히 변화한다는 면에서 더 분석하기에 까다로우며 예측 불가능하다고 할 수 있다.
3) 가난한 사람에게 적은 돈을 빌려주는 금융의 한 형태.

1 | 산호초 붕괴

카리브 해 산호초는 가장 잘 연구된 해양 서식지 중 하나이다. 수십 년 동안, 우수한 연구진들로 구성된 연구팀은 산호 군집의 기능과 구조에 대해서 분석해왔다. 지금까지 산호초 군집은 탄력적인 생태계로 인식되었다. 왜냐하면, 산호초 군집에서 백화 현상(bleaching event)[4], 조류(algae)에 의한 서식지 파괴와 같은 뚜렷한 변화들이 관찰되었지만, 산호초는 그런 교란에서 언제나 빠르게 회복되었기 때문이다. 심지어 1980년에 발생한 대형 허리케인 알렌(Allen)으로 인하여 산호초에 막대한 피해가 나타났을 때에도 산호초 생태계는 쉽게 회복되었다. 산호초의 일부가 파괴된 몇 달 만에 해조류가 번성했지만 그것은 이후 곧 사라졌고, 새로운 산호들이 허리케인으로 파괴된 산호 군락을 채우기 시작한 것이다.

그런데 몇 년이 지난 후, 연구팀은 산호초 군락에 일어난 놀라운 변화를 발견하게 되는데, 이 급격한 변화로 산호초의 안정성에 관한 지금까지의 이론을 수정하게 되었다.[1] 이 변화는 다음과 같다. 특정한 생물종에만 영향을 미치는 병원균 때문에 카리브 해에 서식하던 성게가 대규모로 폐사하게 된다. 그림 1.1은 자메이카 바다암초에 나타난 변화를 통해 이 사건의 규모와 영향을 잘 설명하고 있다. 그림에 있듯이, 성게의 폐사로 그 밀도는 1% 수준으로 감소하였는데 이 사건에 의해서 산호초가 완전히 변하게 된 것이다. 성게 수가 감소됨에 따라서 그들의 먹잇감인 갈조류가 과잉 성

---

4) 바닷물 속에 녹아 있는 탄산칼슘이 어떤 원인에 의해 고체 상태로 석출되어 흰색으로 보이는 현상이다. 이 때문에 바닷속 바위에 붙어 살아가는 해조류가 더 이상 살지 못하는 결과가 나타나고 이에 따라서 해조를 먹이로 하는 물고기들의 환경도 크게 변화하게 된다.

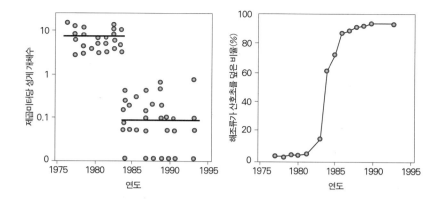

그림 1.1 자메이카 바다 암초에서 일어난 변화가 만든 카리브 해 산호초의 국면전환 현상. (a) 병원균에 의한 성게(*Diadema antillarum*) 개체수의 붕괴. 1983~84년을 기점으로 성게 수는 급감함을 볼 수 있다. (b) 이 그림에는 7m 깊이에서 관찰된 해조류 번성 정도가 나타나 있다. 그림(a)와 비교해볼 때 성게수가 급감한 시기에 해조류가 맹렬히 번성하고 있음을 볼 수 있다.[1]

장하게 되어, 산호 군락은 갈조류로 완전히 덮여 산호초 지역은 근본적으로 바뀌게 된다. 단 하나의 종이 감소하여 생기는 생태계의 갑작스러운 전환도 놀라운 것이지만, 이 사건 이후 아직까지도 산호초가 회복되지 못하고 있다는 것도 주목할 만한 사실이다.[5]

2 | 사하라 사막의 탄생

앞서 설명한 산호 군락과는 다른 시간척도[6]로 나타난 놀라운 국면전환

---

5) 성게에 생긴 병으로 인하여 갈조류가 번성하고 이 때문에 산호 군락이 파괴되어 아직도 원상회복이 되지 못한 지역이 남아 있다는 것은 하나의 사건이 비록 국지적이지만 해당 생태계에는 영속적인 영향을 미친다는 것을 잘 보여준다.

(regime shift)의 예는 사헬·사하라(Sahel-Sahara) 지역이다. 지금은 상상하기 어렵지만 6,000년 전 서부 사하라 지역은 방대한 초목과 많은 습지로 구성된 습한 지역이었다. 오늘날 사하라 사막에서 발견되는 하마와 같은 동물 뼈의 흔적은 이 지역이 한때 초목이 무성한 시대가 있었음을 잘 보여준다. 그림 1.2에서 볼 수 있듯이, 북아프리카 연안의 해양 퇴적물에 포함된 먼지 양을 분석하면 사하라 사막이 어떻게 변화하여 지금의 상태가 되었는지를 알 수 있다. 이러한 퇴적물을 살펴보면 사막으로 급격한 전이가 이루어지기 전까지는 이 지역에 수천 년 동안 초목이 무성하였음을 시사해준다.[2] 산호초의 붕괴와 같이, 이러한 사막화는 그 지역의 생태계가 안정적인 상태에서 벗어난 것을 의미한다. 사하라 지역이 사막으로 변하기 전에도 약간의 사막화 현상은 있었을 것이다. 그러나 그 변화추이를 6,000년 전의 상황으로 산정한다고 해도 지금과 같은 회복 불가능한 상태를 예상할 수 없다. 만약 우리가 6,000년 전에 사하라 지역에 살았고, 이 지역의 지난 3,000년간의 기후정보를 이용해서 미래를 예측한다고 가정해 보자. 최상의 추측은 이제까지 지속되어온 경향이 앞으로도 계속되리라고 예상하는 것이다. 따라서 지금과 같이 사하라 전 지역이 사막으로 될 것이라고 예측하기는 힘들었을 것이다. 지구 자전 궤도의 미묘한 변동에 따라서 전 지구적 복사량에 변화가 나타나고 있지만 그림 1.2에서 볼 수 있듯이 외부요인에 의한 기후변화는 이 지역 내부요인에 비하면 매우 점진적으로 영향을 주었을 것이다. 나중에 설명하겠지만, 사하라 지역의 사막화는 농경과 기후 시스템 사이에 일어나는 피드백으로 설명될 수 있다. 우리는

---

6)   사하라 사막은 수천 년에 걸쳐 변화한 반면 산호 군락의 변화는 단지 몇십 년 안에 일어난 것이다.

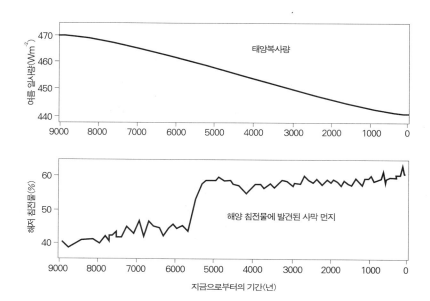

그림 1.2　위 그림은 지구궤도의 미세한 변화로 인해 지난 9,000년 동안의 평균적인 북반부 일사율이 점차적으로 변화한 것을 보여주고 있다. 약 5,000년 전, 태양복사량의 변화는 울창한 숲이었던 사하라 지역의 기후에 급격한 변화를 일으켰다. 아래 그림은 아프리카 해안 침전물에서 관측된 사하라 지역의 먼지 비율의 변화를 보여주고 있다.

과거에 일어난 급격한 전환의 원인을 매번 설명할 수는 없지만, 지금의 상황을 보면 이와 비슷한 현상이 미래에 과연 일어날 것인지 궁금해질 수밖에 없다. 또한 우리가 그런 현상을 과연 예측할 수 있을지, 또는 막을 수 있을지에 대한 의문도 가지게 된다.

3 | 사회에서 발생하는 전환

이 책이 자연계에 나타나는 전이 현상을 전반적으로 다루지만, 유사한 현상은 인간 사회에도 반복적으로 나타나고 있다. 예를 들어, 주식시장의 폭락은 예상하지 못한 급작스러운 변화의 대표적인 상황이다. 또한 사회문제에 대해서 대중들이 보여주는 집단적인 행동이나 태도 역시 급격한 전환의 좋은 형태이다. 이러한 사회적 전이 현상에 대한 이해는 정치인이나 상품이나 지식을 팔고자 하는 사람들에게 매우 중요하다. 말콤 글래드웰은 『티핑 포인트』[7]라는 책에서 사회가 빠질 수 있는 함정과 급격한 전이 현상을 잘 설명하고 있다.[3] 사회적으로 나타나는 급격한 전이 중 가장 극적인 상황은 국가가 붕괴되어 폭력적인 무정부 상태가 되는 것이다. 르완다와 소말리아부터 아프가니스탄과 보스니아에 이르기까지, 정부가 붕괴되는 바람에 수천만 명의 사람들이 피난을 가거나 목숨을 잃었다. 이러한 사태의 원인이 무엇인지 또 그러한 비극적인 상황을 예측하는 것은 아주 가치 있는 일이다. 사실 미국중앙정보국에서는 이러한 예측을 위한 프로젝트에 수천만 달러를 투입하고 있다.[4]

인류 역사를 돌이켜볼 때, 고대문명의 급작스러운 종말은 가장 오래된 수수께끼 중 하나이다.[5] 최고 수준에 달했던 사회가 갑자기 사라지는 것을 설명하기란 무척 어려운 일이다. 물론 그 사회 구성원 모두가 한꺼번에 사라진 것은 아니다. 그 고대문명사회는 고고학적 기록으로 겨우 남아 있는 정도이다.[6] 고대문명의 멸망에 대해서는 다양한 설명이 가능하다. 중요한 자원의 고갈, 외부 부족의 침입, 지진이나 홍수 기후변화와 같은 자연재앙이 고대문명의 멸망원인이 될 수도 있지만 이런 개별적인 설명은 사라진

---

7)   이 책의 원제목은 『The Tipping Point: How Little Things Can Make a Big Difference』이다. 리틀브라운 출판사에서 2000년에 발간되었으며, 『티핑 포인트』라는 제목의 번역서로도 2004년에 출간되었다.

고대문명들이 가지는 공통적인 패턴을 설명해주지는 못한다. 헤위에르달 (Thor Heyerdahl)[8]의 주장과 같이 "고대인이 그들의 신을 숭배하기 위해서 더욱더 큰 피라미드, 절, 석상을 지을수록, 그들의 멸망도 가속화되었다"는 식의 설명도 가능하다.[7] 대개 불운한 사건이 동기가 되어 역사적으로 잘 알려진 사회가 멸망한 것으로도 볼 수 있지만, 독특한 사회구조를 가진 복잡하고 정교한 사회 시스템은 스스로 붕괴하는 경향을 가지고 있다. 즉 고대사회의 멸망은 외부적인 힘뿐만 아니라 복잡한 사회가 가질 수밖에 없는 내부적 허약함의 점진적인 증가에 의해서도 발생할 수 있음을 말해주고 있다.[8]

4 | 책의 구성

본론에서 보면 알 수 있듯이, 앞에서 열거한 임계전이의 예는 빙산의 일각이다. 물론 오래전에 일어난 기후나 사회에서 나타나는 전환을 재구성하는 것은 불확실할 수밖에 없고, 기록된 자료가 부족해 적지 않은 가정이나 가설을 동반할 수밖에 없다. 그러나 우리의 눈앞에서 일어나는 최근의 변화들은 기록으로 잘 정리되어 있어서 분석에 도움을 준다. 이 두 사실을 종합해볼 때 두 대비되는 상황에서의 급작스런 전환을 설명해줄 증거는 시스템별로, 또한 각 시대별로 충분한 편이다. 이 책에서 사용하는 '국면전환'이라는 단어는 바로 이런 시스템의 급격한 전환을 의미한다.[9] 국면전환

---

8)　헤위 에르달(Thor Heyerdahl, 1914~2002) : 노르웨이의 인류학자이자 탐험가. 그는 폴리네시아인이 동남아시아에서 이주해왔다는 종래의 학설을 뒤엎고 폴리네시아 문화의 페루 발상설(發祥說)을 주장하였다.

은 외부로부터 주어지는 거대한 충격에 의해서 나타나기도 한다. 예를 들어, 가뭄, 지진, 홍수와 같은 자연재해가 고대문명을 덮치는 경우, 성게의 질병으로 인하여 카리브 해 산호초를 해조류가 점령하는 경우가 이런 예가 된다. 그러나 이러한 혼란만으로 급변 현상을 설명하기에는 불충분하다. 요점은 이런 것이다. 시스템의 구조가 조금씩 허약해지고 이것이 축적되면 나중에는 아주 조그마한 변화에도 시스템이 무너지게 되어, 시스템은 다른 상태로 급격하게 변화한다.[9] 이 책은 생태계와 기후, 사회에서 일어나는 전이 현상들에 대한 이해와 예측 그리고 그것을 회피하거나 촉진시키는 과정에 대하여 다루고 있다. 급진적 전도(turnover) 현상은 대부분의 시스템에서 정해진 규칙이 아니라 예외적인 현상으로 받아들여지고 있다. 하지만 우리가 이러한 놀라운 움직임에 주목하는 데에는 두 가지 이유가 있다. 첫 번째, 급진적인 변화는 드물게 일어나는 현상이긴 하지만, 이것은 아무도 부인할 수 없는 사회변화의 필수적인 요인이기 때문이다. 두 번째, 이 책에서 볼 수 있듯이, 우리 눈을 휘둥그렇게 만드는 거대한 전이의 원인은 매우 단순하고 인식할 수 있는 과정을 거쳐서 발생한다는 것이다. 따라서 이러한 전환은 그 자체로도 중요할 뿐만 아니라, 현실의 구체적인 상황보다 더 쉽게 이해할 수 있다는 면에서도 의미가 있다.

이 책은 세 부분으로 나뉘어 있다. 먼저 여러 형태의 변화에 대한 기초

---

9) 아주 작은 변화가 전체 시스템을 급격하게 변화시키게 되는데, 그런 상황에 도달하기까지 시스템 내부에서의 허약성은 점점 증가하는 방향으로 진행된다. 예를 들어 동독이 무너지게 된 사건을 보면 내부적으로 혼란이 있었지만 별 문제없이 동독의 체제는 운영되고 있었다. 그런데 동독인들이 서독으로 자유롭게 이동할 수 있게 된 사건은 한 동독 사무원의 우연한 착오에서 발생하였다고 한다. 그 사무착오로 동독인들이 아무런 제재 없이 국경을 드나들게 되었고 그 사건이 일어난 지 불과 며칠 사이에 동서독 통일이 급속하게 이루어지게 된다.

적인 이론을 설명하는 것으로 시작한다. 그리고 각 이론의 구체적인 예를 검토하고 현실적인 관점에서 임계전이가 일어나는 과정에 대하여 설명할 것이다. 세 부분의 구체적인 내용은 다음과 같다.

1부: 수학은 잘 모르지만 추상적인 사고를 즐기는 독자들을 위하여 우리는 동역학 이론의 기초를 먼저 설명하고자 한다. 동역학계 이론은 화학물의 혼합, 조직 내 구성원 조화, 기후 또는 태양계 변화 등을 설명해줄 수 있는 강력한 방법 중 하나이지만 내용은 상당히 추상적이다. 동역학 이론은 현실의 특정한 상황을 설명하는 것이 아니라 현실을 또 다른 수학적 관점으로 볼 수 있게 한다. 동역학 이론의 관점으로 볼 때, 세상은 특이한 끌개(strange attractor)와 파국주름(catastrophe fold), 메타안정 상태(metastable state)로 이루어져 있으며 이 안에서는 토러스 파괴(torus destruction)나 공심쌍갈림(homoclinic bifurcation)[10]이 일상적으로 발생하고 있다. 동역학 용어의 뜻을 바로 이해하는 것은 어렵지만 세상을 움직이는 원리는 간결한 아름다움을 가진 수학의 세계에 반영되어 있기 때문에 동역학 용어를 이해하는 것은 의미가 있다. 이 주장은 추상적인 모형으로 모든 것이 설명 가능하다는 사실을 말하는 것은 아니다. 이론적인 모형은 복수의 메커니즘에 공통적으로 나타나는 특정한 동역학을 이해시키는 데 도움을 준다. 도전해야 할 과제는 현실에서 거대한 변화를 일으키는 힘이 과연 무엇인지를 이해하는 것이다. 제1부의 마지막 절에서는 이 이론 모형과 실제의 차이를 극복하는 방법을 살펴보고, 적응적 순환(adaptive cycle)

---

10)　　수학용어. 공심쌍갈림은 주기적 궤도가 안장점과 만나는 현상이 자주 발생하는 전체적 쌍갈림의 한 경우를 말한다.

을 거치는 시스템을 수학 이론 없이 직관적으로 이해하는 방법에 대하여 설명할 것이다. 비록 필자는 동역학 이론을 선호하는 편이지만, 여기서는 이 이론을 최소한으로만 소개하고자 한다. 이에 관련된 수식은 모두 부록에 따로 기술하였다. 그럼에도 불구하고, 독자들이 추상적인 개념 때문에 혼란스럽다면 이론 부분은 건너뛰고 바로 사례연구를 읽어보기를 권한다. 그리고 필요하다면 이론 부분을 나중에 배경지식으로 읽어보는 것이 좋을 것이다.

2부: 사례연구로 구성되어 있으며, 실증적인 부분에 관심이 있는 독자라면 먼저 읽어도 좋을 것이다. 여기서부터 생태계와 진화, 기후, 사회에서의 거대한 전이와 진동의 사례를 이론과 함께 설명한다. 2부를 읽다보면 비슷한 현상이 다양한 복잡계에서 발생하고 있음을 알 수 있을 것이다. 그리고 몇 가지 현상에 대해서는 다른 사람들보다 더 깊게 이해할 수 있을 것이다. 2부는 호수의 사례에서 출발하는 데 그 이유는 호수가 중요한 시스템이기도 하지만 지금까지 알려진 시스템 중에서 비교적 잘 이해할 수 있기 때문이다. 동시에 호수의 사례는 기후, 해양, 사회와 같은 이해하기 어려운 시스템의 모델 역할을 해주고 있기 때문에 중요하다. 잘 알려진 논문 「소우주와 같은 호수」[10][11]도 이런 입장을 취하고 있다. 여하튼 호수에 대한 연구는 생태과학의 시작점이라고 할 수 있다. 반면 진화, 기후 시스템, 인간 사회는 그 안에 숨어 있는 동역학을 이해하고 예측할 가능성이라는 면에서 볼 때, 이해하기 어려운 극단의 복잡계라고 할 수 있다.

---

11)　　원제목은 「The Lake as a Microcosm」이다.

3부: 임계전이 현상을 이해하기 위해서 우리의 직관을 어떻게 실용적으로 활용할 것인지에 대하여 설명한다. 즉 미래에 닥쳐올 임계전이 현상을 알아차리는 법, 바람직하지 않은 전이 현상을 예방하고, 유익한 전이 현상을 촉진시키는 방법, 인간 사회에서 일어나는 전이 현상을 다루는 것이 어려운 이유, 그리고 인간 사회를 더 나은 상태로 만드는 법에 대하여 다룰 예정이다.

이 책에서 다루는 영역은 매우 넓지만, 이 책은 우리가 살고 있는 복잡계 동역학의 세상을 제대로 이해하기 위한 시작점이 될 수 있다. 우리는 분자 수준에서 현상을 이해하는 것에는 익숙하지만, 이것만으로는 충분하지 않다. 다음 몇 세기 안에 생태계와 기후, 사회에서 거대한 변화가 일어날 것이라는 데 대해서는 대부분 동감할 것이다. 우리는 다가올 미래를 최선으로 만들어줄 수 있는 과학을 준비해야 한다. 그러한 과학은 화학 반응뿐만 아니라 해양, 숲, 기후, 사회까지도 이해하고 관리할 수 있도록 해주어야 할 것이다. 우리가 알고 있듯이 주요한 전이를 만들어내는 현상의 본질에는 공통된 메커니즘이 존재한다는 것은 아주 중요한 사실이다. 그러나 과학 분야에서 이 공통의 메커니즘을 파악하는 방법은 제각각이다. 에드워드 윌슨은 그의 책『통섭: 지식의 대통합(consilience)』에서, 자연과학에서 예술에 이르는 모든 현상을 통일적으로 설명할 수 있는 하나의 관점이 존재한다고 주장한다. 필자 역시 이 책이 그러한 통섭적 접근을 완성하는 데 기여할 수 있을 것이라고 기대해본다.[12]

---

12) 임계전이라는 관점으로 자연과 인간 사회의 급변현상을 모두 설명할 수 있다는 것이 이 책에서 일관되게 설명하고 있는 저자의 핵심주장이다.

———

1부
임계전이 이론

———

1부에서는 임계전이를 이해하는 데 꼭 필요한 동역학 시스템 이론을 개략적으로 설명한다. 이 책의 다른 부분과 마찬가지로 그래프를 활용하여 중요한 개념을 설명할 예정인데, 구체적인 수식과 예는 부록을 참고하기 바란다.

2

대체안정 상태

카누를 타고 물속을 보기 위해 점점 몸을 기울이는 경우를 생각해보자. 우리 몸을 너무 많이 기울이면 결국 카누가 뒤집힌 대체안정 상태(alternative stable state)[1]로 바뀔 것이다. 대체안정 상태의 세부 이론은 매우 복잡하지만, 대체안정 상태의 중요한 특징은 이 간단한 카누 예에서도 찾아볼 수 있다. 예를 들면, 뒤집힌 상태에서는 몸을 덜 기울인다고 해도 원래 상태로 되돌아올 수 없다. 그리고 배가 뒤집히기 전까지는 배가 조금이라도 수면 위에 떠 있는 상태이므로, 배의 어떤 상태가 전환점인지 아닌지 여부는

---

1) 대체안정 상태란 한 시스템의 안정상태(stable state)가 두 개일 때 각 안정상태를 나타낸다. 카누의 경우에는, 카누가 물위에 잘 떠 있는 상태도 안정상태로 간주할 수 있고 뒤집힌 상태도 안정상태로 간주할 수 있다. 이런 경우에 카누 시스템은 두 개의 안정상태를 가진다고 볼 수 있는데, 두 안정상태는 서로에 대해 대안적 선택(alternative choice)이 된다고 할 수 있다. 이런 의미에서 두 상태를 모두 대체안정 상태라고 부른다.

그림 2.1　17세기 스웨덴 함선인 와사. 함선의 회복력이 매우 작아서 첫 항해 후 몇 분이 지나자마자 산들바람으로 인해 전복되었다.

배가 실제로 뒤집히기 전에는 알아차리기 어렵다. 또한 전환점 근처에서는 회복력(resilience)이 작아지므로 작은 파도와 같은 경미한 요동(distur-bance)만 발생해도 균형이 깨질 수 있다.

　요동이 발생할 때 본래의 상태로 회복하는 시스템의 능력을 회복력이라고 할 수 있는데 회복력 자체도 어려운 연구주제다. 회복력에 관한 좋은 예로는 17세기의 유명한 스웨덴 함선인 와사(Wasa)를 들 수 있다. 왕실 이름인 '와사'를 기려 명명된 이 함선은, 발트해에서 폴란드와 전투하기 위한 구스타푸스 아돌푸스(Gustavus Adolphus) 해군의 최고급 함선으로 건조되었다. 기술자들의 반대에도 불구하고 왕은 함선에 한 층을 더 만들어 더 높게 하라고 요구했다. 완성된 함선은 매우 훌륭해 보였다. 그러나 첫 항해 때 출발 후 1마일도 못 가서 갑자기 불어온 산들바람 때문에 곧바로 침몰했다(그림 2.1). 우리는 거의 매년 와사 사건과 유사한, 유람선의 비참한 사고 소식을 들으며 배의 불안정성을 다시금 생각하게 된다. 겉보기와 달리 과적(過積)은 매우 위험한데, 그 이유는 과적으로 인해 은연중에 회복력이 감소되기 때문이다. 일단 그렇게 되면, 사람들이 한쪽으로 몰리거나 파도가 조금만 심해져도 쉽게 전복될 수 있다.

일상적인 시스템의 경우에 대체안정 상태가 존재한다면 그 결말은 대개 직관적으로 예측할 수 있다. 그러나 인간 사회나 생태계처럼 복잡한 시스템의 경우에는 대체안정 상태의 개념이 우리 직관과 다를 수 있다. 수학 이론에서는 안정성 전환(stability shift)이 잘 알려져 있는데, 파국 이론(catastrophe theory)에 관한 르네 톰(Rene Tom)의 초기 저술[1]은 많은 사람들에게 영향을 주었다. 이 책 이후 파국 이론은 대중매체에 의해 널리 퍼졌는데, 불행하게도 이 이론이 실제보다 과장되었다는 의견이 대두되었다. 카오스 이론이 그랬던 것처럼 파국 이론도 철학적 신조, 사물을 바라보는 일반적 관점으로 채택되기 시작했는데, 문제는 파국 이론이 실질적이며 확실한 근거 없이 채택되었다는 것이다. 이로 인해서 파국 이론의 발전은 오히려 후퇴했으며 과학자들 사이에서는 이 이론을 단순히 적용하는 것에 대해 반대하는 사람들이 생겨났다. 하지만 여전히 많은 후속 연구결과가 발표되었다. 생태학 분야에서는 1960년대와 1970년대에 선구적인 연구결과들이 발표되었는데, 그중 중요한 연구결과로 세 편의 논문을 꼽을 수 있다. 첫 번째 논문은 리처드 르윈틴(Richard Lewontin)의 논문으로 대체안정 상태의 이론적인 가능성을 체계적으로 정리한 논문이다.[2] 두 번째 논문은 크로포드 홀링(Crawford Holling: 버즈 홀링[Buzz Holling]이라고 부르기도 함)의 것인데, 이 논문은 더 직관적인 방법으로 이론을 실제 생태학과 연결시켰다.[3] 끝으로 로버트 메이(Robert May)는 생태학에서의 문턱값(threshold)과 구분점(breakpoint)에 관해 설득력 있게 소개하였다.[4] 그러나 이러한 임계 안정성에 관한 연구는 수십 년 동안 여전히 이론적으로 만 존재했다. 실제로 다양한 예를 통해 전환점의 존재를 직관적으로 파악할 수는 있었지만 거대하고 복잡한 시스템에도 이러한 전환점이 있다는 것을 입증하는 것은 쉽지 않았다. 산호초 군락이나 기후 시스템, 대중의 태도도 카누처럼 실제로 뒤집힐 수 있을까? 만약 그렇다면, 이런 전환을 조절하거나 예측할 수는 없을까? 이제 차례로 살펴보겠지만 이는 과학연구 최전방의 주제이다. 필자는 이 책의 전반에 걸쳐 이 주제에 대해 자세히 설명하고자 한다. 그전에 먼저 중요한 기본 개념부터 살펴보자.

1 | 기본 개념

임계전이 이론의 핵심적인 개념으로 평형(equilibrium)과 안정(stability)을 빠뜨릴 수 없다. 이 절에서는 임계전이 이론의 핵심 개념을 소개하고 어떻게 전환점이 발생되는지 설명하고자 한다.

동역학 시스템의 평형

동역학 시스템(dynamical system)[2]에 관한 이론도 여타 시스템의 이론과 마찬가지로, 상호작용을 기술하기 위한 수학의 한 분야다. 동역학 시스템의 범위는 사실 매우 광범위하다. 세포(cell) 한 개나 물고기 한 마리를 동

---

2)   여기서 말하는 동적 시스템이란 시스템의 구성 자체가 변화하는 시스템을 의미한다. 즉 조건 변화에 따라 적응하여 변화하는 시스템을 의미하는데, 이러한 변화에 대해 시스템을 유지하기 위해서 시스템 내부 구성을 변경하거나 재조직하는 시스템을 의미한다. 그런 의미에서 시스템 내부의 변화에 내재된 역학구조를 '시스템 동역학(system dynamics)'이라고 부르기도 하고 이러한 역학 시스템 자체를 '동역학 시스템(dynamic system)'이라고 부르기도 한다.

역학 시스템으로 간주할 수도 있고 생물 집단(population) 전체나 더 나아가 지구 시스템(Earth system)을 동역학 시스템으로 간주할 수도 있다. 이러한 동역학 시스템의 어떤 상태는 다양한 과정이 균형을 이룬 결과라고 해석할 수 있는데, 예를 들어, 지표면의 온도는 지표면에 흡수되는 태양복사열의 유입과 대기권으로 방출되는 손실 열의 평형 결과로 볼 수 있다. 여기서 '평형'이란 개념은 회복력을 암시하는데, 즉 지표면의 온도가 평형온도(equilibrium temperature)를 이루고 있다는 것은 실제 지표면 온도가 평형온도와 조금 어긋나면 그 온도가 다시 평형온도로 회복된다는 것을 암시한다. 예를 들어 지구온도가 평형온도보다 낮아진다면 대기권으로 유출되는 열은 줄어들 것이다. 들어오는 복사량은 일정하기 때문에 지구의 온도는 평형온도의 방향으로 변화하게 된다. 반면에 지구온도가 평형온도보다 높으면 지구는 더 많은 열을 방출할 것이므로 다시 평형 상태로 돌아갈 것이다.

잘 알려진 또 다른 예로 환경의 수용능력(carrying capacity)에 도달한 인구를 들 수 있다(그림 2.2). 인구밀도는 출생과 사망 사이 균형의 결과인 평형밀도이다. 인구가 악조건 때문에 감소하면 생존자들에게는 더 많은 자원이 주어지고, 이는 출생률 증가 및 사망률 감소로 이어져 인구는 평형밀도로 증가하게 된다. 반면에 인구밀도가 환경이 수용할 수 있는 밀도를 초과하면 출생률이 감소하고 사망률이 증가하므로 인구는 평형 상태로 변화할 것이다. 인구의 총 변화율은 증가율과 감소율의 순 결과(net result)이며, 즉 평형 상태에서는 총 변화율이 영(0)이 된다. 인구증가에 관한 방정식과 컴퓨터로 이 방정식을 처리하는 방법에 관해서는 부록을 참고하기 바란다(A.1절 참조).

시스템의 안정성을 나타내는 효과적인 방법으로는 안정성 지형(stability

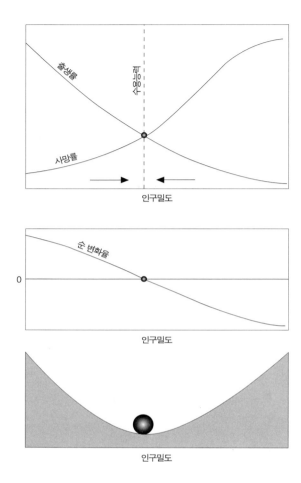

그림 2.2 가상의 인구가 동적 평형으로 수렴해가는 과정. 안정성 지형(아래 그림)에서 언덕의 기울기는
1인당 출생률과 사망률을 모두 고려한 순 결과(net result; 위 그림)인 인구밀도 변화율(중간 그림)에 대응
된다.

landscape: 그림 2.2의 아래 그림과 같은 것)을 들 수 있다. 안정성 지형 내에서 어떤 지점에서의 기울기는 그 지점에서의 변화율을 나타낸다. 따라서 변화율이 0인 평형 상태에서는 기울기가 0이 된다. 평형 상태를 나타내는 가장 낮은 지점에 있는 공을 하나 생각해보자. 이러한 '컵 안의 공' 비유[3]는 곧이곧대로 받아들여서는 안 되지만 문제의 본질을 이해하는 데에는 직관적으로 도움을 준다.

그래프에서 묘사한 안정 상태는 끌개(attractor)[4]라고 부르기도 한다. 평형은 중요한 개념이지만 동역학 시스템의 출발점에 불과하다. 지구의 온도나 인구밀도는 일정하지 않으며 환경에 의한 교란(fluctuation)이나 여러 가지 다양한 수준의 교란이 평형을 방해한다. 조건이 바뀌면 평형 상태도 변할 수 있다는 점은 분명하다. 예를 들어서 화석연료가 연소함으로써 온실가스(greenhouse gas)가 증가하고 이로 인해서 지구는 상대적으로 더 많은 열을 함유하게 되기 때문에 더 더워질 것이다. 또한 시스템이 전혀 변화가 없는 환경에 있다고 하더라도 다른 종류의 끌개(순환[cycle]이나 특이한 끌개[strange attractor]와 같은 끌개를 말함)로 인해서 시스템이 안정 상태를 이루지 못할 수도 있다. 이 책에서 설명하는 내용의 핵심은 대체끌개(alternative attractor)인데, 대체끌개는 반발점(repelling point)이나 순환

---

3)　　안정성 지형에서 계곡에 공이 있는 것을 컵 안의 공으로 비유한 것이다. 계곡 지형을 컵으로 간주한 것인데, 실제로는 컵의 밑바닥이 둥글게 되어 있는 경우는 거의 없으므로 '대접 안의 공(a ball in a bowl)'이라는 편이 더 적합한 것 같다.

4)　　끌개 주위에 시스템이 있게 되면 시스템은 끌개로 이동하게 되는데, 그런 의미에서 시스템의 안정적 평형상태를 여기서는 '끌개'로 표현하고 있다. 2.1절에는 밀개(repeller)도 설명하고 있는데 이것도 마찬가지로 시스템의 상태를 나타낸다. 여기서 설명하고 있는 끌개와 밀개는 시스템을 움직이는 어떤 행위자가 아니고 동적 시스템의 상태를 나타낸다는 것에 주의하기 바란다.

등의 다른 구조에 의해 구분되어 나타난다. 임계전이는 바로 시스템이 한 끝개에서 다른 끝개로 전환될 때 발생한다.

대체평형

대체끝개가 있는 시스템의 예로 개체수가 적은 동물집단을 생각해볼 수 있다. 개체수가 너무 적어서 교배대상을 찾기 힘들어지면 시스템은 위험에 빠지게 된다. 또한 포식자에 대항하여 자신들을 지키려고 무리를 짓는 종의 경우에도 대체끝개가 존재할 수 있는데, 이런 종의 경우에 개체밀도가 낮으면 사망률은 높아지고 출생률은 저하된다. 예를 들어 플라밍고나 펭귄과 같은 동물들은 여러 교배대상으로 둘러싸이지 않으면 교배를 하지 않는다. 낮은 개체밀도 하에서 군집의 개체수가 더 낮아질 수 있다는 것을 처음으로 발견한 사람은 미국의 동물학자 와더 앨리(Warder Allee)이며, 이 현상을 앨리 효과(Allee effect)라고 부른다. 앨리 효과는 멸종 위기에 처한 종들이 어떻게 실제로 멸종되는지 설명해주는 메커니즘으로서 매우 중요한 의미를 지닌다. 앨리 효과가 충분히 크고 개체밀도가 임계 수준 이하로 떨어지면 개체수는 급격히 떨어진다(그림 2.3 참조). 이 경우에 군집의 밀도는 두 가지 대체안정 상태로 나타날 수 있는데, 하나는 앞에서 언급한 환경의 수용능력에 따른 밀도이며 다른 하나는 0의 밀도(zero density)이다. 간단한 성장 모형(그림 2.2)에서 보면 0의 밀도도 평형 상태로 볼 수 있는데, 비록 개체 당 출생률이 높다 하더라도 자손을 낳을 부모가 없으면 개체수는 0이 되기 때문이다. 그러나 이 모형(그림 2.2)의 경우에는 시스템의 개체수를 조금만 증가시켜도 환경의 수용능력이 허용하는 밀도로 충분히 도달할 수 있다. 이에 반해서 앨리 효과가 매우 강한 시스템에서는 개체수가 0인 상태에 시스템이 갇힐 수 있다. 즉, 초기 개체수가

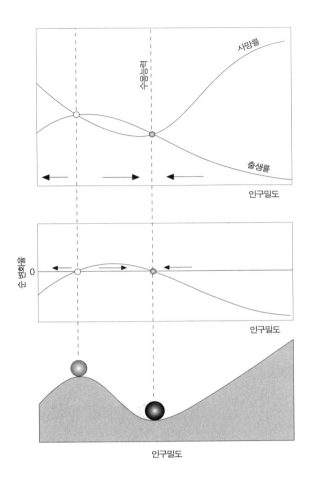

그림 2.3 앨리 효과를 보이는 가상 개체에서 발견할 수 있는 대체평형. 낮은 밀도에서는 개체당 증가된 사망률과 감소된 출생률로 인한 개체의 순 증가율이 음이 된다. 결국 개체밀도가 영(0)인 상태도 안정상태가 된다. 0의 상태(nil state)의 견인영역 경계(위 두 그림의 흰색 점과 아래 그림의 밝은 색 공)로 표시된 임계밀도를 초과해야만 개체수가 증가할 것이고 환경의 수용능력이 허용하는 밀도의 안정상태로 변화된다.

임계밀도보다 작으면 0의 상태로 되돌아가게 된다(그림 2.3 참조). 동물군집뿐만 아니라 식물군집에도 이러한 임계밀도가 존재할 수 있는데, 특히 생장조건이 열악한 경우에 그러하다. 이런 경우에는 식물생장에 적절한 환경을 만들 만큼 충분히 많은 수의 식물이 필요한데, 즉 환경조절에 필요한 식물의 임계개체밀도가 존재한다. 앨리 효과에 대한 수학적 모형은 부록을 참고하기 바란다(A.2절 참조).

우리는 이 책 전반에 걸쳐 대체평형이 존재하는 시스템의 다양한 사례를 살펴볼 것이다. 그러나 구체적인 예를 살펴보기 전에, 시스템 동역학의 일반적인 현상을 좀 더 자세히 알아보자.

파국전환과 이력 현상

다중 평형 상태가 존재한다는 것은 시스템이 환경의 변화에 반응하는 방법이 복잡하다는 것을 의미한다. 동역학 시스템의 평형 상태는 대부분 환경의 변화에 따라 서서히 변화한다(그림 2.4a). 그러나 경우에 따라서, 문턱값 근처에서 시스템의 반응이 상대적으로 강한 반면에 그 외 범위에서는 반응이 둔감한 경우도 흔히 볼 수 있다(그림 2.4b). 예를 들면, 어떤 종의 치사율은 독극물의 특정 임계농도(critical concentration) 근처에서 급격하게 증가한다. 이런 경우에 문턱값을 넘게 되면 강한 변화가 일어나므로 문턱값은 시스템을 이해하는 데 매우 중요하다. 그러나 시스템에 대체안정 상태가 존재하면 매우 복잡하면서도 훨씬 극단적인 형태의 문턱값이 나타난다. 이 경우에 환경조건에 대한 평형반응곡선은 전형적으로 '주름져(folded)' 있는데(그림 2.4c), 이러한 파국전환이 발생한다는 사실은 환경조건의 특정 범위에서 시스템 내에 두 개의 대체안정 상태가 있다는 것을 의미한다. 그리고 이 두 개의 대체안정 상태는 앨리 효과의 예(그림 2.3)에

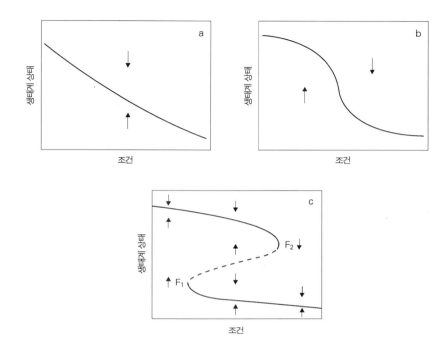

그림 2.4   시스템의 평형 상태가 영양물첨가, 난개발, 온도증가와 같은 조건에 따라 변할 수 있는 상황의 도식적인 표현. (a)와 (b)에서 각 조건에 단 하나의 평형이 존재한다. 그러나 만약 평형곡선이 (c)에서처럼 접혀 있다면 그 부분에는 한 조건에 대해 세 개의 평형이 존재한다. 화살표들은 시스템이 평형(즉, 곡선 위의 점)에 있지 않을 때 움직여 가는 방향을 가리킨다. (c)에 있는 점선으로 된 중앙 부분을 제외하고 모든 곡선은 안정한 평형을 나타낸다는 것을 이들 화살표에서 알 수 있다. 그러나 시스템이 이 점선에서 조금이라도 벗어나면 시스템은 돌아가는 것 대신에 더 벗어날 것이다. 그래서 점선 위에 있는 평형들은 불안정하고, 위와 아래 경로에 있는 두 대체안정 상태의 견인영역경계를 나타낸다.

서 볼 수 있었던 것처럼, 대체안정 상태의 견인영역 경계를 나타내는 불안정 평형(그림에서 점선으로 표시한 부분)에 의해 구분된다.

　　이제 이런 상황이 실제 임계전이의 근본적 이유임을 이해할 수 있을 것이다. 시스템이 접혀진 곡선의 윗부분 경로(branch)[5]의 한 상태에 있을 때 그 시스템은 아랫부분 경로로 부드럽게 이동해 갈 수 없다. 대신에 조건이

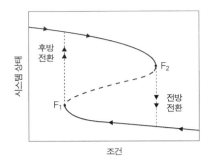

그림 2.5 대체안정 상태가 있는 시스템의 이력 현상. 대체안정 상태가 있는 시스템에서는 임계전이와 이력 현상이 일어날 수 있다. 시스템이 윗부분 경로의 쌍갈림 점 F_2에 가까이 있으면 약간만 조건이 변화해도 시스템은 쌍갈림 점 이상으로 이동되어 시스템은 임계전이(혹은 파국전환)를 통해 낮은 대체안정 상태로 이동된다. 만약 조건을 되돌려 위쪽 경로의 상태로 회복하려고 하면 시스템은 이력 현상을 보인다. 위쪽 경로로 이동하려면 조건이 다른 쌍갈림 점 F_1까지 충분히 줄어들어야만 한다.

문턱값(F_2)을 지날 만큼 변해야만 아랫부분 경로로 '파국' 전환이 발생한다(그림 2.5). 이 지점은 매우 특별한 지점으로서 동역학 시스템 이론의 용어로는 '쌍갈림 점(bifurcation point)'이라고 부른다. 나중에 살펴보겠지만 한 시스템 내에 다양한 형태의 쌍갈림 점이 존재할 수도 있는데, 쌍갈림 점은 모두 시스템의 정성적인 행동을 변화시키는 문턱값을 나타낸다. 예를 들어, 어떤 경우에는 쌍갈림 점에서 진동할 수도 있고 어떤 경우에는 쌍갈림 점에서 멸종이 발생할 수도 있다.

그림 2.5에서 나타난 형태는 이른바 파국 쌍갈림(catastrophic bifurcation)

---

5) 그림 2.4c와 그림 2.5에서 실선으로 표시된 부분은 실제로 시스템이 따라갈 수 있는 상태를 나타내는데, 여기서는 이를 '경로'라고 표시하였다. 점선으로 표시된 부분은 실제로 거칠 수 없다는 측면에서 두 개의 대체안정 상태를 구별하는 경계 역할을 한다.

이다. 파국 쌍갈림에서는 조절 매개변수(예를 들면, 지표면 온도의 경우 반사율이 매개변수가 될 수 있음)가 아주 조금만 변해도 시스템의 상태가 크게 변화할 수 있다는 특징이 있다. 파국전환은 이 책에서 설명하고자 하는 흥미로운 주제다. 모든 쌍갈림은 임계전이에 대응되는데, 파국 쌍갈림은 극적인 변화를 나타내는 수학적 모형과 유사하다. 파국주름(F_1과 F_2)에 나타나는 쌍갈림 점들을 주름 쌍갈림(fold bifurcation)이라고 부른다(이러한 쌍갈림 점에서 '노드' 평형(node equilibrium)과 '말안장' 평형(saddle equilibrium)이 만나므로 주름 쌍갈림을 말안장 노드(saddle-node) 쌍갈림이라고 부르기도 한다).

조건의 작은 변화가 시스템의 큰 변화를 일으킬 수 있다는 사실이 대체끌개를 가진 시스템이 '정상' 시스템과 구별되는 유일한 특징은 아니다. 다른 중요한 특징으로는 위쪽 경로로 되돌아가려면 붕괴(F_2) 전의 환경조건을 회복하는 것만으로는 충분하지 않다는 것이다. 되돌아가려면 시스템이 위 경로로 회복될 수 있는 곳인 다른 전환점(F_1)을 넘어가야 한다. 이렇게 전후방 전환(forward and backward switch)이 서로 다른 임계조건에서 일어나는 현상(그림 2.5)을 이력 현상(hysteresis)이라고 한다. 실제로 이력 현상은 매우 중요한 개념인데, 이력 현상은 파국전환이 나타난 후 거꾸로 되돌아가는 것이 쉽지 않다는 것을 의미하기 때문이다.

파국전환과 이력 현상의 개념은 안정성 지형(stability landscape)을 이용하여 쉽게 설명할 수 있다. 외부 변화에 따른 안정조건의 변화를 보기 위한 안정성 지형의 예를 보면 그림 2.6과 같다. 안정 상태가 하나뿐인 시스템의 안전성 지형에는 그림 2.2와 같이 계곡이 하나만 존재한다. 그러나 대체안정 상태가 두 개 이상인 경우가 더 흥미로운데, 이런 시스템에서 두 개의 대체안정 상태는 언덕(hilltop)에 의해 분리된 계곡 형태로 나타난다.

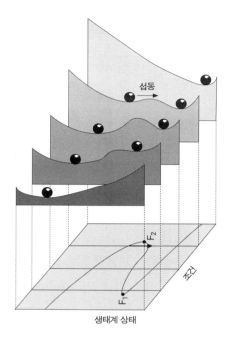

섭동

F_2

F_1

조건

생태계 상태

그림 2.6 외부 조건에 따라 바뀌는 시스템의 회복력 모형. 외부 조건은 섭동에 의해 다중안정 시스템 (multiple stable system)의 회복력에 영향을 준다. 아래 나타낸 그래프는 그림 2.5의 평형곡선이다. 안정성 지형은 다섯 개의 다른 조건에서 평형 및 견인영역을 나타낸다. 안정평형은 계곡에 대응되며 접힌 평형곡선의 불안정한 가운데 부분은 언덕 꼭대기에 대응된다. 견인영역의 폭이 좁다면 회복력은 작아지며 이런 상태에서는 작은 섭동만 발생해도 시스템은 대체견인영역으로 이동할 것이다.

계곡을 분리하는 언덕의 꼭대기 또한 평형 상태(지형의 기울기가 0임)로 볼 수 있는데, 이러한 평형은 불안정하다. 이런 평형 상태를 밀개(repellor)라고 부르며, 시스템이 밀개에 있을 경우에는 여기서 아주 조금만 벗어나도 시스템은 끌개 쪽으로 급속하게 이동하게 된다. 이때 시스템은 자기 전파 폭주과정(self-propagating runaway process)을 거치게 된다.[6]

파국전환과 이력 현상을 이해하기 위해서 그림 2.6의 맨 앞 지형을 생각

1부 임계전이 이론

해보자. 이 지형에서 시스템은 유일하게 존재하는 평형 상태에 놓여 있을 것이다. 이 지형에는 끌개가 하나뿐이므로 시스템은 전체적으로 안정적이다. 이제 조건이 점차 변하여 두 번째나 세 번째의 안정성 지형으로 변했다고 하자. 이런 지형에는 대체끌개가 존재하므로 시스템의 상태는 전체적으로 안정적이라기보다는 국지적으로 안정적인 상태가 된다. 그러나 큰 섭동(perturbation)이 없는 한, 시스템은 대체끌개로 이동하지 않을 것이다. 실제로 이런 시스템의 상태를 우리가 직접 조사해본다고 해도 어떤 변화도 관찰할 수 없을 것이며 어떤 관측도 안정성 지형의 근본적인 변화를 검출해낼 수 없다. 조건이 좀 더 바뀌면 시스템이 놓인 평형 상태 주위의 견인영역(basin of attraction)이 점점 작아지다가(그림 2.6의 앞에서부터 네 번째 안정성 지형) 결국에는 없어진다(그림 2.6의 마지막 지형).[7] 이는 파국전환을 통하여 대체안정 상태로 시스템이 전이됨을 의미한다. 파국전환이 일어난 후에는 조건들이 이전의 수준으로 회복된다고 해도 시스템은 자동적으로 되돌아가지는 않을 것이며, 대신 이력 현상을 보이게 된다. 큰 섭

---

6)   폭주과정이란 시스템이 한쪽 방향으로 급속도로 변화하는 것을 의미한다. 예를 들어서 어떤 은행의 부실 소문이 돌기 시작하여 예금주들의 대량 인출 사태가 발발하는 상황을 폭주과정이라고 볼 수 있다. 그런데 자기 전파 폭주과정이란 폭주과정을 가속화하는 원인이 시스템 내부에서 강화되는 폭주과정을 의미한다. 앞서 예로 든 대량 인출 사태에서는 예금주 인출이 벌어지면서 부실 소문이 더욱더 널리 퍼지게 되는데, 폭주과정의 이런 속성을 '자기 전파(self-propagating)' 또는 '자기 강화(self-reenforcing)'라고 부른다.

7)   이 문장은 그림 2.6을 설명하고 있는데, 그림 2.6은 시스템의 조건이 점차 변하는 과정을 도식한 것이다. 앞쪽 그림에서 맨 뒤쪽 그림으로, 즉 조건이 증가하는 방향으로 변화해갈 때 시스템의 전환을 설명하고 있다. 여기서 두 번째, 세 번째, 네 번째 그림에는 공이 두 개 존재하는데 왼편의 공이 현재 시스템의 상태라고 간주하면 된다. 오른편의 공은 조건이 다시 감소할 때 이력 현상이 나타난다는 것을 설명하기 위해 나타낸 것인데, 공이 두 개라서 독자들이 오해할 소지가 있다. 공이 왼편에서 오른편으로 흘러간다는 것으로 보면 되고 각 공의 위치는 대체안정 상태를 나타낸다.

동이 없다면 시스템은 그 상태에 머물 것이며 조건이 더 변화하여 두 번째 지형의 조건(F_2)을 넘어서야만 이전 상태로 돌아갈 수 있을 것이다.

견인영역의 너비로 표현되는 회복력

실제 현실에서는 상황이나 조건이 고정되어 있지 않고 항상 변하기 마련이다. 기상이변이나 화재, 전염병의 발생 등과 같은 확률사건들로 인해서 시스템 외부 조건의 요동(fluctuation)이 발생될 수 있으며 나아가 시스템 상태의 직접적인 변화(예컨대 군집의 일부가 전멸하는 변화)가 발생될 수도 있다. 견인영역이 하나뿐이라면 이러한 사건들이 발생한다고 해도 시스템은 유일한 안정 상태[8]로 되돌아올 것이다. 그러나 대체안정 상태가 존재한다면 충분히 큰 섭동으로 인해 시스템이 다른 견인영역으로 이동할 수 있다. 이러한 전이가 발생할 가능성은 섭동의 크기뿐만 아니라 견인영역의 크기와도 관련이 깊다. 안정성 지형의 계곡 크기가 작으면 작은 섭동만으로도 공을 언덕꼭대기 너머로 밀어 멀리 옮겨놓을 수 있다(그림 2.6 참고). 그러면 시스템은 대체안정 상태로 전환될 것이다. 다른 대체안정 상태로 전환을 일으킬 수 없도록 하는 최대 섭동(maximum pertubation)을 생각해볼 수 있는데, 허용되는 이러한 최대 섭동은 계곡(견인영역)의 크기에 비례한다. 이러한 계곡의 크기를 이 책에서는 '회복력(resilience)'이라고 부르기로 한다. 회복력에 대한 자세한 설명은 홀링(Holling)의 연구[5]를 참고하기

---

8)　원문은 '본질적으로 같은 상태(essentially the same state)'다. 즉 시스템이 안정상태로 되돌아오더라도 시스템 구성요소들(예컨대 식물군락의 구체적 식물개체들)은 바뀌었을 수 있다. 이런 것을 감안한다면 시스템의 이전 상태와 나중 상태가 같다고 볼 수는 없지만, 안정상태의 속성 측면에서 본다면 시스템 전체의 상태는 본질적으로 같으므로 이렇게 표현한 것이다.

바란다. 회복력의 개념과 의미는 6장에서 더 자세히 다루도록 하겠다.

안정 상태가 여러 개 존재하는 시스템의 중요한 특징으로는 조건의 변화가 견인영역의 크기를 줄일 수 있다는 점인데, 이렇게 점진적으로 변하는 조건들은 시스템의 상태를 변화시키지 않는다는 점에 주의해야 한다(그림 2.6 참고). 이렇게 손실된 회복력으로 시스템은 확률적으로 발생하는 사건에 더 민감해지게 되는데, 이는 시스템이 대체안정 상태로 쉽게 옮겨갈 수 있다는 것을 의미한다. 시스템의 큰 전이는 작은 사건으로 인해 발생할 수 있다. 예를 들어, 한낱 가뭄에 의해 고대문명이 몰락할 수도 있으며 악한 지도자 하나 때문에 심각한 국가간의 분쟁이 야기될 수도 있다. 허리케인에 의해 호수 전체가 혼탁한 상태로 전환될 수 있고, 유성 때문에 공룡이 멸종하고 포유류가 번성했을 수도 있다. 기후, 오염, 지형(land cover), 빈곤, 개발압력(exploitation pressure) 등의 점진적 변화에 의해 시스템이 붕괴될 수도 있다는 것은 직관적으로 이해되지는 않는다. 그러나 직관이 항상 맞는 것은 아니며, 바로 그러한 경우 때문에 명확하고 좋은 시스템 모형이 필요한 것이다. 나중에 자세히 설명하겠지만, 확률적 섭동(stochastic perturbation)을 조절하는 것보다 회복력을 조절하는 것이 더 쉽다. 경영 시스템에서는 회복력에 기초한 경영방식을 도입하고 있기도 하지만, 다른 분야에서는 대부분 회복력을 조절하기 위해서는 패러다임을 혁신적으로 변화시켜야 한다. 회복력을 결정하는 메커니즘은 3부에서 논의할 예정인데, 이를 이해함으로써 시스템의 원하지 않는 전이를 방지하는 방법을 찾을 수 있을 것이다. 또한 바람직한 시스템의 변화, 예컨대 빈곤의 덫에서 벗어나거나 혼탁한 호수를 깨끗한 상태로 바꾸는 것과 같은 전환을 촉진시키는 방안도 모색해볼 수 있을 것이다.

점진적 반응에서 파국에 이르는 연속적 변화

문제는 시스템의 안정성 특성(stability property)을 일반화할 수 없다는 것이다. 예를 들면, "호수가 혼탁한 상태로 파국전환되는 임계영양 수준(critical nutrient level)은 인(phosphorus)이 0.1mg/L인 경우다."라고 단언할수 없다는 것이다. 사실 호수는 "대체안정 상태에 놓여 있다."고 단언할수도 없다. 전문용어로 말하면, 임계쌍갈림 점(critical bifurcation point; 예컨대 그림 2.6의 F_1과 F_2)의 위치는 모형의 다양한 매개변수에 의해 결정되는데, 실제로 이들 문턱값들이 고정된 값이 아니라는 것이다. 예컨대 얕은호수가 깨끗한 상태에서 혼탁한 상태로 전환되는 임계영양분의 수준은 호수 크기에 따라 달라질 수 있는데, 보통 작은 호수보다 큰 호수의 임계영양 수준이 낮다.[6] 바꾸어 말하면 이는 시스템의 임계전이를 방지하기 위한한계조건이 고정된 값이 아니라는 것을 의미한다.

마찬가지로 시스템의 이력 현상 정도도 시스템마다 다를 수 있다. 예를 들어 얕은 호수는 영양 수준에 대해 분명한 이력 현상(그림 2.4c 참조)을보이는 반면 깊은 호수는 점진적인 반응을 보인다(그림 2.4b 참조). 쌍갈림점들(그림 2.6의 F_1과 F_2)이 점점 가까워지면 이른바 '여차원이 2인 점(co-dimension-2 point)'에서 합쳐져서 없어진다. 이 특별한 점은 쌍갈림 점들이 가까워짐에 따라 형성되는 뿔 모양의 첨점(cusp; 그림 2.7 참조)이다.[7] 첨점은 파국변화와 점진적 변화의 경계를 나타내는데, 첨점을 지나 주름이사라지면 어떤 대체끌개도 나타나지 않으며 이런 상황에서는 조절매개변수(그림 2.7에서 매개변수 2)에 대한 반응이 항상 매끄러운 곡선 형태로 나타난다. 따라서 외부 조건에 대한 시스템의 반응이 연속 스냅사진처럼 나타난다(그림 2.4의 a, b, c를 말함). 양의 피드백은 보통 문턱 반응(threshold response)을 발생시키는데, 피드백이 적절한 경우에는 점진적인 반응

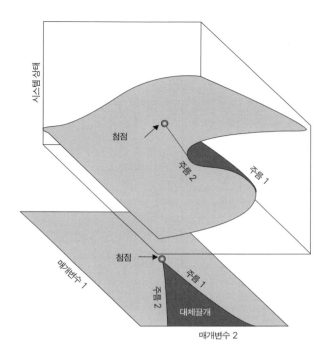

그림 2.7　점진적 전환에서 파국전이로 바뀌는 도식모형. 주름 쌍갈림 선 두 개가 만나 없어지는 곳에 있는 첨점은 매개변수 2에 대한 시스템의 반응이 변화되는 지점을 나타낸다. 즉 파국전환이 존재하는 시스템과 점진적으로 변화되는 시스템의 경계를 나타낸다.

을 보이지만(그림 2.4a) 피드백이 점차 강해지면 문턱 반응이 나타나고(그림 2.4b), 피드백이 더 강해지면 반응곡선에는 파국주름(catastrophic fold)이 나타난다(그림 2.4c).

　또한 어떤 시스템에서 대체끌개의 개수는 원칙적으로 정해져 있지 않다는 사실에 주의해야 한다. 일반적으로 복잡한 시스템의 안정성 지형에는 다양한 크기의 많은 견인영역이 존재할 수 있다. 대체안정 상태가 두 개가 되는 과정과 마찬가지로, 어떤 조건(예컨대 온도)이 점진적으로 변함으로써 견인영역의 크기가 변경될 수 있고 이로 인해서 다른 견인영역이 사라지는 등 안전성 지형이 변화될 수 있다. 또한 시스템은 요동이 발생함에 따라 작은 견인영역으로부터 빠져나와 더 회복력이 높은 상태에 머물게 된다. 이 모형은 여전히 이상적인 상황을 가정한 것에 불과하며 더 발전시켜야 한다. 먼저 대체안정 상태를 생성하는 메커니즘을 몇 가지 살펴보자.

2 | 몇 가지 메커니즘

시스템을 대체안정 상태로 전이시키는 메커니즘은 여러 가지가 있을 수 있다. 이런 현상과 동역학을 잘 이해하기 위해서는 구체적인 사례를 면밀히 살펴보아야 한다. 여기서 예시할 몇 가지 사례들은 완벽히 이해하기에 힘들 수도 있지만 구체적 사례를 통해서 피상적인 직감(안정성 지형과 카누 전복 사례로부터 얻은 것과 같은 직감) 이상의 것을 얻을 수 있을 것이다. 이런 현상을 컴퓨터로 분석하기 위한 공식이나 힌트는 부록에서 찾아볼 수 있으며 국면전환(regime shift)에 관한 다양한 예는 2부에서 다룰 예정이다.

촉진

대체안정 상태를 발생시키는 핵심 요인은 시스템을 한 방향으로 몰고 가는 양의 피드백이다. 양의 피드백은 자연계에서 흔히 찾아볼 수 있다.[8] 생태학 분야에서 양의 피드백을 발생시키는 가장 중요한 메커니즘은 촉진(facilitation)이다. 생태학자들은 주로 경쟁이나 약탈과 같은 부정적인 상호작용(음의 상호작용)에 관심을 갖고 있지만 유기체가 다른 유기체의 생존에 긍정적인 효과(양의 효과)를 보이는 조건들도 또한 찾아볼 수 있다. 이러한 촉진에 관한 연구는 생태계의 계승(succession)에 관한 초기 연구에서 주로 나타나는데, 이전에 존재했던 종은 현존하는 종의 출현에 필수적인 역할을 했다는 것이다. 지난 수십 년 동안 이 주제는 파묻혀 있었으나 최근 다시 촉진에 대한 관심이 높아지고 있다. 경쟁(competition)은 보통 양호한 조건에서 보편적으로 나타나는 반면, 촉진은 열악한 환경에서 흔히 발견할 수 있다는 것이 실험적으로 입증되었다.[9] 이러한 현상은 식물계에서 주로 나타나는데,[10] 이 현상이 꼭 식물계에만 국한되는 것은 아니다. 주위 환경이 열악하다면 촉진 효과가 클 경우 대체끌개를 초래할 수도 있다.

예를 들면 건조한 환경에서는 키가 큰 식물의 그늘 부분에서 기온이 상대적으로 낮고 습도가 더 높아지며, 따라서 개선된 미기후(微氣候, micro-climate)[9]를 보이게 된다. 건조한 환경에서는 묘목들이 이러한 보모식물(nursing plant)[10]의 차광막(canopy) 아래서만 생존할 수 있다. 다 자란 나무의 차광막으로 인한 보호 효과로 안정 상태를 이루긴 하지만 완전히 황폐한 환경에서는 식물이 자라기 시작하는 것 자체가 어렵다.[11] 습기와 식물성장 사이의 피드백은 훨씬 더 큰 규모에서 발생할 수도 있는데, 사헬 지역이나 아마존 지역과 같은 일부 지역에서는 식물성장이 강수량을 촉진시키는 것으로 알려져 있다. 이런 건조 지역에서 식물이 감소하면 식물성장이 유지되기 힘들 정도의 건조한 기후로 변할 수 있다(11.1절 참조).

---

9)　국소적 환경이나 지형의 차이 등으로 인해서 형성되는 국소 지역의 기후를 미기후라고 한다. 밭이랑 하나를 두고도 두렁과 고랑의 일조량이 달라질 수 있기 때문에 온도 차가 발생할 수 있는데 이렇게 차이를 보이는 기후를 미기후라고 한다(권오길, 〈권오길의 생물읽기 세상읽기 54: 미기후〉, 2011년 12월 19일자 《교수신문》 참고).

10)　식물군락이 형성될 때 미리 가서 환경을 개선하는 역할을 하는 식물을 보모식물이라고 한다(스티븐 해로드 뷰너, 박윤정 역, 『식물의 잃어버린 언어』, 나무심는사람, 2005년).

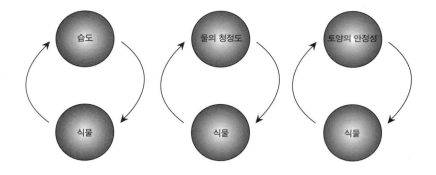

그림 2.8   식물성장에 필수적인 환경조건과 식물 사이에서 발생하는 양의 피드백.

침식방지는 식물이 환경을 적절하게 유지하는 또 하나의 방법이다. 비옥한 토양은 식물의 영향을 받으며 시간을 두고 형성된다. 식물이 소실되면 식물성장이 어려울 정도로 토양이 침식될 수 있다. 개펄은 해조류에 의해 유지되고 호수 침전물은 미생물에 의해 보호된다. 혼탁함과 침식은 유기체가 서식하는 것을 방해하기 때문에 초기 서식은 변화가 극히 적은 기간에만 일어날 수 있다.[12]

수중환경의 촉진을 잘 연구한 예로는 혼탁하고 얕은 호수에서의 수중식물의 발달에 관한 연구를 들 수 있다(7.1절 참조). 수중식물은 플랑크톤과 침전물이 과도하게 축적되는 것을 조절함으로써 호수의 혼탁도를 감소시킨다. 한편 수중식물이 충분한 빛을 얻기 위해서는 혼탁도가 낮아야 한다. 결과적으로 식물이 감소하면 혼탁도가 증가하고 수중식물의 재군집화(recolonization)가 저하된다.

요약하면 식물은 자신의 성장조건에 양의 효과를 줄 수 있는 다양한 방법들을 지니고 있다(그림 2.8 참조). 이것이 시스템의 대체안정 상태(식물이 있는 상태와 식물이 없는 또 하나의 상태)를 유발한다는 것은 직관적으로

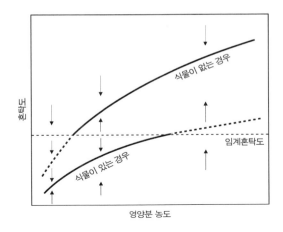

그림 2.9　임계혼탁도가 초과되어 수중식물이 소멸해 나타나는 대체평형 혼탁도 모형(자세한 설명은 본문을 참고하기 바람). 화살표는 시스템이 두 개의 대체안정 상태를 벗어나 있을 때 변화되는 방향을 나타낸다.[13]

이해된다. 그러나 실상은 그것보다 좀 더 복잡하다. 첫째, 대체평형은 피드백 효과가 충분히 강해야만 일어난다(14.3절 참조). 둘째, 각 상태의 안정성은 기후나 영양분 조건과 같은 외부 요인이 변하면 사라질 수 있다(그림 2.6 참조).

　어떻게 안정성을 잃게 되는지 보기 위해 영양부하(nutrient loading)에 대한 얕은 호수의 반응 모형을 살펴보자(그림 2.9 참조). 비료 사용이나 폐수 유입으로 호수의 인과 질소의 농도가 높아지면 부영양화가 발생해 호수는 혼탁해진다. 그 이유는 영양분이 물을 초록색으로 뿌옇게 만드는 미세 플랑크톤의 성장을 촉진하기 때문이다. 이러한 부영양화 과정(eutrophication process)은 점진적일 수도 있지만 얕은 호수의 경우에는 맑은 상태에서 혼탁한 상태로 갑자기 변할 수 있다(상세한 내용은 7.1절 참조). 이 과정은 호수에 관한 세 가정을 기반으로 한 간단한 모형으로 설명될 수 있다.

이 세 가지 가정은 (1) 혼탁도는 증가된 플랑크톤이 성장함에 따라 영양분 농도와 함께 증가하고 (2) 식물은 호수의 혼탁도를 줄이며 (3) 호수가 임계혼탁도를 넘어서면 식물은 소멸된다는 것이다.

처음 두 가정을 설명하려면 두 개의 다른 영양분 수준 함수를 이용하여 평형 상태의 혼탁도를 나타내면 되는데, 하나는 수생식물이 지배적인 상황을 나타내고 다른 하나는 식물이 없는 상황을 나타낸다. 그림 2.9에서 볼 수 있는 것처럼 임계혼탁도 이상에서 수생식물은 사라지게 되고 이 경우는 그림에서 위쪽 평형곡선에 해당한다. 임계혼탁도보다 낮으면 아래의 평형곡선을 따른다. 흥미로운 것은 중간 영양 수준의 영역에서는 두 개의 대체평형이 존재한다는 것이다. 하나는 수생식물이 존재하는 평형이고 다른 하나는 식물이 없는 혼탁한 상태의 평형이다. 매우 낮은 영양 수준에서는 수생식물이 많은 상태의 평형만 존재하는 반면 매우 높은 영양 수준에서는 수생식물이 없는 평형만 존재한다.

이 도식적인 모형에서 안정과 불안정에 의해 형성된 지그재그 곡선은 그림 2.4c 및 그림 2.6의 안정성 지형의 아래에 투영된 곡선에 대응된다. 이 모형은 비록 단순하긴 하지만 시스템이 환경적 변화에 반응하여 이력 현상과 파국전환을 야기시킬 수 있음을 이해하는 데 도움을 준다. 낮은 영양 수준으로부터 출발하여 영양분 농도를 점진적으로 증가시키면 수생식물이 소멸되는 임계혼탁도에 이를 때까지 호수는 아래쪽 평형곡선을 따르게 될 것이다. 그러다가 아래쪽 곡선의 점선 부분에서는 위쪽 평형곡선으로 도약이 발생한다. 다시 수생식물이 서식하는 상태로 회복되기 위해서는 영양 수준이 임계혼탁도에 도달할 때까지 낮아져야만 한다. 대체안정 상태가 존재하는 영양 수준의 양 끝점[11]에서는 평형곡선 중 하나가 임계혼탁도와 맞닿아 있다. 이 지점은 시스템의 회복력이 감소되는 지점으로서, 이

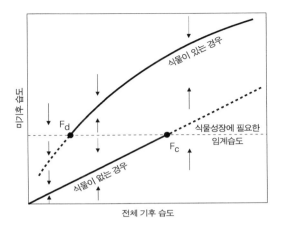

그림 2.10　　건조 지역의 도식모형. 건조지역에서는 식물이 제공하는 양의 피드백으로 인해 미기후 조건의 대체상태가 발생한다.

근처에서는 작은 섭동(perturbation)만 발생해도 시스템은 임계경계선을 넘어서 대체평형으로 전환된다.

　다른 상황에서도 이와 유사한 도식적 모형을 발견할 수 있다. 예를 들어 건조 지역에서 식물이 미기후의 습도 조건을 개선하는 경우도 그러한데, 이 경우에도 시스템은 기후를 바꾸기 위하여 이력 현상적(hysteretic) 방법으로 반응한다(그림 2.10 참조). 얕은 호수 모형과 마찬가지로 필요한 가정을 적으면, (1) 미기후의 습도 조건은 전체 기후의 습도 조건과 함께 증가하고 (2) 식물은 미기후의 습도를 개선하며 (3) 식물은 미기후의 임계습도 이하에서 소멸된다는 것이다.

---

11)　　그림 2.9에서 임계혼탁도(가로 점선)와 두 개의 평형곡선(실선)이 만나는 두 지점을 의미한다.

분명히 이들 모형은 매우 이상적인 상황을 가정하고 있다. 이들 모형에서 가장 비현실적인 가정은 임계조건(예를 들면, 임계혼탁도나 미기후의 임계 습도)에서 식물이 완전히 소멸할 것이라는 가정이다. 실제로는 지형에 공간적인 불균일성이 존재하기 때문에 장소에 따라 식물성장이 가능할 수도 있다. 호수의 경우를 예로 들면 물의 혼탁도가 동일하다고 해도 얕은 곳에 있는 수중식물은 햇빛을 쉽게 얻을 수 있다. 마찬가지로 건조한 지형에서도 계곡은 보통 습하기 때문에 식물성장에 유리하다. 이러한 불균일성으로 인해서 어떤 곳의 식물은 다른 곳보다 더 빨리 소멸될 수 있다. 피드백의 강도와 마찬가지로 이러한 지형변화는 대체평형의 존재 여부 및 이력현상의 크기를 결정하는 데 중요하다. 자세한 내용은 호수(7.1절 참조)와 지구 생태계(11.1절 참조)에 대한 사례연구에서 더 논의할 예정이다.

대체평형은 또한 자원 난개발(overexploitation) 때문에 발생할 수도 있다. 잘 알려진 예로 어류의 남획과 과잉방목을 들 수 있다. 생물학자 노이마이어(Noy-Meir)[14]는 건조한 지역에서 과잉방목의 위험[12]을 분석하기 위해 간단하지만 훌륭한 도식적 방법을 소개했다. 기본 아이디어는 식량집단(food population)의 생산량과 소비량을 같은 그래프에 나타내는 것이다(그림 2.11 참조). 그러면 이들 둘(생산과 소비) 사이의 차이는 식물 집단의 순 성장으로 해석할 수 있다.

식량집단의 밀도에 대한 식량집단 생산량을 그래프로 나타내면 최적조건을 찾을 수 있다. 이 식량집단의 로지스틱 성장 곡선에 관한 자세한 설

---

12) 건조한 지역에서 과잉방목을 하게 되면 목초지가 완전히 소실되는 상황이 생겨날 수 있다. 건조지에서는 목초지의 존재 자체가 습도와 양의 피드백을 형성하여 목초지 환경이 유지되는데, 과잉방목으로 목초지의 모든 식물이 사라지면 더 이상 양의 피드백을 형성하지 못하게 되고 그 자체가 사라진다.

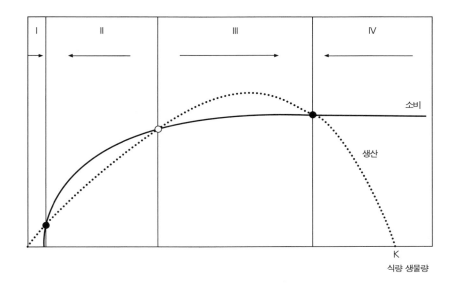

그림 2.11   식량집단의 안정화를 분석하기 위한 도식모형. 두 곡선의 교점에서는 소비량과 생산량이 동등하며 식량집단은 평형상태에 있다. 화살표는 식량집단 생물량이 그 구간에서 증가할 것인지, 감소할 것인지를 나타낸다. 흰색 원으로 표시된 지점에서는 조금만 벗어나도 화살표 방향으로 이동하게 되어 있으므로 흰색 원으로 표시된 교점은 불안정 평형상태를 나타낸다.

명은 부록을 참고하기 바란다(A.1절 참조). 생산 곡선을 간단히 설명하면, 집단밀도가 낮은 경우에 식량 개체들은 쉽게 번식하고 증가하지만 개체의 수가 워낙 작기 때문에 전체 생산량은 여전히 낮다. 반면에 집단밀도가 높으면 환경의 수용능력 한계와 과도한 경쟁 때문에 식량집단의 성장은 줄어들고 전체 생산량은 낮게 된다. 소비곡선의 모양 또한 직관적으로 쉽게 이해할 수 있는데, 낮은 식량밀도에서는 소비자에 의한 식량의 포획이 상당히 어렵기 때문에 소비는 0으로 떨어진다. 높은 식량밀도에서는 각 소비자의 최대 소비율로 수렴하게 된다. 자세한 설명과 공식은 부록을 참고하기 바란다(A.3절 참조).

생산곡선과 소비곡선은 세 점에서 교차할 수 있는데(그림 2.11 참조), 이들 교점에서는 생산과 소비가 균형을 이루고 있으므로 이들 교점은 평형 상태를 나타낸다. 생산량이 소비량보다 크면 식량집단은 증가할 것이고(I과 III 구간), 소비량이 생산량을 추월하면 식량집단은 감소할 것이다(II와 IV 구간). 따라서 두 번째 교점(그림 2.11의 흰색 점)은 불안정 평형 상태가 된다. 시스템이 이 상태에 있다면 마치 언덕 꼭대기에 있는 공처럼 작은 교란에 의해 어느 한쪽의 안정평형 상태로 전환될 것이다. 이 교점은 생산량이 매우 저조한 난개발 상태로 시스템이 붕괴하는 구분점을 나타낸다.

이 그래프에서 소비자의 밀도 증감을 고려하여 교점을 추적하면 안정성 전환의 본질을 이해할 수 있다. 소비자 수가 증가함에 따라 총 소비량이 증가하므로 소비곡선의 포화 수준은 소비자 밀도에 비례해서 증가할 것이다(그림 2.12 참조). 가장 낮은 소비자 밀도(가장 아래 곡선)에는 단 하나의 평형 상태만 존재한다. 소비자 밀도가 점차 증가하면 이 평형 상태는 왼쪽으로 이동한다. 식량밀도는 감소하지만 생산량은 증가하는데 이러한 증가는 소비곡선이 생산곡선과 교차하기에 너무 높아질 때까지 계속된다. 소비자 밀도가 증가함에 따라 평형 상태는 불안정한 구분점과 만난 후에 사라진다.[13] 결국 시스템은 난개발된 상태로 붕괴된다. 일단 이런 붕괴가 발생한 후에는 생산적인 상태로 회복하기 위해 소비자 밀도가 감소된다고 해도 시스템은 이력 현상을 보이게 된다.[14] 시스템은 소비곡선의 왼쪽 교점들이 모두 없어질 때까지 여전히 낮은 식량밀도의 난개발 평형 상태

---

13)　여기서 말하는 평형상태는 그림 2.12의 가장 우측에 있는 회색 교점을 말하며 불안정한 구분점은 가운데 있는 흰색 교점을 말한다. 그림 2.12에서 볼 수 있는 바와 같이, 소비자 밀도가 높아지게 되면 이 두 교점이 점점 가까워지다가 사라진다.

1부 임계전이 이론

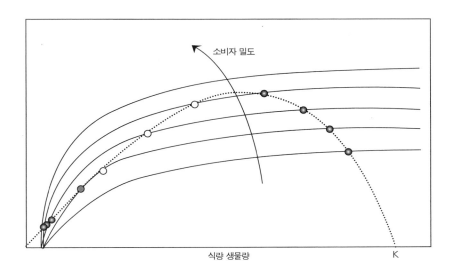

그림 2.12　소비자 밀도에 따른 식량 생물량의 변화모형. 소비자의 밀도에 따라 소비가 증가한다. 생산 곡선과 소비곡선의 교점은 안정 평형점 및 불안정 평형점을 나타내는데, 소비가 증가하면 교점 위치가 바뀌게 된다.

(overexploited equilibrium)에 머무르게 된다. 소비자 밀도가 감소하여 구분점이 다시 안정 상태와 만나게 되면 생산적인 상태로 회복된다. 소비자 밀도를 기준으로 세 평형의 위치를 나타내면(그림 2.13) 앞에서 논의한 파국곡선(그림 2.6)과 유사한 주름진 파국곡선(catastrophe curve)을 얻을 수 있다.

――――――

14)　그림 2.12의 곡선에서 소비자 밀도가 점점 증가하여 우측 회색 교점이 일단 사라진 후에는 좌측 회색 교점만 남게 된다. 즉 식량 생물량이 매우 작아지게 되는데 이 상태를 여기서는 붕괴상태라고 말한 것이다. 이 상태에서는 거꾸로 소비자 밀도가 감소하더라도 흰색 교점이 생겼다가 사라질 때까지는 좌측 회색 교점에 시스템이 머무르게 되는데 앞서 언급한 것처럼 이렇게 이전 상태를 유지하는 특성을 이력 현상(hysteresis)이라고 한다.

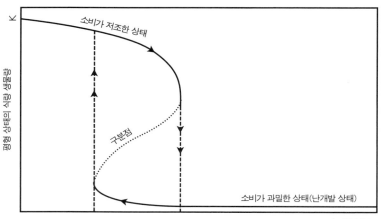

그림 2.13　　소비자 밀도에 대한 식량밀도 평형곡선. 곡선 중간에 있는 점선 구간은 시스템의 불안정 구분점(그림 2.12의 흰색 원)을 나타낸다. 소비자 밀도가 이러한 불안정 평형 구간 이내의 값으로 설정되면 시스템은 식량집단의 초기 밀도에 따라서 두 개의 대체안정 상태 중 하나로 이동하게 된다.

　　모든 개발이 대체평형을 유발하는 것은 아니다. 대체평형이 생기기 위한 중요한 선행조건은 소비자 수가 매우 적다고 하더라도 식량집단을 소비할 수 있을 정도로 그 소비효율이 높아야 한다는 것이다. 이 조건을 그림 2.11에서 살펴보면, 낮은 식량밀도에서 소비곡선이 상대적으로 가파르게 상승해야 한다는 것을 의미한다. 그래프의 좌측에서 소비곡선이 식량의 생산곡선보다 더 가파르게 올라가기만 하면 소비곡선은 생산곡선의 여러 지점에서 만날 수 있다. 이렇게 여러 교차점을 얻기 위해서는, 즉 다수의 안정 상태를 얻기 위해서는 다른 선결조건도 필요한데 이는 처음부터 식량집단이 너무 크지 않아야 한다는 것이다. 즉, 낮은 식량밀도에서 식량집단의 크기가 너무 커서 소비곡선이 이미 증가하고 있다면 여러 개의 안정 상태를 얻을 수 없다. 난개발의 수학적 모형은 부록을 참고하기 바란다(A.3

절 참조).

빈곤의 덫

경제 분야에서도 대체안정 상태를 유발하는 양의 피드백의 다양한 예를 발견할 수 있다. 인간 사회에서 가장 중요한 양의 피드백은 아마도 부(富)에 관한 것일 텐데, 이러한 양의 피드백은 부유한 상태와 빈곤한 상태를 대체 끌개로 만든다.[15] 전통적인 경제학 관점에서 부는 노력에 의해 결정된다고 본다. 즉, 누구나 충분히 열심히 일을 하면 부자가 된다는 것이다. 실제로 많은 성공 이야기를 보면 빈곤한 환경에서 열심히 일하여 큰 재산을 축적한 유명한 사람들 사례가 나온다. 그러나 불행하게도 이런 이야기는 '건강하게 늙은 골초 이야기'와 같다. 기회가 균등한 사회로 알려져 있는 미국에서조차 빈곤층 10%에 속하는 부모에게서 태어난 한 아이가 장성하여 계속 빈곤층에 머물러 있을 확률이 소득 수준 상위 10%인 부모의 아이들에 비해 24배나 높다.[16] 부의 양극성 국면(bimodal regime)은 개인 수준을 넘어서 다양한 수준에서 찾아볼 수 있다. 세상에는 빈곤한 나라와 부유한 나라가 공존하고 있으며 이러한 국면은 장기간 지속되어왔다. 마찬가지로 국가 내에서도 부유한 도시와 빈곤한 도시가 존재하며, 도시 내에서도 부유한 사람들과 빈곤한 사람들이 존재한다. 이러한 양극화 패턴은 전통적인 경제 이론으로는 설명하기 힘들다. 자유무역 이론에 따르면 교역 참여자들의 임금률(wage rate)은 평등해져야 한다. 그리고 임금률이 평균으로 회귀(regression to the mean)하는 특성이 있다면 불평등한 수입구조는 완화되어만 한다. 그러나 실제로 그런 일은 거의 발생하지 않는다. 최근 지속적인 빈곤을 설명할 수 있는 새로운 연구가 발표되었다. 이들 연구는 왜 빈곤한 경제 주체가 함께 발전할 수 없는지, 왜 부유한 경제집단이 부를 분배하는 데 실패하는지, 왜 빈곤한 사람은 자본을 축적할 수 없는지 등의 문제에 관해 연구해왔으며 이러한 현상들을 설명할 수 있는 '빈곤의 덫(poverty trap)'이 존재함을 다양한 수준에서 설명하고 있다.[11] 물론 이러한 모든 현상에는 다른 메커니즘이 존재한다. 예를 들어, 국가 수준에서는 부패와 범죄가 사회 전체를 빈곤한 상태에 빠뜨릴 수 있으며 빈곤해진 경제구조에서는 그 빈곤한 상태에서 탈출하기 위해 필요한 인적·물적 자본을 생산해내지 못할 수도 있다. 사회 수준에서는 양의 피드백이 이러한 권력 및 부의 불평등이 지속되는 원인일 수도 있다. 개인이나 가정 수준에서는 먹고살기에 너무 빠듯해서 교육이나 사업 투자는 엄두도 내지 못할 수도 있다. 빈곤의 덫에 관련된 주제는 복잡하다. 그러나 여러 모형이 공통적으로 예측하는 바에 따르면 빈곤의 덫에서 탈출하여 대체평형 상태인 부유한 상태로 도달하게 할 수 있는 빈곤의 문턱이 존재한다는 것이다(그림 2.14 참조).

얼음·알베도 피드백

광범위한 지역이나 전 지구적 규모로 나타나는 대표적인 양의 피드백 예로는 태양광 반사(reflection of incoming radiation)를 들 수 있다. 지표면의 눈(snow)과 얼음은 태양광을 반사함으로써 지표면 온도를 낮추게 된다. 앞서 언급한 것처럼 지표면 온도는 태양광 복사로 인한 열의 유입과 우주 공간으로 빠져나가는 손실열의 균형으로 결정된다. 지표면의 알베도(albedo; 반사율(reflectivity))가 높으면 태양광이 많이 반사되고 적게 흡수된다. 알베도는 오랜 시간에 걸쳐 크게 변할 수 있다. 예를 들어, 어떤 지역이 눈과 얼음으로 덮여 있다면 태양광 복사의 대부분은 반사되어 그만큼 차가워지며, 그 결과 눈과 얼음으로 덮이는 부분이 더욱더 넓어지게 된다. 물론

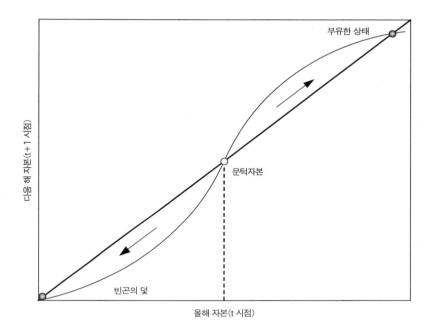

그림 2.14　빈곤의 덫을 설명하는 간단한 도식모형. 대각선은 t 시점의 자본이 다음 단계인 t+1 시점의 자본과 같게 되는 안정 상태를 나타낸다. S자 형태의 곡선은 빈곤의 덫이 존재하는 상황을 나타내는데, 문턱자본(흰색 점) 이하가 되면 빈곤의 덫(회색 점)으로 진행되는 것을 의미한다. 즉, 다음 해(t+1 시점)의 자본은 올해(t 시점)의 자본보다 더 적게 된다. 반면 문턱자본 이상에서는 부유한 상태로 자본이 축적된다.

반대로 지구 온난화가 발생하면 눈과 얼음이 적어지고 이로 인하여 더 짙어진 지표면은 더 많은 복사열을 흡수하게 되고 그 결과 온난화는 더 가속화된다. 기후변화 국제위원회(International Panel on Climate Change; IPCC)의 기후변화 예측 모형은 비록 정확하진 않지만 이러한 피드백을 반영하고 있다. 국지적 규모에서는 얼음·알베도 피드백이 특히나 더 중요한데, 북극해를 예로 들면 해빙이 녹아서 더 더워질 수 있고, 실제로 100년 이내에 급속히 해빙이 녹아버릴 것으로 예상되고 있다.[17] 과거에도 얼음·알베도 피드백은 지구온도 변화의 주요 증폭 요인이었다. 예컨대 빙하기에 발생한 온도변화 사이클도, 지구궤도의 주기적 변화에 따른 태양복사의 미세한 변화 때문인 것으로 추정할 수 있다. 그렇지만 기온이나 얼음으로 덮인 부분의 넓이 등으로 인해 발생되는 요동은 얼음·알베도 피드백의 증폭 효과와 더불어 지구 시스템의 내부 메커니즘도 고려해야 한다(8.2절 참조).

얼음·알베도 피드백은 주로 변화를 증폭시키므로 대체안정 상태를 발생시키는 않지만 과거를 돌아보면 주목할 만한 예외를 찾아볼 수 있다. 이론적으로 생각하면 피드백이 폭주과정을 유발할 것이라고 생각할 수 있다. 즉, 눈과 얼음이 많아지면 온도가 더 낮아지고 이로 인해서 눈과 얼음이 더 많아지며 마침내 전 지구가 얼게 될 것이다. 러시아의 기후학자 미하일 부디코(Mikhail Budyko)는 이것이 실제로 가능하다는 것을 이론적으로 예측하였다.[18] 그의 모형에 따르면 지구 표면의 약 절반 정도가 얼음으로 덮이면 임계문턱값을 넘게 되며 그 이후로는 피드백에 의해서 지구는 완전히 얼어붙은 행성으로 바뀐다는 것이다. 그러나 이 이론이 과학자들 사이에서 설득력을 얻지 못했던 이유는 과거에 지구가 이러한 상황에서 어떻게 탈출할 수 있었는지 이해하기 어려웠기 때문이다. 나중에 설명하겠지만 지구가 사실 아주 오래전에 '눈덩이 지구(snowball Earth)'였던 적이 있었다는 증거가 발견되었으며, 또한 가능한 탈출 메커니즘도 제안되었다(8.1절 참조).

3 | 요약

결론적으로 대체안정 상태는 여러 메커니즘을 통해 일어날 수 있다. 어떤 상태로 발달되는 과정의 기본 메커니즘은 보통 양의 피드백으로 설명할 수 있다. 양의 피드백을 통해 대체안정 상태가 발생될지 여부는 피드백의 세기에 따라 다르다. 이 장에서 예로 든 메커니즘은 실제 사례들의 일부에 지나지 않는다. 배가 전복되는 것이나 철이 부식되는 것 등, 물리학 및 화학 분야에 걸쳐 전반적으로 수많은 예를 찾아볼 수 있다.[19] 생태학의 경우에는 이 장에서 논의한 메커니즘 외에도 단순한 경쟁을 통해서도 대체안정 상태가 나타날 수 있는데(A.4절 참고), 예를 들면 포식자가 피식자와 자원을 공유하는 경우[20]나 자손의 천적을 제어하는 경우,[21] 집단이 여기저기로 조각난 서식지에 사는 경우[22]에도 대체안정 상태가 나타날 수 있다. 마찬가지로 진화[23]나 기후체계의 다양한 측면[24]에서 폭주전환(runaway shift)의 예를 찾아볼 수도 있다. 구체적인 사례는 2부에서 살펴보겠다.

대체안정 상태의 핵심은, 환경의 점진적 변화가 시스템의 회복력을 줄일 수 있으며 이로 인해서 시스템은 작은 섭동에 의해 대체안정 상태로 임계전이될 수 있다는 점이다. 이러한 임계전이는 예측하기 힘들 뿐만 아니라 일단 발생하면 되돌리기 어렵다.

3

우리는 앞장에서 안정 평형점(stable equilibrium point)과 불안정 평형점
(unstable equilibrium point)에 대하여 살펴보았다. 그러나 앞서 설명한 평
형점은 가장 단순한 형태의 끌개나 밀개[1]에 지나지 않는다. 충분히 긴 시
뮬레이션을 해보면 대부분의 동역학 시스템은 안정 상태로 수렴하기보다
는 반복적인 순환(cycle)이나 더 복잡한 동적 국면(dynamic regime)으로
접어드는 것을 볼 수 있다. 시스템 동역학에 관한 이론은 매우 넓기 때문
에 그 전체를 이해하기란 매우 어렵다. 그러나 임계전이라는 관점으로만
국한해서 본다면 이러한 모형이 수렴되는 불안정한 국면에는 여러 가지 유
형이 있다. 그 불안정성의 원인에는 두 가지가 있다. 첫 번째 이유는 대체

---

1) 끌개는 시스템이 시간이 지날수록 초기 상태와 관계없이 한 점으로 수렴하는 추상적 지점을 말하
고, 밀개는 그 주위의 모든 점들이 그 점으로부터 밀려나가는 특정 지점을 말한다.

상태를 약화시키는 메커니즘이 둔하기 때문에, 시스템은 임계전이 상태로 들어왔다가 나가는 상황을 반복하기 때문이다. 두 번째 이유는 다음과 같다. 내부에 나타난 순환이나 카오스에 의한 요동 정도가 너무 크면, 이로 인해서 시스템은 견인영역[2]의 경계를 넘어가게 된다. 이것으로 인하여 대규모의 전환이 일어나서 새로운 대체끌개, 예를 들면 안정적·순환적·카오스적인 특성을 가진 끌개가 나타난다. 이러한 순환 현상은 외부적인 섭동에 의해서도 발생할 수도 있다.

1 | 한계순환

시스템의 안정점(stable point)을 대치할 수 있는 가장 단순한 대안은 한계순환(limit cycle)이다. 한계순환은 동역학의 근본 요소이므로 반드시 이해해야 한다. 시스템의 초기 상태는 달라도 시간이 지남에 따라서 그 시스템에는 반복되는 패턴이 지속적으로 나타나는데 이것을 한계순환(limit cycle)이라고 말한다. 한계순환은 여러 가지 메커니즘을 통해 발생할 수 있다. 예를 들어 어떤 조절(regulation) 작용이 시간 차이를 두고 일어나는 경우에 한계순환이 쉽게 나타난다. 이런 메커니즘은 경제학 분야에서 쉽게 찾아볼 수 있는데 특정 상품의 시장가격과 생산량 사이에 나타나는 순환이 좋은 예이다. 예를 들어, 시장에 출하된 돼지의 수가 적으면 가격은 올라간다. 이 오른 가격 때문에 농부들은 돼지를 좀 더 키우려고 할 것이고, 그에 따라 시간이 지나면 시장에 공급되는 돼지는 다시 많아져 가격은

---

2)   하나의 끌개 지점으로 수렴되는 점들의 영역. 예를 들어, $x_1 \cdots x_n$의 모든 점에서 시작한 움직임이 a_x라는 끌개로 최종적으로 수렴된다면 이 x_i의 점집합으로 구성된 지역은 견인영역이라고 할 수 있다.

하락할 것이다. 따라서 이 상황을 경험한 많은 농부들은 다시 돼지 사육을 포기할 것이므로, 그 때문에 돼지 수는 부족해져 시장에서의 돼지고기 가격은 다시 상승하고, 이 과정은 반복된다.

한계순환의 예로 가장 잘 알려진 것은 먹이(또는 식량)와 소비자 사이에 발생하는 순환이다. 동역학 분야에서 이 순환을 '포식자 · 피식자 순환(predator-prey cycle)'이라고 부른다. 이 상황을 생물학적으로 설명하면 다음과 같다. 만일 포식자 집단이 피식자 집단을 거의 다 잡아먹어버리면 포식자들에게 허용되는 식량은 크게 부족해질 것이고, 그 때문에 많은 포식자들은 도리어 굶어죽게 된다. 이후 포식자가 줄어들어 그들의 위협과 경쟁으로부터 자유로워진 피식자는 번식과 성장에 유리한 조건에 놓이게 된다. 결국 남은 포식자들에게 허용되는 식량(피식자)의 양은 풍부해지고, 이에 따라서 포식자의 수도 크게 증가하게 된다. 이 때문에 늘어난 포식자 집단은 다시 거의 모든 피식자를 먹어치우게 되고 이 과정은 순환적으로 반복된다.

자연계에 존재하는 모든 포식자(소비자)와 피식자(식량)의 상호작용에 순환이 나타나는 것은 아니다. 이 때문에 연구자들은 어떤 조건에서 안정적 평형 상태가 순환 상태로 변하는지에 대해 관심이 매우 많았다. 고전적인 논문에 따르면 환경이 좋아짐에 따라서 안정적 평형 상태가 순환적 끌개로 바뀐다고 설명하고 있다.[1] 한편 특정 집단의 개체수가 아주 작은 경우에는 순환 때문에 도리어 종의 멸종 위기가 찾아오기도 하는데, 이것은 나아진 환경이 도리어 종의 멸종을 일으킨다는 풍요의 역설(paradox of enrichment)로 설명된다.[3]

'포식자 · 피식자 순환'을 설명하는 수학적 모형은 부록(A.6절 참조)에 제시되어 있다. 이 개념은 이전에 설명한 남획, 난개발(overexploitation)[4](그림 2.13 참조)에 대한 그래프 모형으로 쉽게 설명된다. 이러한 모형은 소비자 집단의 밀도가 조절 가능한 상수(constant)라는 가정하에 만들어졌다. 그 결과 시스템은 초기 조건에 따라 파국주름(catastrophic fold)[5]으로 분리된 두 개 지역의 안정 상태 중 하나로 수렴하게 된다(그림 3.1 참조).

자연계에서는 소비자 집단들의 크기를 불변하는 상수로는 볼 수 없다. 집단의 크기는 식량 가용성(availability)의 함수로 표현될 수 있는데 그에 따라서 증가하거나 감소한다. 가장 간단한 가정은 소비자 집단을 유지하는 데 필요한 최소한의 임계식량밀도가 있다는 것이다. 만약 식량밀도가 이 문턱값 아래로 떨어지면 소비자 집단은 줄어들게 된다. 반대로 식량밀도가 임계 수준을 넘어서면 소비자 집단은 증가할 것이다. 이러한 임계식량밀도를 그래프로 나타내면, 집단의 감소영역과 증가영역을 분리하는 평형곡선이 만들어진다(그림 3.2 참조).

자기 반복하는 임계전이로서의 순환

동역학을 구성하는 두 변수가 있을 때 한 변수가 다른 변수보다 더 빠르게 변하면[2] 순환이 발생한다. 예를 들어, 느린 소비자 집단과 빠른 식량 사이

---

3) 가령 어떤 소수의 집단이 있을 때 환경의 풍요로움으로 그것을 먹이로 하는 피식자가 갑자기 늘어나서 그 개체군을 모조리 먹어치울 수 있다. 이 때문에 소수 종은 환경이 좋아져서 피식자가 늘어나는 상황이 생존에 오히려 더 불리할 수도 있다.

4) 과도하게 생물을 잡거나 의도적으로 농작물을 늘리기 위하여 과도하게 환경을 개발하는 현상. 예를 들어 작은 물고기까지 모두 잡거나 열대우림을 파괴하고 화학비료 등을 투입하여 무리하게 곡물생산량을 늘리는 과정을 가리킨다.

5) 두 개의 변수를 가진 어떤 시스템의 변화를 보면 한 변수가 변함에 따라서 다른 변수에 불연속적인 급변의 상황이 발생한다. 그림 3.1에서 보면 개체수가 늘어나서 식량이 줄어들게 되면 그로 인하여 굶어죽는 개체수가 갑자기 늘어나고 그 때문에 포식자의 감소로 말미암아 먹이는 늘어난다.

1부 임계전이 이론

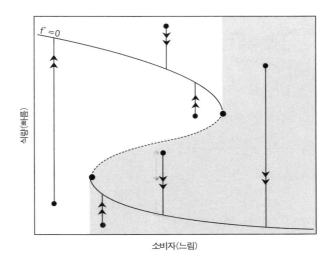

그림 3.1 소비자(그림 2.12 참조) 밀도와 그들에게 제공되는 식량의 상호작용을 표시한 그래프. 집단의 평형 생물량($f'=0$)으로 나타나 있다. 소비자 밀도는 식량 가용량에 의해 결정된 종속변수가 아니라 식량의 양 자체를 조절하는 상수로 간주되어야 한다.◆

에서 보이는 상호작용은 그림 3.2와 같은 그래프로부터 쉽게 이해될 수 있다. 이 그래프가 인위적으로 보이듯이 생태계에서의 실제 변화정도는 모형과는 크게 다르다. 만일 우리가 빠른 변화나 매우 느린 장기적 변화를 모두 현장답사를 통하여 조사하려고 한다면 변화율에서의 차이는 연구에 문제가 된다.[6] 시뮬레이션 모형에서 진행률의 차이 때문에 실험은 좀 까다

◆ 포식자(x)와 피식자(y)의 양을 공간상의 한 점(x, y)으로 나타내면 시스템의 상황은 위 그래프에서 한 점에 대응된다. 이 상황에서 시스템의 초기 상태가 회색 영역에 있다면, 시간이 지남에 따라서 시스템 아랫부분의 경로로 수렴하고, 왼쪽의 밝은 영역에서 시작한다면 위쪽에 있는 경로를 따라서 검은 점 위치까지로 수렴한다.

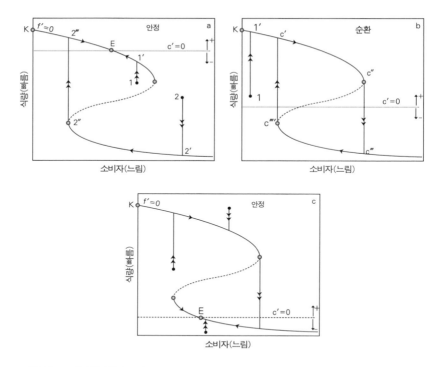

그림 3.2 식량 동역학이 소비자 동역학보다 훨씬 빠르다고 가정한 소비자와 식량집단 사이의 상호작용 동역학. 일반적으로, 소비자(또는 포식자)는 이러한 그래프에서 수직 축에 그려진다는 것을 주의해서 보자.

로울 수도 있다. '빠르고 느린' 환경변수로 조합된 식은 초기 조건에 따라서 전혀 다른 결과가 나타나는 수치 불안정 미분방정식(stiff equation)[7]을 푸는 문제가 된다. 반면, 변화의 시간척도에서의 큰 차이는 모형연구에 이

---

6)　　　몇 달 만에 발생하는 상황은 관찰이 가능하지만 수십 년이나 수백 년에 걸쳐서 변화하는 변화를 관찰하여 이것을 빠른 변화와 연관 지어 보기에는 현실적인 어려움이 있다.

7)　　　수치해석적 기법으로 미분방정식을 풀려고 할 때, 초기 조건의 작은 변화에도 전혀 다른 결과가 나타나는 미분방정식의 한 종류로 계산과정이 매우 까다롭다.

1부 임계전이 이론

점으로도 작용될 수 있다. 만약 빠른 변화에만 우리가 집중하고자 한다면, 둔감한 변수는 단순화된 고정값, 즉 상수로 놓고 접근해도 큰 문제는 없다. 이와 반대로 우리가 특정 변수의 둔감한 진행에만 집중하고자 한다면 빠른 진행은 느린 변화의 관점으로 본다면 한순간에 반응을 나타내는 셈이 되므로, 이 문제는 유사정상 상태(quasi-steady-state)의 해를 가진 동역학 문제로 바꿔서 풀 수 있다. 시스템의 어떤 요소가 순환을 만들어내는지를 분석하기 위해, 우리는 소비자 변화율과 식량 변화율 사이의 차이가 매우 크다고 가정하고 이 문제에 접근한다. 이 접근법을 느리고 빠른(slow-fast) 접근방법이라고 부르기로 하자.[8]

느리고 빠른 변화상황을 궤적을 이용한 그래프로 나타내보자. 첫째, 소비자의 성장을 위해 필요한 임계식량밀도가 상대적으로 높은 경우의 예(그림 3.2(a) 참조)를 살펴보자. 만일 점 1에서 출발을 한다면 식량집단은 주어진 소비자 밀도에 비해서 충분하므로 수직선을 따라 진행하여 1′이 위치한 높은쪽 가지(branch)에 도달하여 평형을 유지한다. 이 경우 소비자 동역학은 매우 둔하다. 즉, 충분한 식량에 비해서 소비자의 개체수가 그에 따라서 즉각적으로 늘어나지는 않기 때문에 궤적은 수직을 이룬다.[9] 그 점(느린 소비자가 성장하기에 충분한 식량이 있으므로 빠른 식량집단이 시스템의

---

8) 두 개의 요소가 상호작용하는 어떤 시스템에서 이 두 변수의 변화가 보여주는 시간척도가 크게 다르다는 것이다. 예를 들어, 특정 나무를 갉아먹는 해충의 문제로 볼 때 해충의 개체수는 연도에 따라 크게 늘어나거나 크게 줄어드는 데 비하여(빠른 변화) 이에 대응하는 나무의 숫자는 매우 둔감하게 반응한다(느린 변화). 솔잎혹파리의 수가 두 배 되는 데 일주일이 걸리는 데 비하여 산의 소나무의 개체수가 같은 정도의 크기로 두 배가 되는 것에는 수십 년이 걸린다. 즉 일주일만에 두 배의 개체수가 증가하는 변수(해충)와 아름드리 소나무의 개체수가 두 배 되는 데 걸리는 시간을 일주일의 수만 배의 시간이 소요된다. 이 경우의 상호작용을 분석하기 위한 모형이 느리고 빠른 접근방법이다.

평형곡선을 따라 움직이게 되는 점)으로부터 시스템은 천천히 식량 평형곡선 ($f'=0$)을 따라 안정된 평형점 E로 이동할 것이다. 어떤 출발점으로 시작해도 그 상황은 모두 궤적을 따라와서 종국에는 점 E에서 끝나므로 이 지점은 시스템이 가지고 있는 유일한 끝개이다. 또 하나의 예는 점 2에서 출발하는 궤적이다. 그곳에서 출발한 점은 $2'$의 위치로 빠르게 움직이고, 식량집단($2''$)에 존재하는 쌍갈림(bifurcation) 지점에 이르기까지 아래쪽의 안정한 경로를 따라 왼쪽으로 천천히 움직인다. 그 이후 쌍갈림 점에서 위쪽의 경로($2'''$)로 급격하게 전이를 한 후 그 위쪽의 경로를 따라서 움직여 E 지점에까지 다다르게 된다.

그런데 소비자 성장($c'=0$)에 대하여 식량 수준이 어떤 임계상황인 불안정한(점선으로 표시된 부분) 지역에 존재하는 식량 파국주름($f'=0$)과 교차하면 상황은 완전히 달라진다. 이 경우 시스템에는 수렴을 유도하는 어떠한 교점도 없다. 대신에 모든 궤적이 수렴되는 몇 개의 끝개 사이를 순환하는 과정을 보여준다(그림 3.2(b) 참조). 그림 3.2(b)는 점 1에서 출발하였을 때 느리고 빠른 변수의 상호작용으로 발생하는 순환적 궤적을 보여주고 있다. 즉 임의의 점으로부터 출발해도 시스템이 순환 c', c'', c''', c'''', c' 점 사이의 순환을 반복하는 것을 쉽게 볼 수 있다. 이것은 시스템이 안정한 경로[10] 사이에서 빠른 전이를 일으키고 있으며, 식량 평형곡선(c'에서 c'' 구간과 c'''에서 c'''' 구간)에서는 둔한 움직임을 보이고 있음을 나타낸

---

9)   예를 들어 100명의 아이들을 햄버거 400개가 있는 공간에 투입한다고 생각해보자. 아이들이 보통 햄버거 한 개를 먹는 편인데, 평균적으로 돌아가는 햄버거의 수가 네 개나 되므로 아이들이 더 열심히 나머지 햄버거를 먹어치우기 시작하여 그들이 섭취하는 평균 양은 1에서 4로 증가하게 되고 이것이 그래프에서 수직상승의 모습으로 나타난다. 아이들이 네 개의 햄버거를 먹는다고 해서 새로운 '아이'를 바로 '생산'하는 것은 아니기 때문에 아이들은 '느린 변수'에 해당된다.

다. 이 때문에 이런 현상을 느리고 빠른 순환이라 부른다. 자연계에서 볼 수 있는 느리고 빠른 순환들의 전형적인 예는 해충과 그 해충의 먹이가 되는 나무의 상호작용에서 나타난다. 새순을 갉아먹는 해충의 동역학은 그 것의 먹이가 되는 가문비나무의 동역학보다 훨씬 빠르기 때문에 북반구 수림지역에서는 해충(spruce budworm)[3]의 주기적인 창궐이 발생한다(11.3절 참조).

한계순환이 발생하는 세 번째 가능성은 임계식량밀도($c'=0$)가 파국주름(그림 3.2(c) 참조)의 아래쪽 경로(남획과 난개발로 인한)와 교차점을 가질 정도로 아주 낮은 경우이다. 이 경우의 교차점은 시스템에 존재하는 유일한 안정적인 끌개가 된다.

안정 상태의 파괴

우리는 앞절에서 시스템이 가진 성분의 평형곡선 모양과 교차점 위치에 따라 끌개로 안정화되거나 몇 개의 특정 상태로 계속 순환될 수 있음을 보았다. 한편 또 다른 매개변수가 평형곡선의 안정성에 영향을 줄 수 있다. 예를 들면 먹이의 양은 그대로이지만 먹이가 가진 영양분이 풍부해지는[11] 상황인데 이런 상황이 발생하면 식량이 먹여 살릴 수 있는 개체집단의 수용능력(carrying capacity, K)은 올라간다. 임계식량 수준($c'=0$)이 동일한 값에 머물러 있을 때, K값이 증가되면 파국주름의 높이가 올라가서 시스템은 안정 상태에서 불안정 상태로 바뀌게 된다. 그림 3.2에서 본다면 (a)에서 (b)로 그래프가 변화하는 것인데[12], 이것이 바로 '풍요의 역설(para-

---

10)   그림에서 아래와 위쪽에 그려진 수평으로 미끄러져 내려오는 모양의 두 곡선
11)   nutrient enrichment

dox of enrichment)' [13]이라는 것이다. [1] 식량평형곡선에 나타난 주름진 선분의 오른쪽 끝점이 소비자 평형곡선 위로 올라가면, 이로 인하여 늘어난 소비자 때문에 먹이가 부족하게 되는 급작스런 변화가 일어난다. 이것은 시스템의 특성을 정성적(qualitative)으로 바꾸게 된다. 이 상황이 발생하면 시스템은 안정 상태에서 또 다른 순환 과정으로 들어가게 된다. 이와 같이 안정화의 파괴가 시작되는 점을 호프 쌍갈림(Hopf bifurcation)이라 부른다. 일반적인 쌍갈림을 가진 전이와 같이 이것도 임계전이의 한 형태로 볼 수 있지만 호프 쌍갈림은 시스템 전체가 완전히 새롭게 변화되는 파국적 전환의 예는 아니다. 왜냐하면 초기 쌍갈림이 시작될 때 일어나는 변화폭은 작은 편이라, 그 안에 어떠한 이력 현상도 나타나지 않기 때문이다. [14] 우리가 분석한 느리고 빠른 변수를 가진 시스템의 극단적인 경우에 순환은 정확하게 반복된다. 그러나 두 변수의 시간척도 차이가 아주 크지

---

12) 늘어난 영양분으로 개체수가 늘어가게 되고, 그렇게 증가한 개체 때문에 먹이는 다시 부족한 상태가 될 수 있다는 것을 말한다.

13) 비유적으로 말하면 복권으로 큰돈을 얻게 된 사람이나 집안에서 도리어 큰 분란이 발생하는 경우와 유사하다. 이런 경우 시스템은 그 이전, 즉 가난한 상태에서의 지속 가능한 발전으로 변화하는 것이 아니라 갑작스런 혜택을 활용한 급격한 전이, 예를 들어 필요가 없었던 큰 집이나 최고급 자동차를 사는 등의 행동으로 인해서 개인이나 가정은 매우 불안정한 상태가 된다.

14) 파국적 전이의 주요 특성에는 이력 현상이 있다. 예를 들어 어떤 목초지에 강수량이 A만큼 부족해서 불모지가 되었다고 했을 때, 다시 A만큼의 수분이 제공된다고 해도 그 불모지가 이전의 목초지와 같은 상황으로 복원되지는 못한다. 즉 변이가 시작되는 시점의 환경과 그것이 복원될 때에 필요한 환경 요인은 차이가 나는데 이런 경우 해당 시스템에 이력 현상이 있다고 말한다. 다른 예를 들어 사람의 심리에도 이력 현상이 존재하는데 어떤 이에게 선물을 주고 난(+K) 뒤, 며칠 있다가 다시 그 선물을 빼앗아간다(-K)고 했을 때 그 사람의 마음은 초기의 평상상태와는 달리 매우 부정적인 상황일 것이다. 따라서 그 사람을 초기의 상황으로 되돌리는 이전의 작업과 수리적으로 다른 양의 작업을 해야 한다.

1부 임계전이 이론

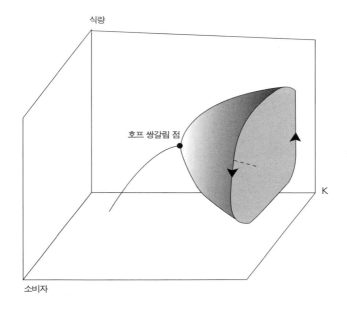

식량

호프 쌍갈림 점

소비자

K

그림 3.3 안정된 평형 상태에서 수용능력(K)의 증가에 따라서 시스템이 평형점 주위로 순환 끌개의 형식으로 변화하는 모양을 보여주고 있다. 이 순환의 시작점을 호프(Hopf) 쌍갈림 점이라고 말한다. 이 특별한 예는 양분의 풍부함(그로 인하여 수용능력의 증가)을 풍요의 역설로 설명할 수 있다. 이 현상인 소비자-식량 시스템이 외부의 요인(식량의 양분이 풍부해짐)에 의해서도 불안정해지는 예가 된다. 즉 풍요함을 항상 좋은 것으로 생각하는 관습과 대조가 되기 때문에 '역설'로 불린다.

않다면 순환의 주기는 보통 작은 규모로 시작되어 점점 큰 규모로 확장된다(그림 3.3 참조). 시스템은 한 점의 끌개로도 안정화가 되지만 앞서 호프 쌍갈림이 만들어주는 순환 단면으로 설명한 바와 같이, 이 경우의 안정성은 반복되는 순환적 상황으로 바뀐 것으로 이해해야 한다. 즉 K가 증가됨에 따라서 하나의 안정점은 커다란 원 모양의 안정된 순환으로 변화할 것이다. 호프 쌍갈림에 대한 수학적인 모형은 부록(A.7절 참조)을 참고하면 된다.[15]

2 | 복잡계 동역학

한계순환(limit cycle)이 자연계나 인간 사회에 흔하게 나타나는 현상이기는 하지만, 그 안에 숨어 있는 본질적인 동역학은 훨씬 더 복잡하다. 외부의 환경요인도 동역학을 조절하지만 시스템 내부에 존재하는 메커니즘 역시 동역학을 조절하는 매우 중요한 요소이다. 복잡계 동역학을 만드는 가장 중요한 요소는 그 안에 존재하는 순환끼리 주고받는 상호작용이다. 우리는 가장 간단한 포식자·피식자 순환 시스템을 통하여 환경의 주기적인 변화에 시스템이 어떻게 변화하는지를 알아보고자 한다. 매일 또는 계절에 따라 변화하는 조수의 순환 때문에 자신의 순환주기를 가지게 된 생물도 매우 많다. 대표적인 예는 플랑크톤인데, 환경의 주기적인 변화에 따라서 플랑크톤이 어떻게 영향을 받는지는 부록에 제시되어 있다(A.10절 참조).

유사주기적 진동

어떤 생물 시스템이 단 하나의 안정 평형점만 가지고 있고, 이 시스템이 주위 변화에 대하여 빠르게 반응한다면, 환경이 미치는 주기적인 변화는 시스템을 평형 상태에서 그 외부 주기에 따르는 가장 단순한 순환 상태로 바꾼다. 두 개의 대체안정 상태가 밀개(repelling point)로 분리된 시스템을 가정해보자. 이 경우 시스템에 존재한 두 개의 대체안정 상태는 각각 새로운 대체안정순환으로 바뀌게 된다. 그러나 만약 시스템 내부에 고유

---

15)　　우리는 바다 생태계로 호프 쌍갈림 효과를 설명할 수 있다. 조작을 통하여 동물플랑크톤의 밀도를 평형 상태 이상으로 올리면 해조류의 개체수는 그대로이지만 동물플랑크톤의 수는 증가된 상태가 된다.

1부 임계전이 이론

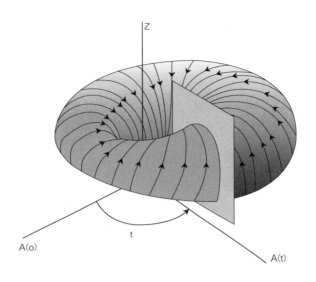

그림 3.4 만약 내부의 독자적인 힘을 받지 않은 시스템이 한계순환을 가지면 시스템에 가해지는 느슨한 주기성의 영향으로 (조류 A와 동물플랑크톤 Z의 경우에) 시스템의 상태는 위와 같은 도넛 모양 공간의 표면에 끌개가 나타나는 식으로 표현할 수 있다. 시간(t)은 축 A(o)와 외부 환경이 가지고 있는 강한 주기가 중심 수직 축 주위를 돈다. 즉 1년 동안 Z축이 360도 한 바퀴 돈 뒤에 다시 A(o)로 되돌아온다. 그림에 나타난 수직의 사각형(transverse frame)은 1년 중 특정 날짜에 조류와 동물플랑크톤의 양의 변화 양상을 나타낸다. 이 단면을 푸앵카레 단면(Poincare section)이라고 한다.[4]

한 순환을 가지고 있으면 외부로부터 주어진 주기적인 변화의 효과는 더 복잡해진다. 고유의 순환주기를 가진 시스템이 외부 요인에 의하여 변화되는 가장 단순한 형태는 점진적이며 큰 변화가 없는 순환으로 유지되는 경우이다. 예를 들어보자. 플랑크톤의 순환주기는 빠른 편인데, 그들이 살고 있는 물의 온도가 낮아지면 개체수가 줄어들고 온도가 높아지면 늘어난다. 따라서 계절에 따라 변화하는 바닷물의 온도순환 과정이 플랑크톤 순환의 점진적인 팽창과 수축을 가져온다. 따라서 외부 온도의 영향을 받는 플랑크톤 개체수의 변화는 도넛(torus) 모양의 끌개로 나타난다(그림 3.4

참조). 시뮬레이션을 해보면 토러스 위의 한 점에서 시작한 시스템은 도넛과 같은 궤적을 따르지만, 결코 초기 상태 그대로 복원되지는 않는다. 그리고 시간이 지남에 따라 시스템의 상태를 나타내는 점을 표시하면 이들은 토러스의 표면을 빽빽하게 덮게 된다. 만일 이 가설적인 플랑크톤 시스템에서 매년 같은 날, 예를 들어 정확하게 5월 1일에 바닷물 표본을 채취한다고 하더라도 그 안에 들어 있는 플랑크톤의 수가 같을 수는 없다.[16] 이 바닷물에 존재하는 플랑크톤의 경우 완벽하게 반복되는 주기 현상은 없기 때문에 이러한 끌개는 끌개의 집합으로 구성된 영역으로 구성되는데 이 영역을 유사주기 국면(quasi-periodic regime)이라고 부른다.

위상결합

외부에서 가해지는 주기적인 힘이 더 강해지면 흥미로운 일들이 일어난다. 외부 힘에 따른 영향 때문에 내부 순환(예를 들면 플랑크톤 순환)은 자체의 독자성을 잃어버리기 시작하고, 외부로부터 주어지는 순환에 박자를 맞추는 식으로 반응이 시작된다. 이러한 주파수 결합(frequency locking)이나 위상결합(phase locking)은 자연에서 흔히 볼 수 있는 현상이다. 외부 순환과 내부 순환의 영향으로 발생하는 결과는 외부에서 강제되는 순환의 진

---

16)   왜냐하면 외부의 기온에 따른 플랑크톤 내부의 상황이 복잡하게 변하기 때문에 그것을 기계적으로 예측할 수 없기 때문이다. 플랑크톤에도 개체수 변화에 주기가 있고 계절에 따른 바닷물 온도에도 주기가 있다. 바닷물의 온도가 높으면 그 주기의 변위가 커지고 온도가 낮으면 작아진다. 따라서 매년 5월 1일의 바닷물 온도가 일정하다는 극단적인 가정을 하더라도 그 시점에서 플랑크톤의 내부 순환에 의해서 더 많은 개체수가 나타날 수도 있고 그렇지 않을 수도 있다. 이것을 그래프로 그리면 그림 3.4와 같다. 만일 온도가 일정하다면 같은 개체수는 도넛과 같은 도형으로 나타날 것인데 외부 온도에서 차이가 나고 그것이 플랑크톤 개체수 순환에 영향을 미치기 때문에 시간별 도넛 단면의 크기는 달라진다.

동수와 그의 영향을 받는 순환 진동수의 비(ratio)에 따라서 나타난다. 만약 두 진동수가 거의 같다면 내부의 순환은 외부에서 내부를 강제하는 순환과 쉽게 결합된다.[17] 예를 들면 여성의 월경주기는 음력 한 달과 비슷한 편인데, 이런 경우 월경주기는 달의 주기와 결합되었다고 말할 수 있다.[5] 만약 내부와 외부 진동수가 동조를 일으킬 수 없을 정도로 차이가 크다면 위상결합은 약하게 발생한다. 반면 내부에서 영향을 받는 순환의 진동수(강제를 받는 순환)가 외부에서 강제하는 순환 진동수의 두 배에 가까우면, 매 두 번째 박자마다 동조가 발생하는 식으로 순환이 발생한다. 이 경우 우리는 1:2 주기성(rhythm)이 있다고 말한다. 이와 비슷하게 내·외부 시스템의 진동수 비가 1:3 주기성이나 1:4 주기성이 되면 이 역시 서로 결합될 수 있다. 이렇게 서로 다른 내부와 외부 순환의 위상 사이에 나타날 수 있는 가능성은 무한하다. 위상결합은 2:3, 3:4, 2:5, 1:6, 3:7, 4:9와 같은 주파수 비율로 일어난다. 그러나 결합하는 위상주기의 특성에 따라서 실제 일어날 수 있는 가능성은 달라진다. 즉 주기의 비가 4:9인 경우보다는 1:2와 같은 경우에 주파수 결합은 더 쉽게 일어난다. 즉 진동수 비가 단순할수록 두 순환 사이의 위상결합은 더 쉽게 일어난다. 결합이 일어나는 가능성은 진동수의 비뿐만 아니라 힘의 강도에 따라서도 달라진다. 즉 강제를 받고 있는 내부 순환의 진동수가 외부 순환의 진동수와 비슷하면 순환의 정도가 약해도 쉽게 결합한다. 그러나 외부 순환의 힘(진폭)이 충분히 크다면 두 진동수의 차이비율이 복잡해서 주기성만으로는 결합이 힘

---

17)　　예를 들어 주기적으로 파도가 치는 바닷가에서 작은 소리를 주기적으로 내면, 그 소리는 외부 파도소리에 묻혀서 그 소리의 크기는 파도소리의 크기와 동조하는 식으로 들리게 된다. 이런 경우 작은 소리는 외부의 큰 소리(파도)의 주기에 결합이 된다고 말한다.

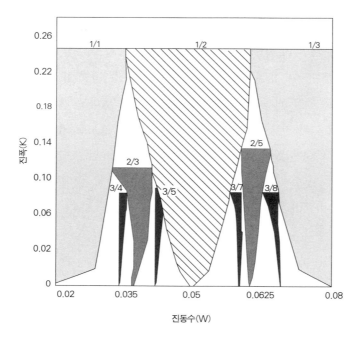

그림 3.5 계절적인 영향으로 나타나는 포식자 · 피식자 순환의 예. 빗금 쳐진영역은 외부로부터 주어진 순환요인으로 발생한 진동수와 동조되어(동조비율은 각각 1/1, 1/2, 1/3, 2/3, 2/5 등) 결합된 주파수를 나타낸다. 수평축은 외부 환경의 순환주기 진동수(W)를 나타내고, 그 힘의 세기, 진폭(K)은 수직축에 나타나 있다. 이 도표는 외부의 힘이 더 강해지면 더 넓은 범위에 걸쳐 시스템 내부의 진동수(순환주기)와 결합할 수 있다는 것을 보여준다. 외부에서 미치는 순환주기의 강도가 더 세어지면 셀수록 다른 진동수 비를 가진 영역과도 겹칠 수 있다.[6]

들고, 강제되는 힘의 크기로 인한 결합이 쉽게 일어난다. 종합해보면 내부와 외부 순환이 결합될 가능성은 주파수의 위상 차이와 두 힘의 강도의 차이에 따라 결정되는데 이를 그림 3.5로 도식화해볼 수 있다.[18]

---

18) 서로 다른 두 순환이 발생할 때, 두 순환의 주기의 비가 단순하면 쉽게 두 순환이 결합된다. 또

1부 임계전이 이론

외부에서 강제하는 순환에 충분한 힘(강도)이 있을 경우에는 진동수의 비가 크게 달라도 1:1이나 1:2와 같이 특이한 형식으로 동조되는 현상은 꽤 흥미롭다. 서로 다른 주파수의 결합은 대체끌개를 만들어낸다. 예를 들어 외부 순환에 의해서 내부 순환이 영향을 받아 결합할 경우에 그 비율은 2:3도 될 수 있고, 때에 따라 1:3으로도 될 수 있는데 일단 결합이 되면 조건이 바뀌어도 그대로 진행이 된다. 즉 결합된 순환이 몇 가지 가능한 비율 중 하나로 결합이 된 후에는 외부의 순환주기가 그전보다 빨라지더라도 시스템은 이미 결합된 주파수 비율에 머무르는 경향이 있다. 그러나 결합된 상태에서 외부 순환주기가 일정 이상 올라가면 비로소 새로운 비율의 결합으로 전환된다. 이후 만일 외부 진동수가 점차적으로 줄어들면, 시스템은 이력 현상을 보이게 된다. 즉 이전 결합이 발생한 시점에서의 진동수 비율보다 더 낮은 순환주기가 나타날 때에만 이전의 주파수 결합으로 되돌아간다. 바이올린 연주자나 목관악기 연주자는 플래절렛[19](flageolet;예를 들면, 한 옥타브 즉, 두 배의 진동수) 현상을 통해서 주파수 결합을 경험하게 된다.

위상결합은 자연에서도 흔히 볼 수 있다. 예를 들면, 심장은 박동을 제어하는 지휘자를 가진 대규모 오케스트라와 비슷하다. 대다수 심장세포는 자발적으로 동작하지 않으며, 다른 외부 자극에 의해서 비로소 활성화가

는 순환 주기비가 복잡하더라도 한쪽의 힘이 아주 세다면 다른 한쪽이 그쪽에 흡수되는 형식으로 위상결합이 나타난다.

19)　오보에와 클라리넷 같은 관악기를 잘못 불면 '삑-' 하는 매우 높은 옥타브 음이 발생한다. 바이올린과 같은 현악기의 경우에도 특별한 핑거링을 사용하면 매우 높은 피치의 음을 만들어낼 수 있다. 보통 지판의 높은 쪽에 현을 모두 누르지 않고 손가락으로 살짝 누른 뒤 활을 켜면 원래 위치보다 한 옥타브 높은 소리가 발생한다.

된다. 심장세포에 필요한 자극은 자발적으로 동작하는 세포들로 구성된 심장의 박동유지(pacemaker) 영역에서부터 생성된다. 보통 내부적으로 다른 활동이 없는 세포들은 심장의 박동유지 영역에서 발생한 자극과 1:1 박자로 반응한다. 그러나 세포의 흥분도(excitability)가 감소될 때나 세포의 전기적 신호전달에 문제가 있을 때, 심장박동수가 너무 많이 올라가면 심장세포는 동기화로부터 벗어날 수 있다. 맥박 자극에 대하여 각각의 세포 반응을 조사해보면 1:1 동기화 현상이 2:1이나 3:2와 같은 다른 비율로 전이된다. 이러한 위상결합의 변화는 실제 실험과 시뮬레이션 모형을 통해 관찰할 수 있다. 또한 자극으로부터 활성화되는 세포가 새로운 주기로 전환되는 데 필요한 자극의 진동수와 이것을 원래로 복귀시키는 데 요구되는 진동수와 다르다.[7] 즉, 이 과정에서도 이력 현상이 나타나는 것을 볼 수 있다.

수많은 순환들이 단 하나의 주기에 결합되는 경우도 있다. 예를 들어 동시에 깜빡이는 개똥벌레, 식물의 수면·각성(sleep-wake) 주기(하루의 빛·어둠 진동에 결합된), 여성들의 월경주기는 순환이 하나의 위상으로 결합되는 좋은 예이다. 기후 시스템 또한 주기적으로 영향을 주는 외부 순환들로 구성되어 있는데, 나중에(8.2절 참조) 상세히 설명하겠지만 빙하작용의 순환은 지구궤도의 주기적인 변동에 의해 일어남을 알 수 있다. 그리고 엘니뇨 남방 진동(El Niño Southern Oscillation; ENSO)과 같은 기후 진동자와 북대서양 진동(North Atlantic Oscillation; NAO)과 태평양 10년 진동(Pacific Decadal Oscillation; PDO) 순환 역시 규칙적인 계절적 변화에 의해 일어난다.

요약하면 다음과 같다. 순환을 가진 시스템에 주기적으로 나타나는 강제적 영향으로 동역학 시스템의 범위가 결정된다. 그 외부 순환의 힘이 약하다면 앞서 보인 토러스와 같은 모양의 유사주기(quasi-periodic) 특성이 생기는데 이는 가장 흔하게 나타나는 현상이다. 외부 순환의 힘이 강해지면 위상결합이 발생하지만, 때로는 카오스(chaos)와 같은 동역학 현상도 나타날 수 있다. 이것은 다음 절에서 설명할 것이다. 이 카오스 시스템(chaos system)에는 서로 다른 주기를 가진 대체끌개가 주기성을 가진 시스템의 외부 영향으로부터 생겨날 수 있다.

카오스

수렴하는 모형을 가진 복잡계 동역학에서 가장 잘 알려진 특성 중 하나는 카오스(chaos)[20]라고 불리는 현상이다. 카오스는 외부에서 주기적인 영향을 받는 모형에서 주로 일어나지만 다른 원인에 의해서도 발생한다. 카오스 시스템에 대응되는 끌개는 특이한 끌개(strange attractor)라고 부른다.[21] 3차원으로 관찰해보면 특이한 끌개는 매우 우아한 구조로 나타난다(그림 3.6 참조). 이 특이한 끌개의 궤적 모양을 멀리서 보면 단순해 보이지만 자세히 보면 그 안에는 놀랄 만큼 미세한 패턴이 숨어 있다. 앞서 설명한 유사주기적 반복을 가진 시스템과 같이 카오스 시스템에서도 같은 패턴이 정확히 반복되지 않는 상태로 연속성을 띤다. 그러나 카오스 시스템의 중요한 특성은 최종 상태는 초기 상태의 작은 차이에 따라 지수함수적으로 크

---

20)   이 책에서 말하는 카오스는 복잡계 역학에서 정의된 시스템의 상태를 나타내는 전문용어인 혼돈(chaos)을 의미한다. 일반적인 의미에서 혼란스럽고 규칙이 없는 상황을 나타내는 혼돈은 '일반적인 혼돈'으로 표기하고자 한다.

21)   카오스 시스템에서도 끌개가 나타나는데 그 특징은 일반적인 시스템에서와 같이 고정적인 것이 아니고 여기저기 산재된 형식으로 나타나기 때문에 그 궤적을 그려보면 매우 '특이한' 모양으로 나타난다. 그래서 특이한 끌개라고 부른다.

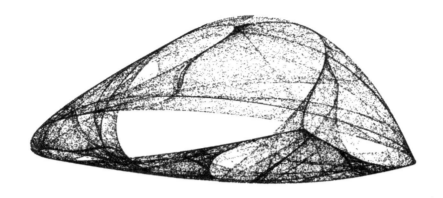

그림 3.6　카오스 시스템을 오랜 시간 동안 시뮬레이션 한 결과. 그림에서의 각 점은 이 시스템의 상태를 일정 시간 간격으로 나타낸 것이다. 이전의 일반적이며 고정적인 끌개와는 다르게 각 시스템의 변화상태는 어떤 기하학적 특성을 보이고 있는데 이 경우 우리는 해당 시스템에 '특이한 끌개'가 있다고 말한다.

게 증폭된다는 점이다. 이러한 초기 조건에 대한 극도의 민감성은 카오스 시스템에서 장기적인 예측은 불가능하다는 것을 말해준다. 우리가 카오스 시스템의 제어규칙들을 정확히 알고 있더라도, 최종 결과는 예측 불가능하기 때문에 지금의 상황을 예측하는 것 또한 불가능하다. 실제 실험을 해보면 알 수 있지만, 아주 작은 초기 조건의 변동도 장기적으로는 엄청나게 다른 결과를 초래한다.

　날씨는 카오스 시스템의 좋은 예가 될 수 있다. 날씨가 카오스 시스템이라는 사실은 로렌츠(Lorenz)의 대기순환에 대한 초기 컴퓨터 모형 연구에서부터 시작되었다. 로렌츠는 자신의 모형이 결코 안정한 상태로 수렴하거나 같은 패턴이 반복되는 주기적인 운동으로 수렴될 수 없다는 것을 발견했다. 즉 로렌츠의 날씨 모형은 초기 조건에 매우 민감하다는 것이다.[8] 날씨 시뮬레이션을 반복하기 위해서 로렌츠는 이전 실험의 결과 값을 다시 초기 값으로 설정하는 방식으로 이 작업을 반복했다. 그런데 놀랍게도 거의 같은 초기 값으로 시뮬레이션 된 날씨의 최종결과는 완전히 다른 값으로 발산하는 것을 알게 되었다. 초기 값의 소수점 마지막 자릿수를 약간 다르게 하는 것만으로도 그 시뮬레이션 된 결과는 시간에 따라서 지수함수적으로 발산되는 것을 볼 수 있었다.

앞에서 설명한 '카오스'는 일반적으로 쓰이는 단어로서의 '혼돈'을 의미하는 것은 아니다. 따라서 복잡계 시스템에서 나타나는 카오스는 결정론적 혼돈으로 이해하는 것이 더 정확하다. 결정론적인 혼돈이라는 뜻은 그 내부 규칙을 완벽하게 알고 있음에도 불구하고 우리가 그 최종결과를 예측할 수 없다는 특이한 현상이라는 것이다. 비록 카오스와 예측 불가능이라는 두 단어가 좀 헷갈리게 들릴 수는 있으나, 우리는 카오스의 예측 불가능성에 대해서는 어느 정도 객관적인 평가가 가능하다는 점을 알고 있어야 한다. 첫째, 특이한 끌개의 위치는 특정 구역 안으로 항상 제한되어 있다. 즉 우리는 아무렇게나 돌아다니는 끌개를 가둬둘 수 있는 한정된 공간을 항상 찾아낼 수 있다. 카오스 시스템에서 나타나는 개별적인 동역학은 예측할 수 없지만, 전체적으로 그것이 어떻게 움직이는가에 대한 설명은 가능하다. 즉 외부 조건들이 변하지 않는 한 그 카오스 시스템의 변화는 항상 일정 범위 안에 머무르게 된다. 예를 들면 이런 식으로 설명할 수 있다. 우리가 특정한 며칠 동안의 네덜란드 날씨를 정확하게 예측할 수는 없지만, 네덜란드의 날씨가 갑자기 바하마의 날씨로 (지구 시스템이 너무 많이 변화하지 않는 한) 변하지는 않을 것이라는 예측은 가능하다. 또한 경쟁하는 시스템에서 잘 나타나는 특이한 끌개가 가진 다양한 변수의 합의 변동폭은 작은 편이므로 비교적 긴 시간에 걸친 전반적인 예측은 가능하다.[22] 예를 들어 서로 경쟁하는 많은 종의 조류(algae)로 구성된 모형에서 개별 조류 종의 비율에는 카오스적 변동이 보일 수 있으나 전체 조류의 생물량(biomass)은 상대적으로 항상 일정한 값을 유지한다는 것을 알 수 있다.[9] 한편 장기 예측은 어렵더라도 단기 행동을 예측할 수 있는 몇 가지 방법이 알려져 있다. 그 한 가지 방법으로는 일기예보와 같이 특정 메커니즘을 모형으로 만들어 시뮬레이션 해보는 것을 들 수 있다. 한편 처음부터 그 시스템을 카오스 시스템으로 가정하여 그 안에 존재하는 끌개를 찾아내고 그 끌개의 행동을 묘사하는 실험적 모형을 만들 수도 있다. 예를 들면, 이것은(시계열[time-series]의 많은 단편들로 이루어진) 끌개가 만들어내는 궤적의 짧은 조각들로 구성된 라이브러리를 만들게 되므로 그 안에서 가장 유사한 패턴을 찾아냄으로써 가능해진다. 즉 가까운 미래에 일어날 일을 예측하기 위해 가장 비슷한 모양을 지닌 과거 자료의 유사한 단편을 라이브러리에서 찾아서 그 단편이 그 시점 이후에 어떻게 변했는지를 찾아봄으로써 가까운 미래를 예측할 수 있다.[23]

카오스는 여러 다른 메커니즘에서 발생할 수 있다. 예를 들면, 특정 시점 t로부터 일정 시간이 지난 후의 (t+1) 시점에서 인구수를 계산해주는 미분 방정식(difference equation)이 있다고 하자. 카오스는 이런 단순한

---

22)　　어떤 특정 지역, 특정 날짜에 눈이 내리는지 아닌지를 결정하는 것은 어렵지만 그런 지역들의 집합에 내리는 눈의 평균치는 예측이 가능하다. 예를 들어 특정 스키장 한 곳에 내일 눈이 내릴지는 모르지만 그러한 유명 스키장 10곳에 내리는 겨울 적설량의 평균치는 큰 변화가 없으므로 평균 적설량에 대한 예측은 가능하다.

23)　　예를 들어 지난 50여 년간 일주일 동안의 날씨 변화를 모두 기록해둔 라이브러리(D)가 있다고 해보자. 우리는 월요일부터 토요일까지 6일간의 날씨 변화를 D에 넣어서 어떤 경우와 가장 비슷한지를 찾아본다. 만일 그중에서 가장 비슷한 어떤 경우의 과거 자료에서 마지막 일요일의 날씨가 '흐림'이었다면 우리는 이번 일요일의 날씨가 흐릴 것이라고 예측할 수 있다. 보통 말하는 '관련에 의한 추측(Guilty by Association)' 규칙이며 데이터 마이닝, 생물학 질병연구 등에 활용되는 기법이다. 자연계의 모든 행태가 반복됨을 이용하는 추론방법이다.

미분 방정식에도 나타날 수 있다.[10] 이러한 집단밀도의 단계적인 변화를 계산하기 위한 차분 방정식의 특성은 불연속적인 세대순환을 가진 곤충 집단이 보여주는 변화와도 비슷하다.[24] 순환과 카오스를 일으키는 메커니즘의 근본 동인은 집단(개체수) 과잉에 따른 다른 변수의 반응이 시간적 지연(delay)을 두고 나타나는 것이다. 예를 들면, 곤충은 식량이 풍부한 시기에 많은 알을 생산하여 지금의 식량으로 버틸 수 있는 수용능력(carrying capacity)을 초월하는 정도의 개체수를 만들어낸다. 이 결과 개체간의 경쟁이 격렬해지면서 번식은 힘들어진다. 이에 대한 반응으로 개체수는 줄어들고 그 줄어든 개체수로 말미암아 다음 세대는 풍부한 먹이를 가지게 된다. 곤충과 먹이는 이런 식으로 새로운 순환을 지속한다. 즉 집단의 성장률이 증가하면 시스템은 안정된 상태를 지나서 순환을 거쳐 카오스 상태로 발전하게 된다.

우리가 미분 방정식을 이용하여 시간적 변화를 조절할 수 있다면 일정한(constant) 환경에서 발생하는 카오스를 단 3개의 방정식으로 만들어낼 수 있다. 생태학에서 카오스가 발생하는 한 예를 들어보자. 한 포식자가 있고 그것이 먹이로 하는 피식자 두 종이 서로 경쟁하는 경우, 두 종의 포식자가 있고, 그들이 먹이로 하는 두 피식자 종이 서로 떨어져 있지만 경쟁을 하는 경우, 그리고 일반적인 소비자·먹이(consumer-food) 시스템의 최고 꼭대기에 한 종의 포식자만 있을 경우에 카오스가 일어난다(그림 3.7 참조). 비록 이들 상호작용들이 잠재적으로 카오스의 씨앗이 될 수 있으나,

---

24) 곤충의 수가 세대별로 점진적으로 늘어나는 것이 아니라 특정 세대에는 거의 없다가 어떤 세대에는 폭발적으로 늘어나는 경우를 말한다. 아프리카 지역에서 불특정 주기로 창궐하는 메뚜기 떼가 그 예이다.

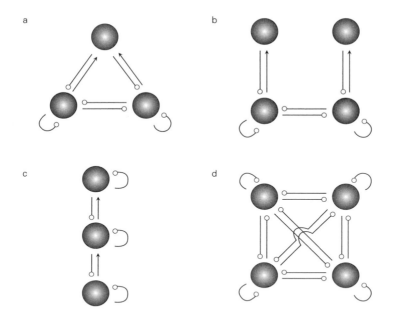

그림 3.7 카오스 상황을 만들어내는 간단한 모형과 개체군들 간의 상호작용 형태. 화살표는 양(+)의 효과를 주는 작용을 나타내고 끝점을 가진 선은 음(-)의 효과를 나타낸다. (a) 경쟁하는 두 종의 먹이를 소비하는 한 종의 포식자, (b) 경쟁하는 두 종을 먹이로 하는 두 종의 포식자 (c) 단순한 소비자–식량 시스템의 꼭대기에 있는 최강의 육식동물이 있다. (d) 경쟁하는 네 종이 모두 엮여 있는 연결망.[14]

이들 각 모형에서 매개변수 값을 적절히 제한을 해주어야만 카오스가 나타난다. 그러므로 우리가 관심을 가져야 할 질문은 어떤 종류의 시스템에서 카오스가 나타나는지가 아니라, 카오스가 언제 일어나는지 그 시점을 알아내는 것이다. 특정한 모형을 두고 이 질문을 논하는 것은 좋은 예가 되지 못하지만, 일반적인 규칙은 존재한다. 그 규칙이란 상호작용하는 진동자들을 포함한 시스템에서는 보다 쉽게 카오스가 나타난다는 것이다.[11] 포식자 · 피식자 시스템의 각 개체군은 진동하는 경향[25]을 보이기 때문에, 여

1부 임계전이 이론

러 포식자·피식자 시스템이 서로 엮여 있는 시스템에서 카오스는 쉽게 나타난다. 그러나 이것이 생태학에서 나타나는 카오스의 유일한 원천은 아니다. 예를 들면 경쟁하는 종이 단순히 연결되는 것만으로도 카오스 현상이 나타날 수 있다.[9, 12, 13] 앞서 언급하였듯이 외부로부터 주어지는 주기적 힘(forcing)과 지연된 피드백 작용도 카오스를 만들어낸다. 2부에서 설명하겠지만 이러한 주기적으로 가해지는 힘과 지연된 피드백은 엘니뇨나 빙하순환과 같은 기후 현상의 불규칙성에 중요하게 작용하고 있다.

3 | 영역경계 충돌

임계전이 관점으로 볼 때 순환과 카오스가 중요한 이유는 이것으로 인해서 시스템은 또 다른 끌개의 견인영역으로 갑자기 옮아갈 수 있기 때문이다. 끌개가 하나의 안정점(stable point)이 아니라 순환이나 특이한 끌개, 동역학 구조로 된다는 것을 이해하려면 파국적 전이(그림 2.6 참고)를 보여주는 안정성 지형 모형에서 지금까지의 생각과는 좀 다른 관점이 필요하다. 안정성 지형 모형에서 공은 안정성 영역의 바닥으로 굴러 내려가는 대신 지속적으로 그 주위를 움직인다. 이 개념을 그래프로 나타내기는 어렵지만 안정성 지형을 비유해서 설명한다면 충분히 이해할 수 있다. 불안정 끌개 지점에 있는 흔들거리는 시스템의 동역학으로 시스템은 견인영역의 경계 부분에 도달하게 된다. 이것으로 인하여 시스템은 다른 대체끌개를 만들

---

25) 토끼와 그것을 먹이로 하는 여우 수의 변화를 시간에 따라 그래프로 그려보면 토끼 수와 여우의 수는 서로의 수에 따라서 늘어났다가 줄어드는 반복적인 경향을 보인다. 이런 경우 여우와 토끼는 시스템 내에서 진동을 하고 있다고 말한다. 물론 이 증가와 감소 내에는 시간지연(time delay)이 포함된다.

어내게 된다.

내부에서 일어난 작은 동요에 의해서 영역경계 충돌(basin boundary collision)이 발생하는 것은 외부에서 생긴 섭동에 의해서 시스템이 대체견인 영역으로 밀려나가는 것에 비유될 수 있다.

순환과 견인영역경계의 충돌

대체끌개의 관점으로 영역경계 충돌을 파악하기 위해서 한 예를 제시해보자. 이 예는 식물플랑크톤을 먹이로 하는 동물플랑크톤, 그리고 그 동물플랑크톤을 먹이로 하는 물고기로 이루어진 시스템이다. 호수에서 동물플랑크톤의 핵심적인 기능은 일반 초원에서 초식동물의 기능과 유사하다. 동물플랑크톤은 대부분의 식물플랑크톤을 먹이로 하기 때문에 물은 깨끗하게 한다. 이런 유형의 동물플랑크톤은 작은 물고기의 눈에 쉽게 띄기 때문에 물고기의 개체수가 충분히 많다면 이들은 거의 소멸될 수 있다. 이러한 동물플랑크톤의 붕괴는 물고기 밀도가 임계밀도 이상일 때 일어난다(7.2절 참조). 이 세 단계 먹이사슬에서, 동물플랑크톤의 붕괴되면 식물플랑크톤은 동물플랑크톤의 먹이로부터 벗어나기 때문에 흥미로운 변형이 일어나게 된다. 따라서 물고기 밀도가 임계점에 이르면 동물플랑크톤은 대부분 사라져, 물에는 물고기와 녹색 조류만 가득 차게 되는 녹조(greenwater) 상태로 급속히 전이하게 된다. 즉 동물플랑크톤은 거의 사라지고 물고기와 조류만 서식하게 되는 두 개의 계층으로 구성된 대체 상태를 이루게 된다(그림 3.8(a) 참조).

만약 물고기가 모조리 없어진다고 생각해보면, 동물플랑크톤과 식물플랑크톤은 평형 상태 대신 진동하는 영역으로 옮겨간다.[15] 이러한 경우에 물고기 밀도를 0의 상태에서 서서히 증가시키면 순환은 대체 녹색 상태의 견인영역의 한계에 더 접근하게 된다.[26] 이후 마침내 물고기의 밀도가 임계점에 다다를 때 순환은 견인영역의 한계와 충돌하게 된다(그림 3.8(b) 참조). 이 상태에서 물고기 수가 더 증가하면 그 순환은 대체 녹색평형 상태의 견인영역에서 벗어나서 다른 안정 상태로 수렴하게 된다.[27] 이러한 플랑크톤 시스템을 설명하는 수학 모형은 부록에 제시되어 있다(A.9절 참조). 순환이 견인영역의 경계와 정확히 충돌하는 것은 쌍갈림의 한 형태인 공심 쌍갈림(homoclinic bifurcation)이라고 부른다. 그러나 이보다는 영역 경계 충돌이라는 표현이 좀 더 직관적으로 이해될 것이다.[16][28] 공심 쌍갈림은 앞에서 살펴본 호프 쌍갈림, 주름 쌍갈림, 교차임계(trans-critical) 쌍갈림과는 다른 종류(family)의 쌍갈림에 속한다. 호프 쌍갈림, 주름 쌍갈림, 교차임계 쌍갈림은 평형점에서 시작하여 다른 두 개의 대체 상태로 전

---

26)   물고기가 한 마리도 없이 동물플랑크톤과 식물플랑크톤만 있다면 이전에 설명한 바와 같이 늘어난 동물플랑크톤으로 식물플랑크톤이 사라지고, 이로 인하여 다시 동물플랑크톤이 줄어들어 그 결과로 다시 식물플랑크톤이 증가하는 식의 순환이 발생한다. 그러나 물고기를 조금씩 증가시키면 그 동물/식물플랑크톤의 순환이 약해지기 시작하고 물고기의 수가 임계밀도를 넘으면 그 때문에 동물플랑크톤이 급속도로 줄어들므로 시스템은 물고기와 식물플랑크톤이 있는 2단계 대체상태로 변하게 된다. 바로 그 시점, 즉 순환이 다른 시점의 대체안정 상태로 넘어가는 순간을 '순환이 견인영역경계와 충돌'한다고 표현한다.

27)   즉 호수에 식물플랑크톤과 동물플랑크톤으로 물이 파래졌다가 맑았다가를 반복하는 순환에서 빠져나와서 다시는 이런 순환으로 복원되지 못한다.

28)   이런 식의 비유가 가능할 것이다. 어떤 모범생은 도서관과 학교, 집만을 계속 반복적으로 오가면서 생활을 한다. 이 학생은 '학교-도서관-집'의 순환과정을 가진다고 볼 수 있다. 그런데 어떤 다른 악동 친구의 꼬드김에 빠져서 게임방에 몇 번 가게 되었다. 처음에는 게임방에 가긴 하지만 그렇다고 '학교-도서관-집'의 순환이 깨질 정도는 아닌 상황이다. 이 학생은 이후 수업을 전폐하고 게임방이라는 새로운 '안정상태'에 빠져들게 되었다고 하자. 이 경우 이 모범생에게 '학교-도서관-집'을 선택할까 아니면 그냥 게임방으로 갈까를 매우 망설이게 되는 순간이 있었을 것이다. 이 경우가 모범생의 영역경계와 '게임방'이라는 새로운 대체안정 상태가 충돌하는 상황인 것이다.

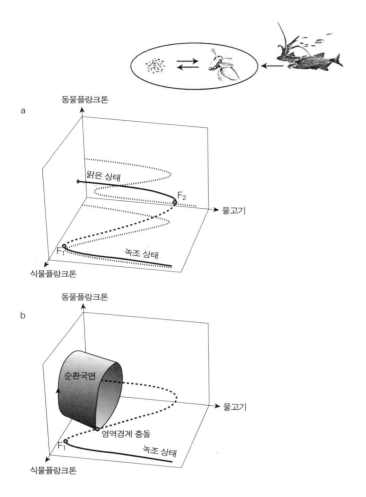

그림 3.8 물고기 밀도가 플랑크톤에 미치는 영향을 이용하여 파국전이(a)와 영역경계 충돌(b)을 도식으로 나타낸 모형. (a): 플랑크톤 끌개들이 진동하지 않으면 물고기 밀도가 F_2 이상으로 올라갈 때 동물플랑크톤이 부족해져 식물플랑크톤이 급속히 늘어나 녹조 상태로 붕괴되어 이때 파국주름이 만들어진다. 물고기의 밀도가 쌍갈림점 F_1 아래로 떨어지면 늘어난 동물플랑크톤이 식물플랑크톤을 감소시켜 물은 다시 맑아진다. (b): 동물플랑크톤과 식물플랑크톤의 수가 진동끌개로 접근하면 공심 쌍갈림점으로 알려진 영역경계 충돌 지점에서 적절한 물고기 수와 결합되면 녹조현상이 일어난다. 동·식물플랑크톤 수의 진동영역과 녹조화, 이 두 상태는 물고기 밀도에 따라서 결정되는 두 개의 대체끌개가 된다.

이하는 특정한 구역에서만 발생하는 국지적인 쌍갈림(local bifurcation)이지만, 이와 다르게 영역경계 충돌은 순환이나 더 복잡한 끌개 위의 임의의 지점, 우리가 특정할 수 없는 지점에서 일어나기 때문에 비국지적인(non-local) 쌍갈림이다. 이 둘의 차이가 크게 다르지 않게 보일지라도, 수학자들의 관점에서 볼 때는 다르다. 안정성을 분석하는 대부분의 방법은 평형점을 기준으로 하고 있기 때문에 이러한 방법은 순환에 의한 영역경계 충돌을 분석하는 데에는 도움이 되지 않는다.

카오스 끌개의 충돌

여러 개의 끌개를 가진 시스템에서 순환이 나타날 때에 일어날 수 있는 여러 가지 현상은 특이한 끌개가 영역의 경계와 충돌할 때에도 일어날 수 있다. 그러나 특이한 끌개의 복잡한 구조 때문에 그 결과는 더 혼란스럽다. 예를 들어 여러 종으로 구성된 시스템에서 일시적인 카오스가 한참 지속된 후 마지막에는 단지 하나 또는 몇 개의 종만 생존하게 되는 현상은 시뮬레이션으로 확인 가능하다.[13,17] 그러나 어느 종이 최후의 생존자가 될지를 예측하는 것은 불가능하다(그림 3.9 참조). 이러한 복잡성의 원인은 긴 이행 과정[29]에 나타나는 카오스의 상황에서 시스템이 특이한 끌개의 남은 주변부를 따라 움직이기 때문이다. 즉 이러한 특이한 끌개의 경우는 진정한 의미에서 끌개라고 할 수 없을 것이다. 왜냐하면 끌개라면 그 영역의 모든 점이 그쪽으로 수렴되어야 하는데 이 경우에는 끌개가 아닌 쪽으로 '새는 구멍(leaks)'을 허용하는 셈이 되기 때문이다. 이들 '새는 구멍'은 영역경

---

29)   이행과정이란 어떤 시스템이 끌개 쪽으로 움직여가는 중간 과정을 말한다.

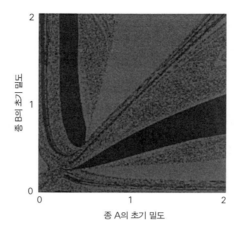

그림 3.9　두 개의 종이 경쟁하는 생태계 모형에서 나타나는 프랙털 영역경계. 세 가지 다른 색으로 나타 낸 점은 시스템이 최종적으로 도달하는 상태를 나타낸다. 가운데 서로 다른 색의 점들로 마구 섞여 있는 구역이 있다는 것은 두 종의 초기 밀도가 조금만 달라도 그 최종 결과는 다르다는 것을 나타내고 있다.[16]

계 충돌에 대응하게 된다. 이 상황에서 대체견인영역을 확대해보면, 프랙 털(fractal) 도형과 같이 끝도 없이 미세한 구조로 반복되는 형식을 보일 것 이다.[30] 이것은 주어진 초기 조건에서 시스템이 어느 끝개로 끝날지 그 예 측이 불가능하다는 것을 의미한다. 즉 다중 끝개(multiple attractor)를 가 진 시스템은 초기 조건에 대하여 매우 높은 민감성을 지니게 된다.[31]

---

30)　　만델브로 도형을 보면 그 경계면을 아무리 확대해서 보아도 그 안에는 같은 정도의 복잡도로 반 복된다. 줄리아 집합도 프랙털 도형의 좋은 예이다.

31)　　끝개가 한 개인 시스템에 비해서 끝개가 100개인 시스템은 그 전체 영역을 100개의 서로 다른 견인영역으로 분할한다. 그런데 수백만 개의 특이한 끝개를 가진 프랙털 시스템은 전체 영역을 그 개수 만큼 분할하기 때문에 주어진 초기 조건으로 시스템이 어떤 끝개 영역으로 수렴할 것인지를 예측하는 훨 씬 더 어렵다.

1부 임계전이 이론

4 | 요약

순환과 복잡계 동역학(complex dynamics)은 이 연구 분야의 극히 일부분이다. 이러한 복잡계 동역학을 컴퓨터 모형으로 만들어서 살펴보면 그만두기 힘들 정도로 흥미롭다. 그러나 필자는 전반적인 영역에 대하여 설명하기 보다는 임계전이에 관련된 두 가지 사항을 강조하였다. 첫째, 어떤 순환 동역학(cyclic dynamics)은 대체안정 상태들 사이를 급작스럽게 반복되는 전환으로 보일 수 있다는 점이다. 그러한 갑작스러운 전환은 외부적인 조건의 변화이기보다는 내부에 존재하는 연속적이고 점진적인 변화에 기인한다는 것이다. 가문비나무의 새순을 갉아먹는 해충으로 숲이 처참하게 망가지는 것은 외부가 아닌 내부 요인으로 두 상태 사이를 급변하는 좋은 예인데, 이 내용은 2부에서 설명할 것이다. 두 번째로 강조할 점은 다음과 같다. 임계전이는 환경에서 변동과 섭동이 일어나는 것과 같이 내부적으로 생성된 변동으로 인하여 시스템 견인영역의 경계와 충돌할 때 순환이나 카오스로 발전하고, 결국 끝개로 전환된다. 앞서의 설명은 임계전이에 관한 더 다양한 면을 떠올리게 한다. 임계전이들은 외부 조건에 의해서도 나타날 수 있고, 내부 요소에 의해서도 나타날 수 있다. 현실에서 시스템 내에 존재하는 변동이 순전히 그 내부의 요인에 의해서만 나타나는 경우는 없다. 날씨 및 외부 요소의 힘과 내부 메커니즘이 결합하여 나타난 변동으로 인하여 시스템은 전환점을 지나 임계전이로 발전할 수 있다.

4

복잡계의 창발적 패턴

앞에서 소개한 이론은 순환과 임계전이를 만들어내는 단순한 모형에 기초하고 있다. 그러나 단순한 도식 또는 몇 개 방정식의 분석만으로는 이해할 수 없는 시스템도 있다. 컴퓨터 시뮬레이션을 해볼 경우, 구성단위 수준으로 본다면 매우 단순한 규칙을 따르지만 전체 네트워크상으로 본다면 아주 다른 창발적 패턴(emergent pattern)이 나타남을 볼 수 있다. 이 창발적 반응[1]은 개별 구성단위의 속성들만으로는 이해할 수 없으며 전체 네트워크상에서 시뮬레이션을 통해서만 관측할 수 있다. 창발 현상은 매력적이어서 어떤 경우 마술같이 느껴질 때도 있다. 그러나 한편으로 그것을 제대로

---

1) 개별 개체가 가진 특성의 총합으로는 유추할 수 없는 특이한 행동을 말한다. 예를 들어 거대한 시위라든지 붉은악마가 보여준 응원과 같이 어느 순간 각 개체들의 상호작용을 통하여 그 사회에서 그 이전 상태에서는 전혀 등장하지 않았던 양태의 움직임이 갑자기 나타나는 현상을 말한다.

이해하는 것은 매우 힘든 일이기 때문에 단순분석으로는 결코 알 수 없다. 그럼에도 불구하고, 창발적 현상은 자연계에서 아주 자연스럽게 나타나고 있기 때문에 복잡계 시스템에서 창발적 패턴을 연구하는 것은 의미있는 일이다. 예를 들면, 개미, 물고기 떼, 새무리들의 움직임에 나타나는 전체적인 패턴은 각 개체들의 행동을 개별 관찰하는 것만으로는 이해할 수 없다. 그런 창발적 행동들은 우리가 확실하게 잘 알지 못하는 어떤 방식에 의해서 일어나고 있음은 분명하다.

이 분야 연구자들은 네트워크의 구성단위, 예를 들면 개인, 세포나 분자 등에 내재하는 법칙으로 인하여 복잡한 현상이 어떻게 일어나는지를 주로 연구하고 있다. 그러나 현실은 달라서 인간 사회나 생태학적 군집은 그것을 구성하고 있는 개체나 그들의 결합방법으로 본다면 매우 복잡한 시스템이라고 볼 수 있다. 그럼에도 불구하고, 현실은 몇 가지 대표적인 모형으로 설명이 가능한 복잡계의 좋은 예이다. 동역학 이론에서와 같이 시스템 내부에 숨어 있는 창발성을 탐구하는 것은 거대한 연구 분야이다. 이 장에서 우리는 창발성을 임계전이의 관점에서 살펴보고자 한다.

1 | 공간 패턴

창발에 있어서 가장 잘 알려진 결과는 단순 모형들로부터 시작하여 아주 놀라운 공간 패턴이 나타난다는 것이다. 이 책에서 우리는 전형적인 창발의 예가 되는 초기 시스템에 대해서 언급할 것이다. 그리고 이 관점에 우리가 익숙해지면 자기 조직화 임계성(self-organized criticality)이나 자기 조직화 공간 패턴(self-organized spatial pattern)을 일상에서 쉽게 찾아낼 수 있다.

세포 오토마타

임계적 복잡성은 세포 오토마타를 이용하면 잘 설명된다. 세포 오토마타는 주변의 조건에 따라 색이 변하는 말로 구성된 체커 보드판과 흡사하다. 그 판 위에 놓인 말들은 모두 동일한 규칙에 의해 주변에 놓인 말들과 상호작용을 한다. 이 경우 그 인접한 말들은 이미 정해진 규칙에 따라 변화하고 이것이 전체 시스템의 동작을 결정한다. 모든 세포들에게 반복적으로 규칙이 적용되고, 이에 의해 많은 세포 오토마타에서 보이는 놀라운 현상이 나타난다. 이런 유한요소(finite element)적 접근은 나중에 설명할 공간적 초목모형과 같은 좀 더 현실적인 모형에도 활용된다. 또한 유한요소 방법은 일기예보, 계산 유체역학, 플라즈마 역학 등에도 많이 사용된다. 하지만 전형적인 세포 오토마톤(cellular automaton) 연구는 더 추상적인 관점을 위해서 고안된 것이다. 세포 오토마타를 이용하면 미시적 단계에서 주어진 단순한 몇 가지 규칙이 거시적 단계에서는 얼마나 놀라운 창발적 패턴을 만들어내는지 잘 알 수 있다.

모눈종이는 세포 오토마톤의 간단한 예가 될 수 있다. 각 모눈은 정사각형의 세포이고, 각 세포의 상태는 두 가지(흑과 백)만 가능하다. 그리고 그 세포의 주변에는 여덟 개의 정사각형이 있다. 따라서 그 세포와 그 주변 여덟 개의 정사각형은 모두 $2^9 = 512$의 가능한 패턴을 만든다. 세포 오토마톤의 규칙은 다음과 같이 나타낼 수 있다. 동작 규칙은 주위 여덟 개 이웃 세포가 형성할 수 있는 512개의 패턴에 대해서 중앙세포가 다음 단계에서 흑 또는 백이 될 것인가를 알려준다. 보통은 보다 간단한 규칙들로 중앙세포의 다음 상태가 결정된다. 라이프 게임(Game of life)[2]은 이 형식을 따르는 잘 알려진 세포 오토마타의 한 예이다. 이를 위해서 개발된 라이프 게임용 프로그램을 다운로드 받아 실행해보면 이 세포 오토마타가 어떤 것인지 쉽게 알 수 있다.

이 게임의 규칙은 간단하다. 각 세포는 살거나 죽거나 두 가지 상태 중 하나가 된다. 각 세포의 다음 상태는 아래의 네 가지 규칙에 따라 결정된다.

◆ 살아 있는 이웃이 두 개 미만인 경우, 현재 살아 있는 세포는 다음 단계에서 외로움으로 죽게 된다.

◆ 살아 있는 이웃이 셋보다 많으면, 가운데 살아 있는 세포는 다음 단계에 과밀로 죽게 된다.

◆ 죽은 이웃이 정확히 세 개인 경우, 그 죽은 세포는 다음 단계에 살아난다.

◆ 살아 있는 이웃이 둘 또는 셋이 있는 경우, 그 세포의 상태는 다음 단계에도 그대로 유지된다.

만약 직접 이 게임을 프로그램으로 만들어보고 싶다면, 세포의 탄생과 죽음은 동시적으로 일어난다는 점에 유의해서 작성해야 한다.[3] 그들은 동시에 초기 배열의 단일 업데이트 과정으로 구성되고 각 격자 상태는 각각의 불연속적인(discrete) 시각을 단위로 변화한다. 즉, 어떤 시점에서의 각 세포의 상태는 다음 상태를 결정하는 데 반영되고 이 결과는 동시에 업데

---

2)　라이프 게임(Game of Life) 또는 생명 게임은 영국의 수학자 콘웨이(Conway)가 고안해낸 세포자동자(cellular automaton)의 일종으로, 가장 널리 알려진 세포 자동자 가운데 하나이다. Conway's_Game_of_Life를 검색어로 해서 인터넷에서 찾아보면 많은 자료를 얻을 수 있다.

3)　어떤 시간 t=k인 단계에서 모든 세포의 상태는 주위 여덟 개 이웃의 상태로 동시에 결정되고, 시간 t=k+1인 다음 단계에서 동시적으로 변화한다. 즉 모든 세포는 같은 시계에 맞춰 동기화된 상태로 변화한다.

　　　　　　　　　　　　　　　　　　　　　　1부 임계전이 이론

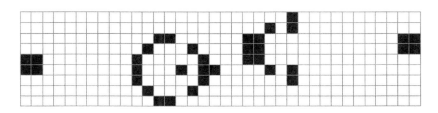

그림 4.1   글라이더를 끊임없이 만들어내는 형식으로 발전하는 라이프게임의 초기 배열

이트 된다. 이 게임의 기본 개념은 단순한 초기의 배열들이 생명의 흥미로
운 형태들을 만들어내는지를 보는 것이다. 대개 살아 있는 모든 세포들은
사라지지만 어떤 초기 형태들은 안정화된 수치에 도달하거나, 변화하지
않은 채 살아 있을 수도 있고 혹은 영원히 진동하는 형태에 머무를 수도 있
다. 그러나 드물게 초기 배열에 따라서 '총(그림 4.1에서 보이는 것과 같은
글라이더처럼 움직이는 물체를 반복적으로 보여주는 배열)' 혹은 '푸퍼 기차
(Puffer train : 꼬리 부분에 연기를 남기면서 움직이는 배열)'와 같은 아주 놀
라운 형태가 만들어지기도 한다.

자기 조직화 임계성
자기 조직화 임계성은 세포 오토마타에서 발견된 현상 중 가장 중요한 현
상이다. 그것은 산불 모형(forest field model)으로 알려진 동역학에 의해
잘 설명된다. 산불 모형이란 실제 현실에서의 산불을 묘사하기 위한 것이
아니라, 격자세포의 상태 전이와 비슷하게 단순한 몇 가지 규칙에 근거하
여 산불이 가지는 공간적 동역학을 추상적으로 설명하기 위하여 고안된 것
이다. 산불 모형의 많은 예들은 인터넷을 통해 찾아볼 수 있다. 산불 모형
에서 각 격자세포는 타고 있거나(burning), 비어 있거나(empty), 새로운

나무로 채워진, 상태 셋 중 하나로 표시된다. 이를 시각화하면 세 가지 색깔로 상태가 표시된다.

- ◆ 불타고 있는 나무는 다음 단계에서 빈 공간으로 된다.
- ◆ 만약 이웃한 나무들 중 적어도 하나라도 불타고 있으면, 그 나무는 다음 단계에서 불에 타게 된다.
- ◆ 어떤 빈 공간이 있을 경우, 그곳은 다음 단계에서 p의 확률로 나무가 채워진다.[4]
- ◆ 이웃 나무가 불에 타고 없을 경우에도 어떤 나무는 매우 낮은 확률 f(예를 들면, 번개를 통해)로 다음 단계에는 불타는 상태가 될 수 있다.[5]

이 모형을 컴퓨터에서 구성해 실행해보면 초기 상태에서 나무들이 빠르게 빈 공간을 채우는 것을 볼 수 있다. 하지만 이후 번개와 같은 우연한 사건으로 몇 개의 나무에 불이 붙기 시작하면, 불은 곧 번져나가 매우 넓은 지역의 나무를 태워 없앤다. 그리고 불이 지나간 곳에는 확률적으로 새로운 나무들이 다시 자라난다. 선택된 매개변수(parameter)[6]에 따라서, 다른 크기의 나무 군락이 생성되었다가 모두 불타는 패턴을 볼 수 있다. 이 경우 산불이 일어난 크기[7]의 분포는 전형적으로 거듭제곱법칙(power

---

4) 만일 확률 p=0.2라면 그러한 상태에 있는 세포 중에서 약 20%는 다음 단계에서 나무가 있는 상태가 된다. 만일 p=0이라면 어떤 경우에도 나무가 들어서지 못하고 p=1이라면 항상 다음 단계에는 모든 지역에서 나무가 있게 된다.

5) 현실적으로 확률 f는 어떤 나무가 우연히 벼락이나 자연발화에 의해서 불이 붙을 경우가 된다. 따라서 실제 확률 f는 수만 분의 1정도가 되는 것이 합당하다.

6) 확률 p와 f 가 이 산불 모형의 특성을 결정하는 중요한 매개변수가 된다.

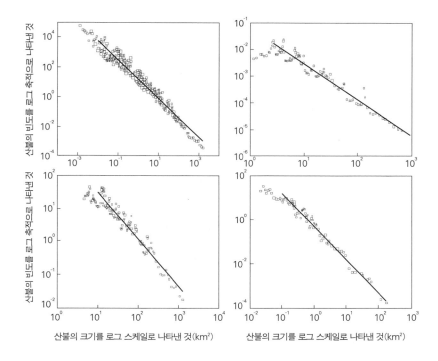

그림 4.2　미국과 호주에서 발생한 산불(forest fire)과 들불(wildfire)의 빈도수와 그 피해면적과의 관계를 나타낸 그래프. (a) 미국 어류 및 야생동물관리 지역에서 발생한 4,284건의 화재. (b) 미 서부에서 관찰된 120건의 화재(1950~1960) (c) 알래스카 북방림에서 발생한 164건의 화재(1990~1991) (d) 호주에서 발생한 298건의 화재(1926~1991). 각각의 경우 수십 년간 얻어진 자료를 통해 화재의 빈도수와 화재면적과의 적합한 상호관계를 보면 그들 간에는 거듭제곱법칙이 나타남을 볼 수 있다.[1]

law)을 따르는 것을 볼 수 있다. 즉 작은 크기의 산불이 일반적이며, 큰 규모의 산불은 아주 드문 편인데, 이것이 거듭제곱법칙을 따르기 때문에 산불 크기의 로그 값은 그 크기의 불이 일어나는 빈도에 비례하는 모습을 보

---

7)　하나의 불씨로 인하여 불타버린 구역의 크기를 의미한다.

인다. 흥미롭게도 이러한 거듭제곱법칙은 실제 일어난 산불의 경우에서도 확인된다(그림 4.2 참조).

이런 산불 모형과 같이, 크기가 다른 재앙이 불규칙한 간격으로 일어나 재앙이 없는 휴지기 상태를 간섭하게 된다. 이런 현상을 자기 조직화 임계성이라고 한다. 이런 동역학의 본질은 휴지기 동안 점차적으로 생긴 압력이나 취약성이 쌓여나가서 일정 한계점에 도달하면 임계 상태를 맞이하게 된다는 것이다. 산불의 경우, 산불의 연료가 되는 퇴적물이 증가하면 이는 취약성에 대한 양의 피드백을 만들어낸다. 대부분의 시스템에서 자기 조직화 임계성을 볼 수 있다. 예를 들면, 지진은 대륙이 움직이는 과정에서 생성된 압력이 방출되는 과정으로 볼 수 있다. 그리고 세계대전이나 국지적 전투는 사회가 형성되는 과정에서 만들어진 사회적 갈등이 표출되는 과정으로 볼 수 있다. 산불의 규모와 같이, 지진이나 전쟁의 크기 역시 거듭제곱법칙을 따르는 경향을 보인다.

덴마크 물리학자 페르 박(Per Bak)은[8] 자기 조직화 임계 이론을 발전시킨 사람으로 잘 알려져 있다. 이 아이디어는 1997년 그가 저술한 『자연은 어떻게 움직이는가』[2]라는 책에 잘 설명되어 있다. 이 개념은 모래더미에 모래알을 한 번에 하나씩 뿌릴 때 나타나는 모래더미(그림 4.3 참조)의 반응을 연구하는 과정에서 도출된 것이다.[3][9] 모래더미가 커질수록 경사는 심

---

8) http://en.wikipedia.org/wiki/Per_Bak

9) 깨끗한 바닥에 모래를 일정한 속도로 조금씩 부어보면 모래는 자신이 처음 떨어진 곳에 그대로 멈춰 서서히 쌓이면서 산 모양의 작은 모래더미를 만든다. 시간이 흘러 모래더미가 어느 정도 경사를 이루면 모래알갱이들은 경사면을 타고 조금씩 흘러내리게 된다. 아주 작은 규모의 산사태가 일어나는 것이다. 모래를 더 많이 부을수록 흘러내리는 모래의 양은 많아지고 산사태의 규모도 커진다. 그런데 일정한 속도로 모래를 계속 부어주면 쏟아지는 모래와 산사태로 떨어지는 모래의 양이 평균적으로 균형을 이루

그림 4.3　모래더미가 쌓이고 무너지는 행태는 자기 조직화 임계현상의 전형적인 본보기이다. 모래 알갱이들이 쌓여 있는 모래더미 위에 더해짐으로써 모래더미가 산사태와 같은 형식으로 흘러내리게 된다.

해지고 결국 그 위로 계속 쌓이는 모래알들에 의해서 중간 모래더미가 무너져 내리는 일종의 산사태(avalanche)가 발생하게 된다. 이때 모래로 인하여 발생한 산사태의 크기는 거듭제곱법칙을 따르게 된다. 자기 조직화 임계성이라는 말은 모래더미가 점점 커지다가 일정한 상황이 되면 다시 급작스럽게 무너지는 일종의 임계 상태로 옮아간다는 뜻이다.[10] 이 과정을

면서 모래더미는 일정한 각도를 이루게 된다. 이때 만들어진 각도를 멈춤각(angle of repose)이라 부른다. 흥미로운 것은 멈춤각이 모래더미의 크기와는 상관없이 모래의 특성에 따라 항상 일정한 값이 되는데 모래를 아무리 더 부어도 모래더미는 스스로 일정한 각도의 모래더미를 계속 유지하려고 한다는 사실이다. 즉, 멈춤각보다 작으면 모래가 계속 쌓이고 멈춤각보다 크면 옆으로 계속 흘러내려서 일정한 각도의 모래더미는 계속 유지된다. 이러한 상태는 임계상태(critical state)라고 부른다.

보면 모래를 계속 붓는 동안 일정 정도까지는 쌓이는 상태에 머물러 있다. 즉 외부의 조절변수 없이 시스템 내부의 동작에 의해서 임계 상태에 도달된다는 면에서 자기 조직화 현상은 시스템의 안정성을 결정하는 데 중요한 의미를 지닌다. 이 현상은 다양한 종류의 시스템에 대부분 존재한다.[11]

단순한 시뮬레이션 모형만으로도 자연계와 비슷한 자기 조직화 임계 현상을 재현해낼 수 있다. 자연계나 사회에 존재하는 대부분의 동역학 시스템에는 이런 특성이 있다고 가정해도 별 문제는 없다. 그럼에도 불구하고, 자기 조직화 임계성이 존재한다고 급하게 속단하는 것은 조심해야 한다. 특히 사건들의 크기가 거듭제곱법칙을 따른다고 해서 당연히 그 안에 자기 조직화 임계성이 존재한다고 단정해서는 안 된다. 예를 들면, 과거 지질학적 기록에 나타난 멸종 생물체들의 크기 분포가 거듭제곱법칙에 따르고 있어 이 자료는 진화 과정에서 보이는 자기 조직화 임계성의 한 증거로 제시되곤 했다.[4] 아주 추상적인 진화 모형의 관점으로 볼 때, 외부의 별다른 요인 없이 종들이 연쇄적인 소멸[12] 과정을 거치게 되면 소멸된 종의 크기는 거듭제곱법칙을 따르는 것같이 보인다.[5] 그러나 자기 조직화 임계성이 없

---

10)　시스템이 어떤 임계상태로 진행되는 것은 외부의 요인에 의해서가 아니라 그 내부의 상태에 따라서 임계상태와 성장상태를 반복하게 된다. 이런 현상 때문에 자기 조직화(self-organized)라는 단어를 사용한다.

11)　어떤 잘 조직된 모임의 경우 내부적으로 혼란이 가중되면 위기감을 느낀 구성원들이 스스로 자제하는 경향을 나타낸다. 예를 들어, 교실에서 학생들이 점점 소란스러워지는 경우 그 정도가 일정 수준 이상이 되면 스스로 자제하여 다시 평온한 상태가 되기도 한다. 또한 어른들의 회식자리에서도 이런 현상은 자주 발견되는데 이것은 내부 구성원들이 그 상태의 임계성을 스스로 조정할 수 있는 능력을 가지고 있기 때문이다.

12)　한 종이 소멸하면 이 사건은 그를 먹이로 하는 다른 종의 소멸로 이어지고 이 과정이 연속적으로 이어지는 현상을 말한다.

는 다른 메커니즘들도 역시 그러한 거듭제곱법칙을 따름을 볼 수 있다.[6] 자연계에서 보이는 개체수의 크기가 거듭제곱법칙에 따르는 경향을 보이는 이유에는 여러 복잡한 메커니즘이 관여하고 있다. 따라서 개별 사건들에 관여된 개체의 크기 분포만으로 자기 조직화 임계성이 있다고 확신해서는 안 된다.

만약 현실적으로 가능한 모형이 실제 시스템에서 관찰된 동역학들과 일치하여 자기 조직화 임계성을 보여준다면 좀 더 설득력 있는 예가 될 수 있다. 이 일은 구체적인 시스템 사례에 따라서 쉬울 수도 더 어려울 수도 있다. 사실 인간 사회를 기계적인 양적 시뮬레이션으로 관찰한다는 것은 그 주제가 아무리 설득력이 있어도 여전히 어려운 일이다. 예를 들면, 압력이 충분히 잠재되어 있다면 아주 작은 사건만으로도 큰 규모의 갈등이 일어난다. 일례로, 10년 동안 1,000만 명의 사망자를 낸 제1차 세계대전은 프랜시스 페르디난트(Francis Ferdinand) 대공의 암살이라는 작은 사건에서 촉발되었다. 그러나 인간 사회를 정량적이며 기계론적 모형으로 설명하기란 쉽지 않기 때문에, 드러난 현상만으로 그 안에 자기 조직화 임계성이 있다고 확신해서는 안 된다. 인간 사회와 달리 조류습지(tidal marsh)에서 절벽침식(cliff erosion)이 일어나는 자기 조직화 임계성은 기계적 모형으로 설명할 수 있다.[7] 이 시스템에서 식물이 자라면 침전 현상이 심화되어[13] 바닷물이 더 높이 올라오게 되고, 이 때문에 절벽침식은 가속된다. 일단 절벽이 형성되면, 그것은 눈사태와 같이 연쇄적인 반응으로 가속화된다.[14] 이

---

13) 나무나 식물이 절벽에서 자라면 그들이 만들어내는 찌꺼기들이 해수 바닥에 쌓여서 해수면이 올라가게 된다.

14) 절벽이 만들어지면 그 절벽에서 떨어지는 흙들로 인하여 바닥이 높아지게 되고 그 높아진 바닥

것은 어떤 면에 있어서 전통적 모래더미 모형과 꽤 비슷하다. 이러한 과정은 실험을 통하여 주로 연구되고 있다.

자기 조직화 임계성으로 설명되는 동역학은 고전적인 파국 이론과 유사한 점이 있다. 점진적으로 바뀌는 환경요인이나 변수(외적 또는 내적)는 해당 시스템을 안정적인 상태에서 임계점으로 몰고 가는데, 이렇게 시스템이 임계점으로 가까이 가게 되면 작은 소요(예를 들면, 번개, 파도, 살인자 등)만 발생해도 곧바로 파국전이(catastrophic transition) 상태로 바뀌게 된다. 파국 이론과 자기 조직화 임계성의 중요한 차이점은 다음과 같다. 몇 가지 변수들의 상호작용에 초점을 맞추는 파국 이론과는 달리, 자기 조직화 임계성은 지속적으로 발생하는 압력에 의해 발생하는 파국전이가 장소와 규모에 따라서 다르게 발생한다는 점이다. 자기 조직화 임계성과 같은 동역학의 중요한 점은 개별적인 파국전이를 예측할 수 없다는 것이다. 물론 그들의 크기 분포에 따른 통계적인 처리는 할 수 있지만, (다시 모래더미 모형으로 돌아가서) 어떤 하나의 알갱이가 산사태를 유발하는지, 그리고 그것으로 인하여 얼마나 큰 사태가 일어나는지는 아무도 예측할 수 없다. 작은 규모의 변화가 지역적 압력에 의해 연쇄적으로 일어나는 이질적 시스템에서 각각 다르게 나타나는 자기 조직화 임계 현상을 찾아내기란 어렵다.[15) 동일한 이유로 잠재된 압력의 형태에 따라 사태의 크기는 달라지기 때문에 이 역시 예측이 불가능하다.

침전물로 인하여 파도는 더 높은 위치의 절벽까지 이르게 되고, 이 때문에 절벽은 더 빨리 무너지고 이 과정은 반복되고 강화된다.

15)   즉 시스템이 다르면 그 안에 내재한 자기 조직화 임계성이 나타나는 형식이나 시점은 제각각이다.

1부 임계전이 이론

자기 조직화 패턴

세포 오토마타는 가상의 세계에 대한 분석을 위한 것이지만, 자기 조직화 임계성은 실제세계에서 일어나고 있는 메커니즘을 설명해준다. 그러나 자연계에서 관찰되는 것과 유사한 패턴을 만들어내는 다른 부류의 오토마타가 있다. 이 모형을 이용하면 동일한 초기 환경에서 어떻게 자기 조직화된 형태가 자발적으로 나타나는지 알 수 있다. 이 연구는 작은 규모에서 동물 가죽무늬가 생성되는 과정이나 화학적 반응이 나타나는 과정과 관련되어 있다.[16] 그러나 최근 연구자들은 지형 수준에서 큰 규모의 임계전이가 일어날 가능성에 대하여 집중하고 있다. 특히 매우 건조한 지역에서 나타나는 패턴형성은 많은 주목을 받고 있다. 건조 지역의 식물 서식지에서 식물은 척박한 지형으로부터 얻어낼 수 있는 모든 영양소와 물을 최대한 축적하려고 한다. 좁은 지역에 고립되어 살고 있는 식물은 서로 협력하여 자신들의 생존에 유리한 양의 피드백을 만들어내는 반면, 넓은 공간에 서식하고 있는 각 식생 군락은 조금이라도 더 많은 자원을 얻기 위해서 구역별로 경쟁한다.

만약 강우량을 조건으로 공간적 모형을 구성해보면(수식화 모형은 A.11절 참조) 재미있는 패턴이 나타난다(그림 4.4 참조). 각 개체가 살고 있는 공간적 정보를 무시한 상황에서 만든 초목 모형을 보면, 그림 4.4(a)와 같이 대체평형 상태가 나타나지 않는다. 그런데 식물이 살고 있는 공간적 모형에 따른 강우량 등급(그림 4.4(b)와 (c) 참조)으로 본다면, 경사도의 정도에 따라 서로 다른 자기 조직화 패턴(self-organized pattern)이 나타난다. 강

---

16)   새끼표범의 상태에서는 보이지 않는 얼룩무늬가 표범이 커짐에 따라 뚜렷하게 드러나는 현상을 묘사하는 것이다.

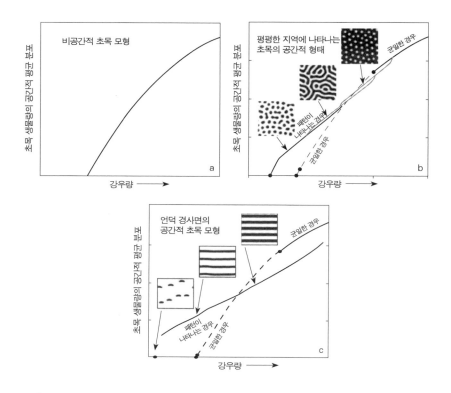

그림 4.4   강우량이 건조 지역의 초목 생물량에 미치는 영향은 공간적 자기 조직화 모양으로 나타난다. 비공간적인 초목 모형(a)에는 대체 가능한 평형 상태가 없다. 한편 공간적인 모형(b와 c)에서 균일한 초목 분포를 가진 상태는 다양한 강우량에 대해 불안정한 상태(점선)가 된다. 자기 조직화 형태의 특징은 지형에 나타난 대체 가능한 평형 상태로 나타난다. 이러한 형태들은 평평한 경우(b)와 경사가 급한 경우(c)에 따라 달라진다.(참고문헌 8에서 수정)

우량이 많으면 땅이 초목으로 골고루 덮이게 되지만, 강우량이 감소하면 그전에 균일하게 유지되던 초목 상태는 불안정하게 바뀐다(그림 4.4의 점선). 평평한 지역에서는(그림 4.4(b)) 초목구역이 있는 틈들이 규칙적인 패턴으로 나타난다. 그 후 미로 패턴이 생기고, 나중에는 '물방울 무늬(barren matrix)' 모양으로 군집이 형성된다. 지형적 특성을 무시하고 계산한 평균 생물량에서 보이는 패턴은 종마다 크게 다르지 않다 할지라도, 모든 식물군락은 강우량에 따라서 각각의 대체평형 상태가 존재한다. 그런데 한쪽 방향으로 균일하게 기울어진 언덕 경사지와 같은 땅에서 나타나는 식생의 패턴은 약간 다르다(그림 4.4(c)). 이 경우에 식물은 경사면과 수직으로 놓인 초목 띠와 같은 모양으로 생성된다.[17] 이러한 흥미로운 특징은 강우량이 아주 낮을 때 나타나는데, 강우량이 낮은 경우 스스로 양분을 공급할 수 있는 초목 지역에 살고 있는 식물들은 안정된 대체 상태로 수렴할 것이다.[8-10] 수렴 과정은 직관적으로 설명된다. 해당 지역에 존재하는 물과 영양분의 평균이 너무 낮아서 초목에게 공급되기 어려운 상황이 되면, 비옥한 초목이 있었던 고립된 지역의 초목은 할 수 있는 한 최대한의 수준의 물과 영양분을 저장해두는 경향을 보인다. 그런데 초목이 자랄 수 있는 지역이 그 이전의 상태를 일단 잃어버리게 되면, 그 농축 메커니즘도 같이 사라져버려 그 지역은 다시는 복원되기 어려운 상황이 된다. 이 때문에 강수량이 일상적인 수준 이상으로 충분해져야만 땅에서 식물의 재군집화가 가능해진다. 흥미로운 점은 척박한 상황이 되면 식물들이 어떤 패턴을 형성하는 식으로 평형을 이룬다는 것이다. 즉, 식물이 가지는 조건(강수량)에 따라서 다른 패턴의 군집을 보이게 되고 이것은 물이 풍부한 상황에서의 평형과 대비되는 또 다른 하나의 대체평형 상태를 이룬다.[18] 또한 평평

---

17)   경사면의 경우 그 면 아래위에 있는 식물은 경사면의 상태에 따라 매우 다른 조건에 놓인다. 경사면으로 볼 때 수평의 위치에 있는 식물들이 유사한 상황에 놓이게 되어 이들은 안정적인 군집을 형성하고 이것은 수평의 띠와 같은 모양으로 나타난다.

18)   강수량이 충분한 평지에서는 식물군집이 보여주는 패턴과 경사지나 척박한 상황에서 식물군집이 보여주는 패턴은 다르다. 그림 4.1(b)와 (c)에 나타난 바와 같이 평지에서는 강수량의 과다에 따라 식물군락의 패턴은 달라진다. 즉, 강수량이 적으면 물방울 무늬를 이루고 강수량이 좀 더 많아지면 그들

한 일반적인 지형에서는 물이 있거나 없거나 그 지역이 가진 생물량에는 큰 차이가 없지만, 공간적 패턴에 균형을 맞추고 있는 군락들은 서로 다른 생물량을 가진다는 점이 특이하다고 할 것이다.

예측된 자기 조직화 패턴과 딱 들어맞는 초목 현상을 보여주는 실제 자료는 많다.[8-10] 이 자료를 보면 그 안에 대체끌개와 이력 현상이 존재한다는 것을 알 수 있다. 흥미로운 점은 공간 패턴을 토양의 건조 정도를 구분하는 기준으로 사용할 수 있을 뿐 아니라,[8] 토양이 척박한 상태로 붕괴되는 정도를 나타내는 지표로도 사용할 수 있다는 것이다. 따라서 식물군락이 만드는 패턴은 그 지역에 회복력이 떨어지고 있는 것이나 해당 초목이 파국으로 접근하고 있는 것에 대한 초기 경고신호로 해석할 수도 있다.[10]

자기 조직화 임계성을 가진 시스템과 마찬가지로 자기 조직화 공간 패턴을 보여주는 모형은 매우 단순한 규칙들과 이상적인 초기 조건을 가정하고 있다. 그러나 현실에서는 공간적 특성으로 인한 제한조건에 따라 실제 상황은 달라진다. 예를 들면, 습한 계곡보다 건조한 숲이 산불에 더 취약한데, 이 때문에 두 지역의 빈 곳에 새로 서식하게 되는 나무가 채워지는 패턴도 달라진다. 따라서 시스템이 개수는 많지만 거의 동일한 요소로 구성되어 있고 그들이 단순한 몇 개의 규칙에 따라 움직인다는 가정은 너무 지나치게 단순화된 가정이라고 할 수 있다.

끼리 서로 연결되어 미로를 형성한다(그림 (b)의 사각형에 있는 무늬). 그리고 강수량이 충분해지면 이들은 모두 하나의 덩어리로 묶인다. 반면 경사지에 있는 식물은 강수량에 따라서 점선 띠로 시작하여 연결된 띠의 패턴을 보이는데, 강수량이 풍부해지면 그 띠가 점점 굵어진다. 단, 이 띠는 경사면의 수평방향으로 형성되고 이 상황은 평지와 비교해서 또 다른 대체안정 상태로 볼 수 있다.

1부 임계전이 이론

2 | 복잡계 네트워크의 안정성

이웃한 주변 세포들과만 상호작용하는 가상의 격자(grid) 공간 동역학에
서 벗어나 좀 더 복잡한 네트워크를 살펴보기로 하자. 예를 들어 자연계에
서는 수많은 종들이 상호작용을 하는데, 그 상호작용은 단순격자 모형의
상호작용만으로는 표현될 수 없다. 가상적인 종들의 상호작용을 연구하기
위하여 제시된 전통적인 개념이 있다. 우리는 대체끌개와 임계전이를 이
용해서 복잡계 네트워크의 안정성을 살펴보고자 한다.

복잡계 집단에 존재하는 대체끌개

상당수의 대체끌개들은 상호작용하는 종들의 복잡한 군집에서 나타나는
것으로 보인다. 컴퓨터 시뮬레이션을 통해서도 알 수 있지만,[11] 이런 현상
은 플랑크톤 군집을 가진 축소판(microcosm)에 대한 실험을 통해서도 입
증된다.[12, 13] 모형과 실험이라는 두 가지 접근법을 통하면 각 집단에 존재하
는 대체끌개를 하나씩 확인할 수 있다. 어떤 종들은 실험적 침입(experi-
mental invasion)의 과정에서 정착에 실패하지만, 어떤 종들은 안정화에
성공하기도 한다. 안정화된 종들이 증가함에 따라, 새로운 종들이 그 집단
에 들어가는 것이 더욱더 어렵게 된다. 결국에는 전체 집단(pool)에 남아
있는 어떤 종도 집단을 침범할 수 없게 된다. 이때, 그 집단은 안정 단말공
동체(stable endpoint community)로 간주된다. 최근 우리가 발견한 흥미로
운 사실은 안정된 다수의 단말공동체가 동일한 전체 집단에서 형성될 수
있다는 것이다. 예를 들어, 1부터 20까지의 서로 다른 종 20개가 있다고
가정하자. 이 경우 이들이 어우러져 이루는 안정된 세 개의 집단은 각각
{3, 5, 9, 15}, {4, 9, 15, 19}, {14, 16, 20}으로 표시할 수 있다. 이 집

단들은 다른 종이 침입하여 정착할 수 없는 상태라고 할 수 있는데 이것을 단말공동체라고 부른다.[19] 이러한 내용은 생물학적 침입에 대항하는 저항과 관련하여 논의되는 내용이며,[14] 조합규칙이라는 용어로 여러 문헌에서 소개되고 있다.[12] 이러한 관점에 따르면 어떤 종들이 집단을 이루어 안정을 꾀하는 것은, 개별 종을 조각으로 하는 조각 맞추기 문제로도 볼 수 있다. 어떤 저자들은 이 안정화 과정에는 '경로 의존성(path dependency)' 또는 '험티덤피(humpty-dumpy) 효과'[20]가 존재한다고 한다. 어떤 시스템에 여러 상태의 단말공동체가 존재한다는 것은 그 집단이 최종적으로 어떤 상태로 귀결될지 예측하기 어렵다는 뜻이다. 즉, 집단은 작은 요동에 따라서 이쪽의 안정 상태에 들어가기도 하고 또 그와는 다른 안정 상태로 들어가기도 한다. 생태독물학자들은 이 과정을 집단조정가설(community conditioning hypothesis)이라는 개념으로 표현하고 있다.[15]

만약 그런 집단들의 모형으로부터[16] 환경변화의 영향을 연구한다면, 그 행동은 환경조건이 어떤 문턱값을 통과하면 파국전환을 보이는 면에서 대체끌개를 가진 모형과 비슷할 것이다(A.5절 참조). 또한 전환은 환경에서 발생한 우연한 요동에 의해 유발될 수도 있고, 추세가 만들어내는 여러 요동이 종합된 결과로 유발되기도 한다(그림 4.5 참조). 집단구성에 관한 적절한 장기간 데이터는 드물지만, 지난 세기 동안 스위스 호수의 규조류 집단에서 나타난 변화와 복원 과정은 모형과 현실이 매우 잘 일치한다는 예를 보여준다(그림 4.6 참조).

---

19)   이 경우 종 15는 서로 다른 안정집단에 각각 들어갈 수 있다. 종 14번 역시 그러하다.

20)   오뚝이 같은 인형이 제대로 안정적으로 서 있지 못하고 계속 쓰러지면서 나아가는 모습.

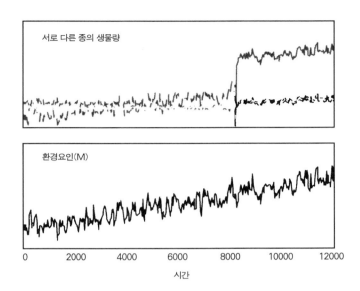

서로 다른 종의 생물량

환경요인(M)

0   2000   4000   6000   8000   10000   12000

시간

그림 4.5   환경요인(M)의 추세와 주변 요동에 노출된 다종 경쟁모형. 환경변수는 점진적 변화를 보여주지만 종집단의 구성에는 급격한 전환이 나타나고 있다.[16]

앞절에서 논의된 모형들과는 달리, 이러한 다종 간 경쟁 모형에서는 (다른 복잡계 모형들과 마찬가지로) 평형과 견인영역이 단순하게 대응되지 않는다. 회복력이 손실된 정도는 대체 상태로의 전환을 일으키는 교란의 크기로 알 수 있다. 많은 종이 있기 때문에, 만약 한 개의 축 위에 나타나는 각 종들의 풍부함을 생각한다면 그 상태는 다차원의 공간에 보여져야만 한다 (예를 들면, 세 개의 종을 나타내기 위해서는 3차원 공간이 필요하고, 네 개의 종을 나타내기 위해서는 4차원 공간이 필요함). 그런 상태에서는 교란의 크기뿐 아니라 방향도 명백히 고려해야 한다. 방향을 알아보는 방법은 대체끌개의 방향에서 나타나는 변위로 요동을 측정하는 것이다. 시뮬레이션에 따르면 파국적 분기에 접근함에 따라 회복력은 영(0)까지 줄어든다는 것을

4 복잡계의 창발적 패턴

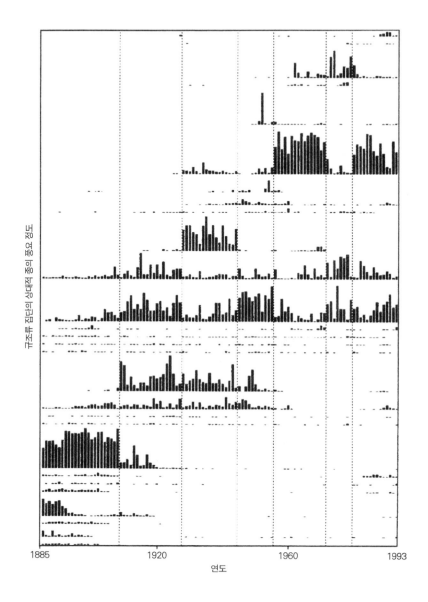

그림 4.6 침전물 분석에서 재구성된 규조류의 변화는 시간에 따라 집단(community) 구성별로 급격한 전환이 다르게 나타남을 보이고 있다. 세로축은 규조류 집단을 구분하고 있다. 그림에서 막대의 크기는 특정 규조류의 상대적 비율을 나타낸다.[17]

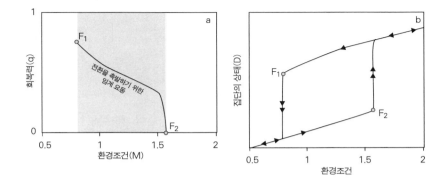

그림 4.7 (a) 회색으로 표시된 환경조건에서 요동이 생기면 임계집단으로 이동한다. 이 요동은 회복력을 영(0)으로 만들어 환경조건의 변화에 따라서 전체 시스템이 임계 분기점(F_2)으로 움직이게 한다. (b) 환경 조건의 점진적 증가는 군집을 임계 상태(F_2)로 바꾼다. 만약 환경조건의 변화가 가역적이면, 그 시스템은 이력 현상을 가지고, 원래대로의 전환은 환경조건이 충분히 감소해서 다른 분기점(F_1)에 도달할 때에만 일어난다. 집단의 상태는 초기 상태(M=0.5)로부터 다른 정도(D=유클리드의 거리)를 계산해서 상대적으로 나타내고 있다.[16]

알 수 있다(그림 4.7(a) 참조). 전환이 일어날 때까지 환경요소(M)를 점진적으로 증가시킨 다음, 거꾸로 M을 천천히 낮추어서 역으로 진행시켜보면 예상한 바와 같이 모형이 변하는 시점에서 이력 현상이 나타남을 확인할 수 있다(그림 4.7(b) 참조).[21]

---

21)　환경조건(M)을 증가시켜서 어느 시점(t)에서 전환이 발생하게 한다. 즉 다수 종의 생물 총량이 급격히 증가하는 시점까지 M을 올린다. 그 다음 M을 감소시키면 다시 t에서 생물량이 급격히 낮아지는 현상이 발생하는 것이 아니라 그보다 더 M이 낮아진 상황에서 낮아지는 현상이 발생한다. 이러한 현상이 이력 현상이고 이것은 임계현상을 가지고 있는 대부분 자연계 시스템의 중요한 특성 중 하나이다.

안정된 종 패턴을 향한 자기 조직화의 진화

임의의 생물종 사이에 일어나는 상호작용 네트워크에 대한 이론적 연구는 흥미로운 패턴을 보이고 있긴 하지만 실제 상호작용은 결코 무작위적이지는 않다. 사실상 무작위 종들로 이루어진 집단 모형에서 너무 많은 종들이 추가되면 불안정해지는 경향이 있다. 복잡계 집단이 가지는 안정성에 대해서는 이미 반세기 동안 논쟁이 이루어져왔다. 풍부한 생물종 집단이 어떻게 지속될 수 있는가 하는 질문은 학술적인 관심사에 불과하다고 생각할지 모르겠지만, 이 주제는 지구에서 종들이 빠르게 멸종되고 있는 현 상황에서 매우 중요하다. 강한 집단이 살아남을 것인지, 회복력을 가진 집단을 어떻게 형성할 것인지, 핵심 종들이 없어진다면 과연 멸종의 연쇄 반응이 일어날 것인지는 우리가 규명해야 할 중요한 문제이다.

오랫동안 생물학자들은 종의 다양성이 생태계를 안정화하는 데 도움을 준다고 믿고 있었다. 그러나 1970년대에 로버트 메이(Robert May)가 많은 종은 도리어 불안정성을 야기한다는 모형을 제기했다.[18] 좀 더 구체적으로 말하면, 메이는 단순 다종 모형에서 많은 종들을 공존시키는 것이 더 어렵다는 것을 보여주었다. 최소 모형 연구에서 확인하기 어려웠던 메이의 발견 덕분에 자연계에서 많은 종들을 공존시킬 수 있는 방법에 대한 연구가 활발해졌다. 지금까지 밝혀진 결과 중 하나는 자연계에서 종들간의 연결성이 생각보다 약하다는 것이다.[19] 어떤 점에서 이 사실은(다른 표현으로) 종들이 다른 생태적 활동범위를 가지고 있다는 것을 의미한다. 그러나 이것만으로 전체 문제를 설명할 순 없다.

종의 다양성을 설명하기 위한 최초의 시도는 1959년 「산타 로사리아에 대한 경의(Homage to Santa-Rosalia), 혹은 왜 이렇게 많은 종류의 동물들이 존재하는가?」라는 제목의 논문이다.[20] 이 논문에서 저명한 생태학자인 허친슨(G. Evelyn Hutchinson)은 많은 종들이 다른 생태적 활동범위를 차지하게 되면 이 종들은 서로 공존할 수 있다고 주장했다. 뿐만 아니라, 자연계에서 종들의 수는 생태적 활동범위가 다르다는 관점으로만 설명할 수 있는 개수보다 훨씬 더 많을 것이라고 주장했다. 2년 후, 또 다른 논문인 「플랑크톤의 역설(The Paradox of the Plankton)」에서,[21] 허친슨은 식물플랑크톤의 높은 다양성이 매우 주목할 만하다고 주장했다. 왜냐하면 모든 종들이 경쟁하는 아주 제한된 영양분과 빛만이 제공되는 동질적 환경에서는 생태적으로 다른 활동의 여지가 많아 보이지 않기 때문이다. 단순 경쟁모형들과 실험실에서의 경쟁실험에 따르면, 평형 상태에서 공존하는 종의 수는 성장을 제한하는 자원의 수보다 더 많을 수 없다는 것을 알 수 있다.[22]

허친슨은 "플랑크톤 집단은 결코 평형 상태를 이룰 수 없다"는 역설을 제시하였다. 허친슨은 20여 년 전 '자연주의자 심포지엄'에서, 식물플랑크톤의 다양성은 외부 환경의 변화 때문에 결코 평형에 도달하지 못한다는 주장을 하였다. 식물플랑크톤의 비평형에 대한 허친슨의 주장은 별로 반박되지 않았고, 나중에 실험을 통해 확인되었다.[23] 시스템에 내재하는 카오스(chaos)도 기본적으로 같은 역할을 한다.[24] 주어진 조건에서 우수한 종이 다른 한 종을 경쟁에서 따돌릴 때, 그 조건들로 인하여 또 다른 종이 더 우월하게 변할 수 있다는 것이다. 결국 많은 종들은 계속해서 바뀌는 규칙이 통용되는 게임에 참가한 셈이 된다. 종의 공존에 대한 또 다른 설명으로는 생태계가 다른 모형과 같이 잘 혼합된 시스템 또는 동질적 구성이 아니라는 것이 있다. 심지어 동질의 환경처럼 보이는 넓은 바다에서조차 그 안에 생겨나는 소용돌이는 어류의 이동에 장애물을 만들고, 개체들이 섞이는 상황을 방해하여 공존을 활성화한다.[25][22] 약탈자들은 보통 가장 풍부한 먹이에 집중하기 때문에 다른 먹이 종들은 포식자를 피하여 생존할 수 있다. 이 때문에 하나의 종이 다른 특정한 종을 완전히 능가하는 상황이 방지된다.[26] 특정한 병원균과 기생균(parasite)으로부터 약탈자에 이르는 자연적 천적들은 대부분의 종들이 매우 많아지는 것을 막기 때문에[27] 공존의 가능성을 촉진시킨다.

유사 종들의 공존을 설명하기 위한 다른 시각은 허벨(Hubbell)과 그의 공동연구자들에 의해 주장된 중성 이론이다.[28] 이 주장은 상당한 논쟁을 불러일으켰다.[29] 중성 이론의 근본적 가정은 모든 종들이 생존력 면에서 본다면 본질적으로 같거나, 최소한 동등해서 어떤 종들도 다른 종과 경쟁해서 이길 수 없다는 것이다. 생태학적으로 공통 활동범위를 공유하고 다른 종과의 경쟁에서 균형을 잡고 있는 종은 공진화를 통하여 비슷한 경쟁력을 가지고 있다는 주장이 있지만 논쟁의 여지는 있다.[30] 물론 실제로 나타나는 중성 상태는 매우 드문 경우이며,[31] 중성 이론의 가정은 현실성이 없다고 할 수 있다.[32]

안정된 종들의 공존을 설명하기 위한 중성 이론과 생태적 활동범위 이론(niche theory) 사이의 명백한 모순은 자기 조직화 유사성(self-organized similarity)이라는 현상에 의해 설명된다.[33] 이 주장은 생물종들이 공존하는 두 가지 방법을 제시한다. 즉, 종들의 공존은 종들끼리 충분히 다르거나 혹은 충분히 유사할 때 가능해진다는 것이다. 필자는 동료인 에베트(Egbert Van Nes)와 함께 많은 수의 종들이 경쟁하는 모형의 진화 과정을 연구하면서 흥미로운 발견을 했다. 이 문제를 연구하기 위해서 우리는 한 가지 측면에서만 차이를 보이는 여러 종들을 선택하여 그들로 구성된 가상

---

22)   개체들이 완벽하게 섞인다면 모든 포식자의 주위에는 항상 먹이가 존재하여 작은 집단은 포식자들에게 잡아먹혀 완전히 멸종할 수 있다.

1부 임계전이 이론

의 세계를 만들었다. 이 종들의 위치는 생태적 활동범위 축(niche-axis: x-축) 위에 표시하였다. 좀 더 구체적으로 설명하기 위하여 각 종의 다른 측면을 개체의 크기라고 생각해보자. 즉, 우리가 만든 각각의 종들은 특정한 몸 크기를 가진다고 하자. 크기가 유사한 종들은 같은 먹이를 공유하기 때문에 더 강하게 경쟁한다고 가정했다. 즉, 생태적 활동범위 축(각 몸 크기에 대응하는 먹이의 양) 위에 있는 각 장소는 같은 확률로 적절하다고 가정했다. 종들은 몸집의 크기에 따라서 무작위로 축 위에 표시되며 개체의 크기와 그 크기를 가진 개체수가 얼마나 많은지에 따라 그 이웃들과의 경쟁정도가 정해진다. 각 종은 덜 경쟁하는 방향으로 천천히 몸의 크기를 변화시키는 쪽으로 진화될 것이다. 그리고 개체수가 늘어남에 따라 증가하는 손실요인(가장 풍요한 종들에 초점을 맞춘 포식자)으로 인해서 경쟁은 다소 감소될 것이다. 이 진화게임의 생존자들이 x축 위에 균등하게 퍼져 있는 종들이 될 것이라고 직관적인 기대를 했지만, 시뮬레이션 결과는 비슷한 크기의 종들이 공존하는 자기 조직화로 이루어진 덩어리 패턴으로 수렴한다는 놀라운 결과를 볼 수 있었다(그림 4.8 참조). 생태적 활동범위 축 위에 그려진 종들의 군집(lump, 덩어리) 사이의 거리는 종의 크기 분포의 표준편차가 더 커질수록 더 멀어진다. 따라서 종들이 그 비슷한 크기에 따라서 군집으로 모이는 것은 공존을 위한 경쟁회피의 직접적인 영향 때문이다. 그러나 종의 크기는 다르지만 다른 면에서 아주 유사한 종들은 앞서 설명한 크기에 따른 군집화 경향에서 벗어나서 다른 군집들을 오가면서 공존할 수 있다.

두 개의 종이 유사하면 공존에 더 유리하다는 것은 다소 직관에 어긋나 보인다. 왜냐하면 결국에는 그들의 경쟁이 더 격렬해질 것이라고 예상되기 때문이다. 이것을 이해하는 한 방법은 크기가 유사한 개체들이 모여 있

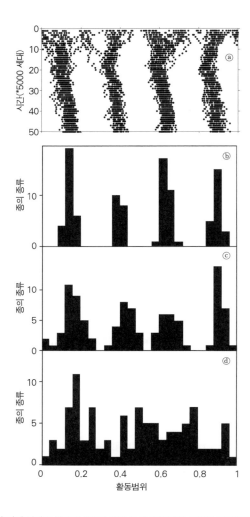

그림 4.8　(a) 초기에 임의로 분포된 100여 종의 유사 종이 자기 조직화 덩어리로 모여드는 진화과정을 모의실험한 결과. (b), (c), (d)는 진화의 압력에 영향을 주는 다른 인자들의 임의의 변화를 나타내는 변수들의 증가 값에 대한 종의 크기들의 빈도수 분포 결과를 보여준다.[33]

는 군집 내에서는 경쟁이 중립에 가깝게 된다는 것을 먼저 인식하는 것이다. 어떤 종이 다른 종보다 확실하게 우월하지 않으면 다른 군집으로 떨어져 나가는 과정은 매우 느리고, 앞절에서 논의된 공존을 촉진시키는 다른 요인에 의해서 제한을 받게 된다. 왜 우리는 군집을 만들어내는 경쟁에서 수렴과 발산이 서로 섞이는, 이상하게 혼합된 형태(그림 4.8 참조)를 보게 될까? 경쟁을 피하려 하는 발산적 특성에 대한 원인은 직접 관찰할 수 있다. 그러나 같은 생태적 활동범위를 차지하는 어떤 군집에 있는 종이 다른 종들로 옮겨가는 수렴 현상은 직관적으로 이해하기 어렵다. 그럼에도 불구하고, 생태적 활동범위 이론 종들의 생태적 활동범위가 더 가까워짐에 따라, 종들 사이의 위치가 적합도 지형에서 최악의 장소로 바뀌고, 가까운 종들 사이에 진화적인 수렴이 일어날 수 있다.[34] 다르게 말하면, 자기 조직화 유사성 이론은 공존하는 종들의 군집 덩어리들에 대체 진화끌개가 있다는 사실을 말해주고 있다. 반면에 생태적 활동범위에서 보이는 틈은 각 개체를 다른 영역으로 밀어내는 일종의 밀개 역할을 한다. 이것은 진화 시뮬레이션(그림 4.8(a) 참조)에서 초기 종들의 불안정한 특성으로 설명될 수 있다.

자기 조직화 유사성 메커니즘이 확인되는 실험상 증거는 호수 플랑크톤과 딱정벌레, 포유류, 새 집단에 이르기까지 많은 그룹의 유기체(그림 4.9 참조)들의 몸집 크기 분포에 존재하는 군집 모양에서 찾을 수 있다.[35] 외부적으로 이미 정해진 생태적 활동범위(고래나 물고기들이 물에서 사는 것처럼)에서의 적응은 자연계에서 왜 종들 사이에 많은 유사성이 나타나는지를 잘 설명해준다. 한편 시뮬레이션을 통해 보면 이미 확정된 생태적 활동범위가 있다고 하더라도 자기 조직화는 그 패턴의 일부분만을 나타낸다. 따라서 자기 조직화는 좀 더 확실한 메커니즘일지도 모른다. 또한, 자연계에서

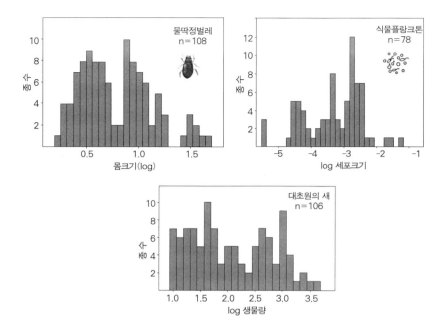

그림 4.9   자연에 있는 종의 크기 분포는 종종 덩어리 형태를 보여준다. 예를 들면, 유럽의 물딱정벌레
(a), 네덜란드 호수의 식물플랑크톤(b), 미국 대초원의 새(c)와 같다.

볼 수 있는 패턴의 규칙성은 자기 조직화 메커니즘이 많은 시스템에서 공
통적으로 동작하고 있음을 말해준다.

　비슷한 특성의 종들이 모여 있는 집단을 향해서 각 개체가 자기 진화를
하는 것은 인간 사회에서도 흔한 일이다. 예를 들면, 도시와 회사의 크기
분포도 역시 몇 개의 집단으로 수렴하고,[36] 회사와 TV 채널 등도 소비자들
에게 제각각 다른 어떤 것을 제공해주기 보다 다들 비슷한 서비스를 제공
하고 있는 것같이 보인다.[37] 다른 메커니즘을 가진 시스템에서도 개체들은
덩어리 패턴들을 발견할 수 있다. 이같이 생물체가 아닌 사회 시스템에서
도 군집이 나타난다는 사실은 호텔링(Hotelling)[38]의 고전적인 연구업적과

함께 시작된 사회과학 이론에도 제시된 바 있으며, 오랜 역사를 지니고 있다. 즉, 서로 경쟁하는 회사들이나 정당들은 자신들의 예상과는 달리 갈수록 서로 비슷해지는 수렴의 과정을 따르게 된다는 것이다.

3 | 적응주기 이론

여기에 언급할 만한 가치가 있는 다른 이론이 있다. 이 이론은 적응주기 이론(adaptive cycle theory)인데 앞서 소개한 이론과는 완전히 반대되는 내용이다. 왜냐하면 적응주기 이론은 연역적이기보다는 귀납적이기 때문이다. 적응주기 이론은 어떤 특정한 메커니즘을 설명한다기보다는 생태계 시스템이나 인간 사회 시스템의 동역학에서 공통적으로 발견할 수 있는 형식을 구성하고 있다. 적응주기 이론은 자기 조직화 임계성 개념과 마찬가지로 복잡계에서 일어나는 갑작스러운 변화에 대하여 보편적으로 설명을 해주는 이론이다. 앞서 설명한 것처럼, 세포 오토마타에는 자기 조직화 임계성이 있다는 것을 쉽게 볼 수 있었다. 하지만 세상에 공짜가 없듯이, 가상 세포 오토마타에서 보인 우아함은 피상적일 수밖에 없다. 페르 박이 자기 조직화 임계성을 연구한 시점에서 홀링은 복잡한 시스템이 갑자기 움직이는 것은 적응의 메커니즘으로도 설명할 수 있다고 생각했다. 홀링은 회복력에 대한 주제가 중요한 이슈라는 사실을 생태학자들, 경제학자들, 사회과학자들이 주로 참여하는 한 네트워크[23]에서 주장하였다.[39] 그리고 그의 수많은 사례연구를 통하여 '적응주기' 라고 불리는 휴리스틱[24] 모형을

---

23)   www.resalliance.org

제시하였다.[40, 41]

홀링과 수학자인 루드윅(Donald Ludwig)은 벌레 떼들에 의해 주기적으로 피해를 보는 지방의 가문비나무의 동역학을 연구하던 중 이 적응주기 순환을 착안해냈다.[42] 지금까지 파괴와 복원의 단계를 거친 수많은 시스템의 예에서 이 개념을 도출할 수 있었지만 이 이론은 생태학적 이론에서는 무시되어왔다. 적응주기는 일종의 휴리스틱 모형(heuristic model)이다. 따라서 이 모형은 수학적이라기 보다는 식으로 규정하기 힘든 전체론적인 관점을 제시하고 있다. 적응주기 이론은 생태학자들에 의해 만들어졌지만 그 생각에 영감을 준 것은 사회과학자들이다. 적응주기 모형이 사회과학자들에게 매력적이었던 까닭은 사회과학자들이 이 모형의 근간이 되는 귀납적 접근에 매우 익숙했기 때문이다. 이 적응주기 순환 개념은 지금까지 엄밀한 수리모형이 설명하지 못했던 사회동역학의 다양한 현상을 설명해주기 때문에 매우 유용한 것이었다. 따라서 이 접근방법은 앞에서 제시한 여러 모형을 통합적으로 아우를 수 있는 매우 흥미로운 방법이다. 이 개념은 2006년에 출간된 『회복적 사고(Resilience Thinking)』[25]라는 책에 잘 설명되어 있다.[43]

적응주기 이론이 말하는 것은 현존하는 모든 시스템은 네 가지 기본 단

---

24)   휴리스틱 모형이란 몇 개의 수식으로 표현되는 모형이 아닌 완전하지 않은 대강의 규칙으로 설명이 가능한 모형을 말한다. 예를 들어, 사람들의 소비행동을 설명하는 수리적인 모형은 없지만 그들이 보여주는 행동패턴은 몇 가지 설명으로 기술할 수 있는데 이런 경우를 우리는 휴리스틱 모형이라고 한다. 우리말로 표현하자면 어떤 '짐작에 의한' 식으로 나타낼 수 있다.

25)   2006년에 브라이언 워커(Brian Walker)와 데이비드 솔트(David Salt)가 저술한 책. 이 책의 소제목은 '변화하는 세상에서 사람과 생태계를 유지하는 방법(Sustaining Ecosystems and People in a Changing World)' 이다.

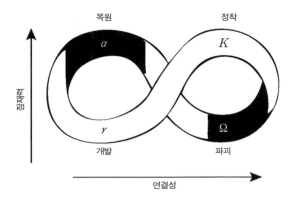

복원 정착

α K

잠재력

r Ω

개발 파괴

연결성

그림 4.10 적응주기 모형은 복원과 파괴가 몇 단계의 반복되는 형식으로 설명이 가능하다. 적응주기는 모든 생태계에 나타나는 대표적 동역학 시스템의 특징이다.[41]

계, 즉 개발(r: exploitation), 정착(K: consolidation), 파괴(Ω: destruction), 복원(α: reorganization)으로 구성된 주기를 띠는 경향이 있다는 것이다(그림 4.10 참조). 생태학적 예로 숲이 가지는 장기간의 동역학을 생각해보자. 산불과 해충(ω) 같은 주요한 교란이 일어나기 전까지, 초기의 종(r)에서 큰 나무와 더불어 잘 적응된 관목(K)은 전체 산이 안정화가 되는 궁극의 단계(climax phase)까지는 둔감하게 진행된다. 자기 조직화 임계성의 관점으로 보자면, 시스템이 정착의 단계를 지나 그 속에 존재하는 생물량의 증가에 따른 죽은 유기체(해충과 불의 연료)가 늘어감에 따라서 시스템은 점차적으로 더 취약해진다. 결국 이렇게 쌓인 잡목 등에서 발생하는 산불이나 벌레의 창궐로 시스템이 파괴되면 숲은 축적된 영양소를 만들어내서[26] 새로운 주기(α)의 시작인 복원단계를 만들어낸다. 복원단계는 새로운 개발을 위한 기회가 된다. 왜냐하면 새로운 종들이 이전의 극성 단계 동안 얻을 수 없었던 새로운 기회를 얻을 수 있기 때문이다.[27]

적응주기 순환에 따르면 성장의 두 단계 이후에는 재건의 두 단계가 따른다. 첫 두 단계(개발과 정착)는 전방향 고리(forward loop)라고 부르는데, 이 과정은 흔하게 관찰할 수 있으며 비교적 쉽게 예측할 수 있다. 두 번째 두 단계(파괴와 복원)는 잘 알려져 있지 않은 단계이므로 예측에도 어려움이 따른다. 이 과정을 후방향 고리(back loop)라고 부른다. 이 두 개의 루프 순환 과정이 전체 순환 과정을 더 적응적(adaptive)으로 만든다. 전방향 고리가 진행되는 동안 이전에는 잘 나타나지 않은 요인들이 시스템 내부에 축적될 수 있다. 그리고 후방향 고리에서는 앞서 축적된 요인들이 다음 주기에서 새로운 현상을 만들어내기 위한 씨앗이 된다. 홀링에 따르면, 적응주기는 생물계를 공간적으로 본다면, 수 센티미터에서 수백 킬로미터까지 영향을 미치고, 시간적으로 본다면 며칠에서 몇천 년에 이르는 범위까지에서 일어난다고 한다. 시스템에 내재한 자기 조직화 임계성으로 인하여 작은 규모로 나타나는 변화는 연쇄적 과정을 통하여 대규모의 사태에 이르는 큰 규모로 발전할 수 있다. 한 지역에서 산림이 풍성해지고, 씨앗이 저장되고, 움직이는 동물들에 의하여 지역의 기후가 어느 정도 조정되는 것과 같이, 한 지역의 변화의 총합으로 전체 시스템이 아주 다른 방향으로 바뀌는 것은 제한을 받게 된다.

적응주기는 생태계 동역학에서만 나타나는 것은 아니다. 이런 개념에 익숙해지면, 우리는 다양한 곳에서 적응주기의 순환 현상들을 볼 수 있다.

---

26)　　산불이 나면 전체적으로 토양이 비옥해지고 시간이 지나면 도리어 식생이 풍부해진다. 화전은 이러한 상황을 이용하는 농법 중 하나이다.

27)　　예를 들어, 산림이 울창하면 그늘이 생겨 잡목의 성장은 어려워지고 그늘에서 잘 자라는 식물들만 번성하게 되는데, 산불로 큰 나무들이 사라지면 태양광이 충분해져 새로운 관목군이 생겨나게 되고 이를 먹이로 하는 동물들도 생존에 유리한 환경에 놓인다.

1부 임계전이 이론

『자연은 어떻게 움직이는가』라는 책에서 자기 조직화 임계성을 이해할 수 있듯이 우리는 『판아키(Panarchy)』[41][28]라는 책을 통해서 여러 유형의 적응적 순환의 예들을 볼 수 있다. 과학, 시장개척, 사회위기는 모두 적응주기 모형으로 이해할 수 있다. 적응주기가 말해주는 중요한 의미는 이런 것이다. 어떤 경우 위기는 새로움을 위한 기회를 만들어준다는 것이다. 그러나 이러한 새로운 발상이나 전환은 성장만이 강조되는 기간이나 경직된 기간에는 억제된다는 것이다.[29] 나중에 언급되겠지만 학문과 기술혁신의 동역학에서 적응적 순환주기는 몇천 년 주기인 생태계보다는 더 실질적인 의미를 지닌다고 할 수 있다. 공룡이 번성한 평형 상태가 사라지고 포유류가 번성하기에는 수만 년이 걸렸지만, 인간 사회에서 안정적인 평형 상태가 급격한 사건으로 급작스럽게 깨어지는 예는 매우 많다.[30]

위기가 지속되는 동안에는 복원과 혁신의 여지가 있기 마련이다. 이 말이 매혹적이긴 하지만 이것은 동전의 양면과 같다. 위기의 기간에는 불확실성은 높아지고, 통제는 느슨해지며 주위는 혼란스러워져 문제해결의 분

---

28)　『판아키』는 2001년 건더슨(Gunderson)과 홀링(Holling)이 쓴 책이다. 판아키는 'pan+hierachy'의 합성어로 1860년대 벨기에 식물학자이면서 경제학자인 폴 에밀 드 푸어(Paul Emile de Puydt)가 처음 고안한 개념이나, 적용 분야에 따라 그 의미가 상당히 다르다. 홀링은 이 책에서 상이한 스케일 간의 관계에 초점을 두고 생태, 경제, 사회 체계의 생성, 성장, 붕괴, 재생에 대한 통합학문적 접근을 시도하고 있다.

29)　인간 사회에서 볼 때, 어떤 슬로건에 따라 모든 국민을 동화시키고자 하는 전체주의적 국가에서는 새로운 창의성이나 발랄함이 이해받지 못하고 어떤 경우 처벌의 대상이 된다. 예를 들어, 어떤 국가적 목표(국민소득 5만 달러 달성, 정의사회 구현)가 과하게 추진될 때 이런 현상이 관찰된다. 박정희 정권 하에서는 새마을운동에 반하는 모든 행위는 처벌을 받았다. 대표적으로 장발이나 미니스커트, 낭만적 노래들이 퇴폐라는 오명을 쓰고 공식적으로 제재를 받는 경우도 이에 해당한다고 볼 수 있다.

30)　1차 세계대전의 발발이나 반도체와 PC의 등장으로 인류의 환경은 급격히 바뀌게 되었다.

명한 방법을 찾아내기 어렵다. 12.4절에서 논의하겠지만, 복잡한 위기상황에서도 새로운 돌파구를 위한 틈새는 존재하고, 카리스마 있는 지도자라면 혼란스러운 여론을 정리하여 새로운 비전을 제시할 수 있다. 따라서 각 개인이 사건에 영향을 미칠 기회가 있고, 간디나 히틀러가 나타나 미래를 결정할 때가 있다. 일반적으로, 경영학이나 정치학에서 말하는 "타이밍이 중요하다"라는 말은 홀링의 모형이 말하는 것과 같이 복원의 단계에 숨어 있는 '기회의 창(window opportunity)'을 암시하는 것이다.[31]

다른 관점으로 보면, 많은 시스템에서 나타나는 후방향 고리(파괴와 복원)의 역할은 동적 과정에서 항상 있어왔던 것인지 의도적으로 유발된 것인지 의구심을 갖게 될 때도 있다. 실제 권력을 획득한 지도자들이 의도적으로 위기를 유발시킨 뒤에 그것을 해결하는 것을 보여주는 식으로 악용하는 것은 흔한 수법이다. 또한 어떤 경우에는 큰 위기를 막기 위해 작은 위기를 의도적으로 만들어내기도 한다. 예를 들면, 산림관리자들은 정기적으로 통제된 상황에서 작은 산불을 만들어낸다. 지금까지의 산불관리정책은 산림 피해를 막기 위해 가능한 모든 불을 재빨리 끄는 것이었다. 그러나 그런 정책을 쓰면 넓은 영역에 널린 죽은 유기체(쌓인 낙엽) 때문에 작은 불꽃으로도 산을 몽땅 태우는 강렬한 산불이 일어날 수 있다.[32] 의도적으로 유발시킨 작은 불들이 그런 큰 파괴적인 사건을 막는다. 이러한 관점으로 볼 때, 부정적이고 예측할 수 없는 거대한 변화를 막기 위해서라면

---

31)   적응주기 이론에 따르면 상황이 어려워진다는 것은 시스템의 상태가 변화하고 있다는 것이고 이것은 그 안에 복원이나 개선을 위한 기회 역시 새롭게 나타나고 있다는 것을 의미한다.

32)   산을 잘 관리하여 어떤 산불도 일어나지 않도록 하면 그 안에 오랫동안 낙엽이나 불에 탈 수 있는 유기체들이 쌓이게 된다. 이 때문에 작은 불꽃 하나만으로도 맹렬하게 불이 일어나 전체 산을 완전히 태워버릴 수도 있다.

그 안에서 적절한 규모의 작은 주기를 가진 파괴를 일으키는 것이 좋다고 주장할 수 있다.[33) 잘 알려진 경영방법 중 하나는 때때로 '나무를 흔드는 식'으로 구성원들에게 자극을 주는 것인데 이것은 내부의 혁신 과정을 촉진시킬 수 있다.

중요한 문제는 다양한 변화를 허용하는 '적응'과 성과만을 중요시하는 '효율', 그 사이에서 적절한 균형을 찾는 것이다. 두 가지 모두를 최상으로 만족시키는 것은 간단하지가 않다. 홀링 주기의 K단계, 즉 고착화 단계에서 시스템은 자기 조직화의 다른 변화 없이 필연적으로 진행된다. 우리는 홀링의 전방향 고리는 견인영역을 더 깊게 만드는 과정이 아닐까라고 생각할 수 있다. 견인영역이 '깊다'는 말은 그 피드백의 정도가 심화되고 있는 것을 말해준다. 이 과정에서 시스템의 변화 없이 더욱 견고해진다. 그런데 느리지만 큰 규모의 '개발'을 시작하면 이 견인영역의 높이가 낮아져서 전체적인 안정성 지형이 변화하게 된다. 결과적으로, 이 상황에서 벗어나려면 파국적 전환은 필연적이다. 만약 스스로 파낸(self-dug) 영역이 깊지 않다면, 시스템은 조기에 적응할 만한 상황을 거쳐서 다른 안정된 상태로 수렴할 것이다. 최종적으로 살아남는 큰 회사들은 연구와 개발이라는 과정을 통하여 이 적응과 효율이라는 균형을 극복한다. 회사는 연구와 개발을 통해서 회사가 파국적 상황으로 빠질 것을 막을 수도 있으며 또한 현재의 상황에 만족하여 같은 일만 기계적으로 반복하여 현실에 안주하는 상태를 벗어날 수도 있다. 우리는 12.6절에서 사회의 적응능력과 경직성

---

33)　심리학에서 볼 때, 낮은 수준으로 가끔 대립하는 집단이 안정성 면에서 한 번도 싸우지 않는 집단에 비해서 더 안정적이라고 한다. 또한 적절한 수준의 스트레스를 그때그때 소진하는 쪽이 그것을 모아두었다가 나중에 한 번에 폭발하는 것에 비해서 덜 파괴적이라는 관점과 유사한 주장이다.

에 대하여 더 논의할 것이다.

　독자들의 과학 수준에 따라 어떤 사람은 이 장에서 논의한 내용이 비교적 평이하다고 느낄 수도 있다. 그것은 이 장에서 설명한 내용이 엄밀한 모형에 기초한 것이 아니라 다소의 직관과 은유에 바탕을 두고 있기 때문이다. 사실 지금까지 이 책에서 논의된 모형들과는 달리, 적응주기 이론은 귀납적 방법으로 획득된 일종의 경험적 모형이다. 이것은 다른 연구와 마찬가지로 우리가 관찰된 사례에서 뭔가의 본질을 찾아내려는 시도라고 볼 수 있다. 이런 접근방법은 사회과학에서는 흔하지만, 자연과학에서는 드물다. 흥미롭게도, 생태학은 어떤 의미에서 두 접근방식이 모두 사용된 과학의 한 분야라고 할 수 있다. 대규모 호수단위에서 흥미로운 실험을 하는 것보다는, 안정된 실험실에서 시험관을 사용하여 반복작업으로 논문을 내는 것이 더 쉽다. 왜냐하면 호수에서는 하나의 조건만, 그것도 불완전하게 제어할 수 있기 때문이다. 통제된 실험과 환원주의적 엄밀함을 위해서라면 실험실 규모의 연구가 좋을지 몰라도, 큰 규모의 동역학에 숨어 있는 메커니즘을 탐험할 때에는 이런 관점이 도리어 방해가 될 수 있다." 크고 복잡한 시스템의 동역학을 지배하는 메커니즘을 풀기 위해서는, 큰 규모의 실험들과 귀납적 분석의 패턴들에 의해 제안된 전체적 관점의 시각이 때때로 더 나은 결과를 내주기도 한다. 생태계나 인간 사회와 같은 규모의 복잡계는 연역적 과학이 주로 사용하는 국소 검색 알고리즘(local search algorithm)에 의해서는 결코 파악될 수 없다. 왜냐하면 일단 어떤 사실이 발견된 뒤에는 그 제어된 실험과 모형에 대한 과도한 확신 때문에 새롭게 나타나는 사실을 오히려 제대로 알아보지 못할 경우가 있기 때문이다.

4 | 요약

이 장에서 강조하는 것은 임계전이가 이전 장에서 보여준 두세 개의 변수 사이에 일어나는 상호작용을 기술하는 단순한 모형만으로는 이해되지 않는다는 것이다. 전일적(holistic) 관점이 필요한 적응주기 이론은 몇 개의 방정식만으로 설명하기 어려운 전이의 패턴을 이해할 수 있도록 해주는 좋은 예가 된다. 환원주의자들은 몇 개의 요소가 단순하게 상호작용하는 방식으로 복잡계를 설명하고자 했다. 우리는 세포 오토마타를 통해서 어떤 규칙하에 있는 세포들이 예측이 불가능한 임계전이를 통해 자기 조직화로 귀결되는 과정을 보일 수 있다. 그리고 그 세포 오토마타들의 크기가 거듭 제곱법칙을 따르는 확률분포를 나타냄도 볼 수 있었다. 이런 변화는 그 시스템의 전체적 관점에서 보이는 창발적 특성으로서, 오토마타에서 개별 세포가 상호작용하는 규칙을 단순하게 탐구해서는 파악할 수 없는 특징이 있다. 각 개체의 상호작용 방법은 동물의 가죽무늬부터 사막식물의 분산된 형태까지 그들이 어떻게 구성되어 왔는지를 잘 설명해준다. 그리고 서로 비슷한 종들이 진화 과정에서 어떻게 자기 조직화를 구성할 수 있었는지도 같은 방법으로 설명할 수 있다. 이러한 패턴들은 두 가지 관점에서 임계전이와 관련되어 있다. 첫 번째, 어떤 패턴은 자기 조직화 과정을 통하여 생성된 대체끝개의 변화를 나타낸다. 예를 들어 모의 진화(simulated evolution) 실험을 통하여 살펴보면, 각 종들은 자신과 비슷한 종끼리 모여 어떤 덩어리를 형성하게 되고 서로 떨어진 종들은 그 간격에 비례해서 더 멀어지게 된다.[34] 두 번째로, 외부 조건이 바뀜에 따라 자기 조직화된 패턴은 안정된 대체 자기 조직화로 정리되거나 아니면 완전한 붕괴를 통하여 임계전이를 맞이하게 된다. 예를 들면, 강수량이 임계 수준 이하로 감소하면 사막에 있는 초목들은 자기 조직화를 이루지 못하게 된다. 이 경우 척박한 상태에서 복원되기 위해서는 정상적인 군집을 유지하기 위해 필요한 강수량보다 훨씬 더 많은 비를 필요하게 된다.

---

34)   즉 '가까운' 거리(여러 특성의 관점에서 볼 때)에 있는 개체들끼리는 더 가까워져서 무리 (lump)를 형성하게 되고, 멀리 떨어져 있는 개체들은 점점 더 멀어지게 된다.

5

요동과 이질성, 다양성

앞에서 제시된 이론적 설명을 들어보면 마치 복잡계에서 일어날 수 있는 모든 현상들을 이해할 수 있고 구분이 가능하다는 느낌을 받는다. 그러나 지금까지의 예는 대부분 간단한 모형이었다. 즉, 동질적이고 일정한 환경 하에서 복잡계의 단순한 움직임을 고려하는 최소 모형처럼 간단한 모형만을 다루고 있다. 하지만 현실의 세계는 매우 복잡하다. 이것은 이론적 모형이 현실에선 거의 사용되지 않는다는 것을 의미할까? 아니면 모형에서 분석한 이상적 세계보다 훨씬 더 골치 아픈 현실의 세계에서도 모형은 여전히 유의미하며, 모형의 예측이 강건하다는 것을 의미할까? 지금부터 보게 될 복잡성과 관련된 일부 내용은 앞에서 살펴본 특징적인 현상을 제외하거나 완화하고 있는 반면, 일부는 안정성 전환(stability shift), 순환(cycle), 내재된 카오스(intrinsic chaos), 자기 조직화 패턴 등 현실에서 볼 수 있는 전반적인 동역학 현상을 더 강조하고 있다. 우리는 이 장에서 단순한 모형에는 없는 몇 가지 현실적이며 본질적인 특징, 즉 동역학적 상호작용에서의 영구적인 조건변화와 공간적 이질성, 충분한 수의 구성요소 및 다양성 등을 다루고자 한다. 물론 이러한 특징을 제대로 다루려면 아직도 많은 연구가 필요하다. 하지만 우리는 다양한 사례를 통해 현실에 가까운 특징들이 어떻게 전체 시스템에 영향을 미치는지에 대해 개략적으로 파악할 수 있으며, 이 분야의 이론가들이 설정해놓은 한계가 무엇인지도 파악할 수 있을 것이다.

1 | 영구적 변화

대부분의 동역학 시스템 모형에서는 문제를 단순화하기 위해 주어진 조건들이 본질적으로 일정하다—혹은 주기적으로 진동한다—고 가정하고 있다. 이러한 가정 덕분에 우리는 끌개와 쌍갈림을 고려할 수 있었으며, 수렴 가능한 모형의 점근적 행동모드(asymptotic modes of behavior)에 대해 체계적으로 탐구할 수 있었다. 그러나 현실세계 대부분의 상황들은 이상적 이미지와는 상당히 다르며, 조건은 항상 변화한다. 우리는 변화를 두 가지로 구분할 수 있다. 그중 하나는 기본 조건들의 점진적 변화이며, 다른 하나는 날씨나 다른 메커니즘이 직·간접적으로 만들어내는 것과 같은 확률적 변동이다.

보편적으로 존재하는 느린 변화

생태계나 사회는 결코 안정적이지 않으며, 항상 느리게 변화하고 있다. 예를 들면, 기술도 진화하고 생물종도 진화한다. 호수는 침전물로 채워져 결국은 땅으로 변하며, 자연적 기후변화는 긴 시간에 걸쳐 습지를 사막으로,

열대 바다를 툰드라로 변화시킨다. 기본적으로 기준조건(baseline condi-tion)의 변화에 대한 사항은 시간의 척도와 관련이 있다. 예를 들면, 동물플랑크톤과 먹이인 조류 사이의 개체주기는 몇 주에 불과하다. 따라서 동물플랑크톤과 조류 사이의 동역학 메커니즘을 해석하기 위해 호수 침전물이 1,000년 동안 쌓이기를 기다릴 필요는 없다. 또한 4만 년을 주기로 변하는 지구궤도 기울기의 느린 변화는 대부분의 연구 과정에서 일반적으로 무시된다. 하지만 약 5,500년 전 사하라 지역에서 발생한 갑작스런 사막화는 지구궤도의 느린 변화에 의해 유발된 것으로 추정된다. 따라서 어떤 시스템의 특정 동역학 메커니즘을 이해하려면, 너무 많은 것을 고려하지 말고 중요한 몇 가지 요소에 초점을 맞출 필요가 있다. 연구의 핵심은 모형화와 이론화 과정이다. 즉, 세상을 단순화된 이미지로 구성하는 일은 나무를 통해 숲을 보는 것과 같이 복잡한 세상을 이해하는 데 도움을 준다.

시간척도에 대한 이 같은 방법론을 직접적으로 적용하고 있는 예는 느림과 빠름 구별(slow-fast separation) 모형이다(3.1절 참조). 이 모형에서 핵심은 동역학 메커니즘을 파악하기 위해 필요한 시간척도에만 초점을 맞추는 것이다. 주어진 시간척도에 비해 상대적으로 매우 느리게 변하는 요소는 모형을 단순하게 하기 위해 일정하다고 가정해도 된다. 반대로 관심의 대상인 시간척도에 비하여 상대적으로 매우 빠르게 변하는 작용은 순간적으로 조정되는 평형으로 간주할 수 있는데, 이를 유사정상 상태(quasi steady state)[1]라고 부른다.

---

1)　　정상상태와 비슷하게 보이지만 이론적 관점으로 볼 때 정상상태의 특징을 가지지 못하는 상태를 말한다.

끌개와 동역학 국면

같은 시간척도 내에 존재하는 환경요소들의 변동을 다루기는 쉽지 않다. 예를 들면, 자연계 종들의 개체수가 계속 변하는 것은 상당 부분이 계절성 또는 날씨 변동과 관련이 있지만, 환경조건이 일정하다고 할지라도 개체수는 계속해서 변화할 것이다. 이 사실로 미루어볼 때 상호작용적 인구 모형은 안정 상태의 동역학보다는 순환이나 카오스 동역학으로 더 잘 설명된다고 추정할 수 있다(3장 참조). 또한 축소판(microcosm) 내의 플랑크톤에 관한 실험에 따르면 조건들이 일정하게 유지된다고 할지라도 상호작용하는 플랑크톤 종의 시스템이 계속해서 변동한다는 것을 알 수 있다.[1] 통계학적 기술이 계속 발달하였지만, 자연의 시계열 내부에서 발생한 동역학의 역할과 외부적 힘의 영향을 규명하는 것은 여전히 어려운 일이다.[2]

내·외부 동역학의 상대적 중요성을 막론하고, 분명한 것은 안정 상태보다는 변동(fluctuation)이 자연의 법칙이라는 점이다. 그러므로 용어를 잘 선택하는 것이 중요하다. 엄밀히 말하면 현실에서는 '안정 상태'라는 것이 없다. 따라서 우리가 모형보다는 현실의 시스템을 말하고 싶다면, 동역학을 배제하는 것처럼 들리는 안정 상태나 평형이라는 용어를 사용하는 것보다는 국면(regime)이나 끌개(attractor)와 같은 용어를 사용하는 것이 바람직하다. 끌개라는 용어가 순환, 준주기적(quasi-periodic) 행동, 카오스 끌개를 포함하는 다소 포괄적인 기술용어이긴 하지만 이 용어는 무작위적 변동의 효과가 배제된 용어다. 국면이란 자연과 사회에서 실제 시스템의 상태가 무엇인지를 나타내는 가장 현실적인 용어로, 국면 사이의 갑작스런 변화를 국면전환(regime shift)이라 한다.[3] 국면전환이란 용어도 현재 포괄적으로 사용되고 있는데 외부 조건의 갑작스런 변화에 의해 초래된 어떤 급박한 변화를 언급할 때 사용되기도 한다. 임계전이는 국면전환의 특

1부 임계전이 이론

수한 경우인데, 양의 피드백이 자기 전파(self-propagating) 전환을 일으켜 시스템이 문턱값을 넘어 대체국면으로 전환되는 상황을 의미한다.

긴 이행기간[2]

앞장에서 묘사된 명확한 이론적 세계에 비해 현실의 세계는 훨씬 복잡하다. 대부분의 이론가들은 확률적으로 설명되는 시스템보다 '이론적으로 잘 설명되는' 시스템을 좋아한다. 잡음 모형(noisy model)에서는 분석적이며, 명확하고, 일반적인 결과를 얻기가 훨씬 어렵다. 따라서 끌개나 쌍갈림의 이론적 토대에서 각 편차가 실제로 얼마나 중요한지는 상황에 따라 다르다. 많은 경우에 단순화된 잡음 없는(noise-free) 이미지는 전체를 보는 데 많이 도움이 된다. 하지만 현실에 존재하는 시스템들은 대부분 이행상태(transient state)에 있고 대부분의 시간 동안 시스템의 이론적 끌개로부터 멀리 떨어져 있다. 만약 모형에서 시스템이 '머무르기(hang around)' 쉬운 장소가 있다면(비록 이 장소가 끌개가 아닐지라도), 시스템이 끌개로부터 멀어져 있는 시간이 길어질 수 있다. 이러한 머무르기 쉬운 장소의 예로는 안장점(saddle point)[3], 특이한 끌개의 흔적(remains of strange attractors), 주름 쌍갈림(fold bifurcation) 이후 사라지는 허상평형 (ghost of equilibria)[4] 등을 들 수 있다. 시스템이 불안정한 상태이나 순환에서 오랜 기간 머무를 수 있기 때문에, 우리는 이런 종류의 상황이 자연

---

2)   이행기간이란 시스템이 어떤 상태에서 끌개 쪽으로 점점 다가가는 중간기간을 말한다.

3)   물리용어로 주어진 특이점 부근에서 위상궤도들이 말안장 모양의 곡선형태를 그리면서 흩어져 나가는 점을 말한다.

4)   끌개가 사라진 뒤에도 남아 있는 것처럼 보이는 일종의 흔적이다. 시스템에 '허상'이 나타나면 시스템은 불안정해지며 반응에 대하여 둔감하게 된다.

의 동역학에서 지배적일 것이라 추측할 수 있다. 하지만 지금까지 이러한 장기적으로 지연된 동역학을 분석한 연구는 거의 없다. 쌀벌레 실험의 예를 보면, 안정된 한계순환에 들어서기 이전의 일정 시간 동안 시스템이 불안정점 근처에 머무르는 것을 볼 수 있다.[5] 또 다른 예로 얕은 호수는 혼탁한 안정 상태로 변화하기 전 불안정하게 맑은 상태에 수년 동안 머물러 있는 경향을 보인다는 것을 들 수 있다.[6] 긴 이행기간은 아주 드물게 발생한 가뭄이 호수를 말라버리게 하는 상황에서도 나타난다. 호수가 마르면 대부분의 물고기들은 죽고, 안정되지는 않으나 거의 그렇다고 볼 수 있는 맑은 상태로 호수 시스템을 밀어넣는다. 이러한 이 상태가 바로 안정 상태의 허상(ghost)이며, 이 상황으로부터 벗어나는 동역학은 매우 느리게 진행된다.

2 | 공간적 이질성 및 모듈성

안정성에 관한 고전적 모형은 끝개에 대해서 집중하고 영구적 변화를 무시하며, 공간적 이질성을 고려하지 않는다는 점에서 지나치게 단순화하고 있기 때문에 문제가 된다. 지형을 볼 때 사람들은 일반적으로 그것이 다른 장소에 비해 더 비옥한지 아니면 습한지 또는 잘 보호되어 있는지를 본다. 인접한 장소 간의 차이는 작을지 몰라도, 우리는 때로 뚜렷하게 어떤 생물종에게 적합하거나 적합하지 않은 장소로 특정 장소를 구별할 수 있다. 사실 대부분의 산림과 습지, 산호초 등의 생태계는 서식지의 조각(patch)으로 구성되어 있다. 그리고 이 서식지 조각들은 물질과 유기체들의 교환을 통해 서로 연결되어 있다. 유기체들의 교환은 일부 수동적일 수도 있지만, 많은 유기체들은 지역 사이를 활발하게 움직인다. 직관적으로 볼 때, 이러한 공간적 이질성은 분명히 순환이나 급격한 전환에 어떠한 방식으로든 영향을 주는 것처럼 보인다. 그리고 사람들은 공간상 이질적인 환경 사이를 완충시켜주는 어떤 것이 존재한다고 생각할 수 있다. 실제로 공간적 이질성과 전환을 통해 대체안정 상태가 되는 것을 강조하는 연구[7]가 발표된 바 있다. 그러나 실제로 이 주제를 실험적인 방법이나 모형을 이용해 분석한 연구는 거의 찾아볼 수 없다.

진동에 대한 공간적 구조의 효과

많은 포식자·피식자 모형[5]이 거친 순환을 보이지만 실제 자연계의 개체군에서 이런 순환은 매우 드물게 나타난다. 공간적 이질성은 피식자·포식자 동역학의 안정과 관련해 흔히 언급되는 주제이다. 어떤 연구자들은 서식지의 부분적 분리를 통하여 안정화 효과를 보여주었다.[8] 또 다른 모형은 포식자가 높은 피식자 밀도를 가진 서식지 부분에 모일 때 피식자와 포식자의 진동이 감소되거나 없어지는 것을 보여주었다.[9] 또한 개체를 기반으로 한 피식자·포식자 모형에서는 개체의 이동속도를 제한함으로써 안정을 나타낼 수 있다.[10] 이러한 모든 메커니즘은 밀접하게 연관되어 있다. 포식자가 집중되어 있는 부분의 외부 공간은 피식자가 포식을 피할 수 있는 피난처가 된다. 필자는 부록(A.8 참조)에서 이러한 효과를 확인할 수 있는 호수 속 플랑크톤 모형을 제시하였다. 이런 유형의 연구로부터 나온

---

5)　포식자와 피식자는 서로 밀접하게 영향을 주면서 생존하는데, 일반적으로 포식자와 피식자의 개체군에는 주기적인 진동현상이 나타난다. 즉 포식자가 증가하면 피식자가 감소하고, 피식자의 수가 감소하면 포식자가 감소하고, 포식자의 수가 감소하면 피식자가 증가하고, 피식자가 증가하면 포식자가 증가한다는 주기적인 증감이 나타난다. 이것이 포식자·피식자의 전형적인 상호작용 모형이다. 개체군에 진동현상이 일어나는 원인으로서는 환경의 불균일성, 포식자의 휴면 등을 들 수 있다.

반직관적인 결과는 진동 시스템(oscillating system)이 공간적 구조에 의해 안정화될 수 있는지 여부가 '구역'의 연결성에 따라 결정된다는 것이다. 완전히 분리된 상태에서 시스템의 개별구역은 단순하게 그 자신의 방식(예를 들면, 순환)으로 움직인다. 반면에 공간적 교환(spatial exchange)이 많아지면, 전체 시스템은 동조된 것처럼 움직이기 때문에(또다시 순환되어) 공간적 구조는 무의미하게 된다. 따라서 가장 강한 안정화 효과는 공간적 연결(coupling)이 중간 정도인 수준에서 나타나며, 이 경우 순환은 발생하지 않는다.

안정성 전환에 대한 환경적 이질성

앞의 예를 통해 우리는 구분된 구역 그 자체의 이질성뿐 아니라, 분리된 부분 간의 연결정도도 중요하다는 점을 살펴보았다. 이는 시스템의 파국 전환 관점에서도 중요하다. 예를 들어, 일반적 기후조건뿐 아니라 토양과 다른 국지적 조건의 상태에 따라 식물의 존재 여부가 결정되는 건조 지역을 상상해보자(이 문제는 11.10절에서 다시 논의할 예정이다). 만약 물이 중요한 한계요소(limiting factor)일 때 기후가 더 건조해지면, 식물은 감소될 것이다. 그러나 이질적인 지형에서 어떤 장소는 다른 장소보다 상황이 좀 더 나을 수 있는데, 예를 들면, 태양에 노출된 건조한 언덕보다는 비교적 습하고 비옥한 계곡에서 식물은 더 오래 생존할 수 있다. 그러므로 국소적 지역만 국한해서 본다면 강수량이 임계문턱값 아래로 떨어짐에 따라 식물이 '완전히' 사라질 수 있겠지만, 넓은 범위에서 볼 때는 기후가 점점 더 건조해지고 계속해서 더 많은 장소가 식물의 성장에 부적합해짐에 따라 식물의 총량은 '점진적으로' 감소하게 된다. 즉, 작은 규모에서는 급격한 붕괴를 보이지만 큰 규모에서는 이러한 붕괴가 평균화되어 좀 더 점진적 반응으로 나타날 수 있다. 여기까지의 논의에는 별문제가 없다. 그러나 만약 구역 사이에 어떤 연결이 존재한다면 위와 같은 단순한 추론은 더 이상 적용할 수 없는데, 실제로 자연계에서 이러한 구역 간 연결은 흔히 볼 수 있다.

예를 들어 건조 구역에서 식물은 그 구역의 강우량을 증가시키는데, 이는 그 구역의 모든 식물들이 다른 식물의 존재 덕분에 개선된 국지적 날씨 조건으로 이득을 얻는다는 것을 의미한다. 이로 인해 해당 구역 전체가 대체안정 상태로 급격히 전환될 수 있다. 국소적 구역의 연결에 따른 피드백으로 더 넓은 범위의 지역에 어떤 효과가 나타날 수 있는지 보여주는 대표적인 예로는 사하라 사막이 생겨난 것, 아마존이 더 건조한 상태로 전환되는 것 등을 들 수 있다(11.1절 참조).

이러한 연결이 국지적 특성을 보이는 경우를 사실 더 흔히 볼 수 있다. 예를 들면, 가까운 주변 지역으로 씨앗을 분산시키는 연결은 주변 빈 공간에 식물이 자랄 수 있는 가능성을 높여준다. 마찬가지로 얕은 호수의 침수 식물은 빛 조건과 식물성장에 도움이 되는 물의 투명도(clarity)를 향상시킨다. 이러한 현상은 매우 국소적으로 나타날 수 있다. 호수에서 침수식물이 모여 자라는 곳의 물은 수정같이 맑지만, 식물이 없는 곳 근처는 매우 혼탁한 경우를 흔히 볼 수 있다.[11] 하지만 물의 움직임에 따라 두 장소 사이에는 분명히 어떤 공간적 연결이 존재하게 된다. 그 결과 식물이 있는 맑은 곳은 혼탁한 물이 유입됨에 따라 조금씩 나빠지게 될 것이며, 식물이 없는 혼탁한 곳에는 맑은 물이 유입되어 식물이 자랄 수 있는 상태로 전환될 가능성이 높아진다.

중요한 것은 이러한 국소적인 영향이 훨씬 큰 규모에서는 어떻게 작용하는가를 이해하는 것이다. 도미노 효과를 생각해보자. 도미노 효과가 있는 경우, 한 지역이 다른 상태로 바뀌면 주변 지역이 바뀌고, 계속해서 전체 지역이 대체 상태로 변하게 된다. 하지만 어떤 상황에서는 쓰러지는 도미노가 영향을 주는 거리보다 도미노가 멀리 있거나, 영향권 안에 있더라도 너무 튼튼해서 넘어지지 않고 그냥 서 있을 수도 있다.

우리는 공간적 맥락으로 논의를 확장함으로써 대체안정 상태 모형에서의 공간적 교환과 이질성의 잠재적 영향을 파악할 수 있다. 설정된 모형은 격자세포들 간의 교환을 허용하며, 지형의 이질성을 고려하기 위해 세포 사이의 국지적 조건을 다르게 설정한 격자세포들로 구성되어 있다. 이러한 방식을 적용하여 분석한 몇 가지 모형 적용 사례가 있다.[12]

격자세포 분석을 이용해 호수 속 침수식물을 분석한 공간 모형을 살펴보자(부록 A.12 참조). 모형의 가장 단순한 형태는 격자세포들이 한 줄(single row)로 이루어지고, 각 격자세포의 수심이 다른 경우이다. 수심이 깊어져 침수식물의 잎에 도달하는 빛이 줄어들면 식물이 성장하기 어려워지기 때문에, 격자세포의 수심은 식물의 성장 적합성(suitability)에 영향을 준다. 우리는 이웃하는 격자세포들의 수심이 '점진적으로' 변화하는 호수와 '임의로' 변화하는 호수의 두 가지 상황에 대해 분석하였다. 물의 확산을 나타내는 매개변수(d)는 이웃하는 세포들 사이의 연결을 조절한다. 그림 5.1은 호수의 영양 수준(c) 변화에 따른 효과를 보여주고 있다. 호수의 영양 수준이 증가하면 물의 혼탁도가 증가하여 침수식물이 서식하기 어렵게 되며, 식물플랑크톤의 성장은 증가된다(7.1절 참조). 사물이 없는 경우에 이 모형에서 영양 수준은 혼탁도(turbidity) 매개변수에 대응한다.

기본 모형에서는 모든 장소에서 물의 깊이가 같은 동질의 호수(homogeneous lake)를 가정하고 있다. 모든 장소의 상황이 동일하므로 호수의 상태변화는 한 개의 격자세포를 관찰하는 것으로 충분하며, 각 격자세포

1부 임계전이 이론

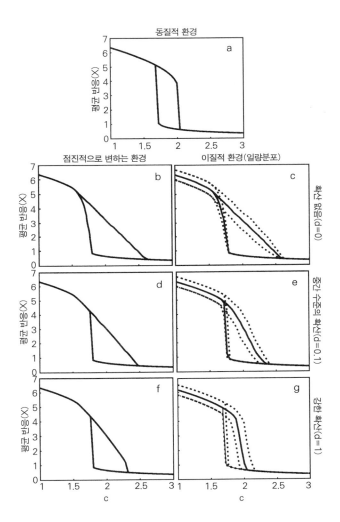

그림 5.1 매개변수 c에 대응하는 이력 현상에 대한 공간적 이질성의 효과. 그림(a) 환경적 이질성이 없는 기본 모형에서의 이력 현상, 그림(b) 점진적인 환경변화는 있지만 확산이 없는 모형에서의 시스템의 평균 반응, 그림(c) 임의의 환경적 이질성이 있지만 확산이 없는 모형에서의 시스템의 평균 반응, 그림(d) 점진적인 환경변화와 중간 정도의 확산이 있는 모형에서의 시스템의 평균 반응, 그림(e) 임의의 환경적 이질성과 중간 정도의 확산이 있는 모형에서의 시스템의 평균 반응, 그림(f) 점진적인 환경변화와 강한 확산이 있는 모형에서의 시스템의 평균 반응, 그림(g) 임의의 환경적 이질성이 존재하고 강한 확산이 있는 모형에서의 시스템의 평균반응. 오른쪽 그림의 각 선들은 백분위수 0.05(점선), 0.5(실선), 0.95(점선)를 나타낸다.[12]

의 행동은 공간적 측면을 고려하지 않은 최소 모형과 같아지게 된다(그림 5.1(a) 참조). 이 호수는 서로 다른 임계영양 수준에서 식물이 있는 상태와 없는 상태 사이를 전환하는 전형적인 이력 현상을 보여준다. 다음 단계로 각 격자세포의 수심은 서로 다르지만 완전히 분리되어 있는 호수를 생각해보자. 이러한 호수에서는 물의 확산이 나타나지 않는다(그림 5.1(b)와 5.1(c) 참조). 이 경우 영양 수준의 변화에 대한 호수의 반응은 더 점진적이다. 왜냐하면 물이 혼탁해지더라도 빛은 수심이 얕은 곳에만 도달할 수 있으므로, 수심이 가장 깊은 곳에서 자라는 식물이 먼저 사라지기 때문이다. 또한 이력 현상도 존재하게 된다. 즉 반응 그래프에서 각각 분리된 격자세포 앞 또는 뒤로 움직이는 방향에 따라 임계영양 수준은 달라진다. 따라서 호수의 영양 수준이 감소할 때 식물의 회복경로와 손실경로는 차이를 보인다.

이번에는 물의 순환이 활발한 호수를 고려해보자. 이때의 반응 패턴은 장소의 환경조건에 따른 공간적 상관관계에 따라 크게 달라진다. 세포들의 수심이 제각각인 호수에서는 영양 수준 변화에 따른 뚜렷한 이력 현상과 급격하고 동시적인 파국전환을 볼 수 있다(그림 5.1(e) 참조). 반대로 수심이 완만한 호수의 반응은 더 점진적으로 나타나며 이력 현상은 감소한다(그림 5.1(d) 참조). 물이 잘 순환되는 호수에서는 도미노 효과가 중요한 역할을 한다. 식물이 있는 호수든 없는 호수든 간에, 어떤 한 세포가 다른 평형 상태로 전환되기까지는 오랜 시간이 걸린다. 하지만 한 세포가 다른 평형으로 넘어가면 그것은 이웃 세포도 같이 전환되도록 영향을 준다.

호수의 사례는 상당히 특수해 보일 수 있으나, 위 모형의 주요 특징은 다른 모형에서도 일반적으로 나타난다.[12]

요약하면, 공간상 이질적인 지역에서 대체안정 상태의 국지적 경향은

1부 임계전이 이론

지역의 규모가 커질수록 완만해지는 경향이 있다. 하지만 제한요소가 증가하거나 감소함에 따라 시스템은 다른 경로를 따르기 때문에 지역의 규모가 더 커지더라도 이력 현상은 나타날 수 있다. 또한 지역적 이질성이 크더라도 공간상 연결이 충분히 강하면 대규모의 동시적 파국전환을 볼 수 있다.

3 | 행위자들의 다양성

우리는 4장에서 시스템에 나타나는 창발적 현상은 수많은 요소들로 구성되어 있다는 것을 보았다. 하지만 인간 사회나 생태계 같은 복잡계에는 이보다 훨씬 더 다양한 요소들이 있다. 그래서 일부 변수에 대해서만 주목하여 시스템의 안정성을 연구하는 고전적 동역학 시스템의 접근방식은 문제가 된다. 고전적 접근방식으로 해석하면, 어떤 생태계에서는 일부 소수의 종(또는 기능 그룹)만이 동역학을 지배하고 이끌어나가는 '운전자(driver)' 구실을 하며 나머지 종은 생태계의 공백을 채우고 그 움직임을 따라가지만 방향은 결정할 수 없는 단순한 '승객(passenger)'이라고 간주할 수 있다. 이런 상황에서는 운전자에 해당하는 종에만 초점을 맞추어도 그 행동 배후에 있는 생태계의 메커니즘을 쉽게 규명할 수 있다. 물론 이러한 단순화를 통해 서로 많은 것을 알게 될 수도 있다. 하지만 복잡계에 존재하는 수많은 다양한 요소들을 배제함으로써 놓치는 것은 무엇인지 여전히 의문은 남는다. 이는 특히 생물의 다양성을 주제로 다룰 때 문제가된다. 왜냐하면 오늘날 생태계 내 종의 멸종을 보면, 생태계가 제 기능을 하기 위해 과연 모든 종류의 생물종이 필요한지 의구심을 자아내기 때문이다.[13]

생물의 다양성 연구의 초점은 (초기 논쟁의 근간이었던) 생물의 다양성

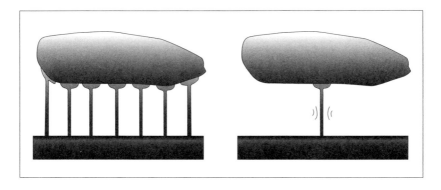

그림 5.2　멸종으로 생태계가 불안정해진 것을 보여주는 그림. 기능적 역할을 하는 생물종이 하나만 존재하는 경우(오른쪽 그림), 전염병의 창궐 또는 다른 문제들로 인해 해당 생물종이 멸종하면, 전체 생태계의 붕괴를 가져올 수도 있다.

(diversity)이 안정성(stability)을 향상시키는가라는 질문과 관련이 있다. 다양성과 안정성의 상관관계에 대한 이론적·경험적 연구를 살펴보면 이것이 좋은 질문은 아니라는 것을 알 수 있다.[14] 왜냐하면 안정성과 다양성은 여러 가지 방식으로 정의될 수 있으며, 다양성이 안정성을 향상시킬 수 있는지에 대한 대답은 그 정의에 따라 긍정적일 수도 부정적일 수도 있기 때문이다. 따라서 우리는 좀더 구체적인 하위문제로 접근할 필요가 있다. 이 책에서는 생물의 다양성이 안정성 전환의 가능성에 어떤 효과를 주는지에 초점을 맞추고 있다.

　생태계의 기능과 관련해 생물 다양성의 중요성을 강조하는 두 가지 개념이 있다. 첫 번째는 보험가설(insurance hypothesis)로서, 다양한 생물종이 존재하면 환경적 요동이나 교란에 직면하더라도 생태계가 기능적으로 더 안정한 상태라는 것이다.[15, 16] 직관적으로 말하자면, 이 가설은 생태계에 동일한 기능상의 역할을 할 수 있는 다수의 종이 존재하는 경우 특정한 하나의 종 때문에 그 시스템이 곤란에 빠질 가능성은 줄어든다는 것을 의미한다(그림 5.2 참조). 두 번째는 상대적으로 많은 종류의 종으로 구성된 생태계일수록 생산과 영양분의 재순환이 더 잘 동작하는 경향이 있다는 것이다. 그 이유는 부분적으로는 단일 종보다 생물종 간의 그룹을 형성하여 일을 수행하는 것이 더 좋을 수 있다는 보완성 때문이지만, 한편으로는 통계적 관점에서 생물 다양성이 높을수록 그 일을 특별히 잘 수행하는 종이 존재할 가능성이 높은 것과도 관련이 있다.[17]

다양성의 감소가 생태계 국면전환에 주는 영향을 파악하기 위해서는 생물종이 스트레스 요인(예, 한파에 대한 민감도)에 반응하는 방식의 다양성과 생물종의 기능적 다양성(예, 어떤 식물을 먹는지)을 구별해야 한다. 보험효과는 반응 다양성(response diversity)과 관련이 있으며, 보완성은 기능다양성(functional diversity)과 관련이 있다.[18]

우선 반응 다양성이 안정성에 미치는 효과를 보기 위해 현재 생태계 상태를 유지하는 데 중요한 기능 그룹이 있다고 가정하자. 예컨대 산호초 지역의 해조류를 먹는 바다생물(예, 성게)은 이러한 기능 그룹이라고 할 수 있다. 그리고 그 그룹에 속해 있는 생물종들의 기능적 능력은 다르지 않지만 스트레스 요인에 대한 민감도는 다르다고 하자. 이는 반응 다양성은 존재하지만 기능 다양성은 없는 상황을 의미한다. 이런 상황에서는 그룹 내 생물종이 감소하더라도 해조류 조절이라는 기능적 역할은 유지되지만 그룹의 기능적 역할의 가능성은 감소할 것이다. 따라서 생태계에 동일한 기능적 역할을 하는 생물종이 많이 존재한다는 것은 부정적 충격에 대항하는 보험 효과(insurance effect)가 크다는 것을 의미한다. 그리고 그룹 내 모든 종의 기능적 능력은 동일하기 때문에 생물종이 감소되더라도 영양분 상승에 따른 해조류 생물량의 반응방식에는 영향을 미치지 않으며, 모든 바다

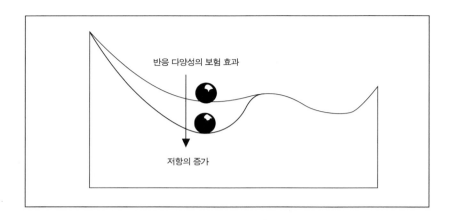

그림 5.3   종 다양성이 주는 보험 효과. 같은 기능 그룹에 속한 생물종이 다양할수록, 특정 생물종이 멸종하게 되더라도 본래의 기능적 역할은 문제없이 잘 유지된다. 생물 다양성의 보험 효과는 견인영역의 깊이를 증가시키므로 다른 안정영역으로 시스템을 이동하기 위해서는 더 많은 힘이 필요하다.

생물은 전과 동일하게 해조류를 잘 조절할 수 있다. 즉, 이 기능 그룹은 임의의 교란에 의해 영향을 거의 받지 않기 때문에 바다생물에 의해 조절된 상태는 더 높은 저항력을 지닌다고 말할 수 있다. 이 과정은 도식 모형에서 견인영역의 깊이가 증가된 것으로 나타난다(그림 5.3 참조). 따라서 모든 초식바다생물이 남획되어 해당 그룹에서 사라지지 않는 한, 바다성게를 멸종시킨 유행병 때문에 캐리비언 산호초 지역의 국면전환이 조류의 과잉성장 국면으로 전환되지는 않을 것이다.[19] 결국 저항을 만드는 데 중요한 것은 종의 다양성이 아닌 반응의 다양성이다. 예를 들어, 1890년대에 우역(rinderpest)[6]은 아프리카의 야생 우제류(ungulate)[7]뿐만 아니라 가축으로 기르는 초식동물의 80~90%를 사멸시켰고 대규모 지역을 초목이 무성한 상태로 전환시켰다.[20] 모든 초식동물들이 그 병원체에 민감했기 때문에 초식동물 종류가 많았다는 사실은 도움이 되지 않았다.

이제 기능 다양성의 역할에 대해 살펴보자. 실제로 각 생물종은 그들의 기능적 능력에 차이가 있을 것이다. 그리고 각각의 기능적 능력은 상호보완적일 수도 있고, 어떤 종이 다른 종보다 기능적으로 우위를 차지할 수도 있다. 동일한 기능 그룹에 속해 있는 종들이 현재의 생태계 상태를 유지하기 위한 피드백에 공동으로 참여하고 있다고 가정하자. 일부 종의 멸종은 생태계 전체의 회복력을 감소시킬 것이다. 예를 들어, 아마조니아 (Amazonia)와 같은 건조 지역에서는 식물 서식지로 인해 강수량이 증가될 수 있다. 또한 식물의 성장은 강수량에 의존하기 때문에, 이런 지역에서 식물이 손실되면 자기 전파 과정을 일으켜 완전히 건조한 상태로 붕괴될 수 있다.[21] 하지만 모든 식물이 물의 순환 피드백을 유지하는 데 동일하게 효과적인 것은 아니다. 깊은 뿌리를 가진 나무들은 더 깊은 땅속 물을 대기 중으로 재순환하기 때문에 특히 중요한 역할을 한다. 따라서 산림이 파괴되어 중요한 식물 종이 감소하면, 우연히 나타난 건기로 인해서 그 지역이 더 건조한 상태로 바뀌는 붕괴 위험이 커진다.[22]

생물의 다양성 감소는 확률 과정(random process)이 아니므로, 어떤 스트레스 요인에 민감한 종부터 먼저 사라질 것이다. 따라서 반응 특성 즉, 민감도와 기능적 특성 사이의 상관관계는 종의 손실에 따른 생태계의 저항력과 회복력의 변화에 영향을 준다.[23] 이 분야는 연구해야 할 과제가 많이 남아 있다. 직관적으로 가장 민감한 종이 사라지면 그 결과 집단에는 상대

---

6) 우역은 우역바이러스(rinderpest virus)의 감염에 의하여 일어나는 급성전염병으로 소, 물소, 면양, 돼지 등 우제류 동물에게 일어난다. 전염성이 매우 강하고, 특히 소와 물소에는 증상이 심하며, 치사율이 높고, 소화기 계통 점막의 염증 및 괴사와 심한 설사가 특징이다.

7) 소나 말처럼 발굽이 있는 동물.

적으로 강한 종들만이 남아 있게 될 것이다. 그러나 상호작용이 원활한 종의 집단인 경우 반드시 그렇게 되지는 않는다.[24] 일부 모형들은 상호작용하는 종의 집단이 환경변화에 대해 비선형적이고 예측 불가능하게 반응한다는 것을 보여주고 있다.[25]

중요한 것은 어떤 생물종이 사라지면 기능 그룹에서 남아 있는 다른 종의 개체수가 필연적으로 증가한다는 것이다. 예를 들면, 캐리비언 산호초 부근의 물고기 남획으로 바다성게 수는 엄청나게 증가했다.[19] 그리고 메인(Maine) 만에서의 물고기 남획으로 바닷가재와 게(대체최고포식자alternative top predator)[8]의 수가 급격히 증가했다.[26] 넓은 관점에서 보면 한 가지 작물을 집중적으로 경작하는 농작물 시스템과 단일종으로만 구성된 산림도 이와 유사한 예가 될 수 있다. 실제로 단일지배종의 개체밀도가 높으면 질병이나 악성전염병 창궐의 위험성을 증가시킨다고 알려져 있다.[27]

전염병의 창궐은 어떤 임계문턱값을 통과할 때 나타나는 국면전환의 예로 볼 수 있다. 하지만 전염병의 직접적 효과는 짧게 끝나는 반면, 중요한 생물종에게 발생한 전염병은 문턱값을 넘어 전체 생태계를 회복이 어려운 대체 상태로 이동시킬 수 있다. 이와 관련된 예로 해조류를 먹이로 하는 캐리비언 산호초의 바다성게에 발생한 질병 사건을 들 수 있다(10.20절 참조). 바다성게의 감소로 해조류가 과잉성장했고, 해조류가 무성한 상태는 그 후로 수십 년 간 지속되었다. 소수의 종으로 이루어진 시스템에서 특정 종이 급격히 늘어나면 영양부하의 증가에 의해 더욱 상승할 수 있다. 따라

---

8)　대체최고포식자란 기능그룹에서 중요한 역할을 하던 기존의 최고포식자(산호초 지역에서 조류의 양을 조절하는 물고기들)를 대신해 해당 생태계의 최고포식자 지위를 획득한 생물종을 말한다. 즉 물고기가 남획으로 사라지면 대체 최고포식자인 성게가 조류를 조절하는 데 중요한 역할을 하게 된다.

　　　　　　　　　　　　　　　　　　　　　　　　　　　　　1부 임계전이 이론

서 종의 손실과 부영양화는 전염병 창궐의 위험을 증가시킨다.

요약하면, 생물종의 손실이 생태계의 갑작스런 국면전환의 위험을 상승시킬 수 있는 몇 가지 이유가 있다. 이론적으로 이것은 파국적 생태계 전환과 생물의 다양성이라는 두 이론의 결합으로 설명되며, 산호초 붕괴의 사례는 이러한 특징을 극단적으로 보여준다. 회복력과 저항력의 개념을 적용하여 국면전환과 다양성 간의 관계를 잘 설명하고 있는 사례연구는 드물지만, 이러한 관점을 강하게 지지하는 몇몇 실험증거들이 존재한다. 개체의 뚜렷한 붕괴와 순환은 섬이나 극지방의 생태계와 같이 자연적으로 소수의 종으로 구성된 생태계에서 흔하게 발생한다.[28] 갈조류숲[9]은 이러한 대표적인 사례이다(10.2절 참조). 미국 동북부 해안을 따라 형성되어 있는 갈조류숲은 때때로 상당한 기간 동안 대규모로 붕괴되었다. 반대로 유사하지만 훨씬 더 다양한 종이 살고 있는 미국 서부 캘리포니아 해안의 갈조류숲은 교란이 발생한 후에도 빠르게 회복되었다.[29] 이를 통해 볼 때 생태계에서 갑작스럽고 극적인 전환은 소수의 종으로 이루어진 세계에서 흔하게 나타난다는 것을 알 수 있다.

비록 인간 사회와 생태계는 근본적으로 다르지만, 안정성과 다양성 관계는 유사한 것으로 추정된다. 특히 보험 원칙(insurance principle)은 사회의 여러 측면에서 확인된다. 일반 가정은 소득을 얻는 다양한 방식의 포트폴리오[10]를 갖춰 예상치 못한 일로 생계가 위협받게 되는 위험을 분산

---

9) 다시마목에 속하는 커다란 갈조식물들이 바다 밑에 빽빽이 모여 자라서 이루어진 숲을 가리킨다.

10) 원래는 서류가방 또는 자료수집철이란 뜻이나 투자론에서는 경제 주체가 보유한 금융자산 등 각종 자산들의 구성을 의미한다. 경제 주체가 다양한 자산에 분산투자하는 이유는 흔히 미국의 경제학자

시킬 수 있으며, 다양한 포트폴리오를 가진 회사는 시장의 변동에 덜 취약하다. 그리고 자원의 사용, 활동 및 삶의 방식이 다양한 사회는 재난에 대한 회복력이 크다.[30] 따라서 재난이 빈번한 사회를 통치하기 위해서는 다양성을 충분히 포용해야 한다고 주장할 수도 있다. 또한 적응능력과 혁신은 사회를 변화시키는 데 중요한 역할을 한다. 대응방식에 관한 간단한 임계전이 모형에 따르면 개인 간의 다양성은 집단이나 사회가 타성(inertia)에 갇힐 위험을 감소시킬 수 있다고 한다.[31] 그러나 실제 사회 시스템에서의 다양성, 적응능력, 혁신을 주도하는 메커니즘은 단순한 모형에서 나타나는 것보다 훨씬 더 복잡하다. 이와 관련된 주제는 12장에 다시 논의하기로 하자.

4 | 요약

환경적 혼란, 공간적 이질성, 다양성 같은 현실의 복잡한 핵심요소들을 고려한다면 임계전이의 형태는 훨씬 복잡해진다. 주위에 흔하게 나타나는 혼란과 변화의 관점에서 볼 때, 안정 상태는 실제 시스템을 기술하기에는 매우 단순한 개념이다. 그러나 변동이 심하지 않고 적절한 시간척도가 있다면, 임계전이로 그 시스템을 설명할 수 있는 가능성이 존재한다. 현재까지 다양성에 관한 체계적 연구는 거의 없었으며, 많은 부분들이 명확하게 밝혀지지 않고 있다. 그러나 창발적 패턴은 상대적으로 분리된 구성단위

제임스 토빈(James Tobin)이 말한 "모든 달걀을 한 바구니에 담지 말라(Don't put all your eggs in one basket)"라는 말로 요약할 수 있다.

1부 임계전이 이론

로 이루어진 이질적 시스템에서 나타나며, 다양한 개체가 존재하는 이질적 시스템에서는 대규모의 급격한 전이가 자주 발생하지는 않을 것으로 보인다. 결론적으로, 복잡계 내에서 다양성이 줄어들고 연결성이 높아지면 임계전이가 나타날 가능성은 증가할 것이다.

6

결론: 이론적 개념에서 현실로

실제 상황은 이론에 기초한 모형과는 큰 차이를 보이기 때문에 개념을 이해하는 과정에서 혼란이 생길 수 있다. 동역학 시스템 이론에서 정의한 개념과 실제 복잡계에서 관찰되는 다양한 행동 사이에는 불가피하게 차이가 존재할 수밖에 없다. 우리는 이 장에서 다섯 가지 주요 개념인 대체안정 상태, 안정성 영역, 회복력, 적응력, 임계전이를 어떻게 현실에 적용할지에 대해 설명할 것이다.

1 | 대체안정 상태

현실에서는 다음과 같은 이유로 대체안정 상태의 개념을 이해하는 데 어려움이 있다. 첫째는 안정 상태의 개념이 불분명해 논란이 있기 때문이다. 모형에서는 대체순환(alternative cycle)이나 특이한 끌개(strange attractor)

가 존재하는 반면, 현실에서는 환경적 변동이나 추세가 시스템의 내부적인 동역학과 섞여 끊임없이 혼란한 상황을 만들어낸다. 이 모두를 수용할 수 있는 한 가지 방법은 안정 상태라는 말 대신에 동역학 국면(dynamic regime)이라는 용어를 사용하는 것이다.

대체안정 상태라는 개념을 이해하기 어렵게 만드는 또 하나의 원인은 우리가 연구하고자 하는 시스템의 범위가 명확하지 않다는 것이다. 대체끌개에 관한 기초 이론은 시스템이 외부 조건에 대해 어떻게 반응하는지를 설명해준다. 시스템이 동일한 외부 조건하에서 둘 이상의 안정 상태를 가지면 우리는 그 시스템이 대체끌개를 가지는 것으로 간주한다. 여기서 외부 조건이라는 것이 중요한데, 이것은 조건이 시스템의 상호작용적인 부분이 아니라는 것을 의미한다(그림 6.1). 이러한 외부 조건의 예로 영양유입이 호수 시스템에 미치는 영향이나 지구궤도가 사하라 사막의 태양복사에 미치는 영향 등을 들 수 있다.

생태학에서 모든 비생물적(abiotic)인 조건을 '외부적인 것'으로 보는 관점은 크게 잘못된 것이다. 만일 생태계를 생물과 비생물이 상호작용하는 독립체로 보지 않는다면,[1] 부분적으로 다른 비생물적 조건을 가지는 대체 상태들을 '적절한' 대체안정 상태로 볼 수 없다고 생각하게 된다.[2] 즉, 이러한 관점에서는, 국소적 수분이용능력(local water availability)[1]을 촉진하는 식물의 사례나 지금까지 알려진 많은 대체안정 상태의 사례는 대체안정 상태로 볼 수 없게 된다.[3] 물리적 환경이 생물(biota)에 의해 상당 부분 결정된다는 사실은 반직관적이기 때문에 이러한 문제들이 생겼을 것이다.

---

1) 식물체가 수분을 이용하여 물질을 생산하는 능력. 각 식물마다 수분이용능력이 다름.

1부 임계전이 이론

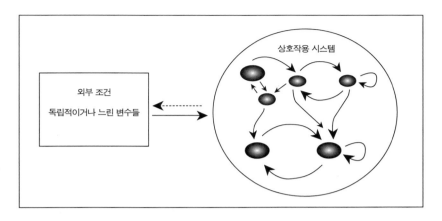

그림 6.1　　외부 조건을 설명하는 그림. 대체안정 상태는 어떤 시스템이 똑같은 외부 조건에서 한 가지 이상의 상반된 상태를 가질 수 있는 상황을 말한다. 이런 경우에 외부 조건(그림에서 왼쪽 상자 부분)은 그 시스템에 의해 두드러지게 영향을 받지 않거나, 시스템의 동역학에 비해 매우 느리게 변하는 요인으로 구성된다.

한 예로, 사헬 · 사하라 지역의 식생과 기후 사이의 상호작용에 관해 필자가 쓴 글에 대해,[3] 네덜란드의 한 저명한 과학자는 우리가 원인과 결과를 혼동하고 있다고 반박하였다. 기후가 식생을 이끌지만 그 반대는 아니라는 것이 그의 주장이다. 모든 과학자들이 환경과 생물 간의 강한 상호작용을 인정하는 것은 아니다. 설령 환경이 생물에 의해 변경된다는 것을 인정한다고 하더라도, 일부는 생물과 그 생물 주변의 국소적인 환경조건이 상호작용으로 인해 변하는 것은 대체안정 상태라고 말할 수 없다고 주장한다. 예를 들면, 일부 생태학자들은 얕은 호수에서 나타나는 대체안정 상태는 보통 말하는 대체안정 상태의 조건을 만족하지 못한다고 반박하였다. 그들이 이렇게 주장한 이유는 호숫물의 투명도가 변함에 따라 물속의 식물이 받는 햇빛 양에 차이가 나므로, 이것은 동일한 '조건' 하에서 두 상태를 가진다고 말할 수 없기 때문이라는 것이다. 다시 말하지만, 비생물적인 조건이 상호작용하는 시스템의 일부가 아니라는 것은 잘못된 생각이다.

외부 조건의 변화속도가 연구 중인 시스템이 변하는 속도보다 상대적으로 훨씬 느리다면 외부 조건이 시스템에 의해 영향을 받지 않아야 한다는 것은 중요한 요구조건이 되지 않는다. 이런 경우에는 느린 변수를 독립변수로 간주하여 단순화할 수 있다.[4] 여기서 중요한 것은 변수들 간의 상대적인 속도 차이이지 절대적인 속도가 아니라는 점이다. 예를 들면, 호수에서 플랑크톤 동역학은 어류 생물량의 변화에 비해 상대적으로 빠르고,[5] 사하라의 식생 붕괴(100년이 넘게 걸렸지만)도 지구궤도의 변화에 비하면 빠른 편이다.[6] 앞에서 보았듯이(3.1절), 어떤 시스템에서 빠르고 느린 구성요소들은 순환을 일으키는 방식으로 서로에게 영향을 준다. 반복적으로 발생하는 페스트의 창궐이 대표적인 예이다. 이러한 '느리고 빠른 순환(slow-fast cycle)'은 느린 시간척도와 빠른 시간척도로 따로 고려함으로써 그 과정을 이해할 수 있다.

2 | 견인영역

안정성 지형(stability landscape)은 대체안정 상태 이론의 대표적인 아이콘으로, 이 분야의 중심 개념을 전달하는 데 꼭 필요하다. 그러나 이것은 비유적 모형일 뿐이며 대체안정 상태의 모든 내용을 설명하기에는 부족하다.

안정성 지형으로 대체안정 상태를 해석하는 데 있어 주의해야 할 것 중 하나는 공이 언덕을 굴러 내려오면서 탄력이 붙게 되고, 그로 인해 작은 계곡을 넘어갈 수도 있다고 보는 것이다. 그러나 이러한 생각은 잘못된 것이다. 경사는 부분적인 변화속도를 나타낸다는 식으로 안정성 지형을 계산할 수 있다.[7] 그러나 여기에는 관성이 없기 때문에 마치 공은 끈적한 액

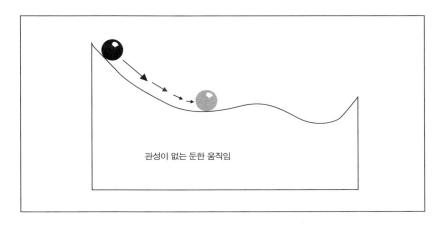

관성이 없는 둔한 움직임

그림 6.2　안정성 지형에서의 움직임. 그림에서 보면 굴러 내려가는 공이 국지적 평형 상태를 넘어갈 것처럼 보인다. 그러나 각 순간의 속도는 경사면의 기울기에만 비례한다고 생각해야 한다. 따라서 안정성 지형에서 구르는 공은 관성이 없으며, 대신 공이 끈적한 액체를 천천히 굴러가는 것으로 상상해야 한다.

체를 통과하는 것처럼 그 움직임이 매우 둔해진 것으로 생각해야 한다(그림 6.2).

고전적 의미에서 안정성 지형이 가지는 다른 제약사항은 그것이 1차원적이라는 것이다. 이것은 시스템의 한 가지 변수(즉, 차원)만 보여준다는 것을 의미한다. 그러나 실제 사회문제나 환경문제에는 수많은 변수들이 연관되어 있다. 안정성 지형으로는 한 가지 측면밖에 설명하지 못하기 때문에, 다차원 공간으로 표현되어야 하는 실제 상황을 나타내는 견인영역(계곡)은 상상하기 어렵다. 그렇지만 차원이 늘어남으로 인해 발생하는 중요한 결과를 알기 위해서는 견인영역의 경계를 2차원상에 그리는 것으로도 충분하다(그림 6.3). 그림 6.3(a)를 보면 견인영역을 벗어나기 위해(즉, 경계를 넘기 위해서) 어떤 변수를 미는 것이 더 효과적인지 확실히 알

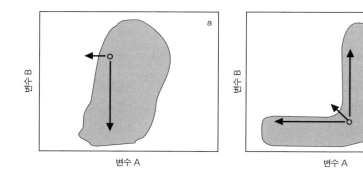

그림 6.3　2차원으로 그린 견인영역. 이 그림은 2차원에 그린 견인영역을 묘사한 것으로 그림에서 회색 부분이 견인영역에 해당한다. 이렇게 2차원에 그린 가상의 견인영역은 단순한(1차원) 안정성 지형으로는 이해할 수 없는 회복력의 측면을 보여준다. 그림 (a) 시스템이 견인영역을 벗어나기 위해서 변수 B보다 변수 A를 미는 것이 더 효과적이다. 그림 (b) 시스템이 견인영역을 벗어나기 위해 두 변수를 동시에 미는 것이 둘 중 한 변수만 미는 것보다 훨씬 더 효과적이다.

수 있다. 그림 6.3(b)에서는 두 개의 변수를 동시에 미는 것이 하나만 매우 세게 미는 것보다 더 효과적일 수 있음을 알 수 있다. 마찬가지로, 두 개의 변수를 동시에 미는 것이 하나만 미는 것보다 효과적이지 못한 상황도 있을 수 있다.

안정성 지형이 가진 세 번째 한계점은 한계순환이나 특이한 끌개와 같은 불안정한 끌개들의 존재를 설명하지 못한다는 것이다. 한계순환을 환형의 채널(circular channel)로 생각할 수는 있지만, '아주 끈적한' 가상의 시스템에서 움직임이 어떻게 지속되는지, 그리고 어떤 부분에서 왜 속도가 빨라지거나 느려지는지를 알 수 없다.

안정성 지형이 가지는 마지막 한계점은 그 지형이 변하지 않는다고 생각하는 것이다. 대부분의 연구에서 조건이 서서히 변함에 따라 안정성 지형도 점진적으로 변할 수 있다고 제시하였다. 만약 그런 느린 변화가 견인영

1부 임계전이 이론

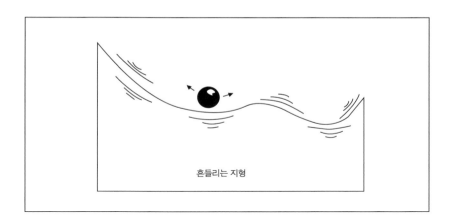

그림 6.4　　환경조건의 변화를 고려한 안정성 지형. 환경조건에 변화가 있다는 것은 안정성 지형을 실제로 울렁거리는 구조로 봐야 한다는 것을 의미한다. 위의 그림은 지형의 형태에 작용하는 느린 추세와 우연한 충격을 모두 포함해 흔들거리는 형태로 안정성 지형을 나타낸 것이다. 느린 추세는 지형의 형태를 변화시켜 시스템의 회복력에 영향을 주게 되고, 우연한 충격은 그림에서처럼 공을 우연하게 옮겨놓는 것과 같은 시스템에서 발생하는 요동을 나타낸다.

역을 수축시킨다면, 그로 인해 끌개의 회복력은 감소할 것이고, 우연한 충격(예를 들어, 어떤 생물종의 개체 중 일부가 죽는 것)은 더 쉽게 그 시스템을 대체견인영역으로 옮겨놓을 것이다. 그러나 조건의 느린 변화와 시스템을 평형에서 밀어내는, 빠른 속도로 발생하는 우연한 충격을 구분하는 것은 다소 인위적이다. 왜냐하면, 실제로 조건은 느린 추세뿐만 아니라 확률적인 변동에도 영향을 받기 때문이다. 따라서 우리는 안정성 지형을 떨리고 울렁거리는 구조로 생각할 수 있다(그림 6.4). 흔들거리는 안정성 지형에서는 시간척도가 매우 중요하다. 만약 지형의 형태에 영향을 주는 조건에서 발생한 요동이 시스템이 반응하는 시간에 비해 상대적으로 빠르다면, 그 요동은 결국 무시된다. 이것은 코끼리를 1000분의 1초 동안 극저온에 노출시키는 것에 비유할 수 있다. 비록 그 코끼리가 그렇게 낮은 온도에서 계속 살 수는 없지만, 아주 짧은 시간 동안 온도가 떨어지는 것은 알아채지 못할 것이다. 이에 비해서 조건의 변화속도가 시스템이 끌개를 따라가게 할 만큼 충분히 느리다면, 이러한 변화는 그 시스템의 동역학에 영향을 미칠 것이다.

3 | 회복력

회복력을 실용적이면서도 이론적으로도 엄밀하게 정의하는 것은 어려운 일이다. 일반적으로 사람들은 회복력을 '요동에서 회복되는 시스템의 능력'(정의 1)으로 정의하는 데 동의할 것이다. 정의 1은 회복력이란 개념의 일상적인 사용에는 문제가 없지만, 이를 정량화하기 위해서는 좀 더 구체적인 표현이 필요하다. 회복력을 정량화 지표로 이용하기 위해서 '시스템이 요동(disturbance)으로부터 복구되는 속도'(정의 2)라는 정의가 가장 널리 사용된다. 그러나 이 정의는 대체견인영역에 빠지는 것을 방지하는 의미는 담고 있지 않다. 홀링(Holling)이 제시한 견해[8]에 따르면, 회복력을 '시스템이 구조와 기능이 다른 상태로 전환되기 전까지 그 시스템이 견딜 수 있는 요동의 크기'(정의 3)로 정의하였다. 이것은 안정성 지형에서 회복력을 대체견인영역의 너비로 설명한 것과 같다. 홀링은 정의 2와 정의 3을 구분하기 위해서, 정의 2는 '공학적 회복력'[9]에 해당하는 회복률(recovery rate)이라고 하고, 정의 3은 '생태학적 회복력'이라고 지칭하였다. 정의 3은 생태계뿐만 아니라 다른 많은 시스템에도 적용되고 있는데, 이 분야에서 홀링은 많은 공헌을 하였다. 따라서 대체견인영역으로 전환되지 않고 요동을 흡수하는 시스템의 능력을 홀링 회복력(Holling resilience)으로 사용해야 하겠지만, 이 책에서는 그냥 간단히 회복력이라고 부르겠다.

　모형에서 회복력과 복구시간을 잘 측정하려면 몇 가지 측면이 더 구체화되어야 한다. 예컨대, 요동을 정확하게 정의해야 한다.[10,11] 여러 개의 변수를 가지는 시스템에서는 우리가 조정하는 변수에 따라 그 차이가 클 수 있다. 변수에 따라 회복률이 다를 수 있고, 요동의 방향에 따라 견인영역의 경계까지 거리가 달라질 수 있다(그림 6.3). 회복률을 측정할 때, 시스템이 평형상태에 접근함에 따라 절대적인 회복률이 0이 된다는 것은 또 다른 문제이다. 그러므로 요동의 크기뿐만 아니라 시스템(접근적으로 평형 상태에 접근하는)이 회복되었는지를 확정하는 지점 또한 중요하다. 마지막으로 어떤 시스템은 다른 시스템보다 훨씬 느리기 때문에(예를 들면, 숲 대 플랑크톤 군락), 이러한 경우 두 시스템을 비교하기 위해 복구시간을 측정하는 데 더 관심이 있을 수 있다. 결론적으로, 간단히 해석할 수 있는 절대적인 지표로 회복력이나 복구시간을 측정하기는 힘들다. 그러므로 절대적인 값으로 회복력이나 복구시간을 측정하는 대신, 조건에 따라 바뀌는 상대적인 변화를 관찰하는 것이 더 의미 있는 일이다. 작은 요동으로부터 평형을 회복하는 속도(정의 2)와 견인영역을 벗어나지 않고 견딜 수 있는 최대 요동(정의 3)은 매우 다른 것처럼 보이지만, 대부분의 모형에서 실제로 양자는 밀접한 관계가 있다. 이것은 작은 실험이나 자연에서 나타나는 실제 요동으로부터 시스템이 회복되는 속도가 회복력의 지표로 해석될 수 있다는 것을 의미한다(15.2절 참조).

　모형에서 회복력을 측정하는 것도 쉬운 일은 아니지만, 실제 시스템에서 회복력을 측정하는 것은 더 어려운 일이다. 왜냐하면 복잡한 자연계와 인간 사회는 요동이 발생한 후에 요동이 발생하기 전과 동일한 상태로 회복되지 않기 때문이다. 대부분의 모형과는 달리, 무수히 많은 변수가 존재하고 그 변수들 중 많은 부분은 그 시스템에 큰 변화를 주지 않고 서로 대체될 수 있다(4.2절 참조). 만약 그러한 복잡계가 완전히 동일한 상태(또는 동역학 국면)로 회복된다면 그것은 우연의 일치로 봐야 할 것이다. 생태계는 항상 요동이 발생한 후에 종의 분포가 전과는 다른 상태로 회복된다. 마찬가지로 인간 사회 역시 요동이 발생한 후에 인간관계나 생활방식, 조직, 회사 등이 전과는 달라진 상태가 된다. 이러한 현상을 설명하기 위해서 회복력을 좀 더 유연하게 정의할 필요가 있다. 정의 4는 '변화에 대응하는 동안 시스템이 본질적으로 동일한 기능, 구조, 정체성, 피드백을 유지할 수 있도록 요동을 흡수하고 재조직하는 능력'으로 회복력을 정의한다.[12] 만일 같은 기능 그룹에 속해 있지만 좀 더 민감한 종에 요동이 발생한다면 다른 종이 그 기능(예를 들어, 해조류의 과잉성장을 제어하는 기능)을 대신할 수 있으므로, 생태계에서 종의 풍부함은 회복력에 도움을 줄 것이다(5.3절 참조). '본질적으로 동일한 기능과 구조, 정체성, 피드백'에 대한 해석은 경우에 따라 달라진다. 요동이 발생한 산호초에서 우리가 관심 있는 것은 특정 종의 존재 여부가 아니라 해조류가 아닌 산호초가 지배적인 상태로 회복되는지에 대한 것이다. 마찬가지로 호수의 예에서도 특정 플랑크톤 종의 존재 여부가 아니라 호수가 맑은 상태로 회복되는지 아니면 반대인 혼탁한 상태로 바뀔 것인지가 주된 관심사이다.

4 | 적응력

생태계와는 달리 인간 사회에서는 요동이 발생한 후에 '본질적으로 동일한 기능과 구조, 정체성, 피드백'을 얼마나 잘 회복하는지 여부가 혁신과 같은 과정을 통해서 결정된다. 따라서 사회적 회복력은 주로 적응력에 의해 좌우되고, 그 회복력은 시스템이 재조직, 학습 및 적응하는 정도를 결정한다. 다양한 사회 시스템이 지속되기 위해서는 적응력이 필수적이다.[10] 생태계의 적응력은 주로 종의 차이(더 정확히 말하면 반응의 차이)에 의해 결정된다. 그러나 생태계가 전 지구적인 변화에 반응할 때 나타나는 급격한 진화는 사회 시스템에서 나타나는 혁신이나 학습과 유사한 역할을 하는 것으로 추정된다. 적응력에 대한 문제는 이 책의 마지막에서 자세히 다룰 것이다.

5 | 임계전이

마지막으로 이 책의 가장 핵심적인 문제인 임계전이에 대해 살펴보자. 이 책이 이론적 모형만 다루는 것이라면, 동역학 시스템의 전문 용어로 임계전이를 설명할 수 있다. 즉, 임계전이는 파국 쌍갈림 근처에서 발생하는 대체끌개 사이의 전환이라고 할 수 있다. 그러나 지금까지 살펴본 바와 같이, 자연계나 인간 사회를 수학적인 모형으로 정확히 대응시킬 수 없다. 그래서 우리는 혼동을 피하기 위하여 동역학 시스템 이론에서 엄밀하게 정의된 개념은 되도록 사용하지 않을 것이다. 대신 경험적 관점에 따라 한 동역학 국면에서 또 다른 국면으로 갑자기 전환되는 것을 국면전환이라는 용어로 사용할 것이다.[13] 나중에 자세히 설명하겠지만(14.1절), 국면전환이 일어날 때 대체견인영역이 반드시 존재하는 것은 아니다. 예를 들면, 생태계에서는 환경조건이 점진적으로 크게 변화할 때 국면전환이 발생하기도 하고, 사회 경제 시스템에서는 중요한 정치적 결정과 같은 갑작스런 외부적인 변화로 인해 국면전환이 발생하기도 한다. 따라서 국면전환의 특별한 경우를 임계전이라는 용어로 사용해야 할 것이다. 모형에서 임계전이는 대체끌개 사이의 전환을 나타낸다. 따라서 임계전이는 시스템이 문턱값을 넘어서서 양의 피드백 폭주과정을 통해 확연히 구분된 즉, 다른 상태로 전환되는 것을 말한다.

6 | 요약

결론적으로, 이 책에서 다루는 다섯 가지 주요 개념인 대체안정 상태와 안정성 영역, 회복력, 적응력, 임계전이는 현실에 적용될 때 약간의 차이가 있다. 현실 세계에서 대체안정 상태라는 개념은 어떤 시스템이 동일한 외부 조건하에서 둘 혹은 그 이상의 상반된 동역학 국면을 가질 수 있는 현상을 말한다. 이런 맥락에서 외부 조건은 시스템에 의해 크게 영향을 받지 않거나 시스템의 동역학에 비해 매우 느린 동역학을 가지고 있다.

안정성 지형은 시스템이 대체견인영역과 그것과 연관된 중요한 현상을 그림으로 잘 설명해준다. 그러나 안정성 지형은 변화의 감쇠속성(즉, 관성이 없음)이나, 시스템의 다차원적인 속성, 순환과 특이한 끌개의 메커니즘, 환경에서 우연히 발생하는 요동을 설명하지 못하기 때문에 우리는 안정성 지형을 비유적으로 이해할 수밖에 없다.

회복력은 시스템이 요동으로부터 복구되는 능력을 말한다. 회복력을 회복속도로 나타내기도 하지만 우리는 시스템이 요동으로 인해 다른 상태로 전환되기 전까지 그 시스템이 견딜 수 있는 요동의 크기에 더 관심이 있다.[2] 회복력은 회복속도와 밀접한 관계가 있지만, 회복력은 절대적인 값

---

2)   홀링이 제시한 견해로 '시스템이 구조와 기능이 다른 상태로 전환되기 전까지 그 시스템이 견딜 수 있는 요동(disturbance)의 크기'인 회복력의 정의 3에 해당한다.

1부 임계전이 이론

으로 측정하기 어렵기 때문에 조건의 변화에 따라 회복력이 얼마나 변하는 지는 상대적인 관점으로 보는 것이 더 실용적이다.

적응력은 시스템이 재조직, 학습, 적응하는 정도를 나타내는 지표이다. 이것은 회복력의 대안적 정의인 정의 4의 본질적인 특징으로서 정확성은 다소 떨어지지만 더 현실적이다. 즉, 적응력이란 변화를 겪는 동안 본질적으로 동일한 기능, 구조, 정체성, 피드백을 유지하기 위해서 시스템이 요동을 흡수하고 재조직하는 능력이다. 사회 시스템에서 적응력은 다양성(생태계의 다양성)뿐만 아니라 학습이나 혁신과 같은 과정에 의해 정해진다.

임계전이는 일단 문턱값을 넘어서면 폭주과정을 통해 확연히 구분된 다른 대체 상태로 시스템이 급격하게 전환되는 것을 말한다. 이것은 임계전이가 상반된 상태 사이의 전환에 대한 광범위한 현상을 포괄적으로 나타내는 국면전환의 일종임을 의미하는 것이다.

2부
자연계와 인간 사회의 구체적 사례들

이전의 장들은 동역학 시스템 이론의 관점에서 작성되었다. 즉, 지금까지는 일반적인 게임의 규칙에서부터 실제 시스템에서 관찰되는 다양한 동역학을 아우르기 위해 기본 이론에 덧붙여야 할 것들을 살펴보았다. 이제 우리는 자연계에서 일어나는 문제에 대해 접근하려고 한다. 앞으로 자연과 인간 사회에 나타나는 놀라운 동역학을 살펴보기에 앞서 자연과 인간 사회를 동역학 시스템 이론과 어떻게 연결시킬지를 조사할 것이다. 그리고 몇 가지 문제를 통해서 동역학 시스템 이론이 자연계와 인간 사회와 잘 연결될 수 있다는 것을 보여줄 것이다. 어떤 사례에서는 실제로 동일한 메커니즘이 동작하는지에 대한 확인 없이, 현실에서 보이는 패턴과 동역학 이론을 통해 예측된 패턴 사이에서 나타나는 유사성만 언급한다. 실제 세계에서 관찰된 정보들은 추후 연구의 가능성을 열어줄 것이다. 왜냐하면 만약 내재된 메커니즘을 이해할 수 있다면, 자연과 인간 사회에서 일어나는 파국전환을 예측하거나 방지 또는 촉진할 가능성이 열릴 수 있기 때문이다.

필자는 여러분이 이 책을 읽을 때 각자의 필요에 따라 각기 다른 부분에서 시작할 수 있도록 2부를 작성하였다. 2부는 자연계에서 나타나는 다양한 사례들을 다루고 있으므로, 여기서부터 시작한다면 앞서 1부에서 설명된 이론적인 측면을 이해하는 데 도움이 될 것이다. 이런 이중적인 구조가 다소 혼란스러울 수도 있겠지만 대부분의 사례에서 그 사례에 대한 자세한 내용이 나오는 곳을 참조하고 있다.

7

호수

찰스 다윈의 『종의 기원(The Origin of Species)』이 출판된 지 수십 년 후에, 미국인 과학자 포브스(Stephen A. Forbes)가 〈소우주와 같은 호수(The Lake as a Microcosm)〉[1]라는 제목의 기사를 통해 범람원(floodplain)[1] 호수 생태계의 동역학을 설명하였다. 그는 생존경쟁에 나타나는 상호작용을 형상화하였고, 그 결과 많은 사람들이 생태계에 관심을 가지게 되었다. 그러므로 생태학을 과학의 분야로 끌어다놓은 것은 포브스의 업적이라고 할 수 있다. 포브스는 호수가 외부 세계를 반영하는 작은 세계라고 주장하였는데, 이것은 그리스 사람들이 인간의 마음이 세상을 반영하는 소우주라고 보는 것과 같은 맥락이다. 포브스는 호수가 다른 생태계의 동작방식을 반

---

1)   하천이 홍수상태로 인해 주변으로 범람하여 토사(土砂)가 퇴적되어 생긴 평야.

영한다고 생각하였으며, 호수와 인간 사회에서 나타나는 동작방식의 유사성을 명확하게 제시하였다.

　필자도 포브스와 같은 생각이며, 필자의 연구 대부분도 호수 생태계에 관한 것이다. 그러나 필자는 수년에 걸쳐 사회 · 생태학 시스템(social-ecological system)을 지배하는 힘을 파악하기 위해 사막 생태학(dryland ecology), 기후학(climateology), 해양학(oceanography), 경제 및 사회학 분야의 과학자와 교류를 가졌다. 그 후 필자는 호수에서 일어나는 것과 유사한 메커니즘이 사막 생태계, 기후 시스템, 해양 시스템, 경제 및 사회 시스템에서도 나타나는 것을 알게 되었다. 유추(analogy)는 높은 추상화 수준에서만 쓸 수 있지만, 유사성(similarity)은 비슷한 수학식이나 그래프로 묘사될 수 있을 만큼 분명하다. 이것에 대해 놀랄 필요는 없다. 결국, 이러한 시스템은 모두 동역학 시스템이며, 궁극적으로 그 안에는 동역학 시스템에 적용되는 일반적인 규칙이 나타나기 때문이다. 어떤 경우에는 한 시스템을 통해 다른 시스템을 유추할 수 있다. 호수가 동역학 시스템에서 중요한 이유는 호수에는 다양한 크기의 복잡성이 있고, 감독이 용이하며 실험으로 조사할 수 있을 정도의 규모이기 때문이다. 필자는 얕은 호수에 대해 잘 알고 있고, 이곳에서는 다양한 메커니즘이 나타나므로, 다른 자연계와 인간 사회의 사례 연구를 하기 전에 호수 생태계에 대해 먼저 설명하고자 한다.

1 | 얕은 호수의 투명도

우리는 얕은 호수나 연못에서 침수식물(submerged plant)[2], 움직이는 물고기, 그 주위를 바쁘게 오가는 작은 동물들을 볼 수 있다. 그러나 때로는

그림 7.1　호수에서의 생물조작. 어류 밀도를 일시적으로 감소시키는 대규모 실험을 통해 혼탁한 호수를 안정된 맑은 상태로 바꿀 수 있다는 것을 보여주었다.

무성한 조류(algae)나 부유물 때문에 호수 아래에서 어떤 일이 발생하는지 알 수 없을 만큼 물이 혼탁해지기도 한다. 대부분 지역에서 부영양화로 인해(특히 인이나 질소) 후자의 상황이 흔하게 나타난다. 단순하게 설명하자면 이것은 풍부한 영양분이 식물플랑크톤의 성장을 활성화하기 때문이다. 하지만 부영양화된 호수에서 영양분을 줄이기 위한 복구 노력은 뚜렷한 이유 없이 실패하였다. 이와는 대조적으로 짧은 기간 동안 어류 밀도를 감소시키는 노력을 통해서 호수를 맑은 상태로 복구시킬 수 있었다(그림 7.1). 이러한 현상의 원인을 규명하기 위해 지난 수십 년간 집중적으로 연구한

---

2)　잎이 물속에 잠겨 있는 수초. 빛이 투과하는 깊이까지만 서식할 수 있으므로 얕은 곳이나 맑은 호수에서 서식할 수 있다.

결과, 맑은 상태와 혼탁한 상태가 호수의 대체 상태라는 것을 알게 되었다. 그리고 이 두 상태 모두 안정화 피드백 메커니즘을 갖춘 것으로 나타났다.

개요

호소학(limnology)[3]은 대부분 여름철에 층을 형성하는 호수에 관해 연구하는 분야이다. 이런 호수에서는 열층형성(thermal stratification)으로 인해 여름철에 호수 상층부의 표수층(epilimnion)은 깊은 심수층(hypolimnion)과 분리되고, 퇴적물과 상호작용하지 못한다. 이런 깊은 호수에서는 가장자리 지역에서만 식물이 자랄 수 있기 때문에 대형 수생식물이 호수 공동체에 미치는 영향은 상대적으로 작다. 이것과는 대조적으로 얕은 호수는 수초로 가득 찰 수도 있고 여름철에 오랜 기간 동안 층을 형성하지 않을 수도 있다. 이러한 얕은 호수의 평균 깊이는 일반적으로 3m 이하지만, 그 표면적은 1ha보다 작은 것에서부터 100km²를 넘는 것까지 다양하게 분포한다. 퇴적물과 물 사이의 강한 상호작용과 수생식물의 영향으로 얕은 호수의 기능은 깊은 호수의 기능과 차이를 보인다.

많은 지역에서 깊은 호수보다 얕은 호수가 더 많이 분포되어 있다. 얕은 호수는 주로 강의 범람 지역에 형성되지만, 빙하기 동안에는 빙하로 덮여 있다가 녹으면서 빙하 주변부에 형성된 얕은 호수도 많이 있다. 또한 토탄이나 모래, 자갈, 점토를 얻기 위해 땅을 파는 것과 같은 인간의 활동으로도 얕은 호수와 연못이 생성된다. 습지(wetland)는 얕은 호수나 늪지와 인

---

3) 호수나 늪의 생성 원인 및 형상, 수온, 수질, 화학성분, 생물, 이용법 등을 종합적으로 연구하는 학문으로 육수학(陸水學)의 한 분야이다.

접한 지역을 언급할 때 자주 사용되는 용어로, 이곳에는 야생동물의 서식지가 많다. 여가활동 측면에서 보면 인구밀도가 높은 지역에는 작은 호수라도 중요한 의미를 가진다. 예컨대 낚시, 수영, 배 타기, 조류 관찰 등은 많은 사람들에게 즐거움을 준다.

대부분의 얕은 호수는 원래 맑은 물과 수생식물이 많이 있는 상태였을 것이다. 하지만 앞서 언급한 바와 같이, 영양분이 많아지면 호수의 상태는 다양하게 변한다. 호수는 깨끗한 상태에서 혼탁한 상태로 바뀌고, 혼탁도가 더 높아지면 수초는 대부분 사라지게 된다. 부영양화가 지속되는 동안의 변화는 거의 알려진 바가 없지만, 대부분의 연구자들이 공통적으로 동의하는 사실이 있다.[2] 일반적으로 영양 수준이 낮은 얕은 호수의 식생은 비교적 작은 식물이 우세하지만, 영양화가 심해지면 대형 수생식물이 증가하고, 물기둥 전체를 채우거나 표수층에 서식하는 식물이 우세하게 된다는 점이다. 낚시를 하거나 배를 타보면 이렇게 빽빽한 수초가 얼마나 귀찮은지 경험할 수 있다. 수초 제거 작업으로 식물을 없애면, 조류나 바람으로 인해 침전물이 떠오르기 때문에 얕은 호수는 더 혼탁해지는 경향이 있다. 또한, 식물을 완전하게 조절하지 않으면 식물이 무성한 호수는 부영양화가 더 심해져 식물플랑크톤과 식물을 덮고 있는 녹색부착생물층이 점점 증가한다. 그 결과 이러한 유기물 때문에 생긴 그늘이 물속의 빛을 제한하고 결국 호수에서 식물은 사라지게 된다.

메커니즘

식물이 없는 혼탁한 호수를 식물이 있는 맑은 상태로 복구하는 것은 매우 어렵다. 부영양화 기간 동안 인(phosphorus)의 대부분은 퇴적물에 흡수되기 때문에 영양분을 줄이는 것은 거의 효과가 없다. 왜냐하면 영양분의 유입이 감소하여 물속의 영양분 농도가 낮아지면 퇴적물에서 분리된 인이 식물플랑크톤의 중요한 영양소가 되기 때문이다. 따라서 이러한 내부 유입 부하(internal loading)가 외부 유입 부하(external loading)의 감소를 보상하게 되어, 외부 유입 부하량 감소에 대한 호숫물의 영양농도 반응은 지연된다.

한편 혼탁한 호수의 복구를 어렵게 만드는 요인에 내부 유입 부하만 있는 것은 아니다. 수생식물이 사라지면 얕은 호수의 군락체계는 엄청나게 변한다(그림 7.2). 왜냐하면 식물이 사라지면 식물과 밀접한 무척추동물이 사라지게 되어 그 동물이나 식물을 먹고 사는 새나 물고기도 함께 사라지기 때문이다. 또한 식물은 많은 동물에게 포식(predation)의 위험에 대한 피난처이기도 하다. 따라서 그 식물이 사라지는 것은 포식자·피식자 관계에서도 중요한 변화를 일으킨다. 낮 동안 많은 동물플랑크톤이 포식자인 물고기를 피하기 위해 식물을 이용한다. 호수에 있는 식물은 식물플랑크톤 양을 조절하는 데 크게 기여하므로, 식물이 없으면 식물플랑크톤의 양은 급격하게 감소한다. 따라서 식물이 없는 곳에는 물벼룩(waterflea, *Daphnia*)의 수가 줄어들게 되고, 물에 영양분이 많아지면서 식물플랑크톤의 양이 늘어난다. 게다가 식물이 한번 사라지면 침전물이 안정되지 못하고 떠올라서 물은 더 흐려진다. 식물이 없어진 호수에는 퇴적물에 살고 있는 벌레나 다양한 곤충의 애벌레를 먹고 사는 어류가 번성한다. 물고기가 움직임에 따라 퇴적물 속 영양분은 물과 섞이게 되고 퇴적물의 입자들이 다시 떠오르므로 이미 상당히 흐려진 물은 더욱 혼탁해진다.

이 상황에서 침수식물이 다시 복구될 가능성은 희박하다. 왜냐하면 한편으로는 침수식물이 없어서 물이 더 혼탁해졌기 때문이고, 다른 한편으로는 각다귀 유충(midge larvae)이나 퇴적물 속에 살면서 다른 동물들을

그림 7.2 얕은 호수를 도식적으로 표현한 그림. 위쪽 그림은 식물이 우세한 맑은 상태를 나타낸다. 아래쪽 그림은 혼탁하고 식물플랑크톤이 우세한 상태로, 이 상태에서는 침수식물이 거의 존재하지 않고 물고기와 물살이 퇴적물을 휘저어 물은 더욱 혼탁해진다.

먹고 사는 물고기, 바람에 의한 퇴적물의 교란으로 침수식물의 재정착이 어렵기 때문이다. 따라서 생태계의 피드백 메커니즘이 호수를 식물이 있는 깨끗한 상태로 복구시키는 것을 어렵게 만드는 중요한 이유라고 할 수 있다. 대부분의 경우 호숫물의 영양분을 줄이는 것만으로는 호수를 깨끗한 상태로 되돌리기 어렵다. 호숫물의 혼탁함을 유지시키는 피드백을 깨기 위해서는 호숫물의 영양분을 줄이는 것과 함께 어종의 일부를 제거하거나 호수의 수위를 변경하는 것과 같은 부수적인 방법이 사용된다.

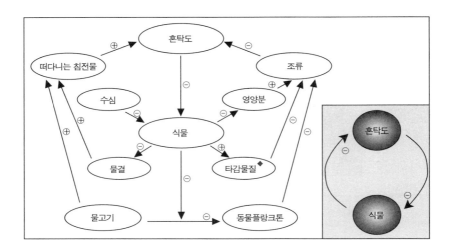

그림 7.3　식물이 우세한 상태와 혼탁한 상태가 대체평형을 이루도록 하는 피드백. 도표에서 각 경로의 효과는 그 경로상에 있는 부호를 곱함으로써 계산된다(예를 들면, (-)를 두 번 곱하면 (+)가 된다). 그림에서 식물은 여러 피드백 경로를 통하여 자기 자신에게 양의 효과를 가지게 되고, 물의 혼탁도도 마찬가지다. 따라서 호수에서 식물이 있는 상태와 혼탁한 상태에는 모두 자기 강화(self-reinforing)가 나타난다(오른쪽 작은 그림).(주 3의 내용을 발췌)

　이제 생태계의 메커니즘이 어떻게 호수의 대체안정 상태를 만들어내는 지에 대해 좀 더 자세히 살펴보자. 침수식물과 퇴적물 사이의 상호작용은 영양부하와 회복 노력에 대한 호수 생태계의 전체적인 반응을 설명하는 주요 메커니즘으로 여겨진다. 식물은 물을 맑게 만들려는 경향이 있지만, 혼탁한 물로 인한 빛의 부족은 부영양화된 호수에서 침수식물이 자라는 데심각한 걸림돌이 된다. 하지만 침수식물이 자라면 양의 피드백이 형성된다. 즉, 침수식물이 자라면 물은 깨끗해지고, 그로 인해서 그 식물은 더욱

◆　타감물질(Allelopathic Substance) : 자신들의 경쟁력을 높이기 위해 다른 식물의 생장과 발달을 저해하는 물질. 타감물질로 인해 식물의 생장이 방해받는 현상을 타감현상이라고 한다.

잘 자라게 되는 것이다. 그림 7.3은 관련된 주요 메커니즘을 요약해서 보여준다. 그림에 나타난 상호작용의 전체적인 효과를 평가하는 가장 간단한 방법은 그 경로에 있는 부호를 모두 곱하는 것이다. 그림에 나타난 모든 경로에 대해 부호를 곱해보면 혼탁한 물은 더욱 탁해지고, 식물이 있는 곳은 식물이 더욱더 많아지는 것을 알 수 있다.

호수 시스템이 식물이 우세한 상태나 식물플랑크톤이 우세한 상태를 계속 유지하려고 하는 안정화 메커니즘을 가진다는 것은 잠재적으로 대체평형의 존재를 시사한다. 그러나 모형에서 매개변수의 제한된 범위에서만 대체평형이 나타나는 것과 마찬가지로 현실에서도 조건의 제한된 범위에서만 대체평형이 나타난다. 실제로 깊은 호수에서는 식물이 있는 상태로 안정화될 가능성은 거의 없다. 왜냐하면 깊은 호수는 식물이 자랄 수 있는 연안대(littoral zone)가 좁아서, 호수 전체에서 식물이 자랄 수 있는 얕은 호수에 비해 혼탁도에 영향을 덜 받기 때문이다. 또한 얕은 호수에서 대체 안정 상태의 존재는 영양 수준이 중간 정도일 때로 제한된다. 영양부하가 낮은 호수는 혼탁한 경우가 거의 없고, 영양부하가 아주 높으면 일반적으로 식물이 잘 자라지 못하기 때문이다. 따라서 안정화 메커니즘 자체만으로 호수에서 대체안정 상태가 가능하다는 것을 추론하기에는 부족하다. 더욱 일반적인 내용은 14.3절에서 설명할 것이다.

모형

앞서 제시한 도표(그림 2.9)는 영양부하가 대체평형에 미치는 영향에 대해서 직관적으로 설명하고 있다. 이 그림에서 수평으로 표시된 점선은 식물이 사라지게 되는 임계혼탁도를 나타내는데, 임계혼탁도는 호수의 수심에 따라 달라진다. 즉, 수심이 깊은 곳에서는 혼탁도가 낮다고 해도 침수식물이 받는 빛은 제한적이다. 따라서 우리는 이 모형을 통해 수심의 변화로 호수 시스템이 대체 상태로 전환될 수 있다는 것을 알 수 있다. 실제로 호수의 수위가 높았던 연도에는 많은 호수가 혼탁하고 식물이 없는 상태로 전환되었다. 이것으로 미루어볼 때 호수의 수위가 낮으면 식물이 있는 맑은 상태로 전환될 것이라고 생각할 수 있다. 이 도식적 모형은 식물과 물의 혼탁도 사이의 상호작용을 개념적으로 단순화시킨 것에 불과하며, 따라서 정해진 하나의 임계혼탁도에서 모든 식물이 사라진다고 가정하는 것은 무리한 가정이다.

더 정교한 모형을 얻기 위해서는 혼탁도가 식물에 미치는 영향뿐만 아니라 식물이 물의 혼탁도에 미치는 영향도 자세히 살펴보아야 한다. 그림 7.4는 개별적 사례 연구를 더 잘 이해하기 위한 간단한 모형을 설명하고 있다(수학적 모형은 부록 A.12를 참고). 대체안정 상태와 파국전환에 관한 메커니즘을 설명하는 다른 도표는 2.2절에 나와 있다.

혼탁도에 대한 식물의 영향은 복잡한 메커니즘과 연관되어 있지만(그림 7.3), 전체적인 결과는 실제 사례에서 나타나는 패턴과 실험결과에서 볼 수 있는 것처럼 예측 가능하다(그림 7.4). 호수에서 혼탁도가 식생범위에 미치는 영향은 수심에 따라 달라진다. 많은 호수의 패턴을 보면 식물의 성장이 가능한 깊이는 혼탁도와 관련 있다는 것을 알 수 있다. 물이 혼탁해지면 빛이 제한되기 때문에 가장 깊은 곳에 있는 식물부터 먼저 사라지게 된다. 만약, 호수가 프라이팬 모양이라면 대부분의 식물은 정해진 하나의 임계혼탁도에서 사라질 것이다. 그러나 호수가 오목한 모양이라면 혼탁한 물로 인한 식물의 감소는 대략 S자형 곡선(sigmoidal curve)을 따르게 된다 (그림 7.4(b)). 따라서 평형 혼탁도가 식물에 의해 어떻게 영향을 받는지 (그림 7.4(a)) 그리고 평형 식물 범위가 혼탁도에 의해 어떻게 영향을 받는

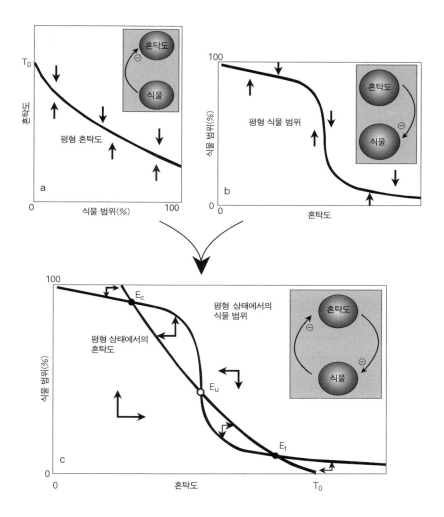

그림 7.4 호숫물의 혼탁도와 식물 범위에 따른 얕은 호수의 안정상태. 그림 (a) 얕은 호수에서 물의 혼탁도에 미치는 식물 범위의 영향을 보여준다. 그림 (b) 식물 범위에 미치는 물의 혼탁도의 영향을 보여준다. 그림 (c) 식물 범위와 물의 혼탁도 사이의 상호작용을 보여준다. 그림 (c)를 통해 물의 혼탁도와 식물 사이의 상호작용으로 인한 평형 상태를 파악할 수 있다. 이 그림에서 검은 점은 안정 상태를, 흰 점은 불안정 상태를 나타낸다. 또한 화살표는 두 변수의 방향이 평형 상태를 벗어나는 것을 가리킨다. T_0는 호수에 식물이 없는 상태에서의 혼탁도를 나타내는데, 만일 호수에 영양 유입이 많아지면 혼탁도가 높아진다.

지를 그림으로 나타낼 수 있다(그림 7.4(b)). 이 두 가지 평형곡선을 함께 그릴 때 생기는 교점은 식물 범위와 혼탁도가 모두 평형인 상태를 나타낸다(그림 7.4(c)). 그림에서 화살표는 시스템이 평형을 벗어날 때 변화의 방향을 나타낸다. 그리고 가운데 위치한 교점(그림 7.4(c)에서 흰색 점)은 두 궤도를 끌어당기기도 하지만 서로 다른 궤도로 밀어내기도 하는 불안정한 안장점(saddle point)을 나타낸다. 그림에서 나머지 두 교점(그림 7.4(c)에서 검은 점)은 모든 궤도를 끌어당기는 안정된 지점을 나타낸다.

단순한 모형이지만 이 그래프는 얕은 호수에서 나타나는 안정성의 중요한 특징을 잘 보여준다. 이러한 특징은 호수의 실제 깊이 모양으로 만든 모형을 시뮬레이션한 결과에서도 확인할 수 있었다.[4,5] 그 결과를 통해 영양부하의 변화에 따른 이력 현상을 쉽게 추론할 수 있다. 영양 수준이 혼탁도에 영향을 주기 때문에 영양 수준의 변화는 전체 혼탁도 곡선(그림 7.4(a)을 변화시키고, 이로 인해서 교점의 위치(그림 7.4(c))도 이동된다. 따라서 쌍갈림 점(그림 7.5에서 점 F_1, F_2)은 합쳐지고, 결국 사라지게 된다. 이 가상의 호수에서 수심을 바꾸어도 동일한 현상이 발생한다. 왜냐하면, 호수의 수심이 식물 범위 곡선이 감소하는 지점(그림 7.4(b)와 (c)) 주변의 임계혼탁도에 영향을 주기 때문이다.

또한 식물 범위 곡선이 혼탁도 곡선의 기울기 이상으로 가파르게 감소하는 경우에만 여러 개의 교점(즉, 여러 개의 평형 상태)을 가질 수 있다(그림 7.4(c)). 식물이 혼탁도에 영향을 주지 않는다면 혼탁도 곡선은 수직이 되고, 그 결과 교점은 여러 개가 생기지 않는다. 따라서 혼탁도에 대한 식물의 영향력이 강할수록, 그리고 임계혼탁도에서 식물 범위 곡선의 감소 정도가 가파를수록 대체안정 상태가 나타나는 영양부하의 범위가 넓어진다. 호수의 깊이는 식물과 혼탁도 모두에 영향을 주는 변수이다. 깊은 호수는

2부 자연계와 인간 사회의 구체적 사례들

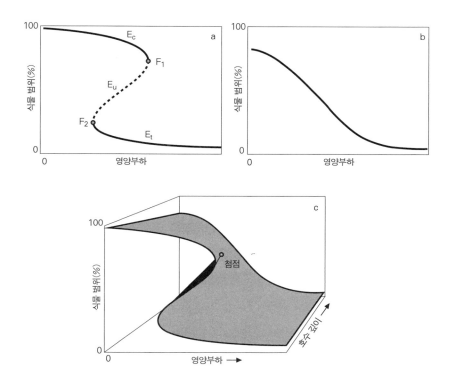

그림 7.5 그림 7.4에 나타난 그림 모형으로 유도된 얕은 호수에서 나타나는 침수식물의 영양부하에 대한 반응. 평형곡선의 모양에 따라 이력 현상이 강해지거나(그림 (a)) 없어진다(그림 (b)). 현실(그림 (c))에서는 매끄러운 곡선(그림 (b))에서부터 이력 현상이 나타나는 곡선(그림 (a))까지 모든 반응이 존재할 것이고, 얕은 호수에서는 그림 (a)의 경우가 더 일반적인 것으로 보인다. 이력 현상 그래프에서 매끈한 곡선으로의 전이는 소위 말하는 첨점에서 발생하는데, 이 점은 쌍갈림 점 F_1과 F_2가 접혀서 사라진, 여차원이 2(co-dimension-2)인 쌍갈림 점을 나타낸다.

얕은 호수에 비해 물을 맑게 하는 식물의 영향을 적게 받는다. 또한 깊은 호수일수록 수심의 기울기가 대체로 완만하기 때문에 혼탁도가 급격히 증가하는 경우에 비해 식물은 서서히 감소한다(빛이 제일 먼저 제한되는 가장 깊은 곳에서부터 식물이 사라진다). 그 결과 호수가 깊어질수록 평형곡선에서 교점의 수는 적어지고 영양부하에 따른 이력 현상은 발생하지 않는다 (그림 7.5b). 이 경우에는 이력 현상이나 파국전환이 발생하는 시스템[4]이 환경변화에 점진적으로 반응하는 시스템으로 바뀐다. 또한 호수를 맑은 상태에서 혼탁한 상태로 전환시키는 정해진 하나의 임계영양 수준이 존재하지 않음을 알 수 있다. 왜냐하면 호수의 상태는 수심이나 다른 요인들의 영향도 받기 때문이다. 이로부터 우리는 한 요인의 임계 수준은 여러 요인에 의해 달라질 수 있다는 일반적인 사실을 알 수 있다. 이러한 내용은 2장에서 자세히 설명하였다. 다음 절에서는 얕은 호수의 사례를 통해 일반적인 '법칙'에 대하여 자세히 살펴보자.

컴퓨터로 이 호수 모형을 만들어보려면 부록(A.12절)을 참고하기 바란다. 얕은 호수는 구체적이고 현실적인 모형을 통해 분석할 수 있다. 그중에는 수생식물과 공간적인 이질성을 고려한 모형도 있다.[4,5] 이 모형을 통해서 식물이 놓인 환경 차원과 상호작용하는 계절적 수명주기와 개별 식물의 성장을 알 수 있다. 또 다른 모형은 식물, 식물플랑크톤, 동물플랑크톤, 물고기 개체수의 동역학뿐만 아니라 영양 동역학과 같은 과정도 고려하고 있다.[6,7] 이들 모형은 모두 일정 조건이 만족되면 대체안정 상태를 가진다.

어떤 모형도 중요한 메커니즘을 모두 나타낼 수는 없다. 예를 들면, 얕은 호수에서 침수식물의 대량 서식을 방해하는 요인이 물의 혼탁도만 있는 것은 아니다. 새가 식물을 먹음으로써 식생이 희박한 상태가 계속 유지될 수 있다. 이 메커니즘은 영양분이나 어종이 감소하여 더 투명해진 호수에서 식물의 복구를 방해할 수 있다. 호수에서 식물이 희박해질 경우 검둥오

---

4)   대체끌개를 가진 시스템은 환경이 변화하면 이력 현상이나 파국전환이 나타난다.

2부 자연계와 인간 사회의 구체적 사례들

리 같은 초식동물의 개체수가 식물을 다 없앨 만큼 많지 않아도 식물은 더 늘어나지 못하고 희박한 상태로 유지된다.[8] 식물이 있는 호수와 식물이 없는 호수에서 번성하는 어류의 차이도 호수의 현재 상황을 유지하는 데 중요한 역할을 한다. 도미나 잉어처럼 바닥에서 먹이를 찾는 큰 물고기는 식물이 없는 호수에서 번성한다. 도미나 잉어 같은 어류의 '제초(weeding)' 작업은 퇴적물을 계속해서 교란시켜 식물의 정착을 어렵게 만들기 때문이다. 이와는 반대로 식물이 있는 호수는 바닥에서 먹이를 찾는 어종이 적은 대신 농어나 강꼬치고기와 같이 물고기를 먹고 사는 어종의 밀도가 상대적으로 높다. 이러한 육식 물고기는 치어량을 조절하여, 동물플랑크톤의 양을 증가시키는데, 그 결과로 물은 깨끗해지고 식물이 있는 상태로 안정화가 촉진된다.[9] 바람이 부는 호수에서는 퇴적물이 가벼워 불안정하기 때문에 초기 단계에서 식물의 정착이 어려워 식물이 없는 상태로 안정화된다. 즉, 퇴적물의 상층부가 자주 떠오르면서 작은 식물은 정착하기 어렵다. 한편 기존에 식물이 살고 있는 지역은 식물로 인해 물살이 약해져서 침전물이 고정되므로 식물의 군집화가 촉진된다. 실제로 이 메커니즘은 식물과 혼탁도 사이의 상호작용이 없다 하더라도 대체안정 상태를 초래할 수 있다. 결과적으로 식물과 혼탁도 사이의 상호작용은 얕은 호수에서 대체안정 상태를 유발할 수 있으나, 그 외의 다른 메커니즘에 의해서도 이력 현상이 발생할 수 있다.

 얕은 호수를 설명한 정교한 모형도 실제 호수에서 일어나는 일에 대해 부분적으로밖에 설명하지 못한다. 호수 생태계에 관한 모든 모형은 지금까지 설명한 조건이 만족되면 대체안정 상태를 가진다.[4, 5, 7] 호수 생태계 모형의 다양성을 고려할 때 대체안정 상태가 나타나는 것은 호수 생태계에서 공통적인 현상이라는 것을 뒷받침해준다. 레빈스(Levins)[11]는 '제각각인 거짓말의 공통부분은 진실을 말한다'고 언급했는데, '거짓말(lie)'이 지나 친 표현으로 들릴지 모르지만, 사실 호수에 관한 모형은 모두 한계를 지니 고 있다. 또한 이 모형들은 얕은 호수를 설명한 문헌에서 공통적으로 나타 나는 것을 토대로 만들어졌기 때문에 서로 전혀 관련이 없다고 볼 수 없다.

경험적 증거

얕은 호수가 연구대상으로서 좋은 점은 호수 내의 역학을 잘 파악할 수 있 을 뿐만 아니라 다양한 모형을 통해 서로 다른 관점으로도 해석할 수 있기 때문이다. 또한 호수 전체 규모에서 나타나는 생태계의 반응을 실험적으 로 볼 수 있으며, 많은 실제 사례들을 통해 확실한 경험적 증거를 확인할 수 있다. 일반적으로 얕은 호수는 맑은 상태나 혼탁한 상태이지 그 중간인 경우는 드물다. 이러한 관점은 단순히 흑과 백, 좋고 나쁨과 같이 두 상태 로 분류하기 위해 인위적으로 나눈 것이 아니라 얕은 호수의 상태를 통계 적으로 분석한 결과이다.[12, 13] 예를 들면, 라인 강의 범람원에 위치한 215개 의 얕은 호수 중 3분의 1 이상은 식물이 거의 없는 반면, 나머지 호수는 대 부분 식물의 밀도가 높다(그림 7.6(a)). 14.1절에서 다시 설명하겠지만, 이러한 양극성(bimodality)[5]은 대체안정 상태의 명확한 증거는 될 수 없 지만 이 상태의 존재를 연상하게 해준다.

국면전환은 파국적 전환에 해당될 수도 있고 그렇지 않을 수도 있지만 (14.1참조) 파국적 전환과 비슷한 패턴을 보인다. 국면전환이 파국적 전이 인지 알기 위해서는 수십 년 동안의 시계열 자료가 필요하다. 상태전환이

---

5)   반응의 결과가 두 그룹으로 나뉘는 이중 형태.

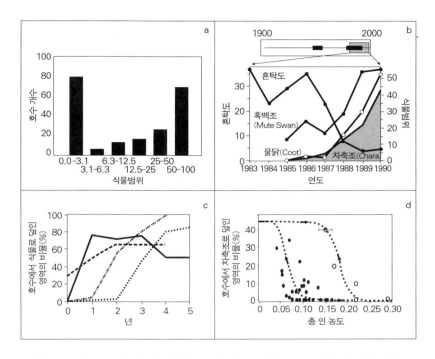

그림 7.6　얕은 호수에서 나타나는 대체평형에 대한 네 가지 범주의 근거. 그림(a) 215개의 범람원 호수에서 발견된 식물량의 양극성 분포를 보여준다.[11] 그림(b) 스웨덴에 있는 크란케스죈 호수에서 오랜 기간의 안정된 혼탁한 상태나(굵은 선) 안정된 맑은(가는 선) 상태가 급격한 국면전환으로 인해 중단되었다.[13] 그림 (c) 혼탁한 호수에서의 실험적 교란(물고기 감소)은 호수를 이와 대조적인 맑은 상태로 오랫동안 지속되도록 할 수 있다.[13] 그림(d) 장기간의 시계열 데이터는 네덜란드 펠유워 호수의 영양분에 대한 반응에서 이력 현상이 나타남을 보여준다.[28]

나타나는 시계열 자료는 드물긴 하지만 실제로 존재한 예가 있다. 스웨덴에 있는 크란케스죈(Krankesjön) 호수의 역사가 그런 예이다(그림 7.6(b)).[14] 물새 수를 기준으로 한 세기 동안의 동역학을 살펴본 바에 의하면, 호수는 두 번은 맑은 상태였고 두 번은 혼탁한 상태였다. 크란케스죈 호수의 경우에는 상태가 완전히 전이되는 데 3~4년이 걸렸지만, 호수 규모가 작다면 전이는 더 빠르게 진행될 것이다.[15]

이력 현상의 전 과정(영양부하의 증가 후 감소함)을 포함하고 있는 시계열 자료는 아주 드물다. 하지만 그러한 시계열 자료의 예로 네덜란드 펠유워 (Veluwe) 호수의 예를 들 수 있다(그림 7.6(d)). 이 시계열 자료는 유입부 하량에 대한 자료가 없어 물속의 총 인 함유량(total-P content)으로 영양분 상태를 나타냈었기 때문에 완전하지는 않다. 그럼에도 불구하고, 이 시계열을 통해 알 수 있는 사실은 호수 붕괴를 위한 임계 수준(총 인 농도)이 회복을 위한 임계 수준보다 약 두 배가 높았다는 것이다. 이 정도의 이력 현상은 다른 역학 모형[5,7]에서도 예측되며, 네덜란드 호수의 다른 시계열 자료에서도 찾아볼 수 있다.[16]

실제 호수를 관찰함으로써 많은 것을 알 수 있지만, 더 중요한 증거는 실험조작을 통해 얻을 수 있다. 좋은 예로 1968년에 뉴질랜드 호수 엘레스메어(Ellesmere)를 강타한 폭풍을 들 수 있다.[17] 엘레스메어 호수에는 8만여 마리의 흑조가 있었는데, 이 흑조는 수생식물이 많은 곳에서 주로 서식했다. 이 폭풍으로 약 5,000마리의 흑조가 죽었을 뿐만 아니라 많은 수생식물이 사라졌다. 그 결과 엘레스메어 호수에서 식물은 거의 찾아볼 수 없게 되었고, 흑조의 약 4%만이 남은 이 호수는 혼탁한 상태로 전환된 후 그 후로 회복되지 않았다. 이 예와 같이 자연에서 나타나는 섭동의 영향이 영구적인 사례가 몇몇 보고된 바 있지만,[10] 얕은 호수에 존재하는 대체끌개에 관한 증거는 주로 인간의 개입에 따른 얕은 호수의 반응이다. 혼탁해진 얕은 호수를 깨끗한 상태로 회복시키기 위해서는 겨울철에 물고기 대부분을 제거하는 생물조작(biomanipulation)과 같은 충격요법이 실시된다.[18] 호수에 서식하는 물고기의 80% 이상을 없애면 물의 투명도가 크게 높아진다.[19] 물고기 생물량은 빠르게 회복되지만 그 전과는 다른 어종이 우세하게 되기도 하고, 생물조작으로 교란된 호수 중 일부는 수년 동안 식물이

2부 자연계와 인간 사회의 구체적 사례들

자라는 맑은 안정 상태로 유지된다(그림 7.6c). 특히 흥미로운 예는 영국의 그레이트 린포드(Great Linford)의 자갈채취장의 경우이다.[20, 21] 이 지역에서는 자갈채취를 위해 습식채굴(wet digging)과 건식채굴(dry digging)이라는 두 가지 방법이 사용되었다. 습식채굴은 호수에 토사가 잔뜩 쌓이는 결과를 초래한 반면, 건식채굴은 채굴이 끝났을 때 호수가 맑은 상태가 되는 결과를 가져왔다. 습식채굴이 이루어진 호수는 20년 이상 교란이 없었는데도, 식물이 거의 없어 침전물이 물결에 쉽게 떠다니고 호숫물의 색이 갈색으로 변한 전형적인 혼탁한 호수로 남았다. 이와 같이 초기 조건의 차이가 영구적인 대체 상태를 초래하였는데, 이러한 초기 조건은 최종 대체끌개를 대표한다고 볼 수 있다(14.2 참조). 그리고 이것은 혼탁한 호수에 실험적 생물조작을 실시하면, 호수 속에 침수식물이 무성한 안정된 맑은 상태로 전환된다는 사실을 확인시켜준다.[19]

문턱값에 영향을 주는 요인

얕은 호수에 관한 연구에서 부영양화는 중요한 연구대상이다. 따라서 임계영양 수준은 호수를 맑은 상태로 유지하는 데 중요한 문제이다. 임계영양 수준을 찾는 것은 간단해 보이지만 그전에 실제로 해결해야 할 몇 가지 근본적인 문제가 있다. 첫 번째로 호수의 영양 수준을 평가하는 것은 그렇게 쉽지 않다. 예를 들면, 영양화에는 인(phosphorus)이 중요한 요소이지만 경우에 따라서는 질소 역시 중요한 역할을 할 수 있다. 또한 호수에서 유기체가 사용할 수 있는 인의 대부분은 퇴적물에 저장된다. 호수 내에 영양분이 얼마나 많은지는 물기둥(water column)에서 채취한 총 인 농도(total-P)에 반영되는데, 총 인 농도는 대형 수생식물의 존재나 다른 생물학적 요인에 따라 달라진다. 따라서 총 인 농도로 호수의 영양 수준을 나타낼 때에는 주의가 필요하다.[6] 두 번째로 앞서 지적한 바와 같이, 맑은 물 상태를 유지하는 정해진 하나의 임계영양 수준은 존재하지 않는다. 왜냐하면 호수를 혼탁하게 만드는 요인들은 무수히 많으므로 혼탁한 상태로 바뀌기 전까지 견딜 수 있는 영양 수준은 호수마다 다르기 때문이다. 호수의 혼탁도가 수심에 의해 영향을 받는다는 것은 이미 설명하였다. 식물이 우세한 맑은 상태의 호수가 되는 데 가장 큰 영향을 주는 요인은 호수의 크기이다. 호수의 크기는 수심과 상관관계가 있지만, 크기 그 자체로도 혼탁도에 상당한 영향을 미친다. 작은 호수는 큰 호수에 비해 식물이 있는 맑은 상태가 되기 쉽다. 여러 요인으로 호수 크기와 그 상태의 상관관계를 설명할 수 있지만,[12] 작은 호수에서는 물고기 수의 조절이 공통된 요인이다. 예를 들어, 라인 강 하류의 네덜란드 범람원에 위치한 215개의 얕은 호수를 분석한 결과에 따르면 크기가 더 작은 호수(수심과 같은 다른 요인들이 동일)가 식물이 풍부한 상태로 될 가능성이 높고,[12] 저식성 어종(ben-thivorous bream, *Abramis brama*)의 밀도가 낮은 것으로 나타났다.[22] 잉어와 같은 저식성 어종은 네덜란드의 얕은 호수를 식물이 없는 혼탁한 상태로 만드는 주요 어종이다.[10] 마찬가지로 796개의 덴마크 호수의 자료[23]를 보면, 저수지에서 경작지와 접하는 면적이 많을수록 물속의 인 함유량이 더 높음에도 불구하고 작은 호수와 연못에 서식하는 물고기의 수는 더 적고 대형 수생식물의 밀도는 더 높게 나타난다.[23] 따라서 네덜란드 호수와 덴마크 호수의 결과를 보면 작은 호수가 큰 호수에 비해 물고기가 없을 확

---

6)   호수의 부영양화도를 판정하기 위해 가장 많이 사용되는 지표는 총 인 농도, 엽록소 a 농도, 투명도이다. 그중에서 순환기에는 수질이 균일하므로 적은 수의 시료를 채취해도 총 인 농도를 정확히 평가할 수 있지만, 그렇지 않은 경우에는 수심에 따라 총 인 농도가 달라진다.

2부 자연계와 인간 사회의 구체적 사례들

률이 더 높다는 것을 알 수 있다. 즉, 작은 호수가 상당히 높은 영양농도에서도 맑은 상태일 가능성이 높음을 의미한다.

얕은 호수가 혼탁한 상태로 바뀌는 데 기후가 어떤 영향을 미치는지는 아직 해결되지 않은 중요한 문제이다. 이 문제에 관한 정보는 거의 없지만, 호수 생태계에 기후의 영향이 크다고 예상하는 데에는 타당한 이유가 있다. 예컨대, 우리는 따뜻한 기후가 물고기에서 식물플랑크톤에 이르는 영양종속(trophic cascade)[7]에 큰 영향을 미친다는 사실을 알고 있다. 구체적으로, 온대호(temperate lake)[8]에 서식하는 물고기는 대부분 1년에 한 번 알을 낳는다. 봄에는 크기가 작은 물고기가 적어 동물플랑크톤이 번성하고, 풍부해진 동물플랑크톤은 식물플랑크톤을 여과섭식함에 따라 식물플랑크톤의 양이 감소한다.[24] 이와 반대로, 저위도에 위치한 (아)열대호에서는 물고기가 풍부하고 계속해서 번식하기 때문에 물고기에 의한 동물플랑크톤의 하향식 제어가 1년 내내 매우 강한 편이다.[25] 이러한 먹이그물 구조의 차이로 인해 온대호를 맑은 상태로 바꾸기 위해 사용되는 생물조작[9] 방식은 (아)열대 호수에서 적용하기 어렵다.[26]

기후온난화가 온대호에서 혼탁한 상태를 촉진시킨다고 예상할 수도 있

---

7)   호수 생태계의 먹이사슬 구조는 '영양소-식물플랑크톤-동물플랑크톤-플랑크톤을 먹이로 하는 어류-물고기를 먹이로 하는 어류'로 되어 있다. 따라서 상위 영양단계인 동물플랑크톤이나 물고기의 수를 조절함으로써 이들의 먹이가 되는 식물플랑크톤의 수를 조절할 수 있다(출처-환경미생물학).

8)   여름철에는 수온이 4℃ 이상 되고, 겨울철에는 4℃ 이하가 되는 호수이다. 봄과 가을은 수온이 수직적으로 균등하여 순환기가 되고, 영양물질이 풍부해진다. 이에 따라 플랑크톤이 번식하여 생산력이 높아진다(출처-두산백과사전).

9)   생물조작이란 대체로 분자생물학적 기법 등을 이용하여 우수한 형질의 생물을 만들어내거나, 생물체 간의 생리적 특성 구분 및 진단 등을 위해 유전학적 형질을 분석하고 활용하는 일을 의미하지만 여기서는 호수 생태계를 변화시카기 위해 물고기 개체수를 줄이는 작업을 의미한다.

다. 하지만 온대호에 관한 연구에서는 온난화가 수중식생에 양의 효과를 미친다고 제시한다.[27] 기후온난화는 물의 순환과 호수로 유입되는 영양부하량을 변화시켜 호수 생태계에 영향을 주게 되는데,[28] 지금까지의 조사 결과는 이를 뒷받침하지 못한다. 기후의 영향에서 흥미로운 점은 잠깐 동안의 극단적인 기후변화로도 시스템은 대체 상태로 전환되고, 기후변화가 끝난 후에도 그 상태는 계속 유지된다는 것이다.[29] 실제로 얕은 호수가 이러한 극단적 기후변화에 영향을 받은 예가 있다.[10] 앞서 언급한 것처럼 강한 폭풍은 호수를 식물이 없는 혼탁한 상태로 바꿀 수 있고, 가뭄은 정반대의 전환을 초래할 수 있다.

2 | 동역학

5.1절에서 살펴본 바와 같이, 자연의 평형이나 안정 상태에 대한 개념은 실제 생태계의 특징인 끊임없는 혼란을 아주 단순화한 것이다. 그러한 혼란은 외부 조건에서 발생하는 변동 때문에 발생하기도 하지만, 일정한 외부 조건하에서도 순환적이거나 카오스적인 행동을 일으키는 내부 메커니즘에 의해서도 발생한다. 이것을 설명하기 위해서, 우리는 (1) 심각한 환경변동이 있는 상황에서 호수가 어떻게 반응하는지, (2) 내부 동역학이 장기간의 순환을 어떻게 유발하는지, (3) 생태계를 바라볼 때 계절의 순환이 플랑크톤의 내부 동역학을 방해하여 어떻게 복잡한 패턴을 만들어내는지를 살펴볼 것이다.

호수의 변동 환경

우리는 물고기를 잡아버리거나 극단적인 수위 조절과 같은 간헐적인 요동

2부 자연계와 인간 사회의 구체적 사례들

으로 호수가 다른 상태로 전환될 수 있다는 것을 보았다. 하지만 요동이 예외적으로 발생하지 않고 자주 발생하는 상황에서는 안정 상태를 정의하는 것이 아주 어렵다. 호수가 바닥까지 얼어붙어 어류의 떼죽음이 자주 발생하는 한랭기후 지역이나 여름철에 얕은 호수가 자주 말라붙는 지역이 잦은 요동의 전형적인 예라고 할 수 있다.[30] 이런 환경에서 호수는 대부분의 경우에 균형 상태와 거리가 멀다. 비록 극심한 요동이 발생하는 호수의 동역학을 이해하는 데 대체안정 상태의 개념이 단순하다고 생각될지는 모르지만, 이 개념은 그 동역학 뒤의 큰 그림을 보는 데는 도움이 될 것이다.

예를 들어, 모형에서 끌개는 아니지만 '서성거리는(hang around)' 지점이나 지역이 있다면 우리는 시스템이 끌개에서 떨어져 있는 시간을 더 늘릴 수 있다(5.1절 참조). 모형으로 보면 불안정 점이나 순환 주변에서 예상보다 오래 머물 수 있기 때문에, 우리는 이런 현상이 자연계의 동역학에서도 잘 나타난다고 생각할 수 있다. 지금까지 이러한 이행적 동역학(transient dynmaics)이 지속되는 것에 대한 연구는 거의 없었다. 하지만 일부 얕은 호수에서 혼탁한 안정 상태로 바뀌기 전에 수년 동안 불안정한 맑은 상태를 유지한다는 사실은 그런 이행적 동역학의 좋은 예이다. 실제로 즈벰러스트(Zwemlust) 호수는 부영양화가 매우 심했지만 물고기를 제거함으로써 약 7년 동안 맑은 상태를 유지했다.[31] 마찬가지로 많은 네덜란드 범람원 호수는 높은 영양 수준에도 불구하고 대부분의 기간 동안 맑은 상태를 유지하고 있다.[15] 가끔씩 발생하는 가뭄으로 호수가 거의 말라붙어 맑은 상태를 유지하는 것도 마찬가지로 설명할 수 있다. 가뭄은 대부분의 물고기를 제거하여 호수 시스템을 안정 상태는 아니지만 거의 안정에 가까운 상태인 맑은 상황으로 밀어넣는다. 따라서 이러한 상황은 안정 상태의 허상(ghost of stable state)을 나타내고, 그 상태를 벗어나는 동역학은 매우

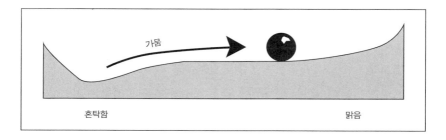

가뭄

혼탁함   맑음

그림 7.7   얕은 범람원 호수에 대한 가상의 동역학. 때때로 가뭄은 호수 시스템을 불안정한 맑은 상태로 밀어넣는다. 가뭄은 가끔씩 발생하고 이러한 허상 근처에서의 동역학은 매우 느리기 때문에 호수는 대부분의 시간 동안 이행적 상태(transient state)에 있을 것이다. 이러한 안정성 지형을 해석할 때는 공의 움직임은 관성이 없어 둔하다는 점을 주의해야 한다. 즉, 공은 아주 끈적이는 액체 속을 굴러가는 것으로 생각해야 한다.[15]

느리다(그림 7.7).

다년도 순환

일반적으로 호수는 오랜 시간 동안 다소 불규칙하게 변화하지만[32], 어떤 호수는 침수식물과 혼탁한 상태 사이를 상당히 규칙적으로 진동한다(그림 7.8). 영국의 앨더펀 브로드(Alderfen Broad) 호수[33]와 네덜란드의 봇숄(Botshol) 호수[34]가 좋은 예이다. 두 호수는 모두 대략 7년을 주기로 대체 상태 사이를 순환한다. 모형을 분석한 결과, 그러한 호수의 순환은 특별한 조건에서 '시한폭탄'과 같은 방식[16]이 발생하는 것으로 보인다. 예를 들어, 대형 수생식물이 우세한 기간 동안 호숫물 속 인의 함유량이 높고 죽은 유기물질이 퇴적물에 쌓이게 되면, 이후 유기물이 분해되면서 퇴적물에 무산소 조건이 만들어지고, 그 결과 인이 방출된다. 방출된 인은 식물플랑크톤을 증가시키고, 풍부해진 식물플랑크톤은 대형 침수식물을 감소시킨다. 혼탁한 상태에서 유기물이 충분히 분해된 후 퇴적물로부터

2부 자연계와 인간 사회의 구체적 사례들

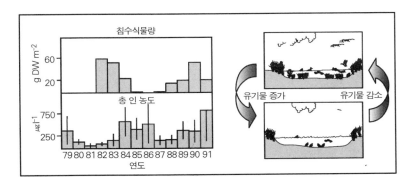

그림 7.8   얕은 호수에서 나타나는 순환. 얕은 호수에서는 동일한 조건하에서 규칙적으로 순환하는 방식으로 식물이 있는 맑은 상태와 혼탁한 상태 사이를 전환한다. 이것은 두 상태에서 인과 유기물의 축적에서 나타나는 내부적인 차이로 인한 것이다. 왼쪽 그림은 영국의 앨더펀 브로드 호수의 데이터로 작성된 것이다.[33]

방출되는 인이 감소하면, 그 호수는 맑고 대형 수생식물이 우세한 상태로 다시 전환된다.

얕은 호수에서 임계전이의 순환에 내부적인 시한폭탄 메커니즘이 중요한 반면, 봇슐 호수에서 나타나는 진동은 북대서양 진동[10]으로 인한 강우량의 진동과 아주 잘 동조[11]한다. 강우량이 많은 연도에는 봇슐 호수에 인의 유입량이 많아져서 물은 혼탁해진다.[35] 순환이 있는 다른 호수들은 북대서양 진동과 동조 현상을 보이지 않는 것으로 미루어볼 때, 호수의 내부

---

10)   북대서양 진동은 서로 반대로 변동하는 아이슬란드 근처 기단과 아조레스(Azores) 근처 기단으로 이루어져 있다. 그래서 이 진동은 대서양을 건너 유럽으로 부는 편서풍의 세기 변동과 일치하고, 이에 포함된 저기압과 관련 전선계의 변동에도 일치한다.

11)   동조화 또는 동조행동이라고도 하며 일정한 주기를 갖는 진동계에 약간 다른 주기의 신호가 가해질 때, 진동주기가 서로 일치하게 되는 현상. 세포주기의 동조나 반딧불이에서 볼 수 있는 동시 명멸 등이 있음(출처-해양과학용어사전).

메커니즘 때문에 이러한 동조 현상이 생기는 것으로 예상된다. 반면에 봇솔 호수에서는 기후 진동자가 순환의 위상결합을 조율하는 역할을 한다. 자연계에서 진동 시스템의 위상결합은 일반적인 현상이다(3.2절 참조). 예를 들면, 지구궤도의 주기적인 변화는 빙하기 순환에 대한 조율기 역할을 하고(8.2절 참조), 1년 주기의 기온과 태양광 순환은 플랑크톤의 순환을 계절의 규칙적인 패턴에 결합시킨다.

계절적 동역학과 내부 카오스

온대기후에서 생태계가 안정 상태를 이룰 수 없는 이유는 간단히 말하면 계절적 순환 때문이다. 계절성이 동역학에 미치는 영향은 유기체의 생명주기와 지속성에 따라 달라진다. 온대호에서는 겨울에 침수식물이 사라지는 것처럼 보이지만, 실제로는 씨앗, 뿌리, 덩이줄기와 같은 형태로 퇴적물에 묻혀 여전히 호수에 존재한다. 그래서 비록 생태계가 겨울에 모든 것을 초기화시키고 식물이 우세한 맑은 상태에서 새로 시작하는 것처럼 보일지라도, 호수는 지난해의 상태를 기억하고 있다. 보통 식물의 땅속 구조는 그 식물이 다시 자랄 수 있을 만큼 충분한 에너지를 저장하고 있다. 여기에 식물과 연관된 상충관계가 있다는 것을 주목하자. 식물은 여름 동안 겨울을 나기 위한 영양분을 저장해야 하는데 이것은 식물의 성장에 부담을 준다. 그러므로 식물은 여름 동안의 성장력과 다음 해의 재성장을 위한 잠재력 사이의 균형을 맞추어야 한다. 식물에게는 성장과 월동준비 둘 다 중요하기 때문에 이중 한쪽에만 투자하는 것은 효과적이지 않다. 여기에는 최적의 전략이 있어야 한다. 모의실험을 해보면, 흥미롭게도 식물은 군집의 생존을 위해 최적의 양만큼만 월동에 투자하는 것으로 나타난다.[4] 따라서 예외적인 상황에 빠르게 반응하려고 짧은 번식주기를 가지는 식물이 있

2부 자연계와 인간 사회의 구체적 사례들

긴 하지만, 대부분 식물은 온대호에서 나타나는 규칙적인 계절순환을 따르고 있다.

계절에 따라 어류 집단의 동역학을 이끄는 방식도 달라진다. 봄에는 암컷들이 엄청난 양의 알을 낳아서, 몇 주 후에는 셀 수 없이 많은 치어를 호숫가에서 볼 수 있다. 호숫가와 같이 얕은 곳은 온도가 높고 큰 물고기의 포식으로부터 비교적 안전하므로 치어가 자라는 데 적합한 장소가 된다. 작은 물고기가 자람에 따라 먹잇감이 계속해서 줄어들어 많은 물고기가 굶어죽는다. 그리고 대부분은 더 큰 물고기에게 잡아먹히고 소수의 개체만 다음 해까지 살아남는다. 작은 물고기가 빨리 자라야 하는 이유는 두 가지이다. 첫 번째는 큰 물고기일수록 그 물고기를 잡아먹을 수 있는 포식자가 적기 때문이고, 두 번째는 큰 물고기일수록 먹잇감의 종류가 많아지고, 먹이의 종류가 많아지면 더 빨리 자랄 수 있기 때문이다. 이러한 양의 피드백은 개체를 점퍼(jumper)와 스턴터(stunter)로 나눈다.[36] 점퍼는 양의 피드백으로 진입할 수 있을 만큼 충분히 커진 개체를 말하고, 스턴터는 양의 피드백으로 진입할 만큼 크지 못한 개체를 나타낸다. 제대로 크지 못한 물고기는 성장에 방해를 받고, 큰 물고기들의 먹이로 생을 마감하게 된다. 이러한 물고기의 크기가 영양 상호작용에 미치는 영향은 생활영역(niche)이라는 개념을 무의미하게 만든다. 그러므로 어류 동역학 연구에 사용되는 모형은 개체 크기와 먹이그물 사이의 동역학을 고려해야 한다. 이러한 모형을 통해서 우리는 물고기 집단에서 개체 크기에 따른 상호작용이 대체 끌개[37]와 복잡한 다년도 순환[38]을 포함한 매우 복잡한 동역학 패턴을 만든다는 것을 알 수 있다.

플랑크톤의 입장에서 계절의 순환은 아주 다른 영향을 준다. 식물플랑크톤이 빨리 자라는 시기에는 단 하루 만에 한 세대가 지나갈 수 있다. 이러한 경우에 식물플랑크톤 입장에서 겨울이 두 번 지나가는 것은, 나무의 입장에서는 빙하기가 두 번 지나가는 것과 마찬가지이다. 결과적으로 전체 세대계승 동역학(succession dynamics)은 식물의 성장시기에 영향을 미친다.[24] 봄에는 기온이 상승하고 빛의 양이 증가하기 때문에 규조류와 해조류의 양이 늘어난다. 풍부한 해조류는 동물플랑크톤에게 양질의 먹이가 된다. 이 시기에 월동을 마친 플랑크톤 개체는 성장하기 시작하고 빠르게 번식한다. 그리고 겨울알(휴지기)도 부화하여 개체수를 더욱 증가시킨다. 예를 들면, 동물플랑크톤의 한 종류인 물벼룩은 몇 주 안에 자신들의 먹이인 해조류를 대폭 감소시킬 만큼 늘어나고, 그 결과 호수의 혼탁도는 낮아진다. 이 기간을 봄 청수기(spring clear water phase)라고 한다. 먹이가 감소해 물벼룩 집단이 붕괴됨에 따라 청수기가 끝나고, 식물플랑크톤 개체수는 다시 증가한다. 실험을 해보면 동물플랑크톤과 식물플랑크톤이 증가하고 감소하는 순환은 무한정 지속될 수 있다. 이것은 포식자·피식자 순환의 전형적인 예이다(3.1절). 하지만 실제 호수에는 식물플랑크톤과 동물플랑크톤의 순환에 영향을 미치는 여러 복잡한 요인들이 존재한다. 예를 들어 봄에 식물플랑크톤이 늘어나면 동물플랑크톤은 기아붕괴(starvation shock)에서 회복되어 개체수가 늘어난다. 그 동안 어린 물고기들은 동물플랑크톤을 먹을 수 있을 만큼 자라게 되고 여름 내내 물벼룩을 잡아먹어 물벼룩 개체가 늘어나는 것을 억제할 수 있다. 물벼룩 개체수가 감소하면 다음 봄까지 식물플랑크톤이 증가하게 된다. 이러한 식물플랑크톤과 동물플랑크톤의 순환이 일어날지 일어나지 않을지는 물고기의 포식량에 좌우된다.[39] 계절성 순환에서 임계교환점은 영역경계 충돌로 설명할 수 있다(3.3절). 포식자·피식자 순환의 일부인 기아충격은 호수 시스템을 물고기가 물벼룩을 과도하게 잡아먹어 발생하는 안정 상태를 만들어낼 수 있다.[40] 물벼룩이 감소된 후 다시 식물플랑크톤이 증가하게 될 때 식물플랑크톤 군집에는 그늘에 잘 견디는 종이 나타나기 시작한다. 군집을 이루는 시아노박테리아(cyanobacteria)가 그런 종의 예이다. 이러한 시아노박테리아 사이에 크기가 작고 성장속도가 빠른 종이 있는데, 그 종은 물고기가 먹지 않을 정도로 작은 동물플랑크톤에게 뜯어먹힌다. 대부분의 어린 물고기가 죽는 여름이 끝날 무렵, 이 시스템에서 강력한 포식자인 물벼룩은 다시 한 번 먹이종속의 하향 제어를 벗어날 수 있고, 가을 청수기를 만들 정도로 충분한 양의 식물플랑크톤을 먹어치운다. 마침내 겨울이 와서 번식이 어려워지면 아주 적은 개체만 남은 동물플랑크톤과 식물플랑크톤의 상태가 그대로 유지된다.

식물플랑크톤과 동물플랑크톤 전체 생물량의 계절적 변동(그림7.9)은 여러 형태로 나타나는데, 이 두 플랑크톤의 상호작용 동역학은 간단한 2차 방정식으로 나타낼 수 있다(모형 방정식과 동역학을 발생시키는 방법은 부록 A.10절을 참고하기 바람).

모형을 실행시키기 위해서는 물고기의 포식, 빛, 기온의 영향을 반영하는 매개변수를 주기적인 패턴으로 설정하면 된다(부록 A.10절을 참고하기 바람). 그 결과로 나타나는 계절적 패턴은 카오스적(그림 7.9(e))일 수도 있지만 대부분 위상이 결합(3.2절 참조)되어 1년 주기의 규칙적인 패턴이 나타난다. 1년 주기의 패턴은 실제로도 쉽게 확인할 수 있으며, 영양 수준과 물고기 밀도에 따라 달라 그림 7.9에 있는 모든 패턴들을 예측하고 찾아볼 수 있다. 그런데 이것들은 한 기능 그룹에 속한 모든 종들이 무리를 짓는 패턴을 보인다. 만약 개별적인 종 수준에서 살펴보면, 우리가 보는 패턴은 카오스적이고, 예측 가능성도 매우 낮아진다. 하지만 이것은 전혀 놀라운 일이 아니다. 실제로 플랑크톤 종 간의 상호작용을 나타내는 많은

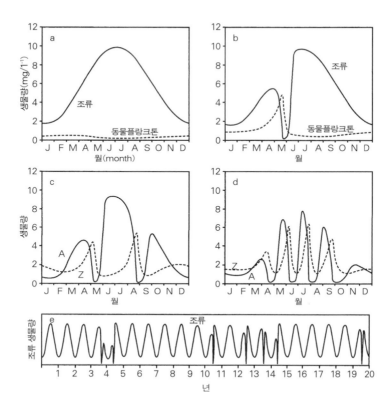

그림 7.9   동물플랑크톤 및 조류 모형에서 나타나는 계절적 동역학. 그림 (a)-(d) 물고기 밀도의 변화에 따른 동물플랑크톤과 조류의 동역학. 이 그림에서 가로축은 월(month)을 나타내고 세로축은 동물플랑크톤과 조류의 생물량을 가리킨다. 그림 (e) 그림(a)와 (b)에서 적용한 물고기 밀도의 중간 값으로 했을 때 조류 생물량에 나타나는 카오스 동역학.[40] 가로축은 1년 단위를 가리키고 세로축은 조류의 생물량을 가리킨다.

모형은 카오스 끌개[41, 42]를 가질 뿐만 아니라 플랑크톤을 대상으로 한 작은 규모의 실험(그림 7.10)에서도 일정한 외부 조건에서 수년 동안 지속되는 불규칙한 변동이 나타난다.[43, 44]

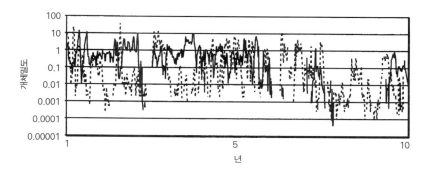

그림 7.10　　두 생물종 간의 전형적인 시계열 데이터의 예. 항상 일정한 환경을 가지는 작은 규모의 실험에서 플랑크톤 군집은 10년 동안 카오스적 변동을 유지하고 있다.[44]

3 | 또 다른 대체안정 상태

지금까지 우리는 호수의 맑은 상태와 혼탁한 상태에서 어떤 일이 일어나는지를 살펴보았다. 각 상태는 주 생산자가 어떤 종으로 점유되는가에 따라서 달라진다. 즉, 수생식물이 우세하면 맑은 상태가 되고 플랑크톤이 우세하면 혼탁한 상태가 된다. 그러나 어떤 호수에서는 자기 안정화 특성을 유지하는 방식으로 호수를 점유하는 또 다른 1차 생산자 집단이 존재하기도한다. 또 깊은 호수에서는 침전물 순환 과정과 플랑크톤 생산 정도에 존재하는 양의 피드백으로 인하여 대체 상태가 나타나기도 한다. 호수 생태계를 좀 더 완벽히 이해하기 위해서 이제부터 이 대체 상태에 대하여 살펴보기로 하자.

맑은 상태와 혼탁한 상태의 분리

물속에서 살아가는 대형 수생식물의 종류가 많지만 그중에서 한 종은 나머지들과 근본적으로 다른 특성을 가진다. 민물 녹조류(Charophyte, stonewort)가 그러한 종인데, 이들은 분류학상으로도,[12] 생태학상으로도 뚜렷하게 구분되지 않는다. 일부 호수에서는 수초(pondweed)가 있는 상태에서 민물 녹조류 한 종류만으로 가득 찬 상태로의 분명한 변화가 관찰된다.[14,45] 이 현상은 두 그룹이 공존하는 것은 불안정하다는 것을 의미하고, 수초와 민물 녹조류 사이의 경쟁으로 인하여 어느 하나의 그룹으로 쏠리는 모양으로 대체안정 상태가 된다는 것을 보여주고 있다.[13] 네덜란드의 생물학 연구 그룹은 이러한 가설을 검증하기 위하여 두 그룹에서 각각 특별한 대표 종을 선택하여 실험을 해보았다. 민물 녹조의 대표종으로는 차축조(*Chara aspera Deth. ex Willd.*)를 선택했고, 수초의 대표종으로는 가래과 식물(*Patamogeton pectinatus L.*)을 선택하였다. 그 결과 이 두 종의 경쟁에서 비대칭적인 면이 있음을 볼 수 있었다. 키가 크고, 큰 잎으로 그늘을 만드는 가래과 식물은 키가 작은 민물 녹조에 비해 호수의 위쪽에서 자라게 되어 빛을 받는다는 점에서 볼 때 민물 녹조인 차축조보다 더 나은 위치에 있게 된다.[46] 그러나 이 상황에서 차축조는 중탄산염을 급격히 감소시켜 중탄산염(bicarbonate)[14]이 적은 상태에서 살아가게 된다.[47] 이 과정에서 민물 녹조는 양의 피드백을 만든다. 즉, 중탄산염의 양을 줄여줌으로써 그것에 기반하여 살아가는 수초를 압박하여 물을 더 맑게 하고, 그로 인하여 더 많은 빛을 받는다.[5] 이 과정을 더 자세히 보면 물에 사는 두 종의

---

12)   분류학상으로 보면 식물이라기보다 조류(algae)에 가까운 편이라고 할 수 있다.

13)   이러한 경쟁의 일반적인 모형에 대해서는 부록 A.4절을 보면 된다.

14)   이산화탄소가 물에 용해되면 탄산이 생기고, 탄산은 다시 수소와 중탄산염으로 1차 분리된다. 그리고 중탄산염은 나중에 수소와 탄산염으로 다시 2차 해리된다.

식물에서 벌어지는 경쟁이 어떻게 두 개의 대체안정 상태를 만들어내는지 알 수 있다.[4]

물속에서 살아가는 대형 수생식물을 하나의 그룹으로만 간주하는 것이 너무 단순화된 시각인 것과 마찬가지로, 플랑크톤이 호수를 지배하는 것 또한 다양한 면으로 이해해야 한다. 우세한 종이 될 수 있는 플랑크톤 종도 다양할 뿐더러, (이에 관한 연구도 많이 진행되었지만) 아직 어떤 종이 우세한 종이 될지 예측하는 것은 여전히 매우 어려운 문제이다. 그렇지만 그 중 가장 잘 연구된 대상은 남조류(blue-green algae)[15]이다. 남조류는 조류라기보다는 박테리아(시아노박테리아)에 더 가까운 종이라고 할 수 있다. 그러나 플랑크톤의 생존방식(자가 영양체, 독립 영양 생물)과 같이 남조류는 자신들만의 생활영역을 가지고 있다. 남조류에 속한 종이라도 개별적으로는 차이가 크기 때문에 이들을 하나의 종으로 봐서는 안 된다. 그래서 어떤 남조류는 연구가 상당히 많이 되었지만 대부분은 아직도 매우 까다로운 상대로 남아 있다. 얕은 호수에서는 오실라토리아(Oscillatoria) 그룹에 속하는 특정 남조류가 1년 내내 우세한 경우가 있다. 이 시아노박테리아는 내음성(shade tolerant)[16]이 강해 물이 충분히 혼탁해졌을 때도 잘 자란다.[48] 흥미로운 사실은 일단 시아노박테리아가 존재하면 그것들이 그늘을 더 짙게 만든다는 것이다. 왜냐하면 시아노박테리아가 같은 양의 인으로

---

15) 남조류(藍藻類)는 식물분류계 중의 1문(門)으로, 핵막으로 싸인 핵 및 엽록체를 갖지 않는 조류. 체제상으로 단세포단계부터 단지 사상체제인 것으로 구분하며 후자에서도 진정한 원형질연락이 없고, 유성생식을 하지 않는 세 가지 원시적인 점에서 세균과 평행한 특수한 1군을 형성한다. 이러한 점에서 남색세균이라고도 한다(출처 - 네이버 백과사전).

16) 그늘에서 잘 자라는 성질.

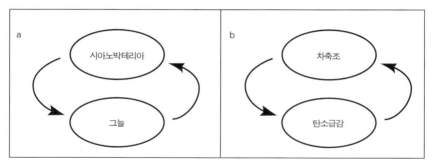

그림 7.11　얕은 호수에서 나타나는 두 가지 대조적인 상태. 그림 (a) 혼탁한 얕은 호수에서 실모양(fila-mentous)의 시아노박테리아는 다른 식물플랑크톤과 경쟁하는 상황에서 더 많은 그늘을 만들기 때문에 시아노박테리아는 또 다른 안정상태를 나타낸다. 그림 (b) 맑고 식물이 있는 상태에서 차축조가 그들의 경쟁자가 자라기 힘든 수준까지 중탄산염을 대폭 감소시킴에 따라 차축조가 우세한 상황은 대체안정식물상태를 나타낼 수 있다.

상대적으로 많은 태양광의 감쇠를 유발할 수 있을 만큼 많은 개체수를 만들 수 있기 때문이다.[49] 결과적으로 식물플랑크톤 군집에 시아노박테리아가 존재하면 자신들이 우세한 상태로 호수를 안정화시킬 수 있고, 이것은 식물플랑크톤 군집의 대체안정 상태가 된다.[50]

결론적으로, 호수가 두 가지 대조적인 상태만을 이룬다는 것은 지나치게 단순하다. 얕은 호수에서 각기 다른 1차 생산자 그룹이 우세할 수 있고, 특정 그룹이 우세한 그런 상태는 종종 대체안정 상태를 나타낼 수 있다. 즉, 얕은 호수는 차축조나 물 속에 사는 속씨식물, 녹조류, 시아노박테리아에 의해 점유될 수 있다(그림 7.11). 분명한 것은 서로 다른 대형 침수식물 사이에 일어나는 전환이나 식물플랑크톤 군집 사이의 전환은 침수식물인 수초와 식물플랑크톤이 우세한 혼탁한 상태 사이에서 일어나는 전환에 비하면 별로 특별하지 않다는 것이다. 또한 특정 종이 우세한 상황에서도 전환 현상은 일어날 수 있다. 따라서 호수 속 부영양화의 점진적인 변화에

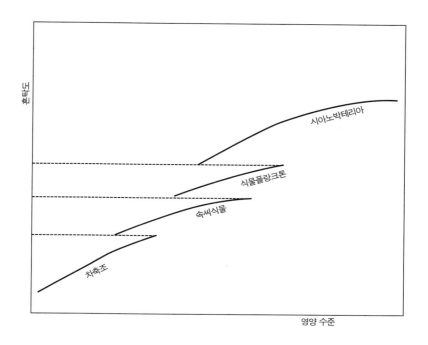

그림 7.12　얕은 호수의 대체안정 상태를 나타내는 고전적인 도식적 모형. 얕은 온대호의 도식적 모형은 네 가지 대체균형을 이루는 형태로 확장할 수 있다. 부유식물이 우세한 상황은 열대호의 또 다른 대체안정 상태일 수 있다.(본문 참고)

따른 우세한 생물종의 느린 변화는 여러 임계점에서 현저하게 다른 상태로 주요 생물 종이 바뀌는 방식으로 나타난다(그림 7.12). 이런 상황은 생물 종 간의 경쟁을 설명하기 위하여 만들어진 이론적 모형으로도 확인할 수 있다.[42]

연못과 열대호에서 나타나는 부유식물의 우세

식물플랑크톤으로 가득 찬 혼탁한 상태의 온대호에서 나타나는 전형적인 문제는 물의 부영양화이다. 그러나 부유식물의 침범은 온대호[51] 및 열대호[52]

에 이르는 민물 생태계의 기능과 종 다양성에 가장 큰 위협이 된다. 부유식물이 수면을 덮는 상황에서 그 아래는 어두운 무산소 상태가 되어 그 안에 살고 있는 동물과 식물의 생존에 악영향을 미친다. 부유식물은 열대 담수호에서 어업이나 배의 이동에 좋지 않은 영향을 미친다.[52] 잘 알려진 바와 같이 부유식물을 없애는 문제는 전 세계 온난 지역 호수에서 가장 시급하게 해결해야 하는 문제이며, 온대 지역에 있는 작은 연못을 관리할 때에도 가장 중점을 두어야 할 문제가 되고 있다. 예를 들어, 네덜란드에서는 배수로와 운하 같은 대규모 국가 시스템에서,[51] 좀개구리밥(duckweed)[17] 등의 부유식물은 물의 부영양화와 함께 가장 중요한 문제로 관리되고 있다.[52]

얕은 호수 생태계에서 부유식물이 우세한 종으로 급작스럽게 변하는 전환현상은 임계전이로 설명할 수 있다.[53] 온대 지역의 호수가 갑자기 혼탁한 상태로 변해가는 과정과 마찬가지로 부유식물이 우세해지는 상황을 되돌리기란 어려운데, 이 상황은 물속 영양분이 임계점을 초과할 때 발생한다. 그 이유는 부유식물과 호수 속 침수식물(submerged plant)[18]과의 경쟁을 이용하여 설명할 수 있다. 부유식물은 빛을 얻기 위한 경쟁에서는 가장 유리하지만 그 과정에는 많은 영양분이 요구된다.[54] 이와는 대조적으로 물속에서 살아가는 침수식물은 그늘지는 것에 매우 예민하게 반응하지만 물에 녹아 있는 영양분에는 덜 민감한 편이다. 왜냐하면 대부분의 침수식물은

---

17)　　논이나 작은 연못에 사는 1년생 부유식물로 오리와 같은 동물의 먹이가 된다.

18)　　저서식물이라고도 말하며, 늪, 하천, 호수의 바닥에서 사는 식물을 통칭하여 이르는 말이며 민물과 바닷물에 적응한 종자식물이 군락을 이루고 있다. 예를 들면, 가래, 거머리말, 말무리, 솔이끼무리 등이 이 식물에 속한다.

　　　　　　　　　　　　　　　　2부 자연계와 인간 사회의 구체적 사례들

물속 영양분보다는 바닥의 퇴적물로부터 영양소 대부분을 흡수하기 때문이다.[55] 그러나 침수식물은 촉수를 이용해 물속의 영양분을 흡수하여[56] 물속의 질소 성분을 일정 수준 이하로 낮추기도 한다.[57] 그런데 바로 이 상호작용으로 인하여 두 개의 대체안정 상태가 생기게 된다. 한 가지 안정 상태는 부유식물이 우세한 종으로 유지되는 상태인데, 이 상황에서는 부유식물이 빛을 가려 침수식물에게는 더욱 불리하다. 또 다른 안정 상태는 침수식물이 우세한 종으로 유지되는 상황이다. 이때는 침수식물이 영양분을 모두 흡수해버려 부유식물의 침입이 봉쇄된다.[53] 그렇게 되면 부유식물이 다시 우세한 상태로 바뀌는 것은 매우 어려워진다. 따라서 물속의 영양 수준이 낮을 때, 부유식물을 일회적으로 제거해줌으로써 물을 침수식물이 우세한 상태로 만들어 부유식물 우세의 안정 상태를 깨트릴 수 있다. 부유식물이 우세한 상황은 일종의 대체끌개에 불과하다는 관점은 현장조사나 기계적 모형(부록의 A.13 참고)뿐만 아니라 실험결과로도 확인할 수 있다(그림 7.13).[42]

깊은 호수에서 발생하는 무산소 현상

지금까지 설명한 얕은 호수에서 나타나는 다양한 호수 동역학은 필자의 전공분야이다. 그러나 문제를 지구 시스템으로 확장시키기 전에 더 언급해야 할 사항이 있는데, 그것은 수심이 깊은 호수에서도 두 가지 안정 상태가 존재한다는 것이다.[58] 깊은 호수의 영양화가 심해지면 식물플랑크톤 생산성이 증가되어 이로부터 발생하는 많은 유기물질이 바닥에 침전되기 시작한다. 그리고 수심이 깊은 호수에서는 여름철에 깊고 어두운 아래층의 물이 표층의 물과 잘 섞이지 않기 때문에 깊은 층의 산소가 고갈된다. 만일 더 많은 유기물이 분해되어 산소를 소비한다면 산소고갈은 더 빠르게

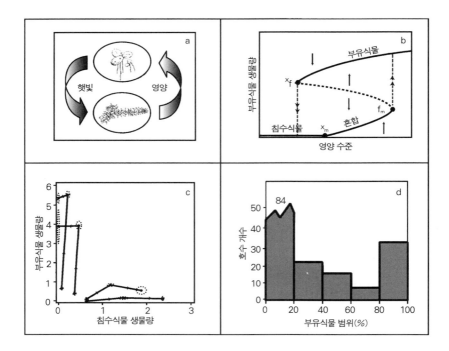

그림 7.13 부유식물이 우세한 상태와 침수식물이 우세한 상태. 이 두 상태는 연못, 배수로, 열대호에서 나타나는 대체안정 상태를 나타낸다. 이것은 다음과 같은 다양한 증거로 입증된다. 그림 (a) 태양광과 물속 영양분 사이의 비대칭적 경쟁관계를 보여준다. 그림 (b) 부유식물의 생물량과 영양 수준을 변수를 사용하여 두 개의 대체끌개 x_f, f_m가 존재함을 보여준다. 그림 (c) 서로 다른 초기 상황에 따라서 어느 한 종이 우세한 종이 되는 서로 다른 대체안정 상태로 변화할 수 있음을 보여주는 실험결과. 그림 (d) 실제 네덜란드 호수를 대상으로 부유식물의 양을 측정한 결과. 이 실험은 부유식물에 나타나는 양극성(bimodal)을 잘 보여주고 있다.[53]

진행될 것이다. 결과적으로 식물플랑크톤이 더 많은 호수는 산소결핍에 처할 위험이 더 높아진다. 산소가 희박해지면 퇴적물에 저장된 인이 방출되기 시작하고, 이렇게 가속적으로 방출된 인은 식물플랑크톤의 양분이 되어 더 많은 식물플랑크톤이 생기게 된다. 그 결과 식물플랑크톤은 더 많은 유기물을 만들게 되고, 호수는 산소가 더욱 부족해진다.

2부 자연계와 인간 사회의 구체적 사례들

4 | 요약

호수 생태계는 임계전이를 설명해주는 잘 정리된 좋은 예라고 할 수 있다. 뿐만 아니라 호수 생태계는 두 개의 대체안정 상태로 실제 상황을 설명할 수 있는 이유를 잘 보여준다. 이 장을 요약하면 다음과 같다. 첫째, 두 개의 대체 상태가 존재한다면 어떤 시스템은 다른 시스템과 다른 상황을 가질 수 있다. 따라서 환경이 변함에 따라 생태계에서 종의 대체(replacement)가 점진적으로 일어나기도 하지만 이러한 점진적인 변화는 임계점 근처에서 일어나는 크고 작은 변화에 의해 중단될 수도 있다. 두 번째, '안정'이라는 개념은 실제 현실에서 파악하기에는 매우 어려운 개념이다.[19] 호수의 가뭄이나 결빙과 같은 극심한 사건에 의해 타격을 입은 호수는 균형 상태와는 동떨어진 상황이지만 우리에게는 큰 변화가 없는 안정된 상태로 보인다. 또한 어떤 상황에서 호수는 내부의 메커니즘에 의해서 깨끗한 상태와 혼탁한 상태 사이를 오가며 몇 년을 주기로 하는 매우 긴 순환과정을 가질 수도 있다. 마지막으로 온대 지방 호수의 경우에는 그 속에 살고 있는 기능그룹(functional group)의 수준에 따라 맑은 상태와 혼탁한 상태로의 전환을 예측할 수 있다. 그럼에도 불구하고, 그 안에 살고 있는 물고기와 플랑크톤의 상황에 따라 임계전환이 나타나기도 하고, 물고기와 플랑크톤 집단의 다년간에 걸친 순환과 복잡한 동역학이 나타나기도 한다. 생물종 수준의 관점에서 볼 때 플랑크톤의 변화는 매우 카오스적이

---

19)   따라서 이 기간 동안 호수 상태(맑거나 혼탁한)에 별다른 변화가 보이지 않는다고 해서, 호수가 안정된 상태에 들어갔다고 단정해서는 안 된다는 주장이다.

라고 할 수 있다. 따라서 맑은 상태와 혼탁한 상태로 대표되는 대체끌개를 통해 호수의 변화를 이해할 수는 있지만 아직 상당 부분은 완전히 파악하지 못하고 있다.

8

호수와 마찬가지로, 지구도 폐쇄계(closed system)[1]이다. 즉 태양광이 지구에 입사되고 반사되는 것을 제외한 나머지에 대해서는 닫힌 시스템이다. 이러한 사실은 이전에도 알려져 있었지만 진정한 패러다임의 변화는 최초의 우주비행사가 우주에서 지구를 보았을 때 일어났다. 그들은 '살아 있는 것' 같은 지구의 모습에 압도당했다. 호수의 이미지를 보고 생태과학이 시작된 것처럼 우주에서 지구의 이미지를 본 과학자들은 지구를 움직이는 메커니즘에 관심을 가지게 되었다. 그 첫 번째 아이디어는 제임스 러브록(James Lovelock)의 '가이아 가설(Gaia hypothesis)'이다.[1] 가이아 가설은 지구환경이 생물에 의해 능동적으로 조절되고 유지되는 환경과 생물이 유

---

1)   주위와 물질교환은 하지 않으나 에너지 교환은 할 수 있는 시스템을 말한다.

기적으로 결합된 하나의 살아 있는 생명체로 가정하였다. 러브록은 이 자기 조절 생명 시스템(self-regulating living system)을 그리스 여신의 이름을 따서 가이아라 명명하였다. 비록 가이아 이론이 비과학적이라는 비판도 있지만 러브록의 아이디어는 과학영역에서 피드백의 중요성을 부각시켰다. 그리고 사람들은 대기의 변화와 인류의 토지이용에 대한 지구 시스템의 반응을 예측하는 데 더욱 관심을 가지기 시작하였다.

지금까지 대부분의 기후연구는 점진적인 변화 예측에 관한 것이었다. 그러나 이 장을 읽으면 기후의 점진적 추세가 불가피하게 중단되고, 기후가 갑작스럽게 상반된 상태로 전환된다는 것을 알게 될 것이다. 원래 가이아 이론은 비생물적(abiotic) 조건에서 나타나는 생물의 안정화를 강조하였다. 그러나 시간이 지남에 따라 지구 시스템에는 가이아 이론에서 말하는 안정화 피드백뿐만 아니라 강한 양의 피드백이 있다는 것이 확실해졌다. 호수와 마찬가지로, 지구도 비선형 복잡계이다. 따라서 호수의 사례에서와 같이 과거에 발생한 변화를 재구성하면 지구 동역학에서도 국면전환(regime shift)[2], 진동(oscillation), 카오스적인 요동(chaotic fluctuation)이 나타나는 것을 확인할 수 있다.

포브스는 1887년에 논문 「소우주와 같은 호수」에서 호수 시스템은 지구에서 일어나는 일을 반영한다고 하였다.[2] 「소우주와 같은 호수」가 발간된 후 한 세기가 지난 다음에야 호수 동역학과 지구 동역학 사이에 많은 유사

---

2)　해양학계에서는 1990년대 들어와 널리 유통되는 용어로서, 기후의 변동은 서서히 진행되는 것이 아니라 한순간에 바뀌고 있다는 것이다. 예를 들면, 북태평양에서 1950년대부터 1970년대 중반에 이르기까지 한랭한 겨울 기후가 나타났는데, 1976~1977년부터 온난한 기후로 바뀌었다는 주장. 이러한 기후의 변동에 따라 생태계도 재편되고 있는데, 구체적으로 각각 기후체제변환(climate regime shift), 생태계체제변환(ecosystem regime shift)이라 부르기도 한다.

점이 있다는 것이 밝혀졌다. 이 두 시스템이 규모 면에서 큰 차이가 있지만, 내부 피드백과 외부 동인(動因, driver)의 상호작용에서 공통적으로 국면전환과 혼돈이 나타나는 것을 볼 수 있다. 따라서 우리는 지구 생태계나 해양과 같은 중간 규모의 사례를 살펴보기에 앞서 그것보다 더 큰 규모인 지구 시스템을 먼저 살펴볼 것이다.

이 장에서는 태고(deep time)에서부터 플라이스토세(Pleistocene) 빙하기 순환[3]과 영거 드라이아스(Younger Dryas)[4]와 같은 더 근래의 사건을 거쳐 엘니뇨[5]와 1930년대 미국의 대평원에서 발생한 먼지폭풍(Dust Bowl)[6]과 같은 오늘날의 기후 현상까지 살펴볼 것이다.

기후전환에 대한 설명은 호수 동역학에 비해서 더 많은 부분을 추측에 근거하고 있는데, 여기에는 여러 가지 이유가 있다. 첫째, 호수 생태계에서는 임계전이와 순환이 나타난 사례가 많은 반면, 대부분 기후사건은 지구 역사에서 한 번 또는 몇 번만 발생하였다. 둘째, 호수 동역학은 아주 상세히 연구될 수 있는 반면, 기후 동역학은 나이테, 침전물, 바위, 빙핵(ice core)[7]에서 얻은 간접적인 증거에 의존하기 때문에 자세히 연구하기 어렵

---

3)   지질시대 신생대 제4기 전반의 세를 말하며 홍적세, 갱신세, 최신세라고도 한다. 이 기간 동안 화산활동은 활발했으며 인류의 조상이 나타났다. 지금으로부터 약 200만 년 전에 시작되어 약 1만 년 전에 끝났으며, 이 세 기간 중 4회 또는 6회의 빙기(氷期)와 간빙기(間氷期)가 있었기 때문에 이 세를 대빙하기라고도 한다(출처-두산백과사전).

4)   유럽에서 처음으로 쓰인 용어로 툰드라의 한랭한 지역에서 피는 드라이아스(dryas)라는 식물이 당시 유럽 지역까지 확대된 데에서 생겨났다. 마지막 빙기가 끝나가는 과정에서 약 1만 500년 전을 전후하여 기후가 아주 나빠져 빙하의 후퇴가 지체되거나 혹은 오히려 다시 전진했던 시기를 말한다(출처-해양과학용어사전).

5)   남아메리카 페루 및 에콰도르의 서부 열대 해상에서 수온이 평년보다 높아지는 현상.

6)   가뭄이나 지나친 경작 등으로 생긴 건조 지대.

다. 셋째, 호수 동역학은 세부적인 것부터 전체 호수에 이르기까지 잘 설계된 모형을 통해 이해할 수 있지만, 기후 시스템은 의미 있는 규모로 실험하는 것이 불가능하다. 따라서 고기후를 연구하는 것은 종종 탐정소설을 읽는 것 같으며, "누가 그랬을까?"라는 질문에 대해서 확신을 가지기 어렵다. 여기서 설명하는 것은 가장 최근의 연구결과를 근거로 하지만 이 책을 쓰는 동안에도 기존의 견해에 도전하는 새로운 연구결과는 계속 나타나고 있을 것이다.

1 ㅣ 태고에 발생한 기후전환

인류가 존재하기 훨씬 이전의 지구 역사를 태고라고 한다. 그것은 심(深)우주와 같이 직관적으로 상상할 수 있는 범위를 넘어서기 때문에 말로 표현하기 어려운 개념이지만 우리는 과학을 통해 이런 긴 시간척도를 다룰 수 있다. 예컨대, 정밀한 과학적 접근방법을 사용해서 지구의 나이를 추정할 수 있으며, 퇴적물과 다른 유물을 통해 기후 동역학과 지구의 여러 특성도 재구성할 수 있다. 나중에 설명하겠지만 이러한 재구성을 통해서 고대 지구에서 발생한 매우 인상적인 전환의 사례도 찾아볼 수 있다.

거대 산화 사건

지구 역사상 가장 큰 화학적 전이는 이른바 거대 산화(Great Oxidation) 사건이라고 하는 기후변화이다. 초기 지구의 대기에는 산소가 희박하였다.

---

7)   빙하나 빙상에서 원통형으로 뽑아낸 얼음.

그런데 약 24억 년 전 대기의 산소 수준이 현재의 약 1%에서 10% 수준으로 급격하게 증가한 거대 산화 사건이 발생하였다. 일부 학자들은 이러한 급격한 산소 증가 원인을 산소광합성이 가능한 시아노박테리아의 진화로 설명하고 있다. 그런데 시아노박테리아의 진화는 거대 산화 사건보다 3억 년이나 앞서 발생하였다. 그러면 무엇이 그렇게 오랫동안 산소 수준을 낮게 유지시켰을까? 거대 산화 사건에서 또 하나 이해하기 힘든 부분은 전환의 돌발성이다. 프록시(proxy)[8] 자료에 따르면 거대 산화의 시작과 끝 무렵에 대략 1억에서 10억 년 동안 대기 중 산소농도가 비교적 안정적이었다. 그런데 왜 갑자기 대기 중 산소가 폭발적으로 증가하였을까? 이것에 대한 한 가지 가능성은 초기 산소는 철과 같은 지각의 화합물을 산화시키는 데 다 소모되었다는 것이다.[3] 그러나 최근 분석에 따르면 이것이 거대 산화 사건의 전부는 아닌 것으로 나타났다.[4] 그 대신에 초기 지구의 대기는 산소밀도가 낮은 상태와 산소밀도가 높은 상태의 두 가지 대체안정 상태를 가졌을 것으로 추측된다. 필자는 임계전이를 통해 거대 산화 사건을 설명하고자 한다.

　오늘날과 마찬가지로 유기체는 고대 대기를 형성하는 데 중추적인 역할을 하였다. 광합성은 빛 에너지를 사용해서 물과 이산화탄소로부터 탄수화물을 만드는 과정이다. 오늘날 탄수화물은 산소호흡을 통해 소모되는데, 이 산소호흡은 탄수화물을 물과 이산화탄소로 분해하는 과정에서 에

---

8)　　프록시 기후 지시자는 시간상 그 이전의 기후 관련 변동들의 일부 결합들을 표현하기 위하여 물리학 및 생물리학적인 원칙을 활용하여 해석되는 국지적인 기록을 말한다. 이러한 방법에서 유래되는 기후 관련 자료를 프록시 자료라고 부른다. 프록시의 예를 보면, 나무의 나이테 기록, 산호의 특성 및 얼음봉에서 유래되는 다양한 자료들을 들 수 있다.

너지를 방출하게 된다. 즉, 산소호흡 과정은 광합성의 역과정이라고 할 수 있다. 그러나 고대 대기에서 이러한 산소호흡은 일어나지 않았다. 왜냐하면 공기 중에 산소농도가 현재 대기 중 산소의 1% 이하(파스퇴르 점, Pasteur point)이면 산소호흡 과정이 억제되기 때문이다. 이러한 상황에서 탄수화물은 메탄(CH_4)과 이산화탄소(CO_2)로 분해된다. 그러므로 거대 산화 이전에는 광합성과 이러한 무산소 호흡으로 발생한 메탄과 산소가 대기 중으로 유입되었을 것이다. 메탄과 산소의 혼합은 열역학적 평형과는 거리가 멀다. 대기 중의 메탄산화를 통해 메탄과 산소를 다시 이산화탄소와 물로 변환시킴으로써 평형을 회복한다. 이 과정은 연속적인 반응으로 발생하며 그중 일부는 광화학적으로 매개되어 일어난다.

이 메탄산화로 인해 초기 산소의 대부분이 소모되었을 것이고, 그 결과 거대 산화는 3억 년이나 동안이나 지연되었을 것이다. 그렇다면 거대 산화를 일으킨 원인은 무엇일까? 이것에 대한 중요한 요인으로 오존층의 존재를 들 수 있다. 대기 중 산소가 일정 수준 이상으로 증가하면 오존층이 형성되고, 대류권은 자외선으로부터 보호된다. 그 결과 대류권에 있는 수증기의 광분해율은 급격히 줄어들게 되어 메탄산화에 필수적인 히드록시기(hydroxyl)[9]의 생성은 감소할 것이다. 동역학 모형으로 핵심적인 화학 반응을 종합해보면 대기 중 산소의 평형곡선에 파국주름(catastrophe fold)이 나타난다(그림 8.1). 환원제가 천천히 감소하거나 순 광합성 산소 입력이 점진적으로 증가하면 대기 시스템은 폭발적인 산소 증가의 전환점에 도달

---

9)　　OH로 표시되는 1가(價)의 기로, 유기물인 경우 하이드록기라고도 한다. 고온 수증기의 방전에 의하여 수명이 짧은 자유라디칼로 존재하나 대개는 다른 원자와 결합상태에서 인정되며, 금속의 수산화물, 알코올류 등의 화합물이 있다.

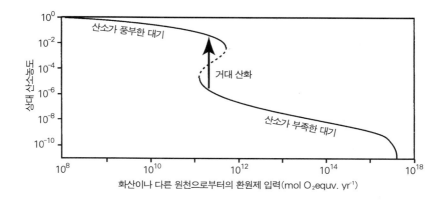

그림 8.1　환원제 입력에 따른 대기 중 산소 농도의 안정 상태. 제1철(ferrous iron)과 같은 환원제의 감소로 시스템은 두 가지 대체안정 상태를 가지는 상황으로 바뀌었고, 그 후 탄소순환의 작은 섭동으로 대기 중 산소농도가 1,000배 이상 급등한 거대 산화가 발생하였을 것이다.[4]

한다(로그 스케일로 나타낸 것에 주의할 것). 더 자세히 살펴보면 철과 같은 환원제의 감소로 거대 산화가 촉발되었고, 그 결과로 대기 시스템은 하나의 안정 상태를 가지는 상황에서 쌍안정 영역(bistable region)으로 이동한 것으로 보인다. 실제로 이 전환은 유기물 매장지에서 탄소가 일시적으로 증가하는 것과 같은 탄소순환의 작은 섭동으로도 쉽게 발생될 수 있다. 거대 산화 사건은 50∼15만 년 동안이나 진행되었지만, 산소광합성이 시작된 후 3억 년의 대기시간이 있었던 것에 비하면 순식간이라고 할 수 있다.

거대 산화 사건은 훗날 몸집이 큰 생물체의 진화에 필수조건이 되었다(9.2절 참조). 그러나 이러한 놀라운 진화에 앞서 다른 심각한 변화가 먼저 발생했던 것으로 보인다. 거대 산화로 대기에 산소는 풍부해졌지만 메탄의 밀도는 크게 감소하였다. 강력한 온실가스인 메탄이 감소함에 따라 지구의 기온은 약 4∼9℃ 정도 하강하였고, 이러한 기온하강은 지구 역사상 가장 극심한 빙하기였던 '눈덩이 지구'[10]를 일으키는 촉매역할을 하였다.

눈덩이 지구

1960년대에 고기후에 관한 놀랄 만한 사실이 규명되었다. 신원생대 (Neoproterozoic eon, 10억에서 5억 4,300만 년 전)[11] 말 무렵부터 퇴적된 빙하퇴적물(glacial deposit)이 세계 각지에서 발견되었는데, 그중에는 퇴적물이 생성될 당시에 열대 지방이었던 것으로 추정되는 지역도 포함되어 있었다. 이러한 사실은 지구 전체가 얼음으로 뒤덮였다는 사실을 뒷받침해준다.[5] 그러나 대륙이동으로 많은 대륙이 극 지역에 몰려 있었을 때 각 대륙이 서로 다른 시간에 얼어붙었을 가능성 또한 배제할 수 없었기 때문에, 1960년대에는 지구 전체가 동시대에 얼어붙었다는 사실을 실제로 증명하기는 어려웠다.

한편 1960년대에 지구의 복사평형에 대한 최초의 모형과 빙하의 메커니즘을 설명하는 모형이 제시되었다. 놀랍게도 그 간단한 모형 또한 지구가 완전히 얼어붙었을 가능성을 보여주었다. 이 메커니즘은 쉽게 이해할 수 있다. 기본적으로 지구의 기온은 태양복사에 의해 제어되는데, 태양복사의 약 1/3은 지구 표면이나 구름에 의해 우주로 반사되고 그 나머지만 흡수된다(그 정도는 온실가스의 총량에 의존). 반사되는 태양복사량이 많을수록 지구의 온도는 점점 낮아진다. 알베도(albedo)는 반사율을 측정하는 값으로 눈의 알베도는 약 0.8로 가장 높고, 바닷물의 알베도는 약 0.1로 가장 낮으며, 지표면의 알베도는 중간 정도다. 따라서 눈과 얼음으로 뒤덮

---

10)   눈덩이 지구(지구 동결, 스노볼 지구, 눈덩이 지구 현상)는 지구 전체가 적도 부근을 포함하여 완전히 얼음에 덮인 상태를 말한다(출처-위키백과).

11)   고생대와 중원생대 사이에 있는 지질시대로, 에디아카라기, 크라이오제니아기, 토니아기로 나뉜다.

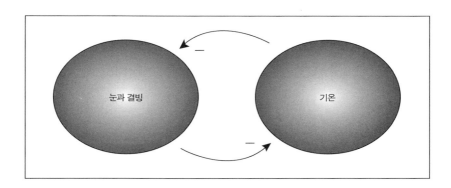

그림 8.2   얼음·알베도 피드백. 낮은 기온은 더 많은 눈과 결빙을 유발하고, 눈과 얼음은 태양복사를 더 많이 반사하여 기온은 더욱더 낮아진다.

인 세상은 더 많은 태양광을 우주로 반사하므로 지구는 더 추워졌을 것이다. 또한, 더 차가워진 기후는 더 많은 눈과 얼음의 생성을 촉진시킨다. 결과적으로 이 과정은 지구 시스템에서 양의 피드백에 해당한다(그림 8.2).

이러한 태양복사와 알베도의 상호작용이 기온하강의 폭주과정을 이끌었고, 결과적으로 전 지구를 얼음으로 뒤덮이게 했다고 추측할 수 있다. 그러나 이것이 정말로 그럴듯한 시나리오일까?

러시아 기후 과학자인 미하일 부디코는 얼음·알베도 피드백이 지구 빙하기의 발생원인임을 보여주는 에너지 균형 모형을 처음 설계하였다.[6] 부디코는 모형을 통해 지구 표면의 약 절반이 얼음으로 덮였을 때 도달하게 되는 임계문턱값을 추정하였다(그림 8.3). 이 임계문턱값을 넘어서면 얼음·알베도 피드백은 지구를 전체가 완전히 얼어붙는 상태로 전환시킨다. 지구 전체가 얼어붙은 상황에서도 지구 내부에서 흘러나온 아주 작은 열로 인해 해양의 바닥까지는 얼지 않았겠지만, 극지방에서부터 적도까지 거대한 해빙층(sea ice layer)이 형성되었을 것이다.

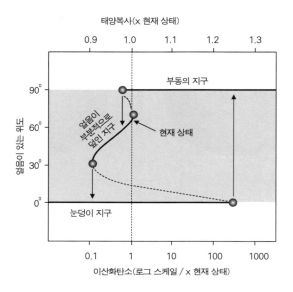

태양복사(x 현재 상태)

열음이 있는 위도

이산화탄소(로그 스케일 / x 현재 상태)

그림 8.3 태양복사와 이산화탄소 수준에 따른 결빙 상태. 이 그림은 지구 에너지 균형에 대한 단순 모형으로 예측된 결빙의 안정(실선)과 불안정(점선) 정도를 나타낸다. 각 점들은 그 시스템이 대체평형으로 점프하는 분기점을 나타낸다. 세로 화살표는 오래된 시간에서 몇 번 발생했을지도 모르는 전이의 순환을 나타낸다. (너무도 간단한) 이 모형을 통해 현재 지구의 상태가 부동(不凍, ice-free) 상태를 일으키는 분기에 가까울 수도 있다는 점을 주목해야 한다(2007년 1월에 접속한 http://www. snowballEarth.org에서 수정된 부디코·셀러스 타입의 에너지 균형모형).

　부디코가 에너지 균형 모형을 설계했을 당시에도 지구 전체가 얼어붙은 시기가 있었다는 주장은 거의 받아들여지지 않았다. 여기에는 두 가지 이유가 있다. 첫 번째는 그런 파국상황에서 모든 생명은 멸종되었을 것인데, 현존하는 생명체가 눈덩이 지구 시기 훨씬 전부터 존재했다는 증거가 남아 있다. 두 번째는 전체 지구가 얼어붙은 상황에서 어떻게 회복될 수 있었는지가 명확하지 않다. 첫 번째 문제는 심해 열수 분출구(deep-sea hotwater vent)와 극도로 차가운 남극 계곡에 사는 유기체의 발견으로 설명할

　　　　　　　　　　　　　　2부 자연계와 인간 사회의 구체적 사례들

수 있다. 이 유기체 중 일부는 눈덩이 지구 시기 이전인 신원생대에도 존재했던 것으로 추정된다. 두 번째 문제는 화산활동으로 설명할 수 있다.[7] 긴 시간척도에 걸쳐, 해양·대기 시스템에서 대부분의 이산화탄소는 화산활동과 규산암(silicate rock)의 화학적 풍화작용으로 발생하였다. 만약 눈덩이 지구 당시 기온이 매우 낮아서 대륙에 액체 상태의 물이 전혀 없었다면 풍화작용은 멈췄을 것이다. 그렇지만 화산폭발은 계속해서 이산화탄소를 대기 중으로 뿜어내어 이산화탄소의 수준을 서서히 높였을 것이다. 결과적으로 이산화탄소로 인한 온실 효과는 얼음·알베도 효과를 상쇄시킬 만큼 커졌을 것이고, 빙하는 다시 녹기 시작했을 것이다.

그 당시에 태양에너지가 오늘날보다 약 6% 정도 낮았음을 감안한다면, 지구 전체를 덮은 빙하의 알베도를 극복하기 위해서 대기 중의 이산화탄소 밀도는 현재 수준보다 대략 수백 배 더 필요했을 것으로 추정된다.[8] 전 지구적 빙하기를 벗어나기 위해 엄청난 이산화탄소의 양이 필요했다는 것은 다음과 같은 두 가지 중요한 의미를 지닌다. 첫 번째, 현재의 화산활동으로 인한 이산화탄소 분출량으로 추정해볼 때, 지구 전체를 덮은 빙하가 불안정해질 때까지 눈덩이 지구 상태는 수백만 년에서 수천만 년이나 지속되었을 것이다. 두 번째, 일단 빙하가 녹는 폭주과정이 시작되었을 때 이산화탄소의 온실 효과로 지구는 극도로 뜨거워졌고, 물의 증발로 수증기가 증가함에 따라 온실 효과는 더욱 강화되어 해양의 온도는 거의 50°C까지 상승하였을 것이다.[9]

약 6억~7억 년 전에 지구에서 무슨 일이 일어났는지를 정확히 밝히는 것은 아직도 어려운 일이지만, 연구자들은 후속 연구를 통해서 오래전에 지구가 실제로 적도까지 얼어붙었다는 사실을 보여주었고, 지구 빙하기가 어떻게 발생되었는지를 입증해주는 다양한 지질학적 증거를 제시하였다.

지구를 얼리고 녹이는 이러한 빙하기 순환은 한 번이 아니라 여러 번 반복된 것으로 보인다. 그렇지만 빙하기의 발생원인 및 회복 과정에 대한 수수께끼는 아직 완전하게 풀리지 않고 있다. 거대한 빙하기가 어떻게 끝이 났는지도 궁금하지만 빙하기가 처음 어떻게 시작되었는가도 의문점이다. 그당시에 태양복사량이 현재 수준에 비해 적었다는 사실로 부분적으로는 설명할 수 있지만, 대부분 연구에 따르면 폭주빙결을 촉발할 만큼 충분히 지구를 냉각시키기 위해서는 대기 중 이산화탄소의 수준이 아주 낮아야 한다. 따라서 중요한 문제는 이산화탄소의 농도가 그렇게 낮아진 원인을 밝히는 것이다. 여기에는 두 가지 가능성이 있다. 첫 번째 가능성은 눈덩이 지구 빙결 전에 초대륙 로디니아(Rodinia)[12]의 분열에서 찾을 수 있다. 대륙의 분열은 다른 요인들과 복합적으로 이산화탄소를 증가시켰을 것이다.[10] 대륙이 분열되었다는 것은 바다와 접하는 해안의 경계가 넓어져서 수증기 원천이 증가하였다는 것을 의미하는데, 더 작은 대륙으로 분열된 후의 기후는 초대륙의 기후에 비해서 강수량이 더 높았음을 의미한다. 강수량의 증가는 규산염의 풍화작용을 증가시켜 더 많은 이산화탄소를 소모시킨다. 뿐만 아니라 초대륙이 더 작은 판으로 분열됨에 따라 현무암 지역의 화산폭발을 수반했을 것이고, 그 결과 대륙 표면의 내기후성[13]이 증가했을 것이다. 이때 쪼개진 대륙들이 저위도에 몰려 있었다면 극지방에 몰려 있었을 때보다 폭주빙결이 더 일어나기 쉬웠을 것이다. 왜냐하면 고위도는

---

12) 판 구조론에서 약 10억에서 7억 년 전에 생겨 약 6억 년 전에 분열했다고 여겨지는 초대륙이다. 최근의 연구로 과거 대륙이동의 모습이 자세하게 알려졌고 판게아 대륙 이전에도 초대형 육지가 존재했던 것을 알게 되었다.

13) 빛 등 악천후에 견디는(적합한) 성질.

저위도보다 기온이 낮으므로 더 빨리 빙결이 시작되어 이산화탄소의 소모가 더 빨리 중지되지만, 저위도에서는 이산화탄소를 더 오랫동안 소모시킬 수 있으므로 이산화탄소의 수준을 더 낮게 만들 수 있기 때문이다. 앞서 언급한 것처럼, 처음 눈덩이 지구를 만드는 폭주빙결이 발생할 수 있었던 또 다른 가능성은 탄소고정 시아노박테리아(carbon-fixing cyanobacteria)[11]의 진화와 번성에서 찾을 수 있다. 시아노박테리아는 어느 정도 지연 후에 대기 중 산화를 일으켰을 것이고, 그 결과로 강력한 온실가스인 메탄의 농도는 급격히 감소하였을 것이다.[*] 이러한 관점에서 보면, 생물의 진화로 광합성이 발생하였고, 결국 광합성의 결과로 모든 생물을 멸종시킬 수 있을 만큼 극심한 기후재앙이 일어났다고 할 수 있다. 이것은 생명체의 진화와 기후의 밀접한 상호작용을 보여주는 아주 좋은 예이다.

팔레오세 · 에오세 초고온기

지구는 약 6억 년 전 마지막 눈덩이 상태가 끝난 후부터 최근 3,500만 년 전까지 지구의 대부분이 얼지 않은 온실기후(greenhouse) 상태에 머물렀고, 그 이후로부터 현재의 '빙기기후(icehouse)'가 시작되었다. 고대 식물 및 공룡, 대부분 현존 생명체의 진화가 이루어진 온실기후 동안 특별한 기후변화 없이 순조롭게 지나간 것은 아니었다. 예를 들면, 약 5,500만 년 전에 잠깐이지만 극심한 온난화 사건이 발생하였다. 이 무렵 사슴과 말, 영장류 같은 포유동물의 중요한 계층이 진화하고 번성하기 시작하였다.[12] 대부분 과학자는 이 급격한 변화시기를 기준으로 그 이전 기간은 팔레오세(Paleocene)로, 그 이후의 기간은 에오세(Eocene)로 구분한다. 그래서 이 돌발적 온난화 시기를 팔레오세 · 에오세 초고온기(Paleocene-Eocene Thermal Maximum, PETM)라고 한다. 팔레오세 · 에오세 초고온기의 돌발성에 대한 여러 해석이 제시되고 있다. 지구 퇴적물의 동위원소 지문 분석에 따르면, 해안가에 메탄 수화물 형태로 매장된 해양 퇴적물에서 다량의 메탄이 방출되었음을 추정할 수 있는데, 이로 인해 팔레오세 · 에오세 초고온기가 발생했을 가능성이 높다.[12] 또한 방출된 메탄은 지구온도에 양의 피드백으로 작용하여 기온상승의 폭주과정을 초래하였다. 메탄 수화물은 높은 온도에서 불안정하기 때문에 기온이 상승하면 더 많은 메탄이 방출된다. 이러한 폭주과정은 메탄 저장소가 고갈될 때까지 지속되었을 것이다. 이와 같이 팔레오세 · 에오세 초고온기는 폭주과정으로 인해 발생한 급격한 기후변화의 아주 좋은 예이다. 팔레오세 · 에오세 초고온 현상뿐만 아니라 그보다 약 200만 년 후에 발생한 두 번째 온난화 사건도 지구궤도의 이심률이 최대였을 때 발생하였다. 이것으로 미루어볼 때, 지구궤도의 변화가 이 두 사건의 발생과 밀접한 연관이 있는 것으로 보인다.[13]

온실기후에서 빙기기후로

눈덩이 지구 시기가 끝난 후부터 따뜻한 온실기후가 오랫동안 지속되었고, 이 온실기간이 끝난 후에는 현재의 빙기기후(icehouse)가 시작되었다. 빙기기후는 태고에 발생한 거대한 지구 빙하기만큼 극심한 빙하기는 아니지만 빙모(ice cap)[14]가. 또다시 생성되는 기간이다. 빙기기후는 지금으로부터 약 3,400만 년 전에 시작되었고, 이 기간에는 빙하기와 간빙기의 순환이 반복적으로 나타났다. 빙하기 순환(cycle of glaciation)을 이끄는 메커니즘을 살펴보기 전에, 또 다른 급격한 기후전환이었던 에오세 · 올리고세

---

14)   지표의 기복을 넘어서 형성된 빙하로 돔형태를 띤다(출처–지형학).

전이(Eocene-Oligocene transition)를 주목할 필요가 있다. 지구의 기후는 에오세·올리고세 전이 후에 온실기후에서 빙기기후로 전환되었는데, 이 전이의 본질적인 원인은 온실가스인 이산화탄소의 감소로 밝혀졌다. 이산화탄소 감소는 히말라야 산맥의 형성과 관련이 있다. 광합성을 통한 생물학적 이산화탄소 고정 생산성(biological productivity fixing CO_2)[15]의 증가와 더불어 히말라야 산맥이 성장할 때 땅 위로 드러난 바위의 풍화작용이 증가하여 이산화탄소 수준이 감소한 것이다.[14] 흥미롭게도 지속적으로 진동하는 빙기기후로 전환되기 이전에 몇 번의 소빙하기와 한 번의 큰 빙하기가 있었다.[14] 빙기기후와 온실기후 상태가 대체끌개일 수 있다는 사실은 간단한 모형(그림 8.3)을 통해 입증할 수 있다. 지구는 에오세에서 올리고세로 전환될 무렵 작은 이력 현상의 쌍갈림 점에 근접해 있었을 것이다. 결과적으로 이 이력 현상이 만들어낸 견인영역이 작았기 때문에 지구의 기후 상태는 화산폭발과 지구궤도의 변화와 같은 섭동으로 인해 온실기후 상태와 빙기기후 상태 사이를 진동하였을 것이다.[15] 그 후 이산화탄소 수준은 지구가 온실기후 상태로 되돌아가지 못할 정도로 충분히 떨어져서 빙모는 그 이후로 계속 유지되었을 것이다. 이처럼 기후를 대체 상태로 전환시킬 수 있는 이산화탄소의 임계범위가 작았을 때조차도 기후가 대체 상태로 전환되지 못했던 이유는 섭동이 발생했을 때 안정 상태의 허상(ghost effect)(5.1절 참조)이 이행적 상태를 더 오래 지속시켰기 때문이다.

---

15)   생물이 일정한 시간 내에 이산화탄소를 흡수해서 유기물로 전환시키는 비율.

2 | 빙하기 순환

지금까지 살펴본 태고의 기후 사건은 대략적으로 재구성할 수밖에 없지만, 비교적 가까운 과거에 발생한 기후변화는 좀 더 자세히 살펴볼 수 있다. 과거 수백만 년(홍적세, Pleistocene)에 걸쳐 빙모가 쌓이고 녹는 과정이 반복된 것은 강력한 기후변화의 잘 알려진 예이다. 그러나 이런 변화가 그렇게 먼 과거에 일어난 것은 아니다. 동굴벽화 같은 고고학 유적을 살펴보면 근대 인류의 가까운 조상들조차도 유럽과 북아메리카 전역이 거대한 빙하로 뒤덮였던 상황에 직면했던 것으로 보인다. 우리는 먼저 플라이스토세(Pleistocene, 홍적세) 빙하기 순환 패턴을 살펴보고 그 다음 기후 리듬을 주도하는 메커니즘에 대해 살펴볼 것이다.

해양 퇴적물의 동위원소 지문을 이용해 지난 200만 년에 걸친 빙상(Ice sheet)[16]의 변화를 알 수 있으며, 극지방의 빙하에서 채취한 빙핵(ice core)을 통해 과거 50만 년 동안의 기후 동역학을 재구성할 수 있다. 기후를 재구성한 그래프(그림 8.4)를 보면 느린 냉각이 상대적으로 빠른 온난화로 인해 반복적으로 중단되는 현상이 나타난다.[16]

빙하기 순환의 동인(動因)인 밀란코비치 주기

언뜻 보면 빙하기 순환의 원인은 단순해 보인다. 빙하기 순환 패턴에서 온난화 사건들은 거의 일사율이 최대일 때 발생하였다(그림 8.4). 다른 행성의 영향과 같은 천문학적인 요인으로 인해 지구궤도에 변화가 생기면 일사

---

16)　빙상(氷床)은 빙모보다 큰 규모로 둥근 지붕 모양의 빙체(氷體)로서 얼음벌판 또는 대륙빙하라고도 한다. 현존하는 것으로는 남극 빙상, 그린란드 빙상, 아이슬란드의 바트나(Vatna) 빙상이 있다.

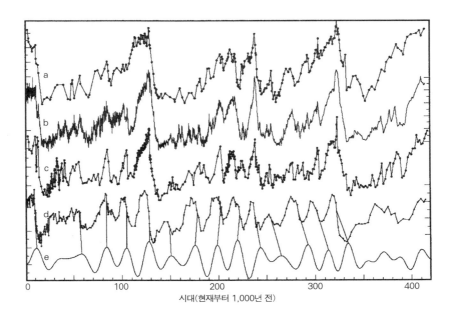

그림 8.4　일사량 및 대기 구성물과 기후의 시계열 자료. 지구궤도의 변화로 나타나는 일사량 변화와 보스톡 빙핵을 통해 재현된 대기 구성물 및 기후의 시계열 자료를 그래프로 나타낸 것이다. 그래프 (a) 이산화탄소, (b) 대기온도, (c) 메탄, (d) 얼음이 처음 생성되었을 때의 지역적 온도를 가리키는 얼음 동위원소 지문, (e) 북위 65도에서의 여름 일사량.[16] 대부분 고대 시간을 다루는 그림에서 시간은 오른쪽에서 왼쪽으로 변하는 것에 주의.

율도 따라서 변한다. 빙상의 증감이 단순히 일사율의 변화를 그대로 따르는 것은 아니지만, 보스톡(Vostok) 데이터와 또 다른 데이터를 살펴보면 빙하기와 지구 공전궤도 사이에 상관관계가 있음을 알 수 있다.[17]

　지구의 변동성은 매우 복잡하지만, 그것은 유사주기 변화(quasi-periodic change)인 세 가지 요소로 구성되어 있다. 이 세 가지 요소는 지구궤도의 이심률(eccentricity of the orbit), 자전축의 기울기(axial tilt), 불안정한 세차운동(precession)이다. 각 요소는 고유한 주기를 가지고 있으며, 밀란코비치 주기(Milankovitch cycle)[17]와 함께 지구표면에 도달하는 태양복사량이나 계절에 영향을 준다.

지구 공전궤도의 형태는 시간에 따라 거의 원형에서부터 완만한 타원형으로 변한다.[18] 지구궤도의 형태를 이심률[19]로 측정해보면 약 10만 년 주기로 순환하는 것을 알 수 있다.[20] 1년 동안 지구가 받는 총 태양복사량은 지구궤도의 이심률에 따라 달라진다. 현재는 지구궤도에서 태양과 가장 먼 지점인 원일점과 가장 가까운 점인 근일점의 거리 차이가 약 3%에 불과해서 1월과 7월에 받는 태양복사량의 차이는 6%밖에 나지 않는다.[21] 반면에 지구궤도의 이심률이 최대일 때는 계절에 따라 태양복사량은 20~30%까지 차이가 난다.

지구 자전축의 기울기 즉, 자전축이 지구의 공전면에 대해 기울어져 있기 때문에 계절이 생긴다. 지구 자전축의 경사각은 약 4만 1,000년을 주기로 진동하는데, 현재 경사각은 가능한 경사각 범위의 대략 중간쯤이다.[22]

---

17)　지구의 기후를 변화시키는 지구 자체 운동의 집합적인 효과를 설명하는 이론이다. 지구 공전궤도 이심률과 자전축 경사의 변화, 세차운동이 지구의 기후변화 패턴을 결정한다는 수학적인 가설이다.

18)　만약 지구가 태양 주변을 공전하는 유일한 행성이었다면, 지구 공전궤도의 형태는 오랜 시간이 지나는 동안에도 거의 변화하지 않을 것이다. 목성과 토성의 중력장과의 상호작용이 지구의 공전궤도 이심률을 변화시키는 주된 요인으로 알려져 있다(출처-위키백과사전).

19)　이심률은 타원이 원에 비해서 얼마나 찌그러져 있는지를 나타내는 척도이다.

20)　지구 공전궤도의 형태가 거의 원형일 때는 이심률이 약 0.005이고, 완만한 타원이 되었을 때의 이심률은 0.058 정도이다. 지구 공전궤도의 평균 이심률은 0.028이고, 현재는 약 0.017 정도이다(출처-위키백과사전).

21)　현재 원일점은 1월 3일 근처에, 근일점은 7월 4일 근처에 위치한다(출처-위키백과사전).

22)　지구 자전축의 경사는 약 22.1°에서 24.5°까지 바뀌며 변화폭은 약 2.4°의 정도이다(출처-위키백과사전).

지구 자전축의 경사각이 작다는 것은 계절에 따른 태양복사량의 차이는 적어지고, 적도와 극지방에서 받은 평균 태양복사량의 차이는 더 커짐을 의미한다. 즉, 경사각이 작아지면 겨울은 따뜻하고 눈이 더 많이 내리고, 여름은 시원해져 빙하가 덜 녹기 때문에 빙상의 성장은 촉진된다.

마지막으로 밀란코비치 주기는 약 2만 3,000년으로 지구 자전축의 세차운동[23] 주기와 일치한다. 지구 자전축이 최대로 기울어지면, 지구가 태양에서 가장 멀 때 북반구는 겨울이 되고, 태양과 가장 가까울 때 여름이 되어 계절적 차이는 더욱 커진다. 현재 지구는 북반구가 겨울일 때 태양과 가장 가깝기 때문에 계절의 차이가 줄어든 상태에 있다.

증폭 피드백

태양복사량의 변화와 빙하기 주기 사이에 명확한 상관관계가 있지만, 밀란코비치 주기에 따른 지구의 변화를 설명하는 것은 어렵다.[18] 그 이유는 다음과 같다. 첫 번째로 밀란코비치 주기에 의한 태양복사량의 변화가 크지 않기 때문이다. 지구궤도에 영향을 주는 모든 요인들이 지구를 빙하기로 만들기에 적합한 조건이라도 겨울에 강설량이 증가하고, 여름에 빙하가 덜 녹는 것만으로는 큰 빙상이 자라는 것을 충분히 설명할 수 없다. 큰 빙상이 자라는 것은 양의 피드백에 의해서 외부적인 힘이 강하게 증폭될 때만 일어날 수 있다.

---

23)　　회전체의 회전축이 움직이지 않는 어떤 축의 둘레를 도는 현상으로서, 아주 약한 외력의 모멘트가 수직으로 작용하여 생긴다. 지구의 자전축, 인공위성의 자전축 등이 세차운동을 하며, 그 양은 지구 적도 부분이 부푼 정도로 결정된다(출처-두산백과사전).

이 경우에 눈과 얼음이 식물이 있는 땅에 비해서 훨씬 많은 태양광을 반사한다는 것은 가장 확실한 증폭 피드백이다. 즉, 얼음은 더 많은 태양광을 반사하여 더 차가운 기후가 되고, 따라서 빙상은 점점 확장된다. 앞서 살펴보았듯이, 이것은 원칙적으로 눈덩이 지구를 만드는 폭주과정을 일으킬 수 있다. 복사강제력(radiative forcing)[24]을 증폭시키기 위해서 이러한 피드백이 필요하다는 것은 지구표면상에 대륙판의 위치 또한 중요하다는 것을 의미한다. 태고의 지구에서, 지각변동은 대륙의 분포를 바꾸어놓았을 것이다. 오늘날처럼 땅덩어리가 극 지역 부근에 집중되었을 때, 눈과 얼음이 더 쉽게 쌓여 지구는 더 쉽게 빙하기가 될 것이다. 이와는 대조적으로 지구의 역사에서 극 지역에 땅이 적었다면 빙하기는 발생하기 어려웠을 것이다.

빙핵 데이터를 이용하여 대기변화를 재구성해보면 다른 종류의 증폭 피드백을 찾아볼 수 있다(그림 8.5). 재구성한 데이터를 살펴보면 온난화 기간에 이산화탄소와 메탄의 농도는 더 높아졌음을 알 수 있다. 이러한 대기변화의 원인은 온도변화 때문인 것으로 나타났다. 예를 들면, 마지막 빙하기가 끝났을 무렵의 데이터와 소빙하기의 데이터를 비교해보면 온실가스 농도 증가가 기온 증가보다 약간 늦다는 것을 알 수 있다. 온실가스는 지구의 온도를 더 높이는 역할을 하므로 이러한 사실은 온실가스가 기온 상승을 주도하는 양의 피드백 역할을 했다는 것을 말해준다.[19]

---

24)　기후에 영향을 주는 인자가 변할 때 지구 · 대기 시스템의 에너지 균형이 어떤 영향을 받는지를 나타내는 척도로, '대기 상부에서 측정된 지구 단위면적당 에너지 변화율'로 측정한다. 어떤 인자 혹은 인자 집단의 복사강제력이 양수(+)이면 지구 · 대기 시스템의 에너지는 결국 증가할 것이고, 온난화를 가져오는 결과를 초래한다. 반대로 음의 복사강제력을 가지면 이 에너지는 궁극적으로 감소하고 지구 · 대기 시스템은 냉각된다.

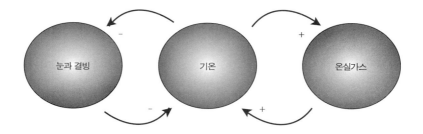

그림 8.5　기후변화에서 나타나는 대표적인 피드백. 이 그림은 일사량의 변화로 인한 영향과 빙하기 순환 같은 기후변화를 일으키기 위해 다른 요인의 영향을 증폭시키는 두 가지 피드백을 보여준다. 이런 양의 피드백은 온실가스 발산의 영향이나 토지이용으로 인한 영향을 증폭시켜 단순히 온실가스 농도의 증가만 고려했을 때 예상되는 것보다 더 큰 지구 온난화를 일으킨다.

느린 냉각과 빠른 온난화

빙상 동역학에 나타나는 비대칭성은 빙하기를 주도하는 밀란코비치 주기와는 구별되는 중요한 특징이다. 눈이 쌓여 수 킬로미터 두께의 얼음층을 형성하는 데 오랜 시간이 걸리므로 빙상은 매우 느리게 성장한다. 이것과 대조적으로 지난 40만 년 동안 빙하기가 끝나는 속도는 빙하가 성장하는 속도에 비해서 항상 빨랐다. 빙하기 순환을 자세히 살펴보면, 빙상은 어떤 임계점까지 성장하게 되면 불안정해진다. 만일 이 시점에서 지구궤도로 인해 태양복사량이 최대가 되면 자기 촉매 용해(self-catalyzing meltdown)가 일어날 수 있다. 알베도 피드백과 온실가스 피드백을 가지고 이러한 빠른 해빙 현상을 설명할 수도 있지만, 이를 촉진하는 다른 메커니즘도 있다고 알려져 있다. 어떤 이론은 두꺼운 빙하가 갑자기 불안정해지는 이유를 빙상이 두꺼워짐에 따라 기반암에 맞닿은 부분의 압력이 증가하는 것으로 설명한다. 즉, 빙하의 압력이 얼음의 융점을 넘어서면, 얼음덩어리는 얇은 수막이 만들어진 내리막을 타고 바다 쪽으로 미끄러지기 시작하는데, 이

러한 상황에서는 빙하가 상대적으로 더 빠르게 녹게 된다.[20]

빙하가 빠르게 해양으로 미끄러져 녹아내리는 현상이 최근 여러 곳에서 관찰되고 있다. 이 현상은 해수면을 높이는 결과를 초래하기도 해 문제가 될 수 있다. 해빙을 촉진하는 몇 가지 양의 피드백은 다음과 같다. 첫 번째로 빙하가 녹기 시작함에 따라 얼음의 반사율이 감소하는 것은 중요한 요인이다. 이것은 빙하가 더 많은 열을 흡수하게 해 더 빨리 녹게 만든다. 두 번째로 빙하 끝의 수축력은 바다에 닿아 있는 빙하에 영향을 줄 수 있다. 왜냐하면 빙하의 수축력은 빙하의 말단퇴석(end-moraine)[25]과 얼음 사이에 해수가 들어가도록 해서 빙하를 더 빨리 녹게 만들기 때문이다. 또한 이것은 미끄러지는 빙하의 저항을 줄여서 빙하가 더 빠르게 바다로 미끄러지게 하므로 접지선(grounding line)의 수축을 더욱 촉진시킨다.[21] 마지막으로 빙하의 균열을 타고 얼음 속으로 흘러내리는 융해수(melting water)는 빙하의 움직임에 윤활유 역할을 한다[22](그림 8.6 참조).

기후에 나타나는 여러 가지 양의 피드백을 통해서 과거에 빙하기 순환이 어떻게 발생했는지를 이해할 수 있을 뿐만 아니라 온실가스 방출과 토지이용의 결과로 미래에 닥칠 지구 온난화의 영향도 설명할 수 있다. 태양복사량의 작은 변화가 양의 피드백에 의해 증폭된 것처럼, 현재 인류가 기후에 미치는 영향도 증폭될 것이다. 따라서 수많은 음과 양의 피드백이 어떻게 그 동역학을 정확히 조절하는지를 밝혀내는 것이 미래 온난화를 예측하는

---

25)   빙하의 말단부에 퇴적된 빙퇴석(氷堆石). 종퇴석(終堆石)이라고도 하며, 빙하 말단에 형성된 퇴석 구릉을 말한다. 빙하의 말단이 더 이상 진전하지 못하면 운동력을 잃고, 빙하에 의해 운반되어 온 퇴석을 그 말단부에 유기하여 퇴적하게 된다. 특히 기후의 큰 변동이 없을 때에는 빙하의 말단이 일정한 지역에 머물러 있게 되며, 이에 따라 계속하여 운반물질이 유기됨으로써 퇴적물의 양이 점차 증가하여 빙하의 말단 주변에 구릉을 이룬다.

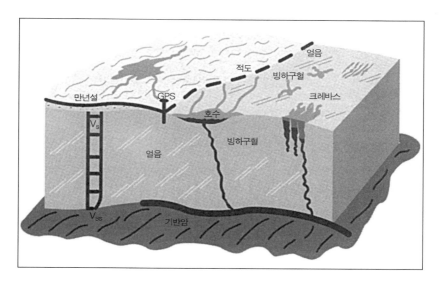

그림 8.6 융해수가 빙하의 융해에 미치는 영향. 대륙과 얼음 표면의 융해수는 근기저 경계층(near-basal boundary layer)으로 흘러들어가 윤활유 역할을 함으로써 빙하가 더 빨리 바다로 미끄러지도록 한다.[22]

데 중요한 문제가 될 것이다.

리듬을 바꾸는 메커니즘

양의 피드백은 빙하기 순환과 같은 거대한 기후변동이 미세한 힘에 의한 결과라는 사실을 말해주고 있다. 그러나 양의 피드백으로는 밀란코비치 주기와 빙하기 순환 사이의 대응이 왜 쉽지 않은지에 대해서 설명할 수 없다. 온난기와 빙하기의 시기는 일사율 변화와 관련 있지만(그림 8.7), 기온 동역학은 밀란코비치 주기에서는 나타나지 않는 다양한 주기를 가진다.[23] 해양 퇴적물 동위원소로 얼음부피 변화를 재구성해보면 지구궤도 강제력 패턴이 바뀌지 않았음에도 불구하고 100만 년 전에 갑자기 10만 년 주기성이 뚜렷하게 나타난다[20](그림 8.7). 이 시기를 중기 홍적세 전이 (Mid-Pleistocene Transition, MPT)라고 한다. 중기 홍적세 전이의 원인은 아직 밝혀지지 않았지만, 대기 중 이산화탄소 농도의 장기적인 변화나 그 전에 발생한 소프트베드(soft bed)의 침식 때문으로 추측된다.[20] 왜냐하면 소프트베드가 없는 상황에서는 빙상이 얇게 퍼지지 못하기 때문이다. 짐 작컨대, 중기 홍적세 전이 이전에 얇은 빙모가 궤도 강제력(orbital forcing) 에 직접적으로 반응했을 것으로 추정되는데, 이것은 빙모가 약 2만~4만 년 동안 특정한 강제력 주기(forcing frequency)를 따랐음을 의미한다. 중 기 홍적세 전이 이전과는 반대로, 중기 홍적세 전이 후에는 빙상이 그렇게 얇게 퍼질 수는 없었을 것이다. 왜냐하면 현재의 빙기기후가 나타나기 이 전에 수백만 년의 온난한 기후 동안 쌓였던 윤활유 역할을 하는 소프트베 드가 사라졌기 때문이다. 중기 홍적세 전이 이후의 빙하는 더 두꺼워서 외 부 환경변화에 덜 민감하다.

앞서의 주장이 타당하게 보이지만, 궤도 강제력이 전혀 강하지 않고 낮 은 빈도로 요동이 나타나는 패턴(그림 8.7)에서 빙모가 두꺼워지는 현상이 어떻게 그런 급격한 국면전환을 초래할 수 있었는지는 여전히 의문스럽다. 모형에 따르면 이것은 기후 시스템에서 나타나는 진동과 관계 있고, 두꺼 운 빙모의 둔감한 반응에 영향을 받는 것으로 보인다.[24, 25] 지구 시스템은 빙상과 해양 같은 본질적으로 둔감한 변수를 가지고 있는데, 이 둔감한 변 수는 궤도 강제력이 없는 상황에서도 지연된 피드백 과정을 통해 고유한 진동을 만들 수 있다. 예를 들면, 물의 순환이 가장 활발할 때 강수량과 눈 이 증가하며, 쌓인 눈 때문에 빙상이 자라게 된다. 그러나 이것은 지구의 강수량을 감소시키고, 기후를 더 차갑게 만든다. 두꺼운 빙모는 느리게 성 장하기 때문에 눈의 증가가 멈춘다 하더라도 빙상의 성장이 계속되므로 이

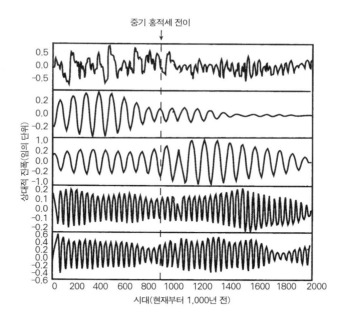

그림 8.7　중기 홍적세 전이 전후의 빙하 시계열 데이터. 중기 홍적세 전이는 약 100만 년 전에 발생한 국면전환 사건으로 그때 빙하기 순환의 진폭이 바뀌고 10만 년 주기가 되었다. 첫 번째 그림) 해양 퇴적물의 동위원소로 재현된 얼음부피의 시계열 데이터. 두 번째 그림) 10만 년 주기를 강조하기 위해서 필터링된 데이터. 세 번째 그림) 비교를 위해 같은 방법으로 필터링된 일사량 변동. 네 번째, 다섯 번째 그림) 4만 1,000년 주기 순환을 강조하기 위해서 필터링된 동일한 데이터.[23]

반응은 지속된다. 그러다가 눈이 적은 기간이 어느 정도 지속되면 빙상은 줄어들기 시작한다. 그리고 빙상이 충분히 작아졌을 때, 강수량은 다시 증가하기 시작하고, 이어서 빙상의 확장이 다시 촉진된다. 그러나 빙상의 성장에도 불구하고 해양기온의 관성 때문에 기온은 한동안 높게 유지되고, 그 결과 물의 순환이 활발해져 한동안 눈은 계속해서 쌓이게 된다.

지구 시스템의 내부적인 진동 메커니즘과 궤도 강제력을 결합시킨 모형으로 10만 년 주기뿐만 아니라 빠르고 불규칙한 특징을 가지는 빙하기의

요동이 나타나는 시계열 데이터를 만들어낼 수 있다.[25]

호수 플랑크톤의 사례와 같이 규칙성과 혼돈성이 혼합되어 있는 순환을 잘 이해하기 위해서는 내부 주기에 미치는 외부 영향의 효과를 규명하는 것이 무엇보다 중요하다.

3 | 짧은 시간척도에서 나타난 돌발적 기후변화

지금으로부터 약 1만 5,000년 전의 기후변화를 살펴보면 근대 인류가 직면했던 돌발적 기후전환을 찾아볼 수 있다. 마지막 빙하기가 끝난 지금으로부터 1만 년 전의 시기를 지질학적으로 홀로세(Holocene, 충적세)라고 부른다. 이 시기 동안 지구의 기후는 일정하게 유지되었고, 인간의 문명이 발달하였다. 우리는 먼저 마지막 빙하기부터 그 후에 오랫동안 지속된 온난한 기후까지의 극심했던 기후변화에 대해 살펴볼 것이다. 다음으로 홀로세에 발생한 엘니뇨 남방진동(El Niño Southern Oscillation, ENSO)과 돌발 기후 사건인 장기적 가뭄과 같은 미묘한 기후변화를 살펴볼 것이다.

열염분 순환의 중단

놀랍게도 마지막 빙하기의 종말과 그 후 온난기로의 진입이 모두 돌발적인 기후 사건으로 인해 중단되었다. 지구가 마지막 빙하기에서 온난기로 회복되는 것을 중단시킨 영거 드라이아스[26]는 이러한 돌발적 기후 사건의 대표적인 예이다(그림 8.8). 그린란드 빙핵 데이터를 그 시기의 기후를 이용

---

26) 마지막 빙하기가 끝나가는 과정에서 약 1만 500년 전을 전후하여 기후가 아주 나빠져 빙하기의 후퇴가 지체되거나 혹은 오히려 다시 전진했던 시기.

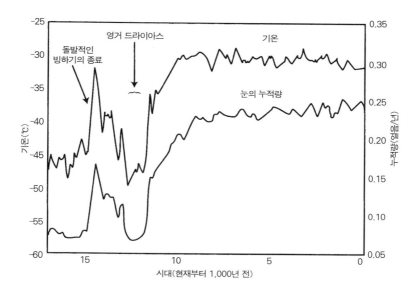

그림 8.8　영거 드라이아스기의 기후 동역학. 중앙 그린란드 빙핵에서 채취한 데이터로 재구성한 결과로 영거 드라이아스기의 전후에 나타나는 기후변화를 보여준다. 이 그림에 따르면 약 1만 5,000년 전 마지막 빙하기가 끝날 무렵 발생한 갑작스런 온난화 뒤 돌발적인 한랭기와 온난기가 불규칙하게 반복되는 것을 볼 수 있다. 그리고 그 후에 영거 드라이아스기가 시작되었다. 이 시기 이후에는 또다시 돌발적인 온난화가 발생하여 현재까지 지속되고 있다.[26]

해 재구성해보면 북반구는 엄청나게 추웠고 건조했으며 바람이 많이 불었던 것으로 추정된다. 영거 드라이아스를 일으킨 기온 하강은 매우 불규칙했던 반면에 이 시기의 끝 무렵에는 10°C 이상의 돌발적 기온 상승으로 온난화가 발생하였다. 이것과 비슷하게 영거 드라이아스기보다 약 3,000년 전 극심했던 마지막 빙하기도 돌발적인 기온 상승으로 인해 끝이 났다. 앞서 설명한 바와 같이, 느린 냉각에 비해 빠른 온난화는 여러 기후 사건에서 나타나는 전형적인 현상이다.

영거 드라이아스기는 짧지만 극심했던 기후변화에 대한 수많은 사례 중 하나일 뿐이다. 이것과 비슷한 사례 중 일부는 열염분순환(Thermo-haline circulation)[27]과 연관된 것으로 보인다. '컨베이어 벨트'라고도 하는 이 순환은 열대지방에서 북대서양으로 열을 전달하는 역할을 한다. 그 결과로 이 '중앙 가열 시스템'이 없었을 때보다 북유럽과 북아메리카의 기온은 상당히 온난해졌다. 열염분순환의 동작방식은 다음과 같다(그림 8.9). 열대지방의 바닷물이 해류를 타고 고위도로 이동하면서 점점 차가워지고, 그로 인해 밀도가 높아져 북대서양에서 가라앉게 된다. 가라앉은 물은 해류를 타고 반대로 적도 쪽으로 이동하면서 점점 더 따뜻해지고, 밀도가 낮아져 다시 상층부에서 섞이게 된다. 이와 같이 따뜻해진 바닷물이 해수면을 따라 이동하면서 흡수된 열을 전달하는 것이다. 이 순환 시스템이 돌발적 기후변화를 초래할 수 있었던 이유는 대체안정 상태를 가지기 때문이다. 만일 시스템이 임계문턱값을 초과한다면, 순환은 돌발적으로 '가동(on)' 또는 '중지(off)' 상태로 전환될 수 있다. 이러한 쌍안정성에 존재하는 양의 피드백은 물의 염분과 관계가 있다. 즉, 북대서양으로 유입되는 담수는 해수보다 더 가볍기 때문에 바닷물이 이 영역에서 가라앉지 못한다. 그리고 유입된 담수는 해류를 느리게 만들기 때문에 이 담수는 해류를 타고 이동하지 못한다. 그 결과 북쪽의 물은 컨베이어 벨트가 막히는 지점까지 점점 담수로 바뀐다. 후속 연구를 통해서 이 공간적으로 복잡한 이 시스템의 많은 특성이 밝혀졌지만,[27] 열염분순환의 동작방식에 대한 기본적인 모형은

---

27)　　해양에서 온도와 염분의 밀도 차이로 발생하는 대규모 순환을 말한다. 북대서양에서 열염분순환은 북쪽으로 흐르는 따뜻한 표층수와 남쪽으로 흐르는 차가운 심해수로 이루어져 있으며, 열을 극쪽으로 수송하는 효과를 일으킨다. 고위도의 매우 제한된 침강 지역에서 표층수는 침강하게 된다(출처-기후변화용어, 광주지방기상청).

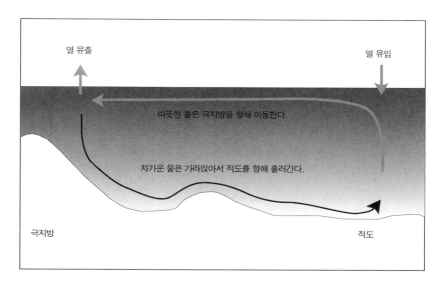

열 유출

열 유입

따뜻한 물은 극지방을 향해 이동한다.

차가운 물은 가라앉아서 적도를 향해 흘러간다.

극지방

적도

그림 8.9　열염분순환은 물을 적도에서 북대서양까지 운반하는 기본 방법이다. 만일 담수가 고위도 해양에 유입되면, 이것은 물의 밀도를 감소시켜서 가라앉는 것을 막고 그 흐름을 중지시킬 것이다.

1960년대에 이미 제시되었고, 이것은 대부분 정설로 받아들여진다.[28]

영거 드라이아스와 북반구에서 발생한 여러 가지 돌발적인 한랭 사건 (cooling event)은 대서양을 담수로 만든 빙하수(glacial meltwater)로 촉발된 열염분순환의 중단이 그 원인으로 추정된다. 대체끌개를 가지는 다른 시스템처럼, 대체 상태의 안정은 여러 요인에 의해 달라지는데, 이 경우에는 기온과 염분이 중요한 요인이다.[29] 오늘날 기후는 열염분순환이 일어나는 시기에 해당된다(그림 8.10(a)). 따라서 북대서양에 담수가 어떤 문턱 값 이상으로 유입될 때에만 열염분순환이 중지될 수 있다. 만일 열염분순환이 중지되면, 그 후에 담수 입력이 정상값으로 회복된다 하더라도 순환 시스템은 이력곡선의 아래쪽 경로에 머물게 되어 순환이 중지된 상태가 유지될 것이다. 이런 상황에서는 담수가 충분히 제거되어야만(예를 들면, 증발을 통해) 다시 순환이 재개될 수 있는 또 다른 문턱값을 넘어설 수 있다.[28] 이 경우에 예측된 이력 현상이 크고,[29] 이 현상의 문턱값이 현재의 기후조건과 거리가 멀다는 것에 주목해야 한다. 이 사실은 빙하기에서 나타난 대혼란에 비해 지난 1만 년 동안 기후가 놀랄 만큼 안정적이었다는 연구결과와도 일치한다. 빙하기 기후가 불안정했던 이유 중 하나는 한랭조건하에서 열염분순환이 현재와는 다른 안정화 상태가 되었기 때문인 것으로 추정된다(그림 8.10(b)). 모형에 따르면 마지막 최대 빙하기 동안 열염분순환은 중지된 상태였지만 줄어든 담수 유입으로 열염분순환이 재개될 수 있는 문턱값에 비교적 근접한 상태였던 것으로 보인다. 이것으로 단스가드·오슈가(Dansgaard-Oescher) 사건[30]이라고 하는 짧은 온난화 현상을 설명할 수 있다. 마지막 빙하기에서 지금의 온난기로 바뀔 당시에는 담수 유입에 따른 열염분순환의 안정성은 그림 8.10(b)와 같았던 것으로 추측된다. 그러므로 열염분순환이 시작되었지만 그 순환이 다시 중지될 수 있는 문턱값에 근접해 있었을 때 영거 드라이아스기가 발생했다는 가정은 타당해 보인다.

---

28)　열염분순환에서 순환이 재개될 수 있는 담수 비율의 문턱값과 순환이 중지될 수 있는 담수 비율의 문턱값이 다르다(이력 현상).

29)　이력 현상이 크다는 것은 이력곡선 그래프에서 이력점의 차이가 큰 것을 의미한다. 따라서 그림 8.10(a)의 그림과 같이 순환이 재개되는 임계 담수량과 순환이 중지되는 임계 담수량의 차이가 큰 것을 의미한다.

30)　돌발적 온난화 후에 점진적 냉각이 일어났던 현상. 이 돌발적 온난화와 점진적 냉각은 주로 그린란드 빙핵과 북대서양 근처의 고기후 기록에서 발견된다. 다른 지역에서는 빙하기에 1,500~7,000년 간격으로 좀 더 완만한 온난화에 이은 점진적 냉각이 발견되기도 했다.

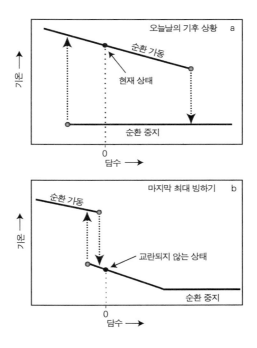

그림 8.10　담수 유입에 따른 열염분순환의 두 가지 안정 상태. 그림 (a) 오늘날 기후상황을 나타낸 그림 이다. 현재 상태는 열염분순환이 작동하고 있으며, 순환을 중지시킬 수 있는 임계점과는 멀리 떨어져 있기 때문에 순환을 멈추려면 아주 많은 담수가 유입되어야 한다. 그림 (b) 마지막 빙하기의 상황을 나타낸 그림 이다. 열염분순환을 재개시킬 수 있는 문턱값과 순환을 중지시킬 수 있는 문턱값이 서로 가까이 있어 순환 이 재개된 상태라도 담수 유입량이 어느 정도 늘어나면 순환은 다시 중지될 수 있다.(참고문헌 18에서 수 정)

엘니뇨 남방진동과 그 외의 기후순환

열염분순환으로 인해 북반구에서 발생한 기후전환은 수십 년 안에 끝났지 만 기후혼란이 끝난 후의 상태는 수세기 동안 지속되었다. 상반된 상태로 의 기후전환은 최근에도 발생하고 있는데, 그 예로 남반구에서 나타나는 엘니뇨(El Niño)와 라니냐(La Niñas) 사이의 불규칙한 진동을 들 수 있다. 엘니뇨 남방진동[31]은 태평양 해류와 날씨 사이의 지연된 피드백 메커니즘과 관련 있다.[30] 엘니뇨 남방진동은 다음과 같이 진행된다. 동부 적도에 걸쳐 있는 태평양의 따뜻한 해수면으로 인해 적도 위로 부는 서풍은 약해진다. 이 서풍의 약화로 인한 영향은 크게 두 가지로 나타난다. 첫 번째로 바람이 약해짐에 따라 침강류(downwelling)[32]가 발생하게 되어 차가운 심층수(deeper water)와 따뜻한 표층수(surface water)를 분리시키는 수온약층(thermocline)[33]은 더 깊이 내려간다. 수온약층의 하강은 남아메리카 해변을 따라 동쪽으로 이동하면 연안 바다의 온난화 현상인 엘니뇨가 발생한다. 한편 서풍의 약화는 용승(upwelling)을 발생시킨다. 이 용승은 서쪽으로 이동하다가 대양의 서쪽면에 부딪혀 돌아올 때 엘니뇨로 인해 만들어진 침강류를 만나게 된다. 그리고 이것으로 엘니뇨 현상은 종료된다. 해양 생태계가 이러한 변화에 의해 영향을 받지만, 해수면의 변경된 기온 패턴은 또한 날씨에 영향을 주게 되고, 원격상관(teleconnection)[34]을 통해 태평양 너머 다른 곳의 날씨에도 영향을 미친다.

---

31)　엘니뇨는 에콰도르와 페루의 해안을 따라 주기적으로 흐르는 따뜻한 해류로서 지역 수산업을 황폐화시킨다. 이러한 해양현상은 인도양 및 태평양에서 남방진동이라고 불리는 열대지상기압 패턴과 순환의 변동과 연관되어 있다. 이러한 대기 · 해양 접합현상은 총괄적으로 엘니뇨 남방진동, 또는 줄여서 ENSO라고 한다. 엘니뇨 기간 중 탁월한 무역풍은 약해지고 적도상에서 이와 반대로 흐르는 해류는 강해져서, 인도네시아 지역의 따뜻한 표층수가 동쪽으로 흐르면서 페루 해류의 차가운 해수 위에 위치하게 된다. 이 현상은 적도 부근 태평양의 바람, 해수면 온도 및 강수 패턴에 커다란 영향을 미친다(출처-기후변화용어, 광주지방기상청).

32)　해류가 수렴하거나 밀도가 주변보다 높아져 발생하는 표층수가 아래쪽으로 이동하는 흐름(출처-해양과학용어사전).

33)　바다에서 수심에 따른 수온의 변화가 급격하게 감소하는 층.

34)　서로 멀리 있는 곳들 간에 기후변동이 서로 연결되어 있는 것. 물리적 의미에서 원격상관은 대규모 파동운동의 결과이며, 그에 의해서 에너지가 발생지점으로부터 우선 경로를 따라 대기에 전달된다(출처-기후변화용어, 광주지방기상청).

엘니뇨 현상은 대략 2년에서 5년마다 발생하지만, 주기가 불규칙하고 그 강도도 매우 다르다. 어떤 엘니뇨의 경우는 너무 약해서 약간의 날씨 변화만을 유발하는 반면, 대형 엘니뇨는 엄청난 날씨 혼란을 일으켜 자연에 큰 변화를 일으키고 그 결과 사회적으로도 많은 문제가 발생하게 된다. [31, 32] 이러한 엘니뇨 남방진동은 변동의 카오스적인 움직임은 계절의 영향과 태평양 진동자의 확률공명[35]과 관련이 있다. [30, 33] 이것은 실제로 앞서 살펴본 지구궤도 변화에 따른 일사량의 변화와 준주기적인 지구 시스템 내부 진동의 확률공명으로 인해 나타나는 빙하 주기의 불규칙성과 매우 유사하다.

비록 엘니뇨 남방진동 순환이 날씨에서 나타나는 가장 확실하고 관찰하기 쉬운 반복 패턴이긴 하지만 기후변화의 반복 패턴에 이것만 있는 것은 아니다. 또 다른 대표적인 예로 북대서양 진동[36]을 들 수 있다. 이것은 날씨와 환경에 큰 영향을 주는 대조적인 두 조건 사이에서 나타나는 불규칙적인 진동이다. 예를 들면, 북대서양 진동이 기압계에 영향을 주면 풍향이 바뀌게 되어 서유럽의 기온과 강수량은 엄청난 영향을 받는다. 또한 태평양 10년 진동(Pacific Decadal Oscillation, PDO)도 해양과 날씨에서 나타나는 불규칙한 흔들림(pendulum)이라고 할 수 있다. 즉, 이것은 서로 상호작용하며 일사량의 계절적 순환에 영향을 주는 고유한 진동자를 가지는 지

---

35) 　최적의 노이즈 강도에서 주기신호가 최대로 증폭되는 현상을 말하며 비선형계에서 잘 일어난다. 이런 현상을 확률공명 또는 확률적 공명, 잡음공명, 확률겨울림이라고 한다(출처-네이버 백과사전).

36) 　북대서양 진동은 서로 반대로 변동하는 아이슬란드 근처 기단과 아조레스 근처 기단으로 이루어져 있다. 그래서 이 진동은 대서양을 건너 유럽으로 불어가는 편서풍의 세기의 변동과 일치하고, 이에 포함된 저기압과 관련 전선계의 변동에도 일치한다(출처-기후변화용어 Handbook, 광주지방기상청).

구 시스템 중 하나로 볼 수 있다. 그리고 태평양 10년 진동은 거의 주기적으로 반응하지만 진폭과 주기에 상당한 차이가 있는 카오스적인 패턴으로 나타난다.

장기간 지속된 가뭄과 그 외의 드문 사건

재귀적 특성을 가진 카오스적 진동에 많은 사람들이 관심을 보였지만, 허리케인 주기나 홍수, 가뭄과 같은 기상 이변이 장기간 지속된 예도 찾아볼 수 있다. 1930년대 미국을 강타한 가뭄이 이러한 예이다(그림 8.11). 그 당시 농경지 마련을 위해 자연식생[37]의 대부분이 파괴되어 매우 건조한 바람이 거의 10년 동안이나 지속되었다. 그 결과 토양의 상층부가 침식되어 엄청난 먼지가 쌓이게 되었다. 먼지폭풍[38]이라고 하는 이 기간 동안 50만 명이 넘는 사람들이 그 지역을 떠났고, 그로부터 심화된 불경기로 남은 사람들은 더욱 고통받았다. 모의 실험 결과 평소보다 더 따뜻한 열대 대서양 기온과 보통보다 더 차가운 열대 태평양 해수면 온도가 결합되어 이 지역에 가뭄을 일으킨 대기 조건을 형성하는 것으로 나타났다.[34] 비록 먼지폭풍이 특별히 강한 엘니뇨 남방진동이라고 할 수는 없지만, 이 진동에서 볼 수 있는 극단적인 기후진동 때문에 그렇게 오랫동안 이상기후가 지속되었다고 추측된다. 예를 들면, 라니냐(엘리뇨의 반대 위상)는 열대 태평양의 표면수 온도가 평소보다 더 차가운 것이 특징인데, 이것은 미국 대초원 지역을 건조하게 만든다.

---

37)   인위적 영향을 받지 않고 토지 본래의 자연환경에 적응하여 생육하는 식물집단.

38)   모래바람(沙風, dust storm)이 자주 발생하는 북미대륙 로키산맥 동쪽의 산록 분지로서 지형이 사발(bowl) 모양인 대초원지대(Great Plains).

그림 8.11　농기구가 모래에 파묻힌 남부 다코타 댈러스 지방의 한 농장(1936년). 이 사진은 1930년대 미국을 강타한 장기간의 가뭄을 왜 먼지폭풍이라고 하는지를 잘 보여준다.
(http://en.wikipedia.org/wiki/Image:Dallas_South_Dakota_1936.jpg 발췌)

　　최근 사헬[39] 지역에는 일반적인 날씨의 요동으로 예측할 수 있는 것보다 훨씬 더 길게 지속되는 가뭄이 나타나 이 지역에 큰 피해를 주고 있다.[35] 100만 명 이상의 사망자를 낸 이 가뭄은 인류가 초래한 사막화와도 관련 있지만 먼지폭풍과 마찬가지로 해양성 기온분포의 변화가 더 중요한 동인인 것으로 보인다.[36] 지난 역사를 보면 수십 년 동안 지속된 가뭄으로 인구

---

39)　　사헬은 사하라 사막의 경계를 뜻하는 아랍어에서 생긴 말로, 북쪽으로 사하라 사막에서부터 남쪽으로 수단(국가가 아닌 지역 이름)에 이르는 아프리카 지역을 가리킨다.

가 흩어져 도시를 떠나게 되었고, 그 결과 나라가 붕괴되는 현상들이 세계 전역에서 발생한 증거가 있다.[32]

요약하자면, 사회에 심각한 문제를 일으킬 수 있을 만한 이상기후가 장기간 지속된 수많은 사례가 존재한다.

4 │ 요약

종합해볼 때 우리는 모든 시간척도에서 카오스 동역학과 파국전이를 보여주는 지구 시스템을 떠올릴 수 있다. 날씨는 본질적으로 카오스적이기 때문에 며칠을 넘어서는 예측은 불가능하다.[37] 이와 비슷하게 엘니뇨 남방진동은 수년 단위의 주기를 가지고, 빙하기는 수천 년 단위로 발생하였지만, 이들 또한 모두 카오스적이다. 한편 카오스적인 특징 외에도 모든 시간척도에서 국면전환이 나타난다. 앞서 설명한 바와 같이 기후변화의 동인(driver)으로 제시된 몇 가지 예를 정리해보자.

1. 해양기온 분포의 변화로 인해 1930년대 미국의 대초원 지역에는 거의 10년 동안이나 가뭄이 지속되었고, 그 결과로 먼지폭풍 지대가 형성되었다.
2. 약 5,000년 전 지구궤도가 점진적으로 바뀌어 일사율이 변하자 호수가 있는 초목 지역에서 사하라사막이 갑자기 생겨났다(1.2절).
3. 약 1만 3,000년 전 담수 유입에 따른 열염분순환의 변화로 그린란드 지역에 영거 드라이아스기가 시작되었다. 영거 드라이아스기 동안 그린란드의 기온은 10℃ 이상 급락하였고, 수 세기 동안 빙하기가 지속되었다. 그 후 급격한 기온 상승으로 영거 드라이아스기는 끝이 났다. 영거 드라이아스기의 시작과 종료는 모두 대체안정 상태를 가지는 열염분순환이 그 원

인인 것으로 보인다. 즉, 대서양의 담수 유입량 변화에 따라 열염분순환이 대체안정 상태 사이를 전환하였기 때문으로 추정된다.

4. 3,400만 년 전 히말라야 산맥이 생길 때 이산화탄소 소모가 증가하여 대기 중 탄소 수준이 감소한 결과[40]로 지구는 온실기후에서 빙기기후로 갑작스럽게 바뀌었고, 그 후로 빙기기후가 현재까지 지속되고 있다.

5. 5,500만 년 전 지구의 온도가 임계점을 넘어섬에 따라 메탄 수화물이 불안정해졌다. 이로 인해 해양퇴적물에서 방출된 메탄가스가 기온을 더 높이고 높아진 기온은 다시 메탄의 방출을 증가시켰다. 이러한 폭주과정의 결과로 북극해는 23℃의 담수로 바뀌었다.

6. 약 6억 년 전 지구는 눈덩이 상태와 매우 뜨거운 상태로 몇 번이나 전환되었다. 대륙판의 이동(판 구조론, plate tectonics)[41]으로 바위의 풍화작용이 증가하여 이산화탄소가 충분히 소모됨에 따라 폭주빙결이 촉발된 것으로 보인다. 반대로 화산활동으로 대기 중으로 탄소가 서서히 채워지고 그 결과 폭주 온난화가 촉발되었을 것이다.

확실하진 않지만 대부분의 국면전환은 임계문턱값을 넘어서도록 시스템을 서서히 미는 점진적인 변화와 관계 있다는 결론이 가능하다. 과거 기후변화에 대한 연구를 할 때는 미래 기후의 관점으로 고려해야만 한다. 실제로 미래 기후에 관한 많은 논문들이 과거 기후변화에 대한 몇 가지 가설을 제시하지만 결론은 모두 미래의 예측에 관한 의문문으로 나타난다. 만

---

40)   히말라야가 성장함에 따라 풍화작용으로 인한 이산화탄소 소모량이 증가하였다

41)   지구 표면이 여러 개의 판이라는 조각으로 이루어져 있고 이 판들의 움직임으로 새로운 암석권과 화산활동, 지진들이 일어난다는 이론이다.

일 점진적 온난화가 과거에 메탄 수화물을 불안정하게 만들었다면, 앞으로 이와 유사한 폭주 온난화가 다시 나타날 수 있을까? 이산화탄소 수준의 감소가 과거 지구의 기후를 온실기후에서 빙기기후로 바꾸었다면, 미래에는 이산화탄소 증가가 빙모를 영구적으로 없애는 역전환을 만들어낼 수 있을까? 만일 과거에 발생한 온난화 과정이 냉각에 비해 훨씬 빠르게 진행되었다면, 현재 온난화 과정도 역시 빠르게 진행될까? 만일 해빙으로부터의 담수 유입과 증가된 강수량이 과거의 열염분순환을 중지시켰다면, 지금과 같이 빙하가 녹아내리는 현상은 이러한 기후변화 시나리오를 다시 일으킬 수 있을까?

우리의 생각으로는 같은 상황이 당장 일어날 것 같지는 않다. 그러나 현재와 같은 과거는 없으며, 다음 세기에 무엇이 일어날지에 대한 지금까지의 추측은 여전히 매우 불확실하다. 그럼에도 불구하고, 대부분 기후 과학자들은 다음과 같은 두 가지 사실에 동의한다. (1) 인류는 이산화탄소 동역학과 지구 시스템을 근본적으로 바꾸고 있다. (2) 일반적으로 변화에 대한 지구의 반응은 극히 비선형적이며, 이러한 비선형적 반응을 일으키는 많은 문턱값이 존재한다. 전 지구적 변화는 조만간 그런 문턱이 닥칠 가능성을 보여주고 있다. 이 어려운 문제가 기후변화의 예측에서 다루어지지는 않았지만, 우리는 앞으로 수십 년 안에 지구를 다른 상태로 전환시킬지도 모르는 돌발적인 기후변화에 대해 더 많은 관심을 가져야 할 것이다.

9

———————————————— 진화

1 | 소개

기후 시스템의 진화와 마찬가지로, 지구상의 생물계 진화 역시 평탄치 않은 과정을 겪었다. 기후 시스템과 생물진화는 아주 밀접하게 연결되어 있다. 예를 들어, '눈덩이 지구'[1] 시기는 광합성의 진화에 의해 나타났고, 이

---

1)　　선캄브리아 시대가 끝날 무렵인 6억에서 8억 년 전, 빙하 시대가 존재했다는 이론. 1992년 캘리포니아 공대 조지프 커슈빙(Joseph Kirschvink) 교수가 처음 제기한 이후 1998년 하버드대 교수 폴 호프만(Paul F. Hoffman)이 남아프리카의 나미비아에서 캡 카보나이트(cap carbonates)를 조사한 결과에 의해 지지받고 있다. 이 가설에 대해 주목할 점은 지구 전체가 얼어붙는 엄청난 환경변화가 원생생물의 대량 멸종과 함께 생물의 진화를 가져왔다고 여겨지는 것이다. 이에 따르면, 산소로 호흡하는 생물의 탄생이나, 에디아카라 동물군(Ediacara biota)이라 불리는 다세포 생물의 출현 등도 눈덩이 지구 현상과 밀접한 관계가 있다고 본다.

로 인해 이 시기 지구상에 존재했던 대부분의 생명체가 멸종하였다. 그 후 한동안 해양의 온도를 50℃까지 상승시켰던 이 사건의 파란만장한 결말은 에디아카라기(Ediacaran)의 시작과 새로운 생물형태가 대거 등장한 캄브리아기 대폭발(Cambrain explosion)로 이어졌다. 이 과정을 설명하는 단속평형 이론(punctuated equilibrium)[2]은 진화론에서 가장 흥미로운 주제 중 하나이다.[1] 이 이론에서 주장하는 진화의 특징은 오랜 기간 동안 변화가 거의 없다가(정체, stasis) 어느 순간 빠르고 폭발적인 종의 진화와 분화(speciation)가 나타난다는 것이다. 진화에 대한 논란이 존재하는 이유는 대부분의 화석기록이 연속되지 않고 분절적으로 나타나기 때문이다. 그러나 유전자 염기서열 분석은 진화적 변화가 급격하게 일어난 어떤 사건의 결과라는 사실을 뒷받침하고 있다.[2] 그러면 무엇이 이러한 패턴을 일으키는 것인지 생각해보자.

　지구역사 전체를 볼 때, 지구상의 생명체는 대멸종(mass extinction)[3]이 발생함에 따라 반복적으로 급격히 변화했다. 그림 9.1은 다섯 번의 대멸종이 일어난 시기와 다수의 소규모 멸종이 존재했던 시기의 생물종 수를 보여준다.[3] 각각의 대멸종이 일어난 후에는 진화를 통해 다시 생물종의 수가

---

2)　　유성생식을 하는 생물종의 진화양상은 대부분의 기간 동안 큰 변화 없는 안정기와 비교적 짧은 시간에 급속한 종분화가 이루어지는 분화기로 나뉜다는 진화이론. 단속평형이론은 종의 진화가 매우 오랜 시간 동안 세대에 걸쳐 점진적으로 이루어진다는 기존의 점진진화론을 정면으로 반박한다.

3)　　지구상에 생물이 출현한 이래 최소한 11차례에 걸쳐 크게 멸종했는데, 일반적으로 그 가운데 가장 큰 멸종이 있었던 다섯 차례를 '대멸종'이라고 부른다. 1차: 4억 4,300만 년 전-고생대 오르도비스기/고생대 실루리아기 경계, 2차: 3억 7,000만 년 전-고생대 데본기/고생대 석탄기 경계, 3차: 2억 4,500만 년 전-고생대 페름기/중생대 트라이아스기 경계, 4차: 2억 1,500만 년 전 중생대 트라이아스기/중생대 쥐라기 경계, 5차: 6,600만 년 전-중생대 백악기/신생대 제3기 경계

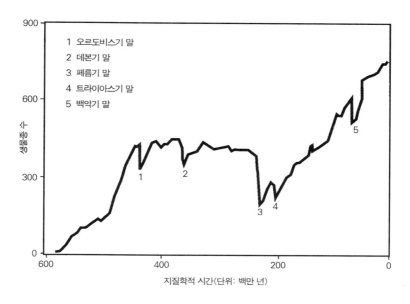

그림 9.1 지질학적 시간을 고려한 해양생물의 종 다양성. 다양성 곡선이 급격하게 떨어지는 부분은 '다섯 번의 큰' 멸종 사건을 의미한다.[3]

증가하였고, 종의 다양성은 대멸종 후 약 1,000만 년 이내에 이전과 비슷하거나 더 높은 수준에 도달하였다.[4] 물론 이 중에는 대멸종이 발생하기 전부터 존재하였던 생명체 그룹 중 일부도 여전히 포함되어 있다.[5] 그림 9.1을 보면 생물종 재편성(turnover)의 상당 부분은 점진적이었지만, 오랜 지구역사에서 전체로 볼 때 갑작스러운 멸종과 종의 분화 사이에는 분명한 단절이 나타나고 있음을 알 수 있다.[6] 일반적으로 진화의 단속적 동역학(punctuated dynamics)은 어떤 외부적인 교란에 의해 발생하는 것으로 추정된다. 예를 들면, 급격한 기후변화와 유성충돌(meteor impact), 화산폭발과 같은 우연한 대재난은 진화에 큰 영향을 미쳤을 것으로 보인다.

우리가 주목하는 것은 어떤 촉발제(trigger)로부터 시작되는 자기 전파

(self-propagating) 동역학으로 생물종의 재편성을 나타낼 수 있는지에 관한 것이다. 일부 이론적 연구는 자기 전파 동역학으로 생물종의 재편성을 설명할 수 있다고 주장한다. 이들의 주장에 따르면 진화는 자기 조직화 임계성을 가진다(4.1절 참조). 이것은 진화 과정에서 변화의 크고 작은 사태(avalanche)를 일으키는 임계 불안정 상태(critical unstable state)가 만들어진다는 것을 의미한다.[7] 그리고 앞서 설명한 지구역사의 진화적 기록에서 멸종된 생물종 수의 분포의 크기는 거듭제곱법칙(power law)을 따른다. 즉, 비록 우리가 진화 과정에서 어떤 메커니즘이 작동하였는지를 명확히 밝히기 어렵지만 그 사건의 결과는 자기 조직화 임계로부터 예상할 수 있는 것과 동일하다는 것을 알 수 있다. 또 다른 관점에 의하면 점진적인 환경변화에 의해 생명체 균형의 임계점을 지나게 되면 기존의 생명체 균형이 깨어지고, 그 결과 지구상의 생명체는 또 다른 안정적인 단말공동체(end-point community)[4]로 재조직화된다는 것이다(4.2절의 대체안정 상태 이론을 참조).[8] 좀 더 개별적인 수준에서 보면, 성(sex)과 유전 시스템(genetic system), 짝짓기(mating), 생활사(life history), 곤충과 인간의 복잡한 협조관계 등 중요하고 극적인 진화 과정에는 대부분 양의 피드백에 의한 폭주동역학(runaway dynamics)이 나타난다는 것이다.[9]

우선 우리는 전체 지구역사에서 생물종의 진화적 변화를 설명하는 잘 알려진 몇몇 사건에 대해 살펴보고자 한다. 그 다음으로 (만약에 있다면) 임계전이의 어떤 일반적 메커니즘이 진화의 돌발적 특성을 유발하였는지에 대해 살펴볼 것이다. 우리는 몇몇 대표적인 진화적 사건 중 가장 오래된

---

4)   처음에는 다종의 생물이 존재했다가 최종 안정적인 상태가 되면서 몇 개의 종으로 생태계가 안정화될 때 그때 남아 있는 집단을 단말공동체라고 한다.

캄브리아기 대폭발부터 시작하여 지구 온난화가 영장류와 다른 현대적 포유류의 진화를 촉발하였던 보다 최근의 기간까지를 차례대로 살펴볼 것이다. 다시 말하지만, 진화에서 과학적 확실성을 이끌어낼 때는 항상 주의해야 한다. 고대 기후변화에 관한 연구처럼, 진화적 역사의 재구성은 마치 탐정소설을 읽는 것과 같다. 왜냐하면 우리는 매우 빈약한 근거에 의존해야 하며 대부분의 사건들은 반복적이기 보다 일회적이기 때문이다. 또한 유의미한 결과를 도출하기 위한 진화적 실험은 현실적으로 연구의 대상에서 제외될 수밖에 없다. 심지어 우리가 진화적 동역학의 상당 부분을 알아내게 될지라도, 밝혀지지 않은 일부 메커니즘은 여전히 어려운 과제로 남을 것이다.

2 | 초기 동물 진화와 캄브리아기 대폭발

생명체 역사의 큰 그림을 볼 때 가장 난해한 사실 중 하나는 최초로 생명체가 등장한 후 약 40억 년 동안 모든 생명체는 박테리아(bacteria)와 조류(algae) 단계에 머물러 있었다는 것이다. 이러한 상황은 지금으로부터 약 6억 년 전에 발생한 캄브리아기 대폭발로 갑자기 끝이 났다. 다양한 생물종이 갑작스럽게 나타난 캄브리아기 대폭발 시기는 진화의 역사에서 가장 놀랄 만한 혁신의 기간이라 알려져 있다. 과학자들은 오랫동안 그 당시 생물종 수의 급격한 변화와 캄브리아기 동물군(fauna)에서는 뚜렷한 조상(predecessor)이 보이지 않는다는 점에 대해 항상 의문을 가져왔다. 캄브리아기 생물종의 변화는 이 시기에 만들어진 퇴적물 암석을 통해 관찰할 수 있다.[5] 이 암석의 바닥부터 위로 점점 올라오면 과거의 지층에서는 생명체의 흔적이 거의 나타나지 않다가, 어느 순간 독특하고 다양한 종류의 화석들로 가득한 지층이 갑작스럽게 등장한다. 이러한 현상은 이미 한 세기 전부터 알려져왔으며, 화석에서 나타나는 단절적인 특징은 다윈의 자연적 선택 과정에 의한 점진적 진화 이론을 반박하는 주요 근거 중 하나이다.

생명체의 역사 초기에는 두 번의 '폭발'이 존재하는 데, 그중 첫 번째는 에디아카라기이고, 두 번째는 첫 번째 폭발 이후 '겨우' 약 2,000만 년 후에 일어난 바로 그 유명한 캄브리아기이다.[6] 아주 오래된 초기 진화의 동역학과 그 원인을 재구성하는 일은 상대적으로 최근에 발생한 공룡의 등장과 멸종과 같은 진화적 사건을 재구성하는 것보다 어렵다. 하지만 앤드류 놀(Andrew Knoll)과 션 캐롤(Sean Carroll)은 현재까지 밝혀진 사실들을 바탕으로 그것을 어떻게 해석할 것인가에 관한 개략적인 관점을 제시하였다(그들의 주장에 관한 내용은 참고문헌을 참조하면 된다[10]).

에디아카라기 동물군으로 알려진 생명체가 갑자기 등장함에 따라서 미생물체(microbial life)만이 존재하였던 수십억 년 전과 다른 첫 번째 구분점이 나타난다.[7] 에디아카라기 동물군은 물방울 모양뿐 아니라 연결된 튜브 모양과 연조직(soft-body) 형태 등을 가지고 있다. 이 시기 화석에는 진흙 위를 미끄러지듯 움직이는 벌레가 만든 수많은 흔적이 존재한다. 에디

---

5) 이중 가장 연구가 많이 된 곳은 캐나다 브리티시컬럼비아의 버제스 셰일층(Burgess shale)으로 중기 캄브리아기를 대표하며, 당시의 생물다양성에 대하여 많은 정보를 제공해주고 있다.

6) 이것은 두 번의 초기 대멸종이 약 2,000만 년 간격으로 나타났다는 의미로, 이 기간은 전체 지구 역사를 고려할 때, 매우 짧다고 볼 수 있다. 이러한 이유로 필자는 두 사건의 간격에 대해 '겨우'라는 의미를 사용하고 있다.

7) 에디아카라기는 신원생대의 마지막 시기로, 오스트레일리아 남부 사우스오스트레일리아 주의 에디아카라 구릉지대에서 이름이 유래되었다. 고생대 캄브리아기의 바로 앞선 시대이며, 이때 에디아카라 동물군에 속하는 다세포 생물들이 나타났다고 알려져 있다.

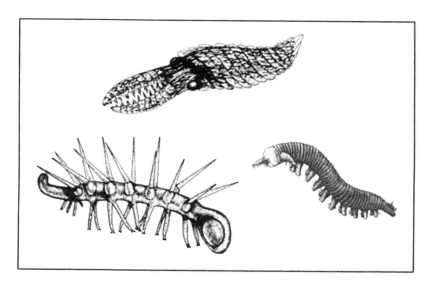

그림 9.2 캄브리아기에는 갑작스럽게 특이하고 새로운 생물형태가 일부 나타났다(그림: 마리 패리쉬(Mary Parrish), 스미소니언협회 제공)

아카라기에 최초로 등장한 정교한 생명체의 특성에 대해서는 아직 많은 부분이 밝혀지지 않았다. 하지만 에디아카라기 동물군의 대부분은 오랫동안 지속되지 않았다. 에디아카라기 동물군 중 몇 종은 다음의 캄브리아기까지 지속되었지만, 대부분의 동물군은 뚜렷한 후손을 남기지 못하고 갑자기 사라졌다. 캄브리아기 대폭발로 알려진 새로운 생명체의 갑작스러운 증가로 에디아카라기 동물군에도 붕괴가 나타났다(그림 9.2 참조). 오늘날 지구상에 존재하는 생물체 계통(body plan)은 약 1,000만 년 정도의 짧은 캄브리아기 대폭발 기간에 형성된 것이다. 생물종의 다양성 대폭발을 구분하는 것은 관찰 가능한 화석기록에 의존하기 때문에 상당히 인위적인 구분이라고 생각할 수도 있다. 예를 들어, 이전의 암석들이 화석을 보존하기에 부적합한 경우 실제로 다양한 생물체가 존재했다 하더라도 그 흔적은 남아 있지 않을 수 있다.[8] 그러나 캄브리아기 대폭발 이전까지를 잘 보존한 화석이 발견되었기 때문에, 오늘날 캄브리아기 대폭발이 실제 존재하였다는 주장은 일반적으로 받아들여진다. 그렇다면 왜 하필 이 시기에 많은 생명체들이 갑자기 나타났을까?

한 가지 가능한 설명은 다음과 같다. 즉, 캄브리아기 동물군은 방사대칭적이거나 삼중대칭적이었던 초기 동물과는 다른 좌우대칭적인 몸 형태가 대부분인데 이러한 몸체를 만들기 위해 캄브리아기 동물군은 좀 더 정교한 유전적 도구를 필요로 했을 것이라는 점이다. 풍부하고 복잡한 캄브리아기 화석에는 절지동물(arthropod)이 많이 보이는데, 이 절지동물의 현대적 후손은 게, 새우, 다족류(myriapod), 곤충과 같은 동물이다. 절지동물 그룹들의 체절(segment)[9]과 돌기(appendix)의 차이는 혹스 유전자(Hox gene)라고 알려진 유전자의 집합을 통해 구분할 수 있다.[10] 우리는 유전자 분석

---

8)　　그 결과 실제 생물종 다양성이 어떠하였는지 관계없이, 화석기록에 나타난 생물종을 바탕으로 인위적으로 대폭발 시기를 구분할 가능성이 존재한다.

9)　　동물의 몸에서 전후축을 따라 반복해서 형성되는 분절적인 입체구조의 단위로서 환절(環節)이라고도 한다. 전형적인 예는 지렁이 등 환형동물에서 볼 수 있는데, 지렁이의 각 체절 속에서 한 쌍의 신관(腎管)·복신경절(腹神經節)·횡행혈관(橫行血管)·체강(體腔) 등의 구조가 각기 한 세트씩 들어 있다. 새우·게 등의 갑각류, 나비·잠자리 등의 곤충류를 포함하는 절지동물에서는 체절의 유합(癒合)이 일어나, 배 부분에서만 체절구조를 보인다.

10)　　호메오 박스(Homeobox) 또는 혹스 유전자는 약 180개의 염기쌍으로 이루어져 있으며, 수많은 유전자들의 스위치를 켜는 전사인자들을 암호화하고 있다. 호메오박스 유전자는 발현되어 서열 특이적으로 DNA와 결합할 수 있는 호메오 도메인(Homeo domain)이라 불리는 단백질을 만든다. 최초로 호메오 도메인을 찾은 곳은 초파리의 호메오 단백질들과 분절형성 단백질들이었으며, 이후 발생유전학자들의 노력으로 척추동물을 포함한 많은 동물들에서 호메오 도메인이 보존되어 있음을 밝혔졌다. 또한 분자적 증거들은 몇 개의 호메오 유전자들이 좌우대칭동물 이전의 자포동물(Cnidaria)에서도 발견됨을 보여주는데, 이것으로 호메오 유전자들이 고생대 이전부터 존재했다고 추정된다.

을 통해 생물종 그룹의 차이를 확실히 구분할 수 있다. 하지만 캄브리아기 절지동물이 가지고 있는 것과 본질적으로 동일한 혹스 유전자 집합이 모든 현대의 절지동물 계통군에도 나타난다. 이것은 해당 유전자가 절지동물 그룹들이 분리되기 이전부터 존재해왔다는 사실을 의미한다. 즉, 캄브리아기와 현대의 종 다양성은 캄브리아기 대폭발 이전부터 이미 존재하였던 혹스 유전자 집합을 포함하고 있는 것을 말하며, 그들의 유전자가 완전히 새로운 유전자 집합으로 바뀐 것은 아니라는 것이다.

따라서 만약 생물종 스스로에 의한 유전적 발전이 캄브리아기 대폭발의 촉발제가 아니라면 그 원인은 무엇일까? 혹시 어떤 외부의 환경요소로 인해 대폭발이 촉발된 것은 아닐까? 환경변화는 에디아카라기와 캄브리아기 진화의 연쇄 반응과 상당부분 관련이 있다. 앞서 언급한 바와 같이, 수차례 나타난 눈덩이 지구 때의 빙하작용은 지구를 얼리고, 빙하기 사이에 발생한 극심한 온난화 시기에는 해양의 온도가 약 50℃까지 올라갔다(8.1절 참조). 그리고 원생대(Proterozoic) 마지막 빙하기는 에디아카라기의 생물체 번성 시기보다 약간 앞서고 있다. 식물플랑크톤의 멸종은 빙하기와 같은 환경적 동역학 사건이 생물상(biota)에 심각한 영향을 끼치며, 이 혼돈 기간이 지나가기도 전에 초기 동물의 진화에 제동을 걸 수도 있음을 말해준다. 이런 이유로 식물플랑크톤의 멸종은 에디아카라기 진화의 폭발을 유발한 대개편의 징후로도 볼 수 있다.

그러면 에디아카라기 말기와 캄브리아기 대폭발 초기의 특징은 어땠는지 살펴보자. 우리는 퇴적층에서 그 당시에 거대한 환경적 혼란이 발생했다는 징후를 확인할 수 있다. 침전물을 분석해보면, 에디아카라기 화석군과 캄브리아기 대폭발 사이에서 해양 표층수(surface seawater)의 탄소동위원소에는 짧지만 강한 음의 이상치(negative excursion)[11]가 나타난 것을 알 수 있다. 이러한 패턴의 원인은 불분명하다. 그러나 이와 유사한 예로 약 95%의 종이 사라져버린 페름기 말의 대멸종을 들 수 있다. 이 시기의 대멸종은 다음 절에서 자세히 설명할 것이다. 비록 대멸종을 재구성해보는 것은 불가능한 일이만, 캄브리아기 대폭발은 '지구를 청소'할 정도의 환경적인 충격으로 에디아카라기에 존재한 동물군이 완전히 사라진 다음에 비로소 발생했다고 볼 수 있다.

캄브리아기의 생물체 다양성이 시작된 이후 유기체 사이에서 이루어지는 상호작용은 진화를 더욱 촉진시켰다. 예를 들어, 포식(predation)의 습성으로 동물의 골격은 진화속도가 빨라졌다. 또한 오래전부터 존재했던 조류에는 캄브리아기 대폭발 동안 종의 다양성이 급격히 증가하였다. 이러한 예들은 캄브리아기 대폭발이 생태계 전반의 현상이었음을 뜻한다. 또 다른 측면에서 이 시기 생태계에 작용한 힘에는 생물학적인 요소가 많았다. 즉, 환경에 관련된 생물학적 요소가 지금과 같은 적합성 지형을 형성하는 데 중요한 작용을 한 것이다. 따라서 생물체의 대규모 번성은 종의 다양성이 촉진한 생활영역의 다양성과 이로 인해 다시 생물체의 다양성이 촉진되는 양의 피드백의 결과로 볼 수 있다.

3 | 페름기 멸종

캄브리아기 대폭발 이후에도 생명체의 상황이 유연하게 유지된 것은 아니

---

11)   음의 이상치란 이 시기에 발생한 해류순환의 음(negative)의 피드백을 의미한다. 즉 그 시기의 온난화로 해류순환은 거의 멈추다시피 했고, 그 결과 바다 속은 무산소 상태에 가깝게 되었으며 많은 해양생물들이 멸종하였다.

다. 그 후, 또 다른 세 번의 대규모 멸종과 여러 번의 소규모 멸종 사건들이 수백만 년 동안 생물종에 충격을 주었다. 이 중 가장 큰 사건은 전체 생물종의 약 95%가 사라진 2억 5,100만 년 전의 페름기 대멸종이다. 이 기간 동안 엄청난 규모의 멸종이 있었지만 당시 사건을 재구성하기란 매우 어려운 일이다. 최근에 들어서야 이 사건을 재구성하는 몇 개의 퍼즐 조각이 맞춰지기 시작했다. 이 책에서는 마이클 벤튼(Michael Benton)의 견해[11]를 중심으로 살펴볼 것이다.

대멸종 시기의 화석기록을 보면, 페름기 말기에는 바다에 생명체가 가득 차 있었다는 것을 알 수 있다. 이 시기 퇴적층에는 저서성 동물(benthic animal)[12]이 퇴적물 사이에 틈새를 만든 흔적이 나타나 있다. 또한 당시 화석에 나타난 생물체의 군집은 상당히 다양하고 복잡하다. 반대로 대멸종 이후에는 해양생물이 만든 틈새의 흔적은 거의 없어 퇴적물은 곧바로 바닥에 쌓이게 되었다. 따라서 대멸종 이후의 화석에는 해양 저서성 무척추동물의 흔적을 거의 찾아볼 수 없다. 여기에 지구화학적(geochemical) 근거를 더하면 산소결핍(anoxia)이 해양생물 다양성에 갑작스러운 변화(그림 9.3 참조)를 가져다 준 것으로 보인다. 육지생물의 경우에도 페름기 대폭발 이전에는 매우 다양한 생물체가 존재했다. 양서류와 파충류 동물군은 상당히 높은 수준까지 복잡하게 진화하였고, 수많은 식물군은 다양한 서식지 환경을 제공하였다. 육지생물의 대멸종도 해양생물의 멸종시기와 같은 것을 보인다. 따라서 페름기 멸종 이후에 살아남은 생물은 거의 없었으며, 토양만이 육지를 덮고 있는 것처럼 보였다.

---

12)   바다나 늪, 하천, 호수 따위의 밑바닥에서 사는 동물을 통틀어 이르는 말.

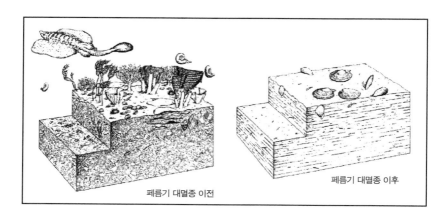

페름기 대멸종 이전

페름기 대멸종 이후

그림 9.3 페름기의 대멸종 사건 이전과 이후의 해양생물의 흔적.[11]

　이러한 재앙의 원인이 무엇인가에 대해서 답하기는 쉽지 않다. 몇 가지 가능성 가운데 하나로 엄청난 규모의 화산활동을 들 수 있다. 이 시기 침전물의 화학성분은 환경변화에 관한 몇 가지 단서를 제공한다. 침전물을 분석해보면 페름기와 트라이아스기의 경계(Permo-Triassic boundary) 직전에 전 지구적 기온상승을 말해주는 탄소동위원소의 급격한 변화를 확인할 수 있다. 아마도 이 시기에 발생한 지구 온난화는 해류의 순환을 약화시키고 바다 속 용존산소(dissolved oxygen)를 감소시켰을 것이다.[13] 실제로 이 시기 해양 퇴적물 화석을 분석해보면 당시의 산소 부족을 설명하는 흔적을 발견할 수 있다. 그러면 이러한 온난화의 원인은 무엇이었을까? 당시 시베리아 지역의 화산폭발은 지금의 유럽을 덮을 만큼 매우 거대했다. 그러나 지구 온난화를 화산폭발만으로 설명하기에는 좀 부족하다. 탄

---

13)　　대기 중 이산화탄소의 농도 증가로 유발된 지구 온난화는 해류의 순환에도 영향을 준다. 즉, 온난화로 해류의 열염분순환이 멈추면 바다 속 용존산소가 감소하여 해양생물체들이 멸종하게 된다.

　　　　　　　　　　　　　　　　　　2부 자연계와 인간 사회의 구체적 사례들

소동위원소(carbon isotope) 연구자들은 온난화의 원인을 광(light) 탄소 동위원소의 급격한 증가에서 찾고 있다. 당시 지구온난화는 매장된 가스 하이드레이트(hydrate)[14]에서 분출된 엄청난 양의 메탄으로 잘 설명된다. 그리고 이후 설명할 영장류, 사슴, 말의 진화가 시작된 시기의 지구온난화에서도 동일한 메커니즘이 작용한 것으로 보인다. 페름기 말에 발생한 지구 최초의 온난화는 시베리아의 화산폭발과 응고된 가스 하이드레이트가 녹으면서 발생한 메탄 때문이다. 메탄이 대기 중으로 유입되면 기온이 상승하여 더 많은 하이드레이트가 녹는 폭주과정이 발생한다(8.1절 참조). 온난화의 폭주과정 현상으로 대부분의 생물종이 전멸한 2억 5,100만 년 전 페름기 말의 멸종을 부분적으로 설명할 수 있다. 이후 살아남은 약 5%의 생물종들이 생태계 재건의 기초가 되었다. 생태계의 구조를 회복하기 위해서는 약 1,000만 년이 소요된 반면, 생물학적 다양성이 멸종 이전의 수준으로 되돌아가기까지는 약 1억 년이 걸렸다. 수백만 년 동안 유일하게 살아남은 네 발 달린 육지동물은 초본식물(herbaceous plant)을 먹고 살아가는 리스트로사우로스(Lystrosaurus)였다. 다양한 식물로 구성된 산림의 모습은 대멸종 이후 수백만 년 동안 나타나지 않았다. 이 기간을 설명할 수 있는 확실한 메커니즘은 밝혀지지 않았지만,[12] 우리는 대멸종 이후 살아남은 생물종들이 매우 힘든 시기를 보냈을 거라고 상상할 수 있다. 우리는 페름기 말의 대멸종을 진화적 혁신을 일으키는 촉발제로 볼 수 있지만, 사

---

14)   메탄 하이드레이트란 해초나 플랑크톤의 퇴적층이 썩을 때 발생하는 메탄가스가 심해저의 저온 고압상태에서 물과 결합하여 형성된 고체 에너지원을 의미한다. 형체가 드라이아이스와 비슷하며 불을 붙이면 활활 타올라 일명 '불타는 얼음(Burning Ice)'으로 불린다. $1m^3$의 메탄 하이드레이트를 분해하면 $172m^3$의 메탄가스를 얻을 수 있을 만큼 에너지 효율이 아주 높으며, 메탄은 이산화탄소보다 훨씬 강력한 온실가스이기 때문에 대량의 메탄 방출은 지구 온난화를 일으키거나 가속시킬 수 있다.

실 그 당시 생물종들에게 그것은 오랫동안 극복해야 하는 일종의 역행(set-back)과 같은 과정이었을 것이다.

4 ㅣ 속씨식물의 번성

육지생물이 급속히 늘어난 사건의 원인 중 하나는 백악기 중엽에 발생한 현화식물(flowering plant) 즉, 속씨식물(angiosperm)의 증가이다. 속씨식물의 주요 그룹은 그보다 이른 약 1억 3,000만 년 전에 이미 나타났다. 그러나 속씨식물의 생태학적 우위는 약 1억~7,000만 년 전에 급격히 증가하기 시작하였다. 속씨식물의 출현은 캄브리아기 대폭발과 함께 다윈의 진화론을 혼란스럽게 만드는 또 다른 진화의 예로 볼 수 있다. 흥미로운 점은 앞에서 설명한 진화적 전이와 달리 이 시기에는 대멸종이나 환경적 교란의 흔적이 존재하지 않는다는 것이다. 대신 갑작스럽게 나타난 엄청난 종의 속씨식물을 설명하기 위하여 동물에 의한 수분(pollination), 씨의 확산, 행동습성의 유연성과 같은 요인을 그 원인으로 들 수 있다. 그러나 이러한 생물학적 환경의 변화로만 속씨식물의 번성을 설명하기는 어렵다.[13]

　다른 연구는 초기 속씨식물의 생태에 초점을 맞추고 있는데, 이들이 주장하는 가설이 가정한 초기 속씨식물의 특징은 다음과 같다.

◆ 환경적으로 개방되고 요동이 있는 약건조성 열대 혹은 아열대에서 자라는 잡초성 관목류 속씨식물[14]
◆ 환경적 요동이 있는 습한 강가에서 자라는 속씨식물[15]
◆ 햇빛이 잘 들고 불안정한 강가에서 잘 자라며, 환경변화에 강하고 높은

광합성 능력과 짧은 세대기간을 가진 반초본성 속씨식물[16]

◆ 어둡고 환경변화가 심한 산림이나 그늘진 강가에서 자라는 목본성 속씨식물[17]

위 설명에서 나타난 공통적인 특징은 초기 속씨식물들이 요동이 있는 지역에서 서식하였다는 것이다. 이것은 초기 속씨식물이 양치류(fern)와 같은 초기 관속식물(vascular plant)과 겉씨식물이라 불리는 풍부한 종자(seed-bearing) 식물그룹(예, 침엽수)과 경쟁했다는 것을 의미한다. 그러면 속씨식물들이 겉씨식물과의 경쟁에서 어떻게 우위를 점하고 널리 퍼지게 되었는지 살펴보자.

네덜란드의 생태학자인 프랭크 베렌제(Frank Berendse)의 주장에 의하면 속씨식물은 과거에 번성했던 겉씨식물에 비해 더 높은 영양 수준을 필요로 했다는 것이다. 동시에 속씨식물은 쉽게 분해되는 낙엽을 생산하여 토양의 영양 수준을 끌어올리는데, 이 과정으로 인하여 속씨식물이 어떤 수준을 넘어서면 폭주과정을 일으키는 양의 피드백을 나타낸다는 것이다. 초기 속씨식물이 교란 지역에서 많이 나타났다는 점은 이 지역이 낙엽을 잘 만들지 못하는 겉씨식물이 우세한 지역에 비해 토양의 영양 수준이 높았다는 것을 의미한다.

오늘날 우리는 겉씨식물이 우세한 상황에서 속씨식물이 우세한 상황으로 임계전이가 나타나는 현상을 습지에서 관찰할 수 있다(11.4절 참조). 경쟁 메커니즘은 습지에서 이탄이끼(peat moss, 겉씨식물의 일종)가 우위를 유지하는 상황에서도 잘 적용된다. 현대의 겉씨식물처럼 고대 겉씨식물은 토양의 질소 함량이 낮아도 생존할 수 있고, 또 겉씨식물은 낙엽을 적게 만들기 때문에 질소 함량을 낮은 수준으로 유지할 수 있었을 것이라

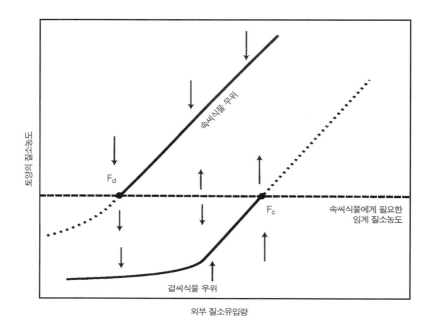

그림 9.4　초기 속씨식물과 겉씨식물 사이의 경쟁을 보여주는 그래프 모형. 그림에서 속씨식물에게 필요한 임계 질소농도를 넘어서면 속씨식물이 우위를 차지하게 된다.(위쪽 실선)

고 추측할 수 있다. 이러한 메커니즘은 경쟁에서 대체안정 상태를 형성한다. 즉, 토양의 임계 질소함량 수준을 초과하는 상황에서는 속씨식물이 나타나게 될 것이다(그림 9.4 참조). 이것은 초기 속씨식물이 교란 지역에서만 나타날 수 있었던 이유를 설명한다. 그러나 속씨식물들이 자리를 잡기 시작하면 그들은 경쟁우위를 가지고 토양의 질소 수준을 더 높게 만들어낸다. 속씨식물로 둘러싸인 그들의 '요새'에서 확산된 씨앗은 이전에 겉씨식물이 우위를 점하고 있던 인접 서식지를 속씨식물 우위의 상태로 만드는데 점진적으로 도움을 주었을 것이다. 이것은 대체 상태를 가진 경쟁 시스템의 공간 모형에서 도미노 효과가 나타날 수 있음을 말해준다.[18] 속씨식물이 번성하기 전까지 오랫동안 겉씨식물이 우위로 유지된 당시의 모습은 충분히 상상 가능하다. 그러나 속씨식물의 번식이 일단 촉발되기 시작되자, 속씨식물은 폭주과정을 통해 곧바로 겉씨식물에 대하여 우위를 차지하게 되었다.

5 | 공룡에서 포유류까지

백악기 마지막 시기(약 6,500만 년 전)의 공룡 멸종은 자연계의 급격한 변화와 관련된 가장 잘 알려진 예이다. 공룡 집단이 얼마나 번성했으며 다양했는지는 백과사전에서도 쉽게 찾아볼 수 있다. 그러나 실제로 얼마나 많은 공룡이 존재하였는가를 밝히는 일은 어렵다. 하지만 오늘날 우리는 전체 공룡의 약 1/3 정도를 알고 있고, 날아다니는 공룡 종을 제외하면 대략 1,850여 종의 공룡이 있었을 것으로 추정한다.[19] 이러한 생물학적 다양성은 당시에 나타난 공룡 대멸종과 잘 부합되지 않는다. 다양한 공룡이 존재했는데도, 왜 공룡 종 모두가 일시에 사라진 것과 같은 급격한 종의 개편이 일어났는지 그 원인을 살펴보도록 하자.

일반적인 이론은 거대한 소행성이 공룡 멸종의 촉발장치 역할을 했다는 것이다. 그러나 화산폭발이 또 다른 촉발제였는지 대해서는 논란이 있다.[20] 또한 멸종이 급격했는지 또는 점진적이었는지 여부도 논란의 대상이다.[21] 그리고 대기의 냉각이나 포유류의 먹이인 온대성 식물군의 확산으로 공룡의 멸종을 설명할 수 있는지에 대해서도 논쟁이 존재한다.[22] 하지만 환경적으로 혼란스러웠던 기간이 분명히 존재했고, 거기에 영향을 받은 생명체 그룹은 공룡만이 아니었다. 이 사건에 의해 동물군은 새롭게 재편성되었다. 변화의 정도는 매우 컸기 때문에 화석기록에 따라 두 기간으로 나누어 살펴보아야 한다. 그중 한 기간은 백악기이고, 또 다른 기간은 팔레오세기이다. 지구역사의 전체 그림은 백악기-신생대 제3기(또는 K/T) 멸종사건으로 전체의 약 50%의 종이 멸종되었음을 보여준다. K/T 멸종은 생물종에 따라 상당히 불규칙하게 나타났다. 어떤 유기체 그룹은 멸종되고 또 어떤 그룹은 상당수가 사라졌지만, 어떤 그룹은 상대적으로 잘 유지되었다.

인간의 관점에서 보면 이 멸종사건은 포유류의 출현을 촉진시켰다는 점에서 중요한 의의를 가진다. 포유류는 오랜 기간 동안 공룡과 공존했지만, 다양성이 확산되고 개체수가 늘어나기 시작한 K/T 사건이 나타나기 전까지는 상대적으로 중요하지 않은 존재였다. 즉, 속씨식물과 캄브리아기 대폭발의 예와 같이 포유류는 그들이 본격적으로 번성하기 수백만 년 전에 이미 등장하였다.

6 | 지구 온난화와 영장류, 사슴, 말의 탄생

오늘날 포유류의 계통은 팔레오세·에오세 경계(약 5,500~5,550만 년 전)로 알려져 있는 백악기 말 이후 약 1,000만 년 기간 동안 형성되었다. 이 시기 포유류를 자세히 살펴보면 다음을 알 수 있다. 우선 사슴, 말, 영장류의 현대적 계통은 한꺼번에 갑자기 나타나기 시작했는데, 그러나 그들의 조상에 대해서는 별로 알려진 바가 없다. 그리고 사슴, 말, 영장류는 서로 밀접히 관련되어 있지 않은 별개의 생물종으로 볼 수 있다. 또한 초기 생물종은 대부분 그들의 직접적 후손에 비해 덩치가 작은 편이었다. 필립 깅그리치(Philip Gingerich)의 주장[23]에 의하면 이 시기 또한 페름기 대멸종과 같이 바다 밑바닥에 축적된 메탄층이 불안정해지면서 발생된 파국적 온난화와 관련이 있다고 한다. 이것은 앞서 설명한 바와 같이 기후역사에서 임계전이를 유발하는 폭주과정의 한 예로 볼 수 있다.

전체 생물종의 95%가 멸종한 페름기 말에 비해 이 시기 온난화가 생물종에 미친 영향은 작았지만 사슴, 말, 영장류가 동시에 나타나는 놀랄 만한 진화적 결과가 이 온난화 시기에 있었다고 추정된다.[23] 하지만 이 시기에도 멸종은 존재하였다. 예를 들면, 수온이 상승해 바다 속 용존산소가 감소하고 해류순환이 둔화되자, 저서성 유공충류(benthic foraminifera) 중약 절반의 종이 멸종하였다. 육지에서는 팔레오세기 동물군에 속하는 악어과 파충류인 참프소사우루스(Champsosaurus)와 영장류과인 포유류 플레디아다피스(Plesiadapis) 등 일부 종이 이때의 온난화 시기에 멸종하였다. 캄브리아기 대폭발에 비한다면 최근의 진화적 사건은 좀 더 명확하게 재구성할 수 있다. 이를 통해 밝혀낸 사실은 다음과 같다. 지금으로부터 몇천 년 동안을 돌아볼 때, 이 짧은 기간에도 기후변화에 진화적 반응이 나타났다는 것이다. 이 사실은 우리가 흔히 진화를 생각할 때 수백만 년을 떠올리는 것에 비하여 무척 대조적인 상황을 말해준다.

7 | 전체상의 탐색

진화의 역사는 풍부하고 특이한 내용으로 가득 찬 매력적인 영역이다. 또한 이 장에서 강조하고 있는 전이의 예들은 본질적인 측면에서 볼 때 조금씩의 차이가 있다. 그럼에도 불구하고 다양한 진화 과정을 종합해볼 때, 다음과 같은 일반적인 유형을 찾아볼 수 있다.

◆ 새로운 종의 폭발적인 번성은 종종 환경적 섭동(perturbation)으로 촉발

되었다. 캄브리아기 대폭발, 포유류의 번성 및 영장류, 사슴, 말의 동시적 등장은 환경적 요동에 의해 일어난 것으로 추정된다. 속씨식물의 번성은 환경적 교란 때문에 시작되었다고 볼 순 없지만, 속씨식물은 요동이 있는 지역에서 처음으로 나타났다.

◆ 또 다른 특징은 초기 생물종이 등장한 이후 상당한 시간이 지나고 나서야 폭발적인 종의 다양성이 나타났다는 것이다. 예를 들어, 포유류는 공룡과 오랜 기간 동안 공존하였으며, 속씨식물의 주요 그룹은 종의 대규모 번성 이전부터 진화해왔다. 그리고 각 개체의 체형을 결정해주는 혹스 유전자는 캄브리아기 대폭발 이전부터 존재해왔다.

◆ 제일 빠른 진화의 속도는 평균적인 진화의 속도보다 훨씬 빨랐다. 이러한 현상은 온난화에 의한 현대 포유류의 진화적 동역학뿐만 아니라 최근에 발생한 진화적 사건의 연구에서도 찾아볼 수 있다. 생물체가 처음 등장한 초기 진화의 속도 역시 상당히 빨랐던 것으로 추정되지만, 진화의 최고속도는 최근 발생한 진화에 대해서만 계산할 수 있다는 점에서 다소 제한적이다.

앞서 말한 세 가지 사실은 진화에 이미 성공한 군집이 새로운 생물종의 출현을 억압하는 경향이 있다는 것을 의미한다. 에디아카라기 동물군은 캄브리아기 동물군을, 겉씨식물은 속씨식물을, 공룡은 포유류를, 초기 포유류는 영장류, 사슴, 말과 같은 현존하는 생물종 그룹을 억압한 것으로 추정된다. 비록 생물종의 번성이 억압되고 있었지만, 우세한 집단의 '그늘(shade)'에서는 늘 혁신적인 현상이 나타났다. 소위 말하는 기반군(stem group)은 정상군(crown group)의 폭발적인 번성이 일어나기 전부터 상당히 오랫동안 발전해왔다(그림 9.5 참조). 즉, 새로운 생물종은 아주 작은

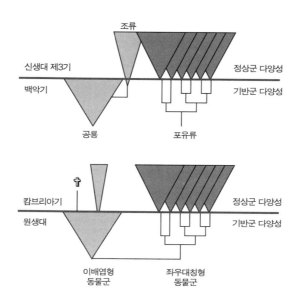

그림 9.5 환경적 요동 이후 새로운 동물군의 번성을 나타내는 그림. 그 후에는 이전에 우세했던 동물군의 상당 부분이 멸종하고 기반군을 형성하고 있던 새로운 동물군이 번성하게 된다(예, 이배엽형 동물군의 멸종과 좌우대칭형 동물군의 번성(아래쪽 그림), 공룡의 멸종과 포유류의 번성(위쪽 그림)).[10]

생태학적 역할을 수행하면서 수백만 년 동안 존재해온 것으로 볼 수 있다.

그리고 이 시기의 생물종 집단은 생태학적 생존영역(ecological niche)을 잘 차지했던 것처럼 보인다. 각 생물종들은 각각의 생존영역을 빈틈없이 채워나갔지만, 각 생물군은 주위 생물군의 특성에 의해서도 변화될 수 있었다. 원생대 이후의 복잡한 생명체의 진화와 포식자, 피식자, 공생자, 경쟁자, 기생충과 같은 생물학적 인자는 생태학적 생존영역을 결정하는 주요 요인이다. 하지만 외부 간섭 없이도 스스로 조율이 가능하고, 다른 종들과의 공진화(coevolved)가 가능한 공간이라면 특정한 종이 시스템 전체의 우위를 갑자기 장악하는 것은 불가능하지 않았을까? 새로운 생물종은 우위를 점하기 위해 무엇을 했을까? 생태계는 결코 '단절'되어 있지 않다. 생태계에는 항상 새로운 종의 번성을 가능하게 만드는 '여지'와 환경적 '교란'이 존재하는데, 이로 인해 경쟁과 포식이 심하지 않을 때에도 완전히 사라지는 종은 나타날 수 있다. 즉, 임계전이를 촉발시키는 큰 요동이 아닌 약간의 일상적인 요동만으로도 새로운 종의 혁신적 출현이 가능할 수 있다.

위 설명은 상당히 느슨한 추론처럼 보일 수 있지만, 몇몇 수학 모형들은 복잡한 대체안정집단에서 이러한 종류의 임계전이가 논리적으로 가능하다는 근거를 제시하고 있다. 앞서 논의했던 것처럼(4.2절 참조), 가상의 다중 생물종 모형은 실현 가능한 몇 개의 안정 단말공동체(stable endpoint community) 중 하나로 결정되는 과정을 보여준다.[24] 만약 단말공동체가 나타날 수 있는 주어진 환경에 아무런 변화가 없다면, 이 집단은 다른 그룹에 속한 생물종에 의해 영향을 받지 않는다. 안정된 단말공동체의 전환을 일으키는 두 종류의 환경변화는 다음과 같다. 첫째, 단말공동체에 속한 생물종의 개체밀도의 감소로 인한 요동은 시스템을 대체견인영역으로 움직이게 만들어 새로운 안정공동체를 형성한다. 둘째, 느린 환경변화는 우세한 집단의 생태학적 회복력을 감소시킨다. 즉, 이러한 변화는 현존하는 집단이 가진 견인영역의 너비를 감소시키게 된다. 그 결과 아주 작은 요동으로도 전체 시스템은 대체견인영역으로 이동될 수 있다. 따라서 현존하는 집단이 가진 회복력이 매우 작다면, 아주 작은 일시적인 환경변동으로도 바로 임계전이가 촉발될 수 있다(그림 9.6 참조).

대체단말공동체 현상은 작은 규모에서 실험적으로 입증될 수 있다.[25] 그리고 넓은 관점에서 보면 회복력의 감소와 대체안정 상태 사이의 전환을 보여주는 다양한 생태계 현상들이 존재한다. 그 규모는 갈조류숲(kelp for-

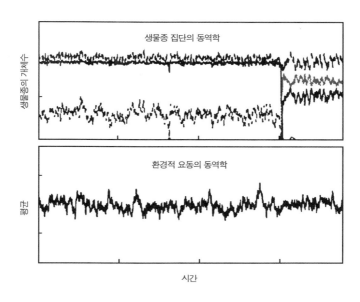

그림 9.6　집단의 회복력과 대체집단으로의 전환을 보여주는 시뮬레이션 결과. 집단의 회복력이 낮으면, 일상적인 환경적 동요(아래쪽 그림)만으로도 기존의 우세한 생물종이 멸종하고 새로운 종이 번성하는 전환이 촉발될 수 있다(위쪽 그림).[8]

est), [26] 호수, [27] 산호초[28]부터 약 5,000년 전 초목 지역에서 사막으로 임계전이 된 사하라 지역에 이르기까지 다양한 크기에서 나타나고 있다.[29] 즉, 진화적 전이의 관점에서 보면 이러한 예들은 규모에 따른 차이가 있을 뿐 그들에게 공통적으로 나타나는 재조직화 현상은 매우 유사한 편이다.

　우리는 생태학적 시간척도를 무시하고 곧바로 진화적 시간척도로 넘어갈 수는 없다. 왜냐하면 생물진화의 일정 부분은 환경적 변화에 대한 대응과 관련 있기 때문이다. 자기 조직화 임계 모형은 진화를 불연속적인 도약(jump)으로 설명하는 유일한 이론적 연구이다.[7] 이 모형은 실제 진화적 기록과 유사한 패턴을 만들어낸다.[30] 그러나 자기 조직화 임계 모형의 패턴은 실제 진화의 전반적인 모습을 단순화한 캐리커처에 불과하다. 또한 자연계에서 관찰되는 멸종 사태 크기에 거듭제곱법칙과 같은 패턴이 만들어진다고 해도 이것이 타당한 추론을 통해 도출되었다는 근거가 없다. 예를 들어, 환경적 변동이 멸종의 원인이 되는 공진화 과정이 없는 모형에서도 자기 조직화된 임계 모형은 나타날 수 있기 때문이다.[31] 사실 환경적 동인이 진화에서 중요하다는 근거는 매우 포괄적이라 내재적 불안정성만으로 진화적 변화의 돌발적 특성을 설명할 수 있다고 주장하기는 쉽지 않다.

진화적 변화가 내재적 동인으로 발생하였는지 아니면 외부 동인으로 발생하였는지를 밝히는 것도 흥미로운 문제이지만, 더 흥미로운 것은 생물종을 대체견인영역으로 몰아간 폭주과정의 결과로 진화가 나타났는지를 밝히는 것이다. 물론 동시대의 소규모 자연 생태계에서는 이러한 현상의 예를 쉽게 찾을 수 없다. 그러나 드물긴 하지만 우리가 가지고 있는 지난 자료를 살펴보면 진화에서 일어난 대체견인영역으로의 전환을 보여주는 증거를 찾을 수 있다(14장 참조). 진화적 재편성과 관련되어 있는 가설은 다음과 같이 네 가지로 요약될 수 있다.

- ◆ 핵심적인 종의 출현은 새로운 생물종 그룹을 수적으로 풍부하게 만들고 이전에 우세했던 종과의 경쟁에서 우위를 차지하도록 만든다.
- ◆ 진화는 그 집단의 멸종 사태를 유발하는 자기 조직화 임계 상태로 이끈다.
- ◆ 환경적으로 심각한 요동은 이전까지 우세했던 그룹을 멸종시키고, 새로운 그룹으로 대체시킨다.
- ◆ 환경의 단계적 변화는 생물종에 급격한 변화를 일으킨다.

첫 번째와 두 번째 주장은 진화의 내재적 동인(driver: 진화 그 자체)을 가정하고, 나머지 두 개의 설명은 외부적 원인을 가정하고 있다. 우리가 가진 자료를 기준으로 보면, 첫 번째 설명은 다소 이상해 보일 수 있다. 왜냐하면 이 주장은 보다 점진적인 진화적 변화와 상당 부분 관련되어 있기 때문이다.[6] 하지만 이 책에서 강조한 많은 사례를 통해서 살펴볼 때 종의 혁신적 특징은 폭발적인 재편성이 이루어지기 오래전부터 기반군에서 나타났다. 두 번째 주장에 대해서는 신뢰할 만한 자료가 많지만 뚜렷한 증거가 없기 때문에 아직 논란의 여지가 남아 있다. 그리고 이 주장은 화석기록에 광범위하게 나타나는 섭동의 역할을 제대로 설명하지 못한다. 세 번째 주장은 매력적으로 보이긴 하지만 지나치게 단순화되었다. 왜냐하면 대부분의 교란은 어떤 특정 생물종을 멸종시키기보다는 생태계 전체에 막대한 피해를 입힌 것처럼 보이기 때문이다. 이것은 생존경쟁에서 살아남을 특정한 종을 미리 예측하게 힘들게 한다.[6][15] 네 번째 주장은 산소 이용도의 갑작스러운 변화로 몸의 크기가 커진 동물의 초기 진화를 설명해주고 있다. 그러나 대부분의 진화적 재편의 사례에서와 같이 새로운 집단과 과거 집단의 크기 차이를 이전과 이후의 환경조건의 차이로 설명할 만한 확실한 근거를 찾기는 매우 어렵다.

동역학 시스템의 이론적 관점에서 주요한 진화적 전이를 논리적으로 설명하는 다른 가설은 다음과 같다.

◆ 환경적 변화와 진화적 변화는 우세한 집단의 회복력을 감소시켜, 요동에 의해 대체안정집단으로의 폭주전환이 나타나도록 만들었다.

---

15) 지구역사에서 나타나는 환경적 요동은 결과적으로 어떤 생물종은 멸종시키고, 어떤 생물종은 유지되도록 하였지만, 그러한 요동의 결과가 어떠한 영향을 미칠지는 미리 알 수 없다.

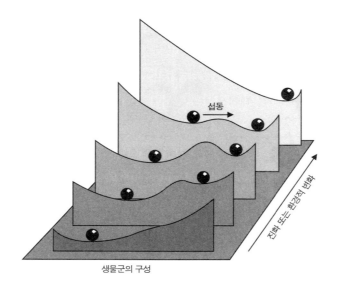

섭동

진화 또는 환경적 변화

생물군의 구성

그림 9.7   환경적 섭동에 의해 안정성이 전환되는 진화적 전이. 느린 진화적·환경적 변화는 작은 동요
만으로도 전이가 촉발될 수 있는 상태를 만들기 때문에 그때의 상태는 불안정하게 된다(앞에서 네 번째 안
정성 지형).

우리는 이를 통해 대규모 섭동으로 발생하는 진화적 전이를 설명할 수
있을 뿐 아니라, 뚜렷한 요동 없이도 발생하는 진화적 전이를 설명할 수
있다. 만약 진화적 또는 환경적 변화가 현재 상태의 회복력을 영(0)으로
감소시킨다면 뚜렷한 요동 없이도 급격한 진화적 전이가 발생할 수 있다
(그림 9.7 참조). 단순화된 집단 모형에서 안정된 단말공동체가 짧은 시간
동안에 실험적으로 나타날 수 있는 것과 같이 지구에 존재하는 생물군의
조합에는 대체견인영역이 존재한다고 볼 수 있다. 이는 앞서 소개한 진화
적 전환의 네 가지 주장에 대한 매력적인 대안이긴 하지만 이러한 가설을
'증명'하는 것은 쉬운 일이 아니다.

2부 자연계와 인간 사회의 구체적 사례들

생태학에서 기계론적 모형은 대체안정 상태의 사례를 보여주는 역할을 할 수 있다. 속씨식물의 번성의 경우 양분 유효도(nutrient availability)가 만들어내는 피드백으로 대체견인영역을 설명할 수 있다. 그러나 복잡한 집단의 경우는 비록 모형일지라도 대체안정 상태를 만드는 메커니즘은 알아내기 어렵다.[8] 게다가 과거에만 존재한 생물군집을 대상으로 하는 경우라면 대체견인영역의 규명은 더 어려워진다.

대체견인영역에 대한 실증적 증거(14장)는 화석에서 찾아볼 수 있는데, 화석기록을 보면 환경적 섭동 이후 시스템은 전과 동일한 상태로 되돌아가지 않는다는 것을 확인할 수 있다. 보다 확실한 단서가 되려면 전이 과정에서 시스템을 대체견인영역 사이의 불안정한 경계영역으로 밀어내는 가속 과정이 확인되어야 한다. 물론 거대한 섭동에서 이러한 점을 알아차리는 것은 시스템의 임계점을 찾아내는 것보다 어렵다. 만약 새로운 생물종 그룹이 과거의 그룹을 대체하였다면 거기에는 과거 생물종의 감소뿐만 아니라 새로운 생물종이 증가하는 가속 과정이 있어야 할 것이다. 가속 과정과 급격한 재조직화 과정을 동시에 확인할 수 있는 화석기록, 그리고 관련된 증거를 찾는 일은 매우 흥미롭다. 오늘날 진행되고 있는 생물 멸종과 환경변화에 따른 영향을 미리 살펴본다는 면에서 앞서 제시한 질문은 학술적 흥미 이상의 의미를 가진다고 할 수 있다.

8 | 요약

모든 증거를 종합해보면 우리는 비교적 단기간에 발생한 작은 변화로도 중대한 진화적 발전이 가능하다는 것을 확신할 수 있다. 하지만 이러한 패턴 뒤에 숨겨진 메커니즘을 밝히기는 매우 어렵다. 갑작스러운 화산활동과 유성충돌 같은 큰 요동은 생태계에 큰 영향을 미쳤을 것이다. 하지만 필자가 주장한 바와 같이, 진화적 재편성은 일단 임계문턱값을 넘어서면 자기 전파 폭주변화를 동반한 임계전이로 진행된다는 것이다. 따라서 진화적 기록에서 폭주변화를 확실하게 보여주는 징표를 찾아내는 것은 중요한 과제가 될 것이다.

10

8장에서 살펴본 바와 같이 바다에도 난해하며 급작스러운 기후변화가 나타나고 있다. 해양 생태계를 살펴보면 이 안에는 때때로 급격한 국면전환이 나타난다. 그러한 변화는 개별적인 산호초, 강 하구 퇴적지에서부터 전 해양에 걸쳐 일어나는 급격한 국면전환까지 매우 다양한 규모로 나타난다. 호수는 생태계 연구에서 이상적인 대상인 반면, 해양 생태계는 그 내부의 동역학을 알아내기 매우 어려운 대상이다. 예를 들어, 특정 지역에 어떤 종류의 물고기와 플랑크톤이 존재하는지, 그리고 그 생물의 개체밀도가 얼마인지를 알아내는 것은 거의 불가능한 일이다. 그러나 그것보다 더 힘든 문제는 이러한 해양 생태계에서 명백하게 발생하는 것이 무엇인지, 그리고 무엇이 국면전환을 가져오는지를 판단하는 것이다. 연구대상이 호수라면 우리는 실험적으로 물고기를 제거하거나 영양분을 추가할 수 있고, 이런 실험이 전체 호수 생태계에 어떤 영향을 미치는지도 볼 수 있다. 그러나 이런 조작적 실험은 해양이라는 거대 규모에서는 불가능하다. 한편으로 물고기의 남획, 해안의 부영양화, 기후변화 등이 해양 생태계에 큰 영향을 미치고 있으므로, 이것들을 해양실험의 한 종류로 해석할 수도 있을 것이다. 그렇지만 호수를 대상으로 하는 실험연구에 비해 해양 생태계의 변화 원인과 결과에 대한 의문점은 훨씬 더 많이 남아 있다. 그 결과 해양과학은 호수 연구에 비해 국면전환과 같은 흥미로운 패턴을 찾는 일에 주로 집중되어온 반면, 왜 이러한 패턴이 발생하는지에 대한 설명은 미진한 편이다. 한편 대양 시스템(open ocean system)보다 연구하기에 수월한 대상은 갈조류숲(kelp forest), 산호초, 강 하구 퇴적지 등과 같은 일부 연안 시스템(coastal system)이다. 이러한 대상은 표본조사도 쉽고, 특정한 메커니즘을 파악하기 위해서 외부 조건을 차단한 상황에서의 실험도 가능하다.[1] 그럼에도 불구하고, 전체적 실험환경 조작이 가능한 작은 호수에 비하면, 개방된 해양 시스템의 동역학을 이해하는 것은 훨씬 더 어려운 일로 남아 있다. 이 장에서는 해양 시스템에서 발생하는 급격한 전이에 대해 개략적인 설명을 할 것이다. 그리고 해양 시스템에 존재하는 메커니즘을 해석하는 가장 최근의 연구결과에 대해서도 같이 설명하고자 한다.

1 ｜ 대양에서의 국면전환

1990년 초에 한 연구팀은 어획량, 동물플랑크톤의 밀도, 갑각류의 상태,

---

1)　　특정 연안지역에 해초류를 모두 없애거나 특정 종의 바다동물(예를 들면, 성게나 불가사리)을 투입하는 실험을 말한다. 호수와 같이 완벽하게 외부와 차단된 것은 아니지만 일정 정도의 상황은 인위적인 조작으로 달성할 수 있다.

해수의 색깔, 온도 및 다른 통계자료에서 나타나는 패턴을 연구하던 중 이러한 변수들이 가끔 넓은 지역에 걸쳐 급격하고 동시적으로 변한다는 것을 알아냈다. 이 연구팀은 이러한 변화를 설명하기 위해서 국면전환이라는 용어를 만들었다.[1,2] 연구팀은 잡음도 많고 서로 다른 지역에서 측정된 엄청난 양의 통계자료 속에서 어떤 패턴이 존재함을 보이겠다는 도전적 의도를 가지고 있었다.[3] 연구팀은 자신들이 발견한 이 패턴이 오랜 기간이라면 당연히 나타날 수밖에 없는 우연한 사건과는 상당히 다른 어떤 의미를 가진 패턴이라는 사실을 발견했다. 그러나 이 사실을 해양학 관련 단체에게 납득시키는 데에는 많은 시간이 필요했다. 그러나 지금은 해양에 국면전환이 존재한다는 사실은 별문제 없이 받아들여지는 정설이며, 바다에서의 국면전환 현상은 해양과학 분야에서 심도 있게 연구되는 주제 중 하나가 되었다.[4]

북태평양에서의 전환

해양에서 발생하는 국면전환에 대한 관심을 불러일으킨 충격적인 사건은 1976~1977년 사이 북태평양에서 나타난 거대 규모의 전환이다.[2,5] 수많은 생물종과 무생물종에 대한 시계열 자료를 분석해보면 당시 급격한 전환이 일어났다는 것을 확인할 수 있으며, 그 후 1988~1989년에 다시 (다른 상태로) 전환되었다는 것을 볼 수 있다. 이것을 보여주기 위한 하나의 방법은 모든 시계열을 (−1과 1 사이에서 움직이도록) 정규화한 다음, 국면전환이 일어난 시점의 값을 영(0)으로 놓는 것이다. 그러면 국면전환이 일어난 시점의 값은 0이 되고 그 이전과 이후는 서로 다른 부호를 가지는 그래프로 나타나게 된다(그림 10.1 참조). 특정 연도에서 일어난 국면전환이 정말 이례적인지 아닌지 확인하기 위해, 각각 다른 연도에서 국면전환이 일어났

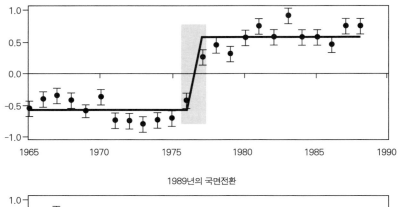

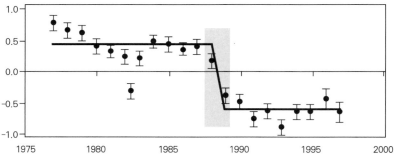

그림 10.1 1976~1977년과 1988~1989년 무렵 북태평양 해양 생태계에서 보인 명백한 국면전환. 회색으로 표시된 시점에서 국면전환이 발생했음을 알 수 있다. 그림에 나타난 생태계의 화합물 지수는 31개 기후와 69개 생물체의 시계열 자료를 정규화한 다음 평균값을 구하여 계산된 것이다.(참고문헌 2에서 수정)

다고 가정하여 앞서의 작업을 반복하면 좀 더 확실하게 알 수 있다. 최근 연구에 의하면 이 검증 절차는 해양 생태계에서와 같이 강한 자기 상관을 가진 시계열 자료에서는 긍정오류(false-positive)[2] 결과를 낼 수 있음이 지

---

2) 실제로는 국면전환이 일어나지 않았는데도 그렇다고 판단하는 것을 말한다.

적되고 있다. 그러나 다른 방법을 사용하더라도, 국면전환이 북태평양의 생태계에서 중요한 불연속성을 대표한다는 결론에는 변함이 없다.[3]

북대서양에서 발생한 거대한 전환은 대양이 이산화탄소를 흡수하는 조절작용에 관여하고 있다는 것도 말해주지만, 어업에 의해서도 전환이 발생할 수 있다는 사실을 암시해준다. 국면전환 시점에 일부 종은 번식과 성장에서 위축될 수도 있지만, 다른 종들은 아무런 문제없이 번식하고 성장할 수 있다. 어업규제는 이러한 해양변화에 신속하게 대응하는 방식 중 하나이다. 예를 들어, 일부 종에 대해서는 어업을 금지하고, 다른 종에 대해서는 더 잡을 수 있도록 할당량을 늘려주는 것이다. 그러나 국면전환을 미리 감지하는 것은 여전히 도전적인 과제로 남아 있으며, 아직 대양에서 언제 국면전환이 발생할지 예측할 수 있는 수준에는 미치지 못하고 있다.

국면전환이 일어났다는 것을 인지하기에 앞서, 우리는 먼저 무엇이 대양의 국면전환을 만들어내는지를 찾아야 한다. 대부분의 연구자들은 대양에서의 순환, 그리고 그와 관계된 날씨 패턴의 변화가 전환의 가장 유력한 촉발제라는 점에 동의한다. 태평양에서 국면전환이 일어날 때 물리적 패턴에서의 뚜렷한 변화가 관찰되었다. 우리는 대양의 순환 패턴이 온도와 영양수준의 분포에 영향을 미친다는 것을 알기 때문에, 이러한 순환 패턴의 변화는 해양의 생물학적 발달 과정에 매우 중요하다고 할 수 있다.

그렇다면 국면전환은 기본적으로 생물학에 반영된 물리적 현상에 불과한 것인지 생각해볼 필요가 있다. 오랫동안 지지되어온 대양 생태계 조절에 대한 지배적인 견해는 대양 생태계는 물리역학에 의해 거의 모든 것이 조절되고 있다는 것이다.[3] 그러나 이러한 견해가 너무 단순하다는 지적도 있다. 생물학이 단지 물리역학 법칙을 따르는 것 이상이라는 사실은 어떤 영구적 국면에서 다른 영구적 국면으로의 전환이 물리적 지표에서가 아니라 생물학적 변수에서 분명히 나타난다는 것으로 설명될 수 있다.[2] 즉, 비록 다른 상태로의 전환이 물리적 사건에 의해 일어날지라도, 생태학적 피드백이 특정 상태에 있는 생물군집을 안정화시킬 수 있기 때문이다. 생태계는 보통 피드백에 의해 형성된 대체끌개를 가진다. 그런데 바다에 존재하는 생물군집과 비생물군집의 변화를 국면전환 전후로 비교해서 보면 생물군집은 국면전환 후에 분명히 변화된 상태로 유지되는 반면 무생물의 상태는 북태평양 지역의 두 개의 다른 국면에서 서로 겹치는 것으로 나타난다. 이 사실은 생물계가 물리역학에만 전적으로 영향을 받는 것이 아니라는 사실을 보여준다(그림 10.2).

태평양 지역에서 생물군집이 단순히 환경변동에 의해 발생한 게 아니라는 사실을 뒷받침해주는 다른 증거는 시계열 분석으로도 찾아낼 수 있다.[6] 시계열 자료에서의 물리적 변수의 변동 패턴과 생물학적 변수에서 관찰된 패턴 사이에 분명한 차이가 있음을 알 수 있다. 해수층 온도와 같은 물리적 변수는 무작위적 변동을 하는 것처럼 보인다. 하지만 실제 해수의 온도와 해류의 변화는 느리고, 이 시계열 자료들은 높은 자기 상관(어제와 오늘이 아주 비슷한 상황)을 가지는 것으로 나타난다. 해수온도의 느린 변동은 '적색잡음(red noise)'[4]으로 설명될 수 있다. 이런 식으로 볼 때, 바다 속 기후는 날씨의 변화가 빠른 육지 생태계의 변동('백색잡음[white noise]'[5]

---

3) 예를 들어, 사람이 생각하고 느끼는 것은 뇌 전달물질의 이동과 같은 물리적 현상으로 설명할 수 있지만 마음과 같은 복잡한 사항은 환원적인 물리현상으로만 설명할 수 없다. 이것은 철학에서 물리적 환원주의라고 불리는 입장이다.

4) 적색잡음이란 시계열 내에 자기 상관이 존재하는 불안정한 시계열을 의미한다.

5) 백색잡음이란 시계열 내에 자기 상관이 없는 안정적인 시계열을 의미한다.

　　　　　　　　　2부 자연계와 인간 사회의 구체적 사례들

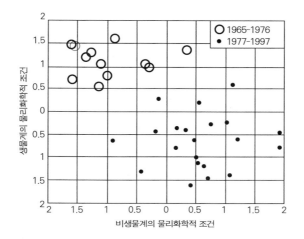

그림 10.2 북태평양에서 측정된 생물계(biotic PC1)와 비생물계(abiotic PC1)의 시계열 자료를 다변량 도표로 나타낸 그림. 1977년 국면전환 전과 후의 체제에서 생물체의 경우 확연히 다르게 나타나는 것을 보여준다. 한편 비생물학적 지표인 물리화학적 조건들은 국면전환 이후에도 이전의 상태와 겹치는 부분이 있음을 나타낸다.(참고문헌 3에서 수정)◆

에 가까운)과는 많이 다르다. 특히 성장률이 매우 느린 바다생물의 경우라면, 그들은 환경의 빠른 변화를 따라가는 데 더욱 어려움을 느낄 것이다.[7] 그러나 해양생물을 육지생물과 비교해볼 때, 이들이 기온과 다른 요인의 변동에 더 심하게 영향을 받더라도, 시계열 자료를 통하여 살펴보면 태평

◆ 큰 동그라미는 국면전환 이전의 상태, 작은 점은 이후의 상태를 표시한다. 1977년 이후로 본다면 생물학적 구분인 수평직선 PC1 =0.3 정도인 선을 기준으로 큰 동그라미와 작은 동그라미는 잘 구분된다. 그러나 비생물학적 지수인 세로선으로 이 두 종류의 점을 나누기는 어렵다. 왜냐하면 점들은 세로축으로 서로 겹쳐 있기 때문이다. 즉, 비생물학적 요인은 1977년의 급변 이후에도 이전과는 확연히 달라져 있지 못함을 보인다. 만일 물리적 요인이 생물체와 비생물체에 무차별적으로 영향을 준다면 급변 이후에 나타나는 생물학적 변화와 비생물학적 현상에는 차이가 없어야 한다. 생물학적 현상에 차이가 있다는 것은 비생물학적 개체가 환경의 물리적 변화에 대처하는 것과 다르다는 것을 의미한다.

양에 살고 있는 생물군집에게는 무작위적인 환경변동에 따르는 것과는 확연히 다른 패턴이 보인다.[6] 물리적 지표의 동역학과 대조적으로, 생물학적 시계열은 낮은 차원의 비선형적 특징을 가진 것으로 나타난다. 즉, 그것은 특정 임계값 근처에서 확률적으로 나타나는 외부 영향을 비선형적으로 확장시키는 피드백 과정에 의해 생성된다는 것을 알 수 있다.

대서양에서의 국면전환

북태평양에서의 국면전환이 많은 주목을 끌기는 했지만, 그것이 대양 시스템에서 관찰된 가장 분명하게 나타난 전환의 첫 번째 사례는 아니다. 놀라울 정도로 급격한 전환이 나타난 좋은 예로는 러셀 순환(Russell cycle)을 들 수 있다(그림 10.3 참조). 이것은 실제로 진행되고 있는 순환이라기보다는 1930년대 초 발생한 플리머스 인근 영국해협에 서식하는 생물 군집에서 보인 느린 전환인데, 이 상태는 이후 1960년대에 원래대로 회복되었다.[8] 다른 국면전환과 마찬가지로, 이 지역에서는 여러 변화가 동시에 나타났다. 예를 들어, 치어가 줄어들어 이 지역에서 흔하게 잡히던 겨울철 청어가 급격하게 감소하였다. 동시에 동물플랑크톤의 양이 눈에 띄게 감소한 반면, 정어리는 더욱 풍부해졌다. 그러나 1960년대에는 반대 방향으로의 전환이 일어났는데, 대구와 그 유사 어종의 생산량은 놀랄 만큼 늘어났다. 러셀과 그의 동료는 자신들의 연구 지역인 플리머스 근처가 한대성 어류 군집과 온대성 어류 군집 사이의 뚜렷한 경계 지역에 위치해 있음을 알았다. 그들의 가설에 따르면, 전환은 온도와 해류 순환 패턴의 변화로 인하여 한대성 군집과 온대성 군집 사이의 경계가 움직였기 때문에 발생했다는 것이다.

그 후로 약 20년 뒤, 북해 생태계에서 나타난 또 다른 대규모 전환이 주

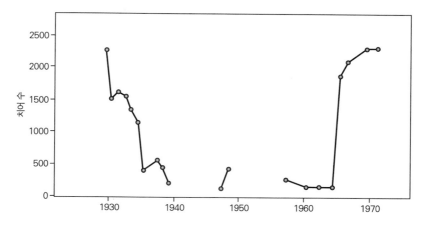

그림 10.3 러셀 순환이라 알려진 치어 수의 연도별 변화. 1930년대와 1960년대의 영국해협에는 여러 변화가 동시에 일어난다. 치어 수의 변화는 그중 하나이다.[8]

목을 받았다. 1980년대 중반, 북해에서는 식물플랑크톤, 동물플랑크톤, 물고기 군집이 동시에 변화한 것으로 나타났다.[9] 이 지역의 생물변화를 조사하기 위한 출발점은 연속 플랑크톤 기록계(continuous plankton recorder)에 의해 수집된 데이터를 살펴보는 것이었다. 연속 플랑크톤 기록계는 1946년 이후부터 해양실험에 자원한 상선에 부착시킨 장치로서, 매월 측정한 플랑크톤의 양을 보고하도록 만들어졌다. 이 장치를 통하면 표층수에서 측정된 플랑크톤의 수를 시계열 자료로 기록할 수 있다. 식물플랑크톤을 구분하는 데 사용된 기본 지표는 이 장치에서 필터의 색깔을 표준화된 방법으로 기록한 값으로 표시된다.[6] 이 실험결과 1980년대 중

---

6)   플랑크톤 수집망을 배 꽁무니에 달고 다니면 그 안에 플랑크톤이 수집되는데, 그 입구에 헝겊으로 필터를 설치하면 그것을 통과하지 못한 식물플랑크톤이 쌓이게 된다. 그 수가 많을수록 더 진한 색을 띨 것이므로, 그 색을 표준화하여 기록하면 식물플랑크톤의 양을 상대적으로 측정할 수 있다.

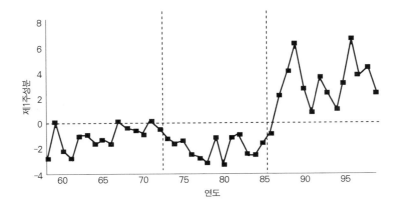

그림 10.4   1985년경 북해 지역의 국면전환 현상을 플랑크톤의 양으로 확인할 수 있다. 플랑크톤의 양은 필터에 나타난 색상의 제1주성분으로 분석한 것이다. ◆

반, 식물플랑크톤 군집에서 두드러진 변화가 발생했음을 관찰할 수 있었다(그림 10.4 참조). 측정기의 필터에 걸러진 플랑크톤 색깔이 강해진 것으로 볼 때, 식물플랑크톤의 양은 전환이 발생하기 이전 수십 년의 기간보다 증가한 것으로 나타났다.

그 무렵, 극적인 전환이 동물플랑크톤 군집에서도 발생하였다(그림 10.5와 10.6 참조). 연구자들은 여러 치어의 중요한 먹이가 되는 클라누스 요각류(calanoid copepod)라는 동물플랑크톤에 관심을 기울이기 시작했다. 북해 지역에서는 몸집이 큰 한수성 동물플랑크톤 종(예를 들어, 클라누스 핀마치쿠스[*Calanus finmarchicus*][7])이 우세한 상황에서 몸집이 작고 온수성 동

◆   색상의 주성분이란 측정된 다양한 색상에 나타난 색성분 중 가장 많이 나타난 성분이다. 가장 많이 나타난 것은 제1주성분, 그 다음으로 많이 나타난 성분은 제2주성분이다. 통계학에서 말하는 주성분 분석(principle component analysis)을 이용하면 된다.

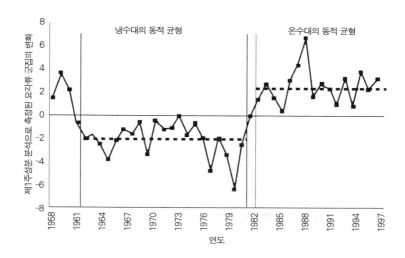

그림 10.5   다변량 데이터 집합의 제1주성분 변화로 측정된, 북해에서 확인된 '냉'에서 '온'으로의 클라누스 요각류 군집의 국면전환.[9]

물플랑크톤 종(예를 들어, 클라누스 헬고랜디쿠스[*Calanus helgolandicus*])
이 우세한 상황으로 전환되었음이 확인되었다. 일반적으로 핀마치쿠스는
주로 봄철에 볼 수 있는데 반해, 헬고랜디쿠스는 늦은 여름에 많이 볼 수
있다.[8]

　중요한 요점은 다음과 같다. 1980년대 북해에서 나타난 국면전환은 대
구와 그 유사 어종의 개체수가 회복되지 못한 것과 관련이 있어 보인다(그
림 10.6 참조). 시계열 자료로부터 그 메커니즘을 직접 추론하기는 어렵지
만, 동물플랑크톤 군집의 변화와 대구 개체수의 회복이 어려워진 것은 관

---

7)　　동물플랑크톤의 일종으로, 보리고래의 주된 먹이다.

8)　　　헬고랜디쿠스 동물플랑크톤이 우세한 상황으로 전환되었다는 사실은 대구 치어의 먹이가 되는
핀마치쿠스 플랑크톤의 개체수가 감소되었음을 의미한다.

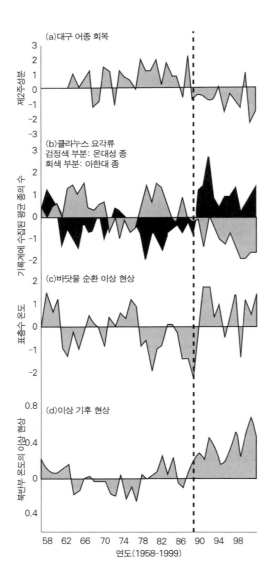

그림 10.6   1987년 북해에서 나타난 국면전환의 일부 모습. 그림 (a) 대구 수의 회복 감소 현상. 그림 (b) 아한대와 온대 지역에서 측정된 클라누스 요각류의 양(검은색은 온대 지역, 회색은 아한대 지역의 양). 그림 (c) 표층수 온도에 따른 해수순환 이상 현상과의 연도별 상관관계. 그림 (d) 시간에 따른 북반구 기후의 이상 현상과 지구 전체 기후의 이상 현상과의 상관관계.[9]

련이 있다는 주장이 있다. 왜냐하면 몸집이 큰 클라누스 플랑크톤은 봄철에 대구 치어에게 제공되는 중요한 먹이이므로, 봄철에 해당 플랑크톤의 감소는 대구의 감소로 이어지기 때문이다. 또한 이 지역의 전반적인 해수온도 상승은 생존에서 가장 중요한 첫 단계인 신진대사를 촉진시키기 때문에, 이 시기 대구 군집의 상황을 악화시켰을 것이라고 볼 수 있다.[9]

남아 있는 의문은 북해에서 발생한 국면전환이 대체견인영역으로의 전환으로 볼 수 있는가라는 것이다. 넓은 지리적 규모에서 이 문제를 보면, 지난 세기의 마지막 수십 년 동안 전체 북대서양의 생물군집 분포는 엄청나게 변화한 것으로 보인다. 그 예로, 북해에서 나타난 요각류 동물플랑크톤의 전환 현상을 들 수 있다. 이 전환으로 인한 한대성 어류의 감소와 그에 따른 온대성 어류 서식지의 확대[10]는 북해에서 일어난 전환 현상의 예라고 할 수 있다.[10] 일찍이 러셀이 영국해협에 나타난 동역학에 대한 가설을 세운 것과 마찬가지로, 우리는 더 넓은 공간(예를 들면, 북해까지 포함하는 공간과 시간)에서도 그러한 변화가 재현되고 있다는 사실을 알 수 있다. 물론 이 사실로부터 우리는 수온에 따른 각각의 대체안정군집이 존재한다고 말할 수는 없다. 그러나 해양에서 일어나는 지금의 변화를 볼 때, 생물학적 군집은 주변의 물리적 환경변화에 대하여 비선형적으로 반응하고 있음을 말해준다는 것이다.

---

9)　　온도가 올라가면 신체의 활성화 정도가 높아져 이전에 비해서 개체당 요구되는 먹이량이 증가하게 된다. 이로 인해서 대구에서 공급되는 먹이량이 이전에 비해서 부족해지는 상황이 된다.

10)　　온대성 물고기의 서식지가 위도 10도 이상 북쪽으로 확대되었다.

정어리 · 멸치 순환

대양 생태계에서 나타나는 전환의 사례로 많이 논의되는 것 중 하나는 일본, 캘리포니아, 서부 남아메리카와 남아프리카 서쪽 연안을 따라 흐르는 벵겔라 해류(Benguela Current)[11]에서 나타나는 정어리와 멸치 사이의 순환 현상이다(그림 10.7 참조).[11, 12] 멸치 같은 작은 크기의 회유성 어류(pelagic fish)[12]를 잡는 어업은 세계 어획량에 매우 중요한 부분을 차지하기 때문에 이런 어종에 나타나는 전환은 특별한 의미를 가진다. 그러나 전환의 극적인 성질과 경제적 중요성에도 불구하고, 회유성 어종에 나타나는 전환의 원인에 관한 메커니즘은 아직도 불분명하다. 어업활동은 어종의 붕괴에 영향을 미치는 것이 분명하지만, 실질적인 어업이 존재하기 훨씬 이전에도 이와 비슷한 물고기 개체수의 진동이 나타났다. 이 사실은 어류자원 붕괴에 어업이 아닌 다른 원인이 많다는 것을 암시한다. 특히 '온' 모드와 '냉' 모드 사이에서 발생하는 해류의 순환은 최근에 나타난 물고기 수의 전환과 일치하는 것으로 보인다.[12] 그러나 점진적으로 나타나는 이러한 비생물적 변화만으로는 정어리와 멸치 어획량 사이의 긴밀한 관계가 잘 설명되지 않는다.

정어리와 멸치가 동시에 풍부하지 않았다는 사실은 그 안에 경쟁이 있다는 것을 말해준다(A.4 참조). 그 경쟁에서 정어리 혹은 멸치가 우세한 상

---

11) 이 해류는 동쪽으로 흐르는 대서양 남적도해류와 만나기 전 남위 15°까지 남대서양에서 남부 아프리카의 서안(西岸)을 따라 북쪽으로 흐른다. 탁월한 남풍과 남서풍은 용승류(湧昇流)를 형성하는데, 이 용승류는 차가우며, 상대적으로 낮은 염분과 많은 플랑크톤을 함유하기 때문에 훌륭한 어장을 형성한다.

12) 해류를 따라 계절적으로 이동하는 물고기를 통칭하며, 회유어라고도 부른다. 정어리와 같은 난류성 회유어와 청어와 같은 한류성 회유어가 있다. 가자미 · 넙치 · 아귀 등과 같은 저어(底魚)에 대하여 항상 해표 가까이 유영하는 정어리 · 고등어 · 가다랭이 등을 말한다.

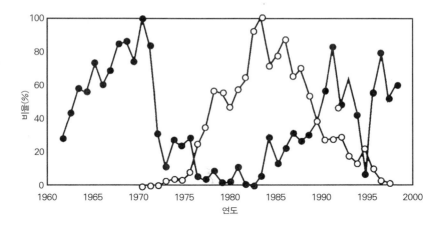

그림 10.7 홈볼트 해류 생태계에서 잡힌 멸치와 정어리의 양을 연도별로 표시한 그래프. 검은색 동그라미로 표시된 그래프는 북부와 중앙 페루에서 잡힌 멸치의 양을 나타내며, 흰색 동그라미로 표시된 그래프는 페루 및 북부 칠레에서 잡힌 정어리의 양을 표시한다.[11]

황은 대체안정 상태를 나타내게 된다. 이러한 변화 패턴은 물고기 덫 (school trap)[13]으로 알려진 특이한 현상으로 설명할 수 있다.[13] 논점은 다음과 같다. 회유성 어종의 각 개체는 일반적으로 같은 종의 물고기 떼에 합류하려는 경향이 강하다고 한다. 어떤 종이 풍부한 경우에 이들은 거대한 단일 특이성 물고기 떼를 형성하는 것으로 알려져 있다. 반대로 어떤 종이 희소할 경우에 해당 종의 물고기들은 다른 종의 물고기 떼에 들어가 합류하려는 성질을 가지고 있다. 만약 물고기 떼의 이동속도와 서식지가 가장 우세한 종에게만 최적인 상태로 맞추어진다면 우세종이 아닌 다른 종의 적합성은 떨어질 수밖에 없다. 그러므로 물고기 덫에 나타나는 메커니

---

13) 물고기 개체수에 따라서 개체수가 작아진 특정 종의 물고기가 다른 종의 물고기 떼에 갇히게 되는 과정 혹은 현상.

즘은 일종의 앨리 효과(Allee effect)[14]라고 할 수 있다. 즉, 어느 한 종의 희소성은 그 희소성을 더 심화시키는 일종의 양의 피드백으로 작용한다. 만약 이 효과가 충분히 크다면 이것은 대체안정 상태를 만들어낼 수 있다. 양의 피드백에서 항상 그러하듯이, 비록 이 효과가 너무 약해 진정한 대체 안정 상태를 유발할 수 없다고 하더라도 충분히 임계 상태와 가까운 문턱 반응을 유발할 수 있다(14.3절 참조). 어떤 경우에는 이와 같은 피드백으로 상태의 점진적인 변화(예를 들어, 플랑크톤의 크기 변화나 수온의 점진적 변화)가 어떻게 지배적인 종 사이에서 급격한 전환을 일으키는지를 설명할 수 있을 것이다. 중요한 점은 어업압력(fishing pressure)[15]의 변화가 물고기의 개체수 변화에 영향을 미치기까지는 시차가 존재하기 때문에, 이러한 시차의 영향을 받아 때때로 어장의 붕괴는 가속화된다.

결론적으로 말하자면 정어리·멸치 순환은 환경의 물리적 변화가 원인으로 보인다. 그러나 물고기 개체수의 급격한 전환이 말해주는 것은 생물 군집의 상호작용과 어업압력에 존재하는 피드백 루프에 의하여 생성된 물리적 환경의 변화에 생물개체들이 비선형적으로 반응하고 있다는 사실이다. 추상적인 관점에서 설명하자면, 이 과정은 빙하기 순환의 메커니즘과도 닮아 있다고 할 수 있다. 즉, 빙하기는 지구 자전축의 작은 변화로 시작

---

14)   1939년 앨리(W. C. Allee)는 작은 개체군은 지속적으로 멸절할 수밖에 없다고 했다. 여기에서 작은 개체군은 무리의 숫자가 너무 작은 것을 말한다. 또한 개체와 개체 간의 거리가 멀어서 관계의 밀도도 떨어진다. 고래는 넓은 바다에서 띄엄띄엄 산다. 그래서 다른 고래를 만나지 못하고 짝짓기가 힘들다. 그럴수록 더욱 고래의 개체수를 늘리기는 쉽지 않다.

15)   어업으로 물고기의 개체수를 줄이는 행위는 물고기의 입장에서 본다면 환경이 나빠져서 생존이 어려운 것과 같은 부정적인 압박요인이 된다. 이 책에서는 주로 대형 어선에 의한 상업적인 남획과 같은 행동을 일컫는다.

된 태양복사량의 작은 변화가 양의 피드백으로 작용하여 나타난 전환이라고 할 수 있다.

대구 개체수의 붕괴

대구 개체수의 변화는 경제적으로 중요한 어류자원이 어떻게 붕괴할 수 있는지에 대한 잘 알려진 예이다(그림 10.8 참조). 순전히 이론적인 모형으로만 보자면 어획 메커니즘도 남획의 상태라는 대체안정 상태를 만들어낼 수 있다.[14 16)] 그러나 뉴펀들랜드 대구에 대한 어업이 금지된 이후에도 대구 개체수는 쉽게 회복되지 않았다. 이 사실은 어류자원의 회복을 막는 어업 외에 또 다른 메커니즘이 있는 것이 아닌가라는 생각이 들게 한다. 한 가지 가능성은 잠재적 천적과 치어의 경쟁자를 통제하기 위해서는 다 자란 물고기의 수가 충분해야 한다는 것이다.[15] 실제로 물고기의 크기에 따라 결정되는 포식자 · 피식자 상호작용에서 일단 개체수가 어떤 임계값을 넘어서면 이전 상태로 회복되는 것은 어렵게 만드는 앨리 효과(2.1절)가 만들어지고,[16] 또 다른 메커니즘이 이러한 앨리 효과를 강화시키게 된다.[17]

과학적으로 생각해보면, 건조지대에서 발생할 수 있는 과잉방목에도 유사한 변화가 발생할 수 있다는 것을 알 수 있다. 일단 과도한 방목이 시작되면 그로 인하여 황폐화된 지역은 그러한 환경적 안정 상태를 지속할 것이다.[19] 그러나 뉴펀들랜드 대구가 어업 금지조치 이후에도 개체수를 회복

---

16) '공유지의 비극(tragedy of the commons)'과 마찬가지로, 이론적으로는 남획을 하기로 결정하는 것이 어부 및 어업 관계자들에게 합리적인 선택이 된다. 하지만 시간이 흐름에 따라 나타나는 최종 결과는 어류자원의 고갈이 될 것이다. 물고기가 사라진 상황은 별다른 내부의 변화가 존재하지 않는 한 이론적 관점에서 본다면 또 다른 안정상태가 될 수 있다.

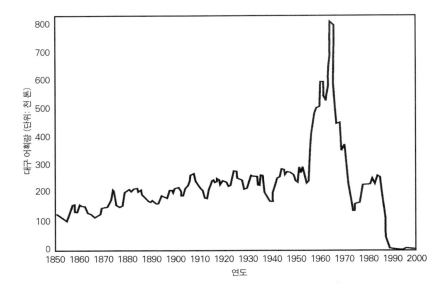

그림 10.8　1992년 뉴펀들랜드 섬 동쪽 연안에 서식하는 대서양 대구의 수가 현격히 줄어들어 수백 년 간 계속되어온 대구잡이가 중단되었다.(참고문헌 18에서 수정)

하지 못한 것처럼, 몇몇 지력이 저하된 지역에서 초식동물의 수를 줄이는 것만으로는 땅이 원래 상태를 회복하지 못하는 것을 볼 수 있다. 즉, (토양 상태와 식생 사이에 일어나는) 추가적인 양의 피드백으로 인하여 그 땅은 황폐화된 상태로 계속 머물러 있을 수밖에 없다는 사실이 이후에 밝혀졌다.[20]

　앨리 효과가 대구 개체수의 회복을 가로막았는지 여부도 중요한 의문이지만, 이와는 별개로 무엇이 그 많은 대구 개체수를 감소시켰는지가 중요한 문제이다. 이 질문의 핵심적인 열쇠는 어업의 역할이다. 우리는 고고학적 증거를 통해 대구가 수천 년 동안 인간의 소비 면에서 중요한 어종이었다는 것을 알 수 있다. 그리고 1920년대 오래된 그림에는 어른 키만한 말린 대구가 보이곤 하는데, 당시에는 1.5~2m 정도 크기의 대구를 발견하

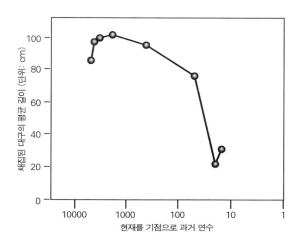

그림 10.9　메인 만 연안에서 잡히는 대구 크기의 감소는 고고학적 증거와 어업 데이터에서 확인되고 있다.(참고문헌 31에서 수정)

는 것은 보기 드문 일이 아니었다.[21] 그러나 기계화된 저인망 어업이 전통적 방식의 줄낚시 어업을 대체하면서 대구의 어획량뿐 아니라 그 크기도 감소하기 시작했다(그림 10.9 참조). 다 자란 대구만이 번식을 할 수 있으므로, 더 큰 대구를 선호하는 선택적 제거 방식의 어업은 첫 번째 산란기를 맞이한 대구의 번식 성공률을 떨어뜨린다.[22] 그러므로 대구 성어만을 집중적으로 남획하는 일은 대구 개체수를 임계 수준까지 떨어뜨리는 중요한 원인이 된다.

　하지만 대구 개체수 붕괴의 원인에 어업만 있는 것은 아니다. 북해의 경우에 앞에서 언급했듯이, 몇몇 연구에 따르면 대구 개체수의 성공적인 회복은 적절한 크기의 플랑크톤 먹이가 적절한 시기에 이용 가능한지 여부에도 달려 있다. 그리고 수온이 상대적으로 낮게 유지되는 것도 대구 개체수 회복에 긍정적으로 작용한다. 일반적인 상황에서 대구는 한류성 어종이기 때문에 수온이 상승하면 당연히 대구 분포의 한계선이 더 높은 위도 쪽으로 옮겨질 것으로 보인다.[23] 그러므로 대구 개체수가 어업압력을 견딜 수 있는 능력은 대양의 기후에 의해서도 영향을 받는다. 만약 어업활동으로 산란 가능한 대구 성어의 개체수가 급격히 감소하게 되었을 때, 개체수 회복에 불리한 기후조건이 나타나면 개체수 붕괴 상황은 더욱 악화될 수 있다. 그러므로 캐나다 연안의 노바스코샤(Nova Scotia) 대구 개체수의 붕괴가 해수의 온도 상승과 연관이 있다는 것은 당연한 사실이다.[24]

기후변화와 어류자원 붕괴 사이의 관계를 해석할 때 조심해야 할 점은 기후가 해양생태 시스템 상태의 모든 것을 결정한다는 식으로 너무 쉽게 결론짓는 것이다. 따라서 우리는 다음의 두 가지 사항을 잘 인식해야 한다. 첫째, 어업이 많은 어류자원을 고갈의 한계점까지 밀고 갔다는 것은 분명한 사실이다. 이 같은 상황에서 기후변화는 어류자원의 붕괴를 쉽게 촉발시킬 수 있다. 어떤 사람은 기후변화가 어류자원 고갈의 원인이므로, '어업을 허용해야 한다'라는 식의 잘못된 결론을 내리기도 한다.[25] 그러나 남획이 심하지 않은 어종은 성어의 개체수가 충분하기 때문에, 기후조건이 나빠 개체수 회복이 불리한 시기에도 별다른 영향을 받지 않을 것이다.[17] 둘째, 비록 물리적 상태가 바뀌었을지라도, 붕괴가 유발되고 나서 나타난 이후의 상태는 주위 상황의 변화와 관계없이 지속되는 경향을 보인다. 이것은 태평양의 국면전환(그림 10.7 참조)에서도 볼 수 있고, 해수의 온도가 평균으로 돌아갔지만 노바스코샤 지역의 대구 개체수에 별다른 변화가 없었다는 점에서도 분명하게 확인된다.[24][18] 앞서 논의된 것처럼 이것

---

17)   따라서 지금 특정 종의 개체수가 충분하다고 해도, 성어를 남획해버리면 개체수의 붕괴는 바로 나타날 수 있다.

은 시스템에서의 피드백이 앨리 효과를 발생시켜, 새로운 대체안정 상태를 만들어낸다는 것을 의미한다. 그러므로 환경변화에 따른 물리적 상황의 변화가 중요한 것처럼 보이기는 하지만, 이것은 어업압력과의 상호작용을 통해 비선형적인 방법으로 시스템에 영향을 미친다.

마지막으로, 대구 개체수의 붕괴가 먹이사슬에 하향식(top-down)으로 단계적 영향을 미친다는 것은 흥미로운 사실이다.[26] 이 사실은 해양 생태계에서 상향식(bottom-up) 조절 과정이 더 일반적이고, 생산성과 해양 생태계 상태 사이의 동역학이 순환 패턴으로 보인다는 인식과는 차이가 있다. 아래에서 위로의 상향식 조절 과정과 위에서 아래로의 하향식 조절 과정은 동시에 나타날 수 있기 때문에, 그들의 상대적인 중요성을 현장자료에서 쉽게 찾아낼 수 없다. 자연계에 존재하는 개체가 가지는 풍부함은 대부분 상향식으로 조절되며, 해양 시스템 역시 예외는 아니다. 미국 서해안 바닷가에서 측정된 엽록소의 양과 어획량 사이에서 나타나는 강한 상호관련성은 상향식 조절 과정을 잘 보여준다.[27] 이러한 예는 환경의 영양상태(아래쪽)가 얼마나 좋은지에 따라 어획량(위쪽)이 결정된다는 사실을 말해주긴 하지만, 이 같은 경험적인 이해는 우리에게 하향식 힘의 중요성에 대해서는 많은 것을 이야기해주지는 못한다. 예를 들어, 우리는 호수의 예에서 영양분의 풍부함과 영양단계(trophic level)[19]의 충분함 사이에 나타나는

---

18)　　온도에 따라 대구 수가 완전히 영향을 받는다면 온도가 이전의 상태로 돌아오면 다시 회복되어야 하는데 급감된 상태로 지속되는 현상이 관찰되었다.

19)　　생물이 생태계 내의 물질순환이나 에너지전환을 통하여 단계적으로 양분을 취하는 단계를 말한다. 예를 들어, 독립영양을 취하는 녹색식물은 생산자로서 태양에너지를 이용하여 유기물을 합성한다. 식물과 모든 동물처럼 종속영양을 취하는 소비자들은 직접 또는 간접적으로 녹색식물을 이용한다. 미생물은 이들 동식물의 시체나 배설물을 분해하여 생산자에게 공급한다.

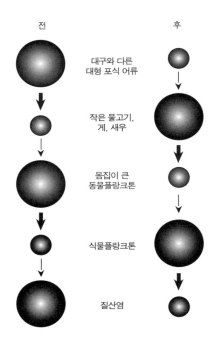

대구와 다른
대형 포식 어류

작은 물고기,
게, 새우

몸집이 큰
동물플랑크톤

식물플랑크톤

질산염

그림 10.10   급격한 전환 이전과 이후의 먹이사슬 강도의 변화. 1980년대 후반부터1990년대 초반까지 노바스코샤 대륙붕에서 관측된 대구와 다른 큰 포식 어류의 붕괴를 단계적으로 표시한 그림. 그림에서 공의 크기는 영양 수준에 상응하는 상대적 풍부성을 나타낸다. 화살표는 위에서 아래로의 하향식 효과가 미치는 것을 표시한다.[26]

상호관련성을 볼 수 있다.[28] 하지만 7.1절에서 논의한 바와 같이, 호수 물고기 수가 감소하면 몸집이 큰 동물플랑크톤은 증가하고, 이들 동물플랑크톤의 먹이가 되는 식물플랑크톤은 감소하게 되어, 궁극적으로는 호수가 맑은 상태가 된다. 이 같은 하향식 효과는 생태계에서 확실하게 작용되고 있다.

바다에서 어류가 감소된 상황에서, 위에서 아래로의 압력이 어떤 연쇄적인 과정을 거쳐 아래층까지 효과를 낼 수 있을지 생각해보자. 스코틀랜드 바닷가에서 얻어진 데이터[24]를 분석해보면, 대구나 다른 큰 포식 어류 감소의 효과는 작은 어류, 게, 새우, 동물플랑크톤, 식물플랑크톤을 거쳐서 영양분까지 먹이사슬의 아래 방향으로 이어져 내려온다는 것을 알 수 있다(그림 10.10 참조). 그 안의 변화를 관찰해보면 숨은 연결고리를 추론할 수 있다. 또한 북극에서 흘러온 저염도 해수도 그 지역의 생태계 변화를 유발하는 데 어떤 역할을 한 것으로 보인다.[29] 그럼에도 불구하고 대구와 새우의 관계에 관한 연구를 메타분석해보면, 기후조건이 다른 대서양 양쪽의 거의 모든 지역에서 새우, 게와 같은 저서성 무척추동물이 증가된 것을 확인할 수 있는데, 이것은 가장 상위 단계인 대구 개체수가 줄어들고 있다는 사실을 나타낸다.[30]

종합적으로 볼 때, 대구 자원 붕괴의 원인과 결과에 관한 연구의 결론은 해양 생태계가 고도의 비선형 시스템일 수 있다는 새로운 견해와 궤를 같이 한다. 이와 같은 견해는 해양생태 시스템 전반을 관리하는 데 새로운 관점이 필요하다는 것을 시사한다. 즉, 회복할 수 없을 정도의 급격한 어류 감소는 어업압력의 점진적인 증가에 따른 결과로 볼 수 있지만, 물고기의 붕괴를 일으키는 특정 임계문턱값은 그 시기 기후조건에 따라 달라질 수 있다.[20]

---

20)   남획이 어류 자원의 급감의 주된 원인이지만, 앨리 효과가 나타나는 특정 임계문턱값은 기후조건에 의해서도 결정될 수 있다. 예를 들어 남획으로 성어의 개체수가 상당히 줄어든 어종의 경우, 성어들의 번식기에 불리한 기후조건이 나타나는지에 따라서 그 붕괴의 임계점은 달라질 수 있다.

2 ㅣ 연안의 생태 시스템

관측치를 통해 어느 정도 추론은 가능하지만, 대양에서 일어난 국면전환의 인과관계를 밝히는 것은 여전히 어려운 문제다. 반면, 산호초, 갈조류 숲, 해초밭과 같은 연안 생태계는 대양에 비해 연구하기 한결 수월한 면이 있다. 이런 연안 생태계 시스템에서도 급격한 변화가 있었고, 피드백 고리(loop)에 의한 조절 및 어업과 바다 포유류의 도태가 이러한 변화에 중요한 역할을 했다는 근거들이 있다. 연안 생태계에서 나타나는 하향식 영향의 중요성에 대해서는 논쟁의 여지가 거의 없다. 생태계에 미치는 단계적 효과와 함께 인간의 활동이 연안 생태계 생물의 개체수에 미치는 영향은 선사시대로까지 거슬러 올라간다. 최근에는 부영양화와 서식지의 파괴와 같은 스트레스의 증가로 연안 생태계에 심각한 붕괴 현상이 보인다. 하지만 바다 척추동물의 남획 규제 실패로 인한 불균형은 오래전부터 나타났다.[31] 몇몇 연안 시스템은 인간의 난개발이 사라지면 상대적으로 빠르고 유연하게 회복될 수 있음을 보여준다. 예를 들어, 칠레 연안에 풍부하게 서식하던 물고기 군집은 남획으로 인해 큰 피해를 입었지만, 인간의 출입이 금지된 후 10년이 채 되기 전에 원래 자연 그대로의 상태에 가깝게 회복되었다.[32] 하지만 다른 생태 시스템의 경우에는 인간의 활동으로 파괴가 일어난 후에 다시는 그 이전의 상태로 돌아가지 못하는 경우도 볼 수 있는데, 이에 대해서는 다음 장에서 살펴보자.

산호초

풍부한 생물학적 다양성을 가진 산호초는 연안 생태계와 관련된 가장 잘 알려진 사례이다. 전 세계의 산호초들은 작은 알갱이의 흙(침니)[21]으로 인한 통기구의 막힘, 기계적인 사고에 의한 손상, 백화 현상, 산호를 먹이로 하는 왕관가시 불가사리의 출현 등을 포함한 다양한 문제 때문에 국면전환의 상황에 처해 있다. 그중에서 가장 두드러진 대규모의 전환은 1980년 초기에 캐리비언 지역의 산호초가 조류로 뒤덮이게 된 사건이다. 우리는 1.1절에서 이 지역에 어떤 일이 발생했는지에 대하여 간략히 설명한 적이 있다. 이 절에서는 산호초의 국면전환이 어떤 과정으로 어떻게 일어났는지를 좀 더 자세히 분석하고자 한다. 지난 수십 년간 진행된 일련의 분석[33]에서 드러나는 사실은 그 원인이 매우 복합적이라는 것이다. 토지 이용의 변화에 따라 발생한 바닷물 속 영양분의 축적은 조류의 성장을 촉진하였지만, 오랫동안 초식 물고기들이 조류 생물량을 일정하게 조절하는 역할을 해오고 있었다. 그러나 점진적으로 강화되어온 어업으로 몸집이 큰 어류의 수는 감소하였고, 파랑비늘돔이나 검은 쥐치 같은 몸집이 작은 어류의 수도 감소하였다. 이러한 상황에서는 성게가 연안의 지배적 초식동물의 역할을 했고, 조류의 양은 여전히 적은 상태로 유지되었다. 하지만 성게의 경쟁자인 초식 물고기가 줄어들고 조류가 풍부해져 성게의 개체수는 크게 늘어났다. 그리고 이후 성게가 심각한 병원균으로 급격히 폐사하기 시작하자, 전체 시스템은 붕괴되었다.[22] 결과적으로 산호는 전체 지역의 1% 미만의 지역에서만 살아남았다. 즉, 조류가 최후의 강력한 초식동물이었던 성게로부터 해방되자, 산호초는 급격히 거대한 조류로 완전히 뒤덮이게 된 것이다(그림 10.11 참조).

---

21)   모래보다 곱고 진흙보다 거친 침적토.

22)   조류를 먹을 수 있는 개체라고는 성게밖에 없었는데, 성게가 병으로 대부분 폐사함에 따라서 급속히 늘어난 조류는 산호초 군락을 점령하여 붕괴를 유발한 것이다.

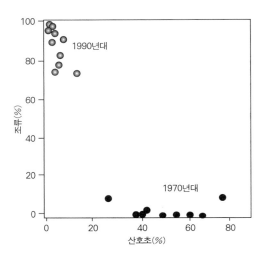

그림 10.11　자메이카 암초에서의 조류와 산호초의 분포를 조사해보면, 성게 붕괴 이전(1970~1980)과 이후(1990~1993)의 상황에 뚜렷한 차이가 있음을 알 수 있다.[34]

　캐리비언 지역의 산호초 붕괴를 통해 몇 가지 흥미로운 사실을 알 수 있다. 첫 번째로 이 사건은 생물 다양성에 대한 보험 효과의 확실한 예라는 점이다(5.3절 참조). 산호초 붕괴 이전에 성게 한 종만이 전체 조류를 조절하고 있었던 상황에서 미루어볼 때, 조류 조절을 담당하는 해당 기능 그룹이 하나의 종으로 이루어진 경우에는 다양한 종이 각자의 역할을 수행할 때에 비해 시스템은 더 취약하다는 것을 알 수 있다. 질병의 위험성도 이와 같이 설명할 수 있다. 질병의 창궐이 우연이라고 주장할 수도 있지만, 대부분 특정 종의 밀도가 증가하면 유행병의 위험성은 증가한다. 그러므로 유행병의 발생에 무작위적인 요소가 많이 있다 하더라도, 유행병은 병균에 적합한 영양부하가 높거나 생물체의 다양성이 감소된 시스템에 나타날 가능성이 특히 더 높다. 왜냐하면 이런 시스템일수록 특정 몇몇 종이 매우 높은 밀도를 유지하고 있어, 유행병이 잘 전파될 수 있기 때문이다.

　마지막으로 수십 년이 지난 후 성게의 개체수가 원상태로 돌아왔지만 산호초는 여전히 회복되지 않고 있다는 점은 매우 중요한 사실을 시사한다. 뉴펀들랜드 대구 개체수 변화의 경우와 마찬가지로 이 사례는 그러한 변화가 대체안정 상태로의 전환을 나타내는 것임을 증명하지는 않는다(14.2절 참조). 그럼에도 불구하고, 이것은 시스템에서 대체안정 상태로의 전환이 있었던 것처럼 보이게 한다. 산호초 복원이 지연되는 것은 원래 상태로의 복귀 과정에 어떠한 행태로든 그것을 방해하는 메커니즘이 있다는 것을 말해준다. 크기가 큰 조류도 산호초의 회복을 방해하는 요소인데, 왜냐하면 이것은 성게가 먹을 수 없는 개체이기 때문이다.[23] 그리고 조류로 이루어진 두터운 막(algae cover)이 산호 유충의 정착을 방해하는 것도 산호초 복원을 막는 메커니즘이 될 수 있다. 이론적으로 보자면, 이와 같은 피드백 작용이 조류가 우세한 상태로 유지되는 대체안정 상태를 만들어줄 수 있다. 그러나 이것이 대체안정 상태로 변화될지의 여부는 관련된 피드백의 힘에 따라 결정된다(14.3절 참조). 대체안정 상태를 평가하기 위한 간단한 실험이 가능할 것처럼 보이지만, 소규모의 조작을 통하여 전체 산호초 군집의 동역학을 확대 추론하는 것은 어려운 일이다. 왜냐하면 개개의 산호초의 기능은 핵심 종의 이동 정도와 산호초 유충의 확산 정도에 따라 결정되는 지역적 상황에 크게 의존하기 때문이다.[35] 또한 전환된 상태를 다시 복원하기 위해서는, 이전 전환의 예방에 중요한 역할을 했던 종이 아닌 전

---

23)　크기가 작은 조류는 그것을 먹을 수 있는 동물에 의해 그 수가 감소되지만, 큰 조류는 작은 조류를 먹이로 하는 군집에 의해 생물량이 조절되지 않으므로, 해당 조류를 번성하게 하여 산호초의 복원을 방해한다.

혀 새로운 생물종이 필요한 경우가 있다. 그레이트 배리어(Great Barrier) 지역의 산호초[24]가 이러한 예라고 볼 수 있다. 그레이트 배리어 산호초를 철망으로 덮어서 어류의 접근을 막자 산호초는 곧 조류로 뒤덮이게 되었다. 그런데 이후 철망을 걷어내자 그 장소가 아닌 다른 연안에서 옮겨온 박쥐고기(그전엔 무척추동물만 먹는다고 알려져 있었음)만이 조류를 제거하는 것을 볼 수 있었다. 즉, 박쥐고기를 제외하곤 근처에 서식하던 43종의 다른 초식 물고기들은 산호초에 생긴 조류를 제거하는 데 별다른 역할을 하지 못했다는 것이다.[25]

갈조류숲

갈조류숲(kelp forest)[26]은 산호초만큼이나 연안 생태계 동역학을 조정하는 데 중요한 영향을 끼친다. 산호초의 분포(그림 10.12 참조)와는 다르게, 갈조류숲은 난류가 흐르는 바위 연안에 형성되는 특징이 있다(그림 10.13 참조). 갈조류숲은 매우 인상적인 생태계인데, 갈조류숲과 일반 숲의 유사성은 다윈의 글에 아주 잘 묘사되어 있다. 다윈은 『비글호 항해기(The Voyage of the Beagle)』에서 본 티에라 델 푸에고 근처의 갈조류숲에 대하여 다음과 같이 묘사하고 있다.

"이 거대한 수생 숲은 오로지…… 열대지방의 숲과만 비교될 수 있다. 그러

---

24)　　오스트레일리아 퀸스랜드 주 동쪽 연안에 있는 세계 최대의 산호초.

25)　　이 사건은 전환의 복원에 새로운 종의 등장과 그 역할을 잘 설명해주고 있다.

26)　　켈프(Kelp)는 다시마목에 속하는 커다란 갈조식물이며, 해초의 일종이다. 갈조류숲은 이 해초들이 바다 밑에 빽빽이 모여 자라서 이루어진 숲을 말한다.

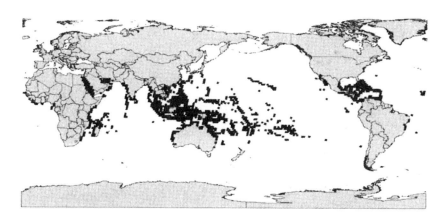

그림 10.12   전 세계 산호초의 분포 지역. 지도상의 검은 부분이 산호초의 서식 지역이다(자료 제공: NASA).

나 만약 어떤 나라에서 숲이 파괴된다고 해도 나는 이 갈조류숲의 파괴로 사라지게 될 동물만큼 많은 동물이 사라진다고는 믿지 않을 것이다. 이 갈조류숲에는 여기 말고 다른 곳에서는 먹이나 은신처를 도저히 찾을 수 없는 수많은 종의 물고기들이 살고 있다. 만일 이 숲이 파괴된다면 많은 가마우지[27], 물고기를 먹이로 하는 다른 새들, 수달, 바다표범, 작은 돌고래 또한 곧 사라질 것이다. 그리고 마지막으로 푸에고 섬사람도 줄어들게 될 것이고 결국에는 섬사람 모두가 사라지게 될 것이다."

갈조류숲의 파괴 때문은 아니었지만, 푸에고 사람들은 결국 사라졌다. 한편 갈조류숲의 파괴는 일반적인 현상이 되었으며, 다윈은 갈조류숲의

---

27)   사다새목(Pelecaniformes) 가마우지과(Phalacrocoracidae)에 속하는 26~30여 종의 물새류. 텃새로 해양에 살며, 때로는 항만 또는 암초가 많은 해안의 절벽이나 암초에서 관찰되기도 한다.

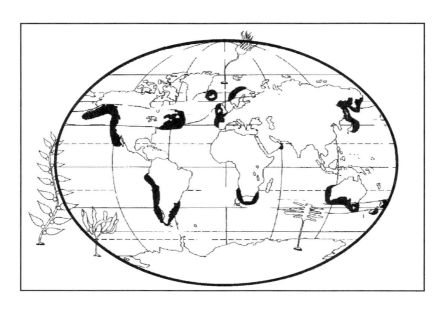

그림 10.13　세계 각지에 분포된 갈조류숲. 갈조류숲은 암벽 해안가의 난류를 따라 분포한다.(참고문헌 36에서 수정)

형성과 파괴의 원인 및 결과에 흥미를 가졌음이 분명하다.

　수많은 연구들이 갈조류숲의 축소와 파괴에 초점을 맞추고 있으나, 스테넥(Steneck)과 그의 동료들이 이룩한 두 가지 연구는 이 책의 맥락과 관련하여 많은 흥미로운 점을 시사해주고 있다.[37, 38]

　갈조류숲의 황폐화에 대한 연구의 공통된 주제는 성게의 영향이다. 성게는 갈조류숲을 완전히 파괴할 수 있으며, 극단적으로는 갈조류숲을 성게의 불모지로 바꾸어버릴 수 있다. 그리고 성게로 인하여 황폐화된 지역과 남아 있는 갈조류숲 사이에는 뚜렷한 경계선이 발견된다.[39] 이것은 피드백 작용을 통해 양쪽 두 상태 중 하나로 안정화되었다는 것을 의미한다(14.1절 참조). 실험을 해보면 개방된 지역에서는 성게가 갈조류의 성장을

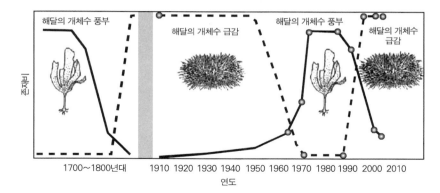

그림 10.14   갈조류가 우세한 상태와 갈조류가 자라지 못하는 불모 상태 사이의 국면전환이 일어난 상황. 갈조류의 두 상태는 알래스카 연안을 따라 서식하는 성게의 수에 따라 결정되고, 성게의 개체수는 해달 수의 영향을 받는다.(참고문헌 37에서 수정)

조절해주고 있다는 것을 알 수 있다. 그러나 갈조류가 있는 곳으로 성게가 이동하는 것은 경계 지역 바위를 덮고 있는 갈조류 잎의 움직임 때문에 차단된다. 즉, 갈조류숲은 큰 파도에 따라 변하는 유연한 형태로서 그들의 적으로부터 자신을 어느 정도 방어할 수 있다.[39] 또한 어떤 경우에는 갈조류숲에 서식하는 게(crab)들이 성게의 증식을 효과적으로 막아준다는 연구도 있다.[38]

조류가 우세한 작은 서식지는 해양동물이 조류를 조절하는 서식지와 공존할 수 있다. 그러나 그러한 조류 우세의 서식지는 전 지역이 불모지로 변할 수도 있고, 혹은 그 반대인 불모지에서 조류 우세 지역으로 바뀌는 대규모의 전환을 만들어낼 수도 있다.[37] 예를 들어, 알래스카 연안 갈조류숲의 역사를 생각해보자(그림 10.14 참조).[38] 이 숲은 마지막 빙하기 이후부터 이 지역에 자리잡고 있었다. 그러나 1700년대와 1800년대 많은 수의 해달이 남획으로 줄어든 이후, 해달이라는 천적으로부터 해방된 성게들이 마음껏 늘어났고 이 때문에 갈조류숲은 붕괴하였다. 20세기에 들어서야 해달이 법적으로 보호받게 되면서 갈조류숲은 회복되었다. 그러나 범고래의 주요 먹이인 바다표범과 바다사자가 크게 줄어든 이후 범고래는 그들의 먹이를 해달로 바꾸었는데, 이로 인하여 해달의 수는 또다시 감소하게 되었다.[40]

빈번히 나타나는 갈조류숲의 큰 변화의 예는 메인 만(Gulf of Maine)[28]에서도 확인할 수 있다.[38] 메인 만에는 최소 4,000년 동안 무성한 갈조류숲이 유지되어 왔다. 이 상태에서 메인 만은 많은 수의 대구와 해덕(haddock)[29] 같은 큰 포식 물고기들이 성게 개체수를 조절했다. 그런데 어업활동 때문에 이러한 최상위 포식자들이 대량으로 포획되어 사라짐으로써, 갈조류숲은 점차 성게들에 의해 파괴되기 시작했다. 광활했던 갈조류숲은 1980년대에 이르자 대부분 사라지고 그중 극히 일부분만이 성게가 없거나 소용돌이가 치는 안전한 지역에서 살아남았다.[30] 그러나 사람들의 해양자원 이용방식에 의해 다시 한 번 예기치 않게 숲의 운명은 바뀌게 된다. 1987년부터 일본 초밥 재료를 공급하기 위해 초록성게 잡이가 시작되었으며, 그 이후 연안을 따라 광범위하게 퍼져 있던 성게는 급격히 감소하기 시작했다. 성게의 개체수가 임계 생물량 아래로 떨어지자, 성게는 더 이상 조류의 번식을 통제할 수 없었고, 연안에는 다시 갈조류가 우세한 상태로 국면전환이 나타났다. 흥미로운 점은 성게잡이가 금지된 곳에서도

---

28)   북아메리카 북동쪽의 대서양 연안에 있는 커다란 만(bay).

29)   대구류의 식용어, 대구와 비슷하나 그보다 작은 바다 고기.

30)   성게가 없는 지역은 일부분이며, 바닷속 소용돌이 때문에 성게가 붙어서 갈조류를 뜯어먹지 못하는 지역 일부분에서만 생존을 안정적으로 유지할 수 있다.

2부 자연계와 인간 사회의 구체적 사례들

새롭게 형성된 갈조류숲이 번성한다는 것이다. 대구나 다른 상위 포식자들이 없어진 요즘에는 게가 성게를 통제할 수도 있다는 증거들도 있다. 노바스코샤의 해안을 따라 북쪽으로 따라가면, 메인 만이 보여주는 동역학의 놀라운 변화를 볼 수 있다. 즉, 메인 만에서는 성게와 갈조류숲 사이에는 진동하는 상태(oscillating state)가 관찰되는데, 즉 성게에 생기는 주기적 유행병에 따라 갈조류숲과 성게로 가득 찬 불모지 상태로 서로 바뀌는 시스템이 변화가 나타나고 있는 것이다.[37, 41]

요약하면, 갈조류숲과 성게로 인하여 황폐화된 불모지 상태는 두 개의 대체안정 상태인 셈이다. 비록 뚜렷한 경계를 가지는 두 상태가 종종 공간적으로 공존함에도 불구하고, 이곳에서는 갈조류가 우거진 상태에서 전 지역이 완전히 불모지로 되는 혹은 그 반대로 진행되는 대규모 전환이 발생하는 것이다. 그러한 급격한 전환은 사람의 개입을 통해서도 발생한다. 즉, 해달과 같은 성게의 천적을 잡아버림으로써도 일어날 수 있고 반대로 직접 성게를 적극적으로 잡음으로써 급격한 전환이 발생할 수도 있다.

강어귀의 굴

강어귀(estuary)[31]에서는 조수간만의 차이에 따른 변화를 잘 볼 수 있다. 전 세계적으로 대부분의 강어귀에는 시간이 지남에 따라 토사, 영양분, 오염물질들이 쌓이게 된다. 게다가 강어귀 인근 지역에는 인구가 밀집되어 있기 때문에 조개잡이와 고기잡이가 활발한 편이다. 강어귀가 해양 생태계들 중에서 가장 상태가 나쁜 곳으로 간주되는 것은 놀랄 일이 아니다.

---

31)   강의 조수간만이 있는 입구.

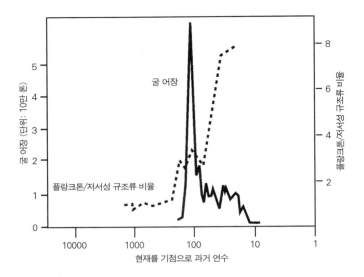

그림 10.15   지난 수세기 동안의 굴 생산량과 플랑크톤의 변화. 영양분 축적과 기계화된 저인망 어업으로 인하여 체사피크 만은 산소결핍과 식물플랑크톤이 가득 찬 상황이 되어버렸다. 즉, 저서성 규조류와 조류가 대부분인 상태인 체사피크 만의 강어귀는 산소결핍이 만연한 상태로 전환되었다.[31]

생태계 안정성의 관점에서 볼 때, 생물군과 물리적 환경 사이에 어떤 상황의 폭주변화로 이어지는 양의 피드백이 존재할 수 있다는 사실은 흥미로운 일이다.

먼저, 미국 동부 연안 체사피크 만(Cheaspeake Bay)의 역사를 살펴보자(그림 10.15 참조).[31, 42] 18세기 중반 유럽에서 건너온 식민지 주민의 농업을 위해서 광범위한 토지 정리가 시작되었을 때, 이로 인해 유입된 퇴적물과 유기탄소물질[32)]의 증가로 생태계는 큰 영향을 받기 시작했다. 즉, 퇴적물

---

32)   동물의 배설물, 비료의 사용 등으로 만들어진다.

위에서 자라는 식물과 조류는 줄어들고 반대로 식물플랑크톤이 풍부해졌다. 그러나 예전에는 굴로 이루어진 어마어마한 크기의 굴바위(oyster reef)가 강물을 여과하였다. 그런데 과거 1,000년 동안에는 굴을 손상시키지 않고 손으로 채취하던 어업이 준설기를 이용한 기계수확으로 바뀌면서 상황은 변하기 시작한다. 기계장치인 준설기는 굴바위를 황폐화시켰기 때문에 20세기 초까지 큰 수확량은 과거 최고치의 몇 퍼센트 수준으로 떨어졌다. 또한 굴 어장의 붕괴로 생태계는 극심하게 변했다. 여과섭식자(filter feeder)[33] 노릇을 한 굴이 사라지자, 식물플랑크톤이 급격히 늘어났다. 다른 물속 생태계에서도 큰 변화가 나타났는데, 엄청난 양의 유기물 분해로 물 속 산소결핍 현상이 일어났다. 그러한 상황에서 굴의 질병은 아주 자주 나타나게 되었다. 지금도 체사피크 만의 굴 개체수의 회복은 이러한 요소들에 의해서 제한을 받고 있다. 예를 들어, 비슷한 강어귀인 패믈리코 사운드(Pamlico Sound)[34]에서 실험을 통해 밝혀진 바에 따르면, 여름철에는 위로 굴을 끌어올림으로써 산소결핍이 발생하는 깊은 수심 지역보다 더 잘 성장하게 만들 수 있고 질병의 영향도 덜 받게 할 수 있다는 것이다.[43] 굴과 복족류(bivalve)[35]는 식물플랑크톤을 효율적으로 먹어치울 수 있기 때문에 식물플랑크톤이 번성하는 것을 막을 수 있고, 그로 인한 물속 산소결핍을 유발하는 부영양화를 예방할 수 있다. 이 과정은 여과섭식자들이 스스로 생존에 필요한 조건을 개선해 나가는, 일종의 양의 피드백이라고 볼 수 있

---

33)   물에 있는 먹이 입자를 자신의 여과기구로 걸러서 먹는 포식자를 가리킨다. 본문에서는 굴(oyster)을 의미한다.
34)   미국 노스캐롤라이나 주의 본토와 그 동쪽 해안 연안주 사이의 개펄.
35)   대합이나 홍합처럼 껍데기가 두 개로 되어 있는 조개류.

다. 영양부하가 시스템을 점점 더 부영양화 상태로 몰아가더라도, 굴바위
는 수질의 하향식 조절을 통해 어느 정도 자신들의 지속성을 유지할 수 있
다. 하지만 굴바위에서의 무분별한 굴 수확은 식물플랑크톤의 수를 늘려
산소결핍을 발생시키고, 이로 인하여 굴의 재생산이 억제되는 대체안정
상태로의 전환을 유발시킬 수 있다.

해초밭

대규모 해초밭(sea grass field)은 얕은 연안 생태계 시스템의 중요한 특성
을 나타내고 있다. 열대와 아열대 지역의 만(bay), 석호(lagoon)[36], 대륙
붕에 있는 방대한 해초밭들은 듀공(dugong)[37], 바다소, 바다거북 같은 대
형 해양포유동물에게 서식지와 먹이를 제공한다. 또한 그러한 해초밭은
여러 종의 물고기와 무척추동물에게 서식지를 제공하고 있다. 이 때문에
해초의 대규모 폐사는 생태계의 많은 부분을 극적으로 변화시킨다. 얕은
호수의 사례와 마찬가지로, 부영양화는 해초밭 파괴의 중요한 원인이다.
그러나 해초밭의 경우에는 고려해야 할 또 다른 중요한 요인이 있다.[31, 44]
해초밭의 두드러진 특징으로는 지역에 따라서 해초밭에서 발생한 산소결
핍으로 갑작스러운 대규모 종의 소멸이 발생할 수도 있다는 것이다. 이는
굴의 경우와 유사하다. 산소가 결핍되면 유기물의 생산이 증가하고 물의
순환이 저하된다. 그리고 일단 자연소멸이 시작되면, 죽은 물질로 인한 분
해작용에 더 많은 산소가 필요하기 때문에, 악순환은 증폭된다. 인근 강으
로부터 영양분이 과도하게 공급되어 생물의 생산과 유기물 생산이 촉진되

---

36)　　강이나 호수 인근의 작은 늪.

37)　　주로 인도양에 사는 거대한 초식동물.

그림 10.16　　키 웨스트 선창에 놓여 있는 초록거북들. 엄청난 개체수의 초록거북들은 한때 아메리카 대륙과 오스트레일리아 지역의 해초를 먹고 살았다. 이후 거북이 사라지자, (산소결핍에 의한 자연소멸을 견딜 수 있는) 해초의 회복력은 크게 감소하였다.[45]

면, 그 결과로 산소결핍은 더 심화되기 쉽다. 그렇지만, 이전에 풍부했던 초식생물은 생물량을 낮은 수준으로 유지시키고 또 물이 잘 순환될 수 있도록 공간을 만들어줄 수 있기 때문에 악순환을 억제하는 일에 도움을 주었을 것이다. 듀공의 예를 보자. 1870년 무렵에는 수많은 듀공의 무리를 열대 오스트레일리아 와이드 만(Wide Bay)에서 흔히 볼 수 있었지만, 식민지 시절 부족한 고기와 기름을 얻기 위한 듀공의 포획으로 지금은 극히 일부만 살아남게 되었다. 또한 초록거북은 당시 '거북 풀(turtle grass)'로 알려진 해초를 뜯어먹고 살았는데, 이런 관점에서 볼 때 자연계의 순환은 자연계에 존재하는 소비 동물들이 인간의 남획으로 억압받기 전에 더 원활

했다고 생각된다(그림 10.16 참조). 요약하면, 자연소멸이 일단 시작되면 양의 피드백이 진행되기 때문에 얕고 따뜻한 물에 존재하는 해초밭에서 산소결핍으로 인한 자연소멸은 임계 현상인 것 같다. 유기물 축적에 의해 유발되는 그런 주기적인 붕괴는 식물이 무성한 상태의 호수가 수질의 부영양화로 붕괴되는 것과 어떤 의미에서는 유사하다고 할 수 있다(7.2절 참조).

네덜란드의 바닷가 저지대와 같이 한때 해초가 풍부했던 지역의 상당 부분에서도 해초밭은 완전히 사라졌다. 다른 곳에서도 부영양화와 질병이 중요한 요인처럼 보이지만, 아직 그 인과관계가 분명히 밝혀진 것은 아니다. 수질이 개선되었는데도 왜 그 넓은 해초밭이 원상태로 회복되지 않는가에 대한 대답은 설명하기 어려운 수수께끼로 남아 있다. 그 이유는 아직도 분명치 않은데, 일단은 물의 침식력으로 설명할 수도 있다. 대규모로 밀집된 해초밭은 파도에서 발생하는 난류(turbulence)를 막아주기 때문에 그 안에서 살고 있는 식물이 보호받을 수 있다고도 생각할 수 있다. 반면에 해초밭이 작은 지역은 바닷물이 쉽게 들어올 수 있어 해류와 파도 움직임에 의해 내부가 손실되고 유실되는 것을 피하기 어려울 수 있다. 또한 얕은 호수의 수중식물과 같이 해초도 물의 투명도를 개선시킬 수 있는데, 이것은 물속 광기후(light climate)[38]를 통한 성장에 있어서의 양의 피드백으로 작용한다.[46][39]

---

38)　지구의 수평면상에 도달하는 전천 일사량의 구성요소 즉, 직달복사와 산란복사의 분포, 절대량에 대한 특색 등으로 각 지역의 기후를 설명하는 것을 말한다.

39)　식물플랑크톤을 처리하는 해초로 물이 맑아지고 그 맑아지는 물 덕분에 해초에게 더 많은 태양광이 도달하여 해초의 성장을 촉진하는 피드백 과정.

해저 군락의 침식

침식(erosion)은 육지와 수중 생태계의 식물들이 척박한 불모지에서 보여 주는 앨리 효과를 설명하는 메커니즘이다. 보통의 수중 생태계 시스템에 서는 파도와 해류에 의한 침식작용 때문에 생물체 정착(colonization)의 첫 단계조차 어렵지만, 해초밭은 이러한 일반적인 수중 생태계 시스템의 예 외로 볼 수 있다.[40] 그리고 미생물과 침수생물에 의해 안정화되는 얕은 민 물호수의 퇴적층도 이러한 예외에 속하며,[47] 이와 관련된 다양한 해양의 사 례가 있다.

먼저 북해 프리지안 프론트(Friesian Front) 지역의 저생동물군(bottom fauna)[41]에서 나타난 급격한 전환의 예를 살펴보자.[48, 49] 이 지역은 서던 브 라이트(Southern Bight)의 영구 혼합수(mixed water)와 오이스터 그라운 즈(Oyster Grounds) 심해의 하절기 성층수가 만나는 네덜란드 대륙붕에 위치하고 있다. 부유성 고형물(particulate matter)[42]의 침전과 신선한 조류 퇴적물 덕분에, 이 지역에는 저생동물군이 많이 살고 있다.[50] 작은 거미불 가사리(*Amphiura filiformis*)[43]는 프리지안 프론트의 남쪽 해역에서 아주 풍부하게 서식하고 있었다. 1984년에서 1992년 사이에 측정된 바에 의하 면 이 개체의 밀도는 제곱미터당 1,433~1,750마리 수준이었다.[51] 그러나 1992년 이후부터 이 지역에서의 거미불가사리 개체수는 훨씬 적은 수준으

---

40)   일반적인 수중생태계 시스템과 달리, 해초밭은 파도와 해류에 의한 영향이 적어 생물체가 초기 에 정착하기 수월한 외부적 환경조건을 갖추고 있다는 의미이다.

41)   해저바닥에서만 살고 있는 심해동물.

42)   '입자성 물질'이라고도 불리며, 해양의 화학작용 및 해수의 색깔 등에 영향을 미치는 부유물질을 의미한다. 모래, 점토 등의 무기질 및 죽은 플랑크톤 등의 유기질 물질이 포함된 고형 상태의 물질이다.

43)   팔이 매우 긴 가진 작은 거미불가사리.

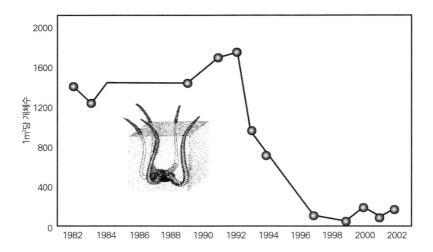

그림 10.17　프리지안 프론트에서 채집된 거미불가사리 개체수의 변화. 거미불가사리는 1990년 이후 급격히 감소하기 시작했다.[49]

로 감소하였다(그림 10.17 참조). 이러한 거미불가사리 개체수의 급격한 변화와 더불어, 전체 저생동물 군집에도 변화가 생겼다. 즉, 땅속에 숨어 사는 진흙새우(*Callianassa subterranea*)가 그 군집의 지배적인 종이 된 것이다.[49]

　이러한 군락의 급작스런 전환을 다른 대체안정 상태(14.1절 참조)와 반드시 연관시켜 설명할 필요는 없다. 한 가지 가능한 설명은 어떤 중요한 조절요소(예를 들면, 온도)에 전환 현상이 나타났을 것이라는 사실이다. 아니면 그 시스템이 더디게 회복되기에도 어려울 정도로 심각하게 손상되어 있었다고 가정할 수 있다. 새로운 상태(진흙새우가 우세한 시기)에서 북해 해조류의 양 또는 북대서양 진동과 같은 외부 요인들을 거미불사리가 우세했던 시기와 비교해보면 체계적으로 다르다는 증거는 없다.[49] 또한 거미불가사리 군집의 국지적 붕괴는 1979년경과 1980년대 북해에서 나타난 비생물적 조건의 변화로 인한 대규모 국면전환과도 일치하지 않는다.[9] 아마도 거미불가사리의 갑작스런 붕괴는 저인망 어업 활동이나 폭풍과 해류에 대한 극단적인 단절적 변화[44]로 발생한 요동 때문으로 볼 수 있다. 그렇지만 이들 거미불가사리의 세대시간 및 성장속도에 비추어볼 때, 국면전환이 발생한 이후에 거미불가사리의 개체수가 회복될 만한 충분한 시간이 주어졌다고 볼 수 있다. 그럼에도 불구하고 바닥에는 여전히 진흙새우가 우세한 상황이 유지되고 있다는 사실은, 거미불가사리의 회복을 방해하여 진흙새우만의 개체군을 유지시켜주는 어떤 안전화 메커니즘이 존재한다는 것을 말해준다.

현장 측정을 해보면 프리지안 프론트 지역에서 부유 퇴적물의 농도가 높다는 것을 알 수 있다. 이 사실은 퇴적물의 침식과 재부유(resuspension)가 새로운 생태계의 상태를 나타내는 중요한 특징임을 말해준다. 직관적으로 생각해볼 때 거미불가사리가 밀집된 '구역'은 퇴적물이 안정화되어 있었을 수 있다. 실제로 연구자들은 거미불가사리가 서식하는 곳의 퇴적물이 새우들이 살고 있는 곳의 퇴적물보다 해류와 파도의 힘에 의한 침식작용에 덜 민감하다는 것을 실험적으로 입증할 수 있었다.[52] 굴을 파고 숨어사는 새우들은 새로운 상태인 난류에서도 잘 번성할 수 있지만, 연약한 어린 거미불가사리들은 침전물의 재부유가 잦은 불안정한 곳에서는 정착하기 어려울 것이다. 모형을 이용한 연구에 의하면 거미불가사리 개체수와 침전물의 안정 사이에 존재하는 양의 피드백은 대체안정 상태를 가져온다는 것을 확인할 수 있다.[48] 같은 모형에 따르면 폭풍과 같은 확률적 사건

---

44) 원문에는 전단응력(shear stress)으로 표현되어 있다. 전단응력이란 물체 내부를 변형시키려 하는 외력에 대해 물체 내부에서 저항하는 힘을 말한다.

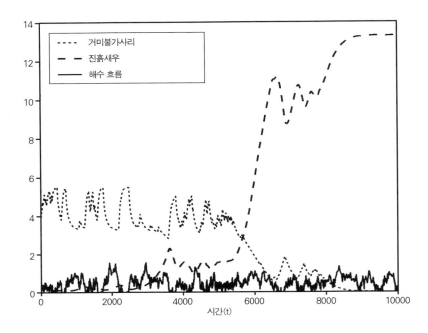

그림 10.18　　프리지안 프론트의 해저 바닥에서 관측된 거미불가사리가 우세한 상태에서 진흙새우가 우세한 상태로의 전환을 보여주는 시뮬레이션. 해수운동에 의해 일어난 전단응력의 자연 변동성은 어떤 새로운 상태로의 국면전환을 촉발하였는데, 새로운 상태에서의 빈번한 침식은 거미불가사리가 풍부해지면 퇴적물을 안정화시킬 수 있는 재정착을 억제할 것으로 추정된다.[48]

으로 인해서 시스템에 전환이 일어날 수 있음도 확인할 수 있다(그림 10.18 참조).

　해양 저생생물이 유지하고 있는 대체 상태 사이에서의 전환이 일어난 또다른 사례는 조수간만의 차가 있는 갯벌에서 볼 수 있다. 갯벌에 살고 있는 저서성 규조류(benthic diatom)는 표면을 안정화시켜 침식을 방지해준다. 그러나 일단 규조류가 갯벌 표면에 안정화되면, 그 표면에서는 규조의 성장이 더욱 촉진된다. 실험과 모형을 함께 활용하면 규조와 퇴적물 형질

　　　　　　　　　　　　　　　　　　　　　　2부 자연계와 인간 사회의 구체적 사례들

사이에서 발생하는 양의 피드백이 대체안정 상태(규조가 덮인 상태 ⇔ 침식하기 쉬운 불모지)를 이룰 수 있음을 입증할 수 있다.[53] 물론, 대규모의 현장 생태계에서 실험하는 것보다는, 실제를 어느 정도 반영한 실험으로 가설을 검증하는 것이 현실적으로 더 쉽다. 예를 들어서 프리지안 프론트 지역의 거친 바다를 고려할 때, 이 지역의 국면전환에 관한 이론을 검증하기 위한 현장실험이 가능하다고 할 사람은 없을 것이다.

3 | 요약

뚜렷한 국면전환은 다양한 해양 생태계에서 흔히 나타나는 일이지만, 그들의 특성은 상황마다 다르고, 각각의 메커니즘이 모두 이해되는 것은 아니다. 대양이나 외해(high sea)에 나타난 국면전환을 보면 이런 현상은 물리적 환경변화에 대한 자연 변동성이 그 원인임을 알 수 있다. 그러나 생물학적 시스템은 그러한 외부 변화에 비선형적인 방법으로 반응하는 것으로 보인다. 생물체 군락에서 나타나는 피드백들은 문턱값 반응을 일으켜 상황을 급변하게 만들 수 있는 충분한 힘을 가지고 있다. 실제 이론과 완벽히 들어맞는 대체안정 상태가 존재할 수 있다 하더라도, 이것을 찾아내는 것은 쉽지 않다. 물리적 기후뿐 아니라, 어업은 여러 해양 시스템에 심각한 영향을 미친다. 이론적 관점에 따르면(2.1절 참조), 어업압력의 문턱값과 대양의 물리적 조건은 상호의존적임에 틀림없다. 즉, 해양자원을 이용하는 데 그 허용정도는 대양의 물리적 상황에 따라 결정되지만, 기후변화에 대한 해양자원의 민감성은 어업압력의 강도에 따라 결정될 것이다.[45]

급격한 국면전환은 연안 시스템에서도 흔히 관찰되는 현상이다. 어떤 경우에는 연안 시스템의 국면전환 메커니즘이 대양의 경우보다 더 잘 연구

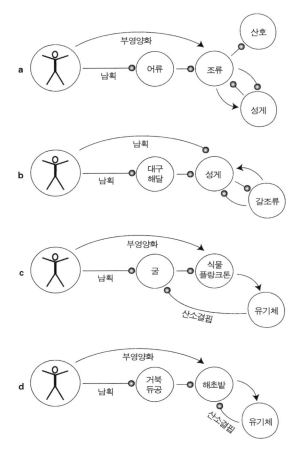

그림 10.19 해양 생태계에서 나타나는 여러 유형의 비선형적 반응 모형. 비선형적인 반응이나 대체안정 상태의 원인이 될 수 있는, 해양 시스템과 생태계 피드백에 미치는 인간의 영향. (a) 산호초: 대형 조류와 성게 사이의 이중 피드백. 조류는 성게에게 유용한 먹이지만, 조류의 크기가 커서 먹기 어려워지면 성게에게 불리하게 작용한다. (b) 갈조류숲 : 갈조류숲과 성게 사이의 이중 피드백. 갈조류는 성게의 먹이도 되지만, 다 자란 갈조류는 채찍질과 같은 움직임으로 성게를 멀리 밀어내기도 하고 게(crab)와 같은 성게 포식자의 번식을 돕기도 하기 때문에 음과 양의 피드백을 모두 준다. 인간에 의한 성게의 대량 채취는 비교적최근의 일이고, 일부 지역에서는 그로 인하여 갈조류숲이 회복되었다. (c) 강어귀의 굴바위: 굴은 식물플랑크톤의 생물량을 낮게 유지시켜, 굴의 폐사에 치명적인 산소결핍을 억제하는 데 도움을 준다. (d) 해초 : 사람이 듀공을 없앰으로써 해초류를 증가시키고 부영양화로 해초류 성장을 촉진시키지만, 해초류의 과다한분해과정에서 발생한 산소결핍이 자기 강화 과정을 거치면 해초류는 도리어 대량 폐사할 수 있다.

되어 있다. 연안 시스템에서는 핵심종의 남획과 수질의 부영양화가 시스템 변화의 공통적인 동인이다(그림 10.19 참조). 다른 시스템과 같이 연안 시스템의 임계적 한계들은 상호의존적이다. 대양과는 달리, 연안 시스템에서는 서로 다른 대체안정 상태가 같은 물리적 장소에 공존할 수 있다. 이런 의미로 볼 때 연안 생태계는 국지적 특성이 있다고도 말할 수 있다. 일반적으로는 앞의 사실이 맞지만 연안 생태계에서도 대규모의 전이는 일어날 수 있다. 이것은 국지적 생물군과 시스템의 대규모 '혼합 부분' 사이의 도미노 효과 혹은 양의 피드백과 관련이 있다(해수, 물고기, 플랑크톤, 기타 등등).

---

45)   어업압력이 낮아 성어의 개체수가 충분한 어종은 산란에 불리한 기후변화가 있어도, 개체수를 잘 유지할 수 있지만(기후변화에 대한 민감도 낮음), 어업압력이 높아 성어의 개체수가 매우 적은 어종은 약간의 불리한 기후변화로도 쉽게 앨리 효과를 일으킬 수 있다(기후변화에 대한 민감도 높음). 따라서 어업압력은 해양자원의 기후변화에 대한 민감도를 결정하는 중요한 요소가 된다.

11

토양 생태계

토양 생태계는 해양 생태계나 담수 생태계보다 더 상세히 연구된 바 있지만, 그 안정성 전이에 관해서는 관련 생태학 문헌에서 거의 다루어지지 않았다. 그럼에도 불구하고 토양 생태계의 임계전이에 관한 좋은 사례들이 몇몇 발표된 바 있다. 이제 살펴보겠지만, 토양 생태계의 임계전이도 해양 생태계의 경우와 마찬가지로 두 부류로 나누어 볼 수 있다. 작은 규모의 패턴과 전환을 찾아볼 수 있지만, 국지적인 급격한 전이가 나타날 가능성도 있다. 이러한 전이는 초목과 국지기후(regional climate) 사이의 피드백과 관련이 있다. 여기에서는 두 부류 모두 예를 들어 설명할 예정인데, 먼저 고온건조 지역부터 살펴보고 저온 지역을 살펴보겠다. 추가로 임계전이에 해당하는 두 가지 광범위한 현상에 대해서도 간단히 논의하고자 한다. 하나는 생명체의 서식지가 점점 조각나다가 어느 한계를 넘어서면 생명체가 멸종되는 현상이고, 다른 하나는 유행병에 감염 가능성이 높은 개체수가 특정 비율을 넘어서면 유행병이 창궐하게 되는 현상이다.

1 | 건조 지역의 초목 · 기후전환

기후는 지구의 생태계(생물 군계) 분포를 결정하는 주요 요인이다. 다음 절에서 자세히 살펴보겠지만, 가장 중요한 요소인 기온 외에 습도도 중요한 역할을 한다. 열대 및 아열대에서는 강수량이 대체적인 토양 형태를 결정하는데, 예컨대 사막, 초지, 사바나, 숲은 강수량에 의해 결정된다. 흥미로운 사실은 지역에 따라서 초목 그 자체가 강수량을 증진시키기도 한다는 점이다. 이는 특정 상황에서 발생하는 피드백의 강도가 아주 크다면 다른 안정적인 상태로 돌입할 수 있다는 것을 의미하는데, 다시 말해서 일단 임계문턱을 넘게 되면 대규모 전이가 발생할 수 있다는 것을 의미한다. 필자는 기후학자인 빅터 브로브킨(Victor Brovkin)과 식물 생태학자 밀레나 홈그렌(Milena Holmgren)과 공동연구를 수행하며 이런 현상을 발견하였는데, 이 장의 내용은 이 공동연구를 기초로 한다.[1]

메커니즘

초목 분포 범위가 국지기후에 영향을 줄 수 있다는 아이디어는 줄 샤니 (Jule Charney)의 연구를 통해 알려졌다.[2] 샤니의 주장에 따르면 건조한 불모지에 높은 일조량이 집중되면 건조한 공기가 모이는 현상이 나타나게 되고 이로 인해 비가 내릴 가능성은 적어진다는 것이다. 강수량이 적어지면 목초지 범위도 이에 따라 줄어들게 된다. 이러한 피드백으로 사막은 스스로 유지된다. 반대로 목초지가 넓어지면 역방향으로 피드백이 발생한다. 초목의 색깔은 모래보다 진하기 때문에 더 많은 열을 흡수하고, 그 결과

육지와 해양의 온도 차이는 심해진다. 이 때문에 상층부 공기가 사막 쪽으로 이동하고 그 결과 계절풍이 순환되며 바다의 습한 공기가 육지로 이동하게 된다. 따라서 그 지역의 강수량은 증가하게 된다. 최근 연구들은 이러한 가정을 뒷받침하고 있다. 구체적인 예로, 사헬·사하라 지역에서 계절풍으로 인한 강우 분포가 초목 분포에 따라 영향을 받는다는 사실이 밝혀졌는데, 특히 아프리카 서부 산림의 경우에 이 영향이 두드러진 것으로 나타났다.[3,4]

초목은 또한 증산작용(transpiration)을 통해 국지기후에 영향을 준다. 이 경우에는 특히 나무의 역할이 중요한데,[5] 그 이유는 땅속 깊은 곳의 지하수에 뿌리가 닿는 식물은 나무뿐이므로 나무가 없으면 깊은 지하수를 다른 식물들이 이용할 방법이 없기 때문이다. 나무는 지하수를 끌어올려 다시 그 지역에 비가 되어 내리게 하므로 다른 식물이 지하수를 사용할 수 있다. 나무의 상대적으로 짙은 색깔의 차광막(canopy)[1]은 더 많은 태양복사 에너지를 흡수한다. 태양복사 에너지는 대개 물을 증발시키는 데 사용된다. 증발된 수증기는 적운으로 변하는데 이 과정에서 열을 발산하며, 이 열은 더 많은 구름을 발생시키고 결과적으로 소나기 형태로 강우가 발생하게 된다. 이러한 대류작용의 결과로 숲이 많아지면 숲이 없을 때보다 더 구름이 많고, 따라서 비가 많아지게 된다. 반대로 열대우림이 사라지면 이러한 수분 재순환(moisture recycling)이 저하될 수 있다.[6]

전 세계 어느 지역이든 수분은 초목이 생육하는 데 필수적인 요소이므로 초목이 강수량에 영향을 준다는 사실은 양의 피드백(positive feedback)으

---

1)　　햇빛을 차단시키는 나뭇잎을 의미한다. 열대우림의 나무들은 잎이 무성하므로 햇빛을 차단시키는 차광막 효과를 낸다.

로 볼 수 있다. 샤니의 메커니즘과 유사한 방식으로, 초목이 분포하는 습윤 지역과 불모지인 건조 지역은 모두 독자적인 안정 상태를 이루며 자기 강화 과정을 거친다는 것을 알 수 있다. 그러나 이러한 강화 과정이 실제로 발생하기 위해서는 피드백의 강도와 이질성의 정도가 중요하다(이질성의 효과에 대한 기본 사항은 5장을 참고하기 바람). 육상초목(terrestrial vegetation) 분포와 국지기후 사이의 피드백 모형을 그래프로 살펴보면 이를 확인할 수 있다.[1,7,8] 이 모형의 두 가지 주요 요소 중 하나는 강수량에 따른 목초지 변화이며, 다른 하나는 초목 분포에 따른 강수량의 변화다. 먼저 강수량에 따른 목초지 변화를 살펴보기 위해, 아주 작은 목초지에 대하여 강수량이 특정 임계문턱값을 넘었다고 가정해보자. 임계강수량 수준은 개별 지역마다 다를 수 있는데, 토양이 비옥한 정도에 따라 달라질 수 있으며, 또 지형적인 위치(예컨대 골짜기인지 산마루인지 아닌지, 경사지가 북쪽에 접하는지 아니면 남쪽에 접하는지)에 따라 습도 자체도 달라질 수 있기 때문이다. 완벽히 균일한 지역이 있다면 이론적으로는 임계강수량을 한 번만 넘어도 불모지가 목초지로 바뀔 수 있다. 그렇지만 실제로는 특정 범위에서 강수량이 증가해도 초목은 서서히 증가하게 된다. 지역 내 어떤 부분에서는 적은 강수량만으로도 충분할 수 있지만 다른 부분은 그렇지 않을 수도 있기 때문에 지역의 불균일성이 발생한다. 요약하면 균일 지역에서는 임계강수량 부근에서 초목이 급격히 증가하는 반면, 불균일 지역에서는 부드러운 S형 함수 형태(그림 11.1에서 $V' = 0$인 형태)를 보인다. 두 번째 요소(목초지 분포에 따른 강수량의 변화)를 살펴보기 위해서 목초지 분포가 지역 강수량을 선형적으로 증가시킨다고 가정하자(그림 11.1의 $P' = 0$인 직선). 시뮬레이션 모형[7,8]에 따르면 사헬 지역이나 아마존 지역이 이런 곳에 해당한다.

　　　　　　　　　　　　　　　2부 자연계와 인간 사회의 구체적 사례들

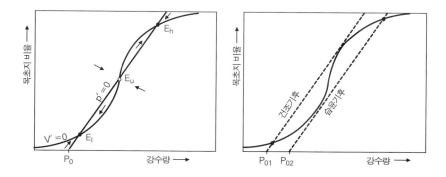

그림 11.1　　초목 분포와 강수량의 도식 모형. 초목이 없는 경우(P_0)에 비해 초목이 있는 경우의 강수량이 증가된다면 강수량 평형 상태($P'=0$)를 나타내는 직선은 초목 분포 평형 상태($V'=0$)를 나타내는 곡선과 세 개의 지점에서 교차한다(왼쪽 그림). 여기서 화살표는 비평형 상태에서 변화가 일어나는 방향을 의미하는데, 화살표 방향을 볼 때 중간 평형 지점(E_u)은 불안정한 안장점임을 알 수 있다. 반면 하위 생물량 지점과 상위 생물량 지점(biomass point; 각각 E_l, E_h)은 안정적임을 알 수 있다. 기후가 충분히 건조하거나 충분히 습윤한 경우에는 하나의 안정적 교점으로 수렴한다(오른쪽 그림). 여기서는 문제를 간단하게 하기 위해 P' 곡선이 변동되지 않는다고 가정하였는데, 실제로는 변할 수 있다는 것에 주의해야 한다.[1, 14]

　　강수량에 따른 목초지 분포와 목초지 분포에 따른 강수량 변화를 함께 그래프로 나타내면, 초목 분포와 기후 사이의 단순한 도식 모형을 얻을 수 있다(그림 11.1 참조). 두 그래프의 교점은 상호작용 시스템의 평형 상태를 나타낸다. 이 모형에서는 교점(즉, 평형 상태)이 여러 개 나타나는데, 이러한 상황은 특정 임계강수량 주위에서 목초지 분포가 충분히 가파르게 상승하고 동시에 목초지 분포가 강수량에 충분히 영향을 줄 때(그렇지 않다면 $P'=0$인 선분이 세로로 치우치게 됨)에만 발생한다.

　　이 간단한 도식 모형은 기본 아이디어를 잘 나타내긴 하지만, 다른 촉진요인이 있는 극단적인 경우에는 국지기후 체계를 바탕으로 세부적으로 분석해야 할 것이다. 즉 관측된 동역학 데이터와 더불어 관련된 주요 과정을 정량적으로 분석하고 이를 바탕으로 실제에 가까운 시뮬레이션을 수행함으로써 모든 정보를 종합하여 분석하는 것이 필요키다.

사헬 · 사하라 지역

강수량과 초목 분포 사이의 양의 피드백이 중요한 역할을 하는 좋은 예로서 많이 연구된 지역으로는 사헬 지역과 사하라 지역이 있다.[4, 7, 9, 10] 이전 장에서 간단히 언급한 바(1.2 절 참조)와 같이 이 지역에 대한 고기후 재구성(paleo-reconstruction) 과정을 거치면 선사시대의 초목 및 기후 상태가 양 극단 사이에서 전이되었다는 증거를 얻을 수 있다. 홀로세(Holocene) 초기에는 사하라의 대부분이 지금보다 훨씬 습윤하였으며 광활한 목초지, 호수, 습지 등이 분포되어 있었다.[11] 해저 코어(marine-core)[2] 데이터에 따르면, 지금부터 5,000년 전에 북아프리카 서부가 유사 사막 상태로 급격하게 바뀐 것으로 나타났다.[12] 그 원인으로 가장 유력하게 거론되는 것은 지구의 궤도 변경설이다. 지구궤도가 미세하게 변경됨에 따라 일조량이 감소되었고, 그 결과 해양과 육지 사이의 온도 차가 줄어들게 되었으며 이로 인해 계절풍의 순환이 약화되어 강수량이 감소하였다는 것이다. 어떤 시뮬레이션에 따르면, 피드백 현상으로 급격한 변화를 보일 수는 있지만 진정한 의미의 이력 현상(hysteresis)[3]은 아님이[13] 판명된 반면, 다른 시뮬

---

2)　　바다에 침전된 물질이 모인 것을 해저 코어라고 하는데, 해저 침전물(marine sediment)이라고 부르기도 한다.

3)　　어떤 물질에 가해진 과거의 변화가 물질의 현재 상태에 반영되는 현상을 말하는데 그냥 원어 그대로 히스테리시스라고 부르기도 한다. 대표적인 이력 현상으로 자기이력 현상(magnetic hysteresis)을 들 수 있는데, 철에 자기장을 지속적으로 가하면 자석이 되는 현상을 가리킨다.

레이션[7, 10]에 따르면 초목의 피드백 효과로 계절풍 강수 체계가 바뀌고 그 결과 다른 안정 상태로 전이되는 것으로 나타났다. 이것은 대체 상태로의 급격한 전이가 일어나기 전까지 국지적인 초목·기후 체계가 상당히 일정한 상태로 유지되었던 이유를 설명해준다. 간단히 말해서 초목 분포는 일조량이 줄어든 상태에서도 계절풍 순환을 촉진시킨다. 그러나 일조량이 어떤 한계점 이하로 떨어지면 토양이 건조 상태로 변하고 이로 인해 초목 분포가 줄어들기 때문에 더욱 건조해지게 되는데, 이러한 폭주과정이 서로 가속화되면 결국 사막 상태로 임계전이가 발생한다.

아마존

초목과 국지기후 사이의 피드백으로 인해 이력 현상이 발생하는 다른 예로는 아마존 유역을 들 수 있다.[8, 14] 아마존의 퇴적물을 분석하면 트인 목초지(open vegetation)와 닫힌 숲(closed forest)이 모두 오랫동안 지속되었음을 알 수 있는데, 이 둘의 중간 상태는 거의 나타나지 않는다. 사하라의 모형 분석에 따르면 초목의 강수량 피드백으로 대체평형 상태로 진입하게 되는 것을 알 수 있었는데, 트인 목초지와 닫힌 숲 패턴도 마찬가지로 설명될 수 있다. 사바나보다는 숲에서 증산작용이 더 활발하게 일어나고 이로 인해 대기의 습기 이동이 더 활발해지기 때문에 숲에서는 건기에도 강수량이 더 높아진다. 실제 상황은 정확한 조건에 따라 다르겠지만, 이러한 피드백으로 숲과 사바나는 서로 대체평형이 될 수 있는 것이다. 안정 상태의 대규모 전이를 유발하는 섭동(perturbation)에 관한 대표적 예로는 삼림 파괴를 들 수 있다. 임계한계를 넘어서면 섭동으로 대체평형 상태로 진입하며 이로 인해 우림은 파괴되고 건조한 사바나로 변하게 될 것이다. 그 결과 아마존 동쪽의 우림은 사바나로 전이될 것이며 북부 브라질 지역에서

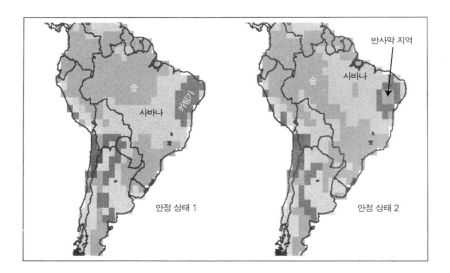

그림 11.2　　남아메리카의 토양 분포 모형 분석. 현재 기후 상태를 바탕으로 수행한 모형 분석에 따르면 아마존 지역의 식물군계 분포는 두 가지 선택적 안정 상태에 돌입하는데, 이는 전이가 불모지에서 시작되었 는지, 아니면 전체 목초지 상태에서 시작되었는지에 따라 다르다.[14]

가장 건조한 지역으로, 즉 반사막 지역(semidesert area)으로 남게 될 것이다.[4] 그리고 남아메리카의 대서양 열대우림은 북쪽으로 확대될 것이다(그림 11.2 참조). 삼림이 지속적으로 파괴되어 이 지역은 건조 상태로 임계전이가 가속화될 것이며 심각한 위험에 처할 수 있다.

---

4)　　여기서는 아마존 열대우림과 사바나(반사막 지역)가 서로 대체안정 상태임을 설명하고 있다. 즉 열대우림은 강수량을 계속 유발하여 우림 자체가 잘 자라는 안정 상태이며 반대로 사바나는 나무가 자라 지 않아서 건조해지고 따라서 강수량은 다시 작아지는, 또 다른 안정 상태이다. 그러므로 우림과 사바나 는 서로 대체안정 상태가 되는 것이다.

2 | 반건조 목초지에서 발생하는 소규모 전이

국지기후에 대한 목초지의 피드백으로 인해서 초목·기후 체계에 비선형적인 큰 변화를 가져올 수도 있지만 작은 규모로 보면 목초지 상태의 대체안정 상태가 존재할 수도 있다. 사실 전 세계적으로 건조 지역의 목초지는 거의 예외 없이 대체안정 상태를 이루고 있는 것으로 추정된다.

반건조 목초지의 관성과 전이

겉으로 균일하게 보이는 목초지에서 다른 초목 종의 공간적 분포가 계속 유지된다는 사실은 현저히 다른 초목 종이 안정 상태를 나타낸다는 것을 의미한다. 예를 들어 칠레의 반건조 지역(semiarid)은 나무가 있는 지역의 넓이와 초원의 넓이 비율이 거의 30년 동안 변하지 않았는데,[15] 이 사실로 미루어볼 때 이 두 종류 목초지의 회복력이 매우 높다는 것을 알 수 있다. 30년간의 상당한 기후변화에도 불구하고 나무가 있는 지역은 계속 나무가 있는 상태로 남아 있으며 광활한 초원도 역시 관목(shrub)이나 수목(tree)에 의해 침해당하지 않고 초원 상태로 남아 있다. 그러나 건조 지역에서는 초원 상태와 관목 상태 사이의 현상 유지가 중단되고 현저하게 변하는 경우가 이따금 발생한다.

초식동물의 멸종 때문에 숲이 확장될 수도 있다. 아프리카 사바나 지역이 회복된 오랜 역사를 살펴보면 이런 사례를 발견할 수 있다.[16] 1890년대이 지역을 휩쓸었던 대규모 우역(rinderpest)[5]으로 인해 발굽동물의 개체

---

5)   소나 양, 산양들에게 퍼지는 바이러스성 전염병. 발열이 나타나고 내장 궤양이 발생하는 끔찍한 질병이다.

수가 현저하게 감소했으며, 그 결과 관목 지역이 대규모로 확대되었다. 이렇게 확대된 관목 지역은 안정 상태에 돌입했다. 관목 지역은 30년에서 50년 후에 다시 점차 감소하였는데, 그 이유는 사람이 일으킨 산불 때문이었다. 산불 이후에 평원은 다시 늘어난 발굽동물, 코끼리 등의 개체수에 따라서 새로운 하향식 지배(top-down control)를 받게 된다. 이와 유사하게 점액종증(myxomatosis)[6]으로 토끼가 대량 폐사함에 따라 나무가 대량으로 자라난 사례를 여러 곳에서 살펴볼 수 있다. 비교적 잘 정리된 대표적인 사례로는 1955년 점액종증 유행 때문에 런던의 실우드 공원(Silwood Park)의 초원이 울창한 떡갈나무 숲으로 변한 사례를 들 수 있다.[17] 숲으로 변한 이후에 토끼 개체수가 다시 늘어났지만 이미 떡갈나무는 토끼가 먹기에 너무 커져버렸기 때문에 숲은 그대로 유지되었다. 폭우가 오는 기간이 줄어들어서 관목 지역이 확대되는 경우도 있다. 엘니뇨 남방진동 때문에 수십 배 이상 강수량이 증가한 반건조 지역에서는 이런 예를 확실히 볼 수 있다. 페루 지역 나무의 나이테 분석에 따르면 이따금 발생하는 엘니뇨 습윤 기간은 관목 지역을 확대시키는 데 중요한 역할을 했음을 알 수 있다.[18] 항공사진이나 위성사진을 봐도 극심한 엘니뇨 폭우 기간 후에 관목 지역이 확대되었음을 확인할 수 있다.[19]

숲이 회복되기 위해서 극단적 현상이 반복되어야 한다면 이러한 상태를 '진정한' 대체안정 상태라고 할 수 없을 것이다. 그러나 극단적인 우기가 새로 발생하지 않는다 하더라도 새로 만들어진 목초지가 스스로 유지되는 경우가 있다. 목초지가 불모지로 변하지 않고 안정 상태를 유지하는 메커

---

6)   토끼에게 치명적인 질병.

2부 자연계와 인간 사회의 구체적 사례들

니즘은 무엇일까? 건조 지역에서 식물 서식지가 유지되는 주된 이유는 식물들 자체가 자신들의 서식지인 소생태계(microsite)에 미치는 양의 효과(positive effect) 때문이다.[20, 21] 식물 자체의 기능 및 식물이 죽어서 생긴 유기물 덕분에, 내린 비는 토양 상층부에 흡수되고 식물에 의해 빨아들여진다. 식물로 덮인 토양이 없어지면 수분 흡수가 감소하게 되고 빗물은 흘러가버리거나 증발되어 소실된다. 현재 존재하는 목초지의 유지를 위해 필요한 강수량이 목초지의 확장을 위해 필요한 강수량보다 더 적은 이유는 묘목에게 필요한 강수량 때문이다. 열린 공간에서는 식물이 새로 자라나는 경우가 발생하지 않지만 관목이나 수목의 그늘 아래서는 묘목이 새로 자라날 수 있으며, 이런 이유로 이미 존재하는 목초지가 회복되고 오래 지속될 수 있다. 이러한 보모 효과(nursing effect)가 발생할 수 있는 이유는 묘목이 필요로 하는 수분 조건이 개선되기 때문이다.[22] 다른 극단적인 예로는 해변 지역의 상황을 들 수 있는데, 해변 지역에서는 나무가 수분을 저장하는 보관소 역할을 하고 안개 때문에 수분이 응축되어 토양에 스며들게 되는데, 이로 인하여 미기후의 수분 조건(microclimatic moisture)이 개선된다.[23] 그러나 건조 지역의 생태계 전반에 걸쳐, 식물로 인한 차광막이 미세하게 수분 조건에 미치는 영향을 무시할 수 없다. 나무의 그늘이나 다른 식물의 보호 아래서는 공기와 토양의 온도는 낮아지고 토양층 사이 물의 양은 높은 상태로 유지된다.[24] 그러므로 묘목은 온도 조건이나 수분 조건의 스트레스를 덜 받게 된다.[25] 그 밖의 다른 조건 때문에 이러한 보모 효과가 더 좋아지기도 하는데, 토양의 비옥도라든지 초식동물의 침입이 낮은 점 등을 예로 들 수 있다.[26] 보호 그늘 없이는 묘목 생존이 불가능한 지역에서 어떻게 숲이 일정 기간 동안 지속되는지, 또 기후의 변화에 대한 회복력이 왜 높은지 그 이유도 보모 효과를 이용하여 설명할 수 있다. 다 자란 관목이 가뭄이나 초식동물로부터 비교적 강인한 것도 원인이 될 수 있지만 이와 더불어 앞서 언급한 다른 조건으로 인한 보모 효과 때문에 숲의 회복력이 높아지게 된다.

강수량에 대한 피드백과 마찬가지로, 미기후의 습도 조건에 대한 식물의 긍정적인 영향은 대체안정 상태를 불러올 수 있다.[20, 27] 이에 대한 도식 모형은 2.2절에서 소개하였다.

자기 조직화 생육 패턴

대체끌개를 유발시키는 또 다른 메커니즘으로는 영양분과 수분의 이동을 들 수 있는데, 구체적으로 불모지에서 목초지로 영양분과 수분이 이동하는 것을 들 수 있다. 모형에 따르면 다년생 식물이 전혀 없는 완벽한 사막 조건하에서도 자기 조직화 초목 지역은 대체안정 상태를 이룰 수 있다.[28] 이 메커니즘은 직관적으로 단순하다. 토양의 평균 수분과 양분이 비록 초목이 살 수 없을 정도로 낮다 하더라도 이 가운데 있는 비옥한 목초지는 마치 사막에 떠 있는 섬처럼 수분과 영양분을 집중시키며 초목이 유지될 수 있는 것이다. 초목 분포지가 일단 소실되면 이러한 집중 메커니즘도 사라진다. 따라서 그 지역은 다시 불모지로 돌아갈 것이며 생육에 필요한 평균(4.1절에 자세히 설명되어 있음) 이상으로 충분한 강수량이 확보된 후에야 다시 초목이 살 수 있다. 반건조 지역에 서식하는 초목의 생육 패턴은 아주 다양하게 나타나는데(그림 11.3 참조), 초목 생육 패턴은 공간을 명시적으로 고려한 모형을 통해 예측할 수 있는 자기 조직화 패턴과 놀라우리만큼 잘 들어맞고 있다.[28] 이러한 결과를 고려할 때, 대체끌개 및 이력 현상 이론은 매우 타당한 이론임을 알 수 있다.

2부 자연계와 인간 사회의 구체적 사례들

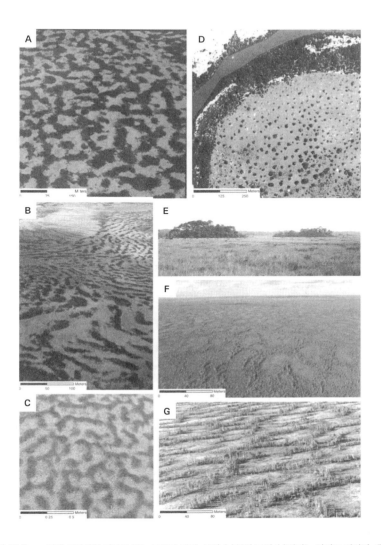

그림 11.3 자기 조직화를 이루고 있는 목초지 패턴. 그림 (a)부터 그림 (c)까지는 반건조 지역의 생태계를 나타내는데, 그림 (a)는 니제르(Niger)의 관목 미로이며 그림 (b)도 역시 니제르의 띠 형태 관목이다. 그림 (c)는 이스라엘의 다년초 초원에 형성된 미로 형태다. 그림 (d)와 그림 (e)는 사바나 지역 생태계를 나타내는데, 그림 (d)는 상아 해변(Ivory Coast)의 교목 지역 항공사진이고, 그림 (e)는 프랑스령 기아나(French Guiana)의 교목 지역 사진이다. 그림 (f)와 그림 (g)는 토탄지(土炭地) 사진인데 서부 시베리아 지역의 관목과 교목의 미로 패턴이다(Rietkerk et al.의 연구에서 발췌).[28]

고산지대 교목 한계선과 저지대 나무 섬

끝으로 숲 경계가 명확하게 드러나는 이유에 대해 생각해보자. 일반적으로 명확한 경계가 나타난다는 것은 대체안정 상태의 피드백이 발생한다는 것을 의미하는데(14.1절 참조), 실제로 숲의 명확한 경계가 나타나는 현상은 양의 피드백으로 설명할 수 있다는 사실이 몇몇 연구결과에 의해 뒷받침되고 있다. 예컨대 고산지대에서는 묘목에 햇빛이 차단되는 현상 때문에 열대나무 한계선이 나타날 수 있다.[29] 다 자란 교목 덕분에 어린 식물은 강한 햇빛에 노출되지 않게 되는데, 고도가 높은 지역에서는 온도가 낮기 때문에 이러한 햇빛 차단이 문제가 된다. 즉, 숲 내부에서는 회복력이 향상되어 장기간 안정성을 확보할 수 있는 반면, 열린 공간으로 숲이 확대되지 않는다.

명확한 교목 한계선은 저지대에서도 관측되는데, 저지대의 경우에는 조금 다른 메커니즘이 존재한다. 플로리다 지역 에버글레이즈(Florida Everglades)나 브라질 판타날(Brazilian Pantanal) 같은 광활한 습지 평원에는 나무 섬(tree island)[7]이 존재한다는 특징이 있다(그림 11.4 참조). 이러한 나무 섬의 토양은 주변 지역보다 비옥하고 지대가 조금 높다. 따라서 홍수로 인한 피해가 상대적으로 적으며 나무가 자라기에 적합한 환경이 된다. 그러나 나무 섬에서는 흰개미 활동 등 다른 현상도 빠르게 진행되는데, 이는 양의 피드백이 발생되고 있다는 것을 의미한다.[30]

요약하면 반건조 지역도 열대 지역이나 아열대 지역과 마찬가지로 일반적으로 숲의 명확한 경계가 드러나고 패턴의 지속성이 나타나며, 급작스런

---

7)   대부분이 초원인 지역에 작은 나무 군락이 형성되어 있는 것을 나무 섬이라고 한다. 마치 섬이 물 위에 떠 있듯 나무 군락이 초원에 떠 있는 것처럼 보이기 때문에 이런 이름이 붙여진 것이다.

그림 11.4 　 브라질 판타날 지역의 나무 섬. 나무 섬은 주변 초원 지대에 비하여 자기 강화 과정으로 인한 대체안정 상태를 이루고 있는 것으로 추정된다(직접 촬영한 사진).

상태 변환도 발생할 수 있다. 정확한 메커니즘은 경우에 따라 다를 수 있지만, 목초지와 국지기후 및 토양조건 사이에서 양의 피드백이 발생된다는 사실은 여러 사례를 통해 입증되었다. 지금까지 설명한 건조 지역에서의 작은 규모 피드백과 상태 전이는, 앞절에서 설명한 목초지와 기후 사이의 대규모 피드백, 즉 지역적인 전이를 유발할 수 있는 수준의 피드백과는 거의 연관성이 없는 것으로 알려져 있다. 반건조 지역의 피드백에 대한 연구가 더 이루어진다면 새로운 결과를 얻을 수 있을 것이다.[1]

3 | 아한대 숲과 툰드라

전 세계적으로 가뭄은 초목이 생육하는 데 큰 문제가 되지만, 극지방으로 갈수록 다른 어려운 문제가 발생한다. 이러한 한랭 지역에서도 건조 지역과 마찬가지로 목초지와 기후 사이의 양의 피드백을 발견할 수 있다. 이 장에서는 이러한 기후 피드백 현상을 살펴보고 아한대 숲이 어떻게 지의류(lichen) 평원으로 전이되는지, 또 이러한 전이가 왜 비가역적인지 그 이유를 살펴보고자 한다. 또 잘 알려져 있는 현상인 가문비나무 잎말이나방 애벌레(spruce budworm)가 창궐하는 현상도 자세히 살펴보고자 한다.

아한대 지역에서 숲과 기후 사이의 피드백

캐나다, 스칸디나비아, 러시아 등의 아한대 숲(boreal forest)은 극지방으로 갈수록 광활한 평원으로 바뀌고 온도도 급격히 하강한다. 광활한 툰드라 평원의 기후조건은 나무가 자라나기에 아주 열악하다. 지금까지는 아한대 숲이 극지방까지 펼쳐질 수 없는 이유가 기후 때문이라고 생각해왔었다. 그러나 이제 기후는 그 원인 중 하나에 불과하다는 것이 밝혀졌다. 숲 자체도 기후에 영향을 미치는데, 숲은 설원의 알베도[8]를 줄이는 역할을 한다. 이로 인해서 주변 지역의 온도가 높아지고 눈 녹는 시기가 빨라지게 되어 초목의 생육기간은 길어진다. 이러한 효과가 충분히 크다면 국지적인 대체안정 상태를 이룰 수 있다. 그러므로 지역에 따라서는 숲이 사라짐에 따라 온도가 더 낮아지고, 결과적으로 나무가 다시 자랄 수 없게 되는 현상이 발생하기도 한다.[31] 물론 반대로 지구 온난화 때문에 지역적으로 온도가 상승하고 숲이 확대되는 경우도 있다. 모형을 통한 분석에 따르면 지역 전체 규모로는 이러한 양의 피드백으로 인한 숲의 폭주 현상이 대체안정 상태로 돌입할 만큼 강하지 않다는 것이 밝혀졌다. 그럼에도 불구하고 숲의 폭주현상은 지구 온난화를 일으킬 만한 국지적 증폭 현상이라는 것이

---

8) 알베도(albedo)란 태양 반사광을 의미한다. 여기서는 지구가 반사하는 태양광을 뜻한다.

2부 자연계와 인간 사회의 구체적 사례들

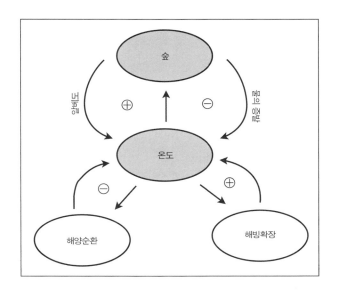

그림 11.5　아한대 지역에서 나타나는 복합적인 피드백. 아한대 지역에서는 숲이 있어 온도가 높아지고 이로 인해서 숲이 더 확장된다. 그러나 이러한 피드백(회색으로 표시한 부분)은 국지기후 시스템에 존재하는 더 큰 피드백 루프의 일부일 뿐이다. 전체적으로 양의 피드백이 우세한데, 이는 무엇보다도 국지적인 온난화가 무엇보다도 우세하며 다른 대규모 대체안정 상태가 없다는 것을 의미한다.

입증되었다.[32] 분명한 것은, 이러한 국지기후에 나타난 피드백 현상을 예측하기 위해서는 그 지역의 다른 지역적 프로세스(그림 11.5 참조)를 동시에 고려하여 분석해야 한다는 것이다. 극지방에서는 빙산이 녹는 것과 관련된 피드백을 고려해야 한다. 바다가 흡수하는 열은 눈이 흡수하는 열보다 훨씬 많다. 따라서 빙산이 소실된다는 것은 이 지역의 온난화가 가속화된다는 것을 의미한다. 반면 온난화의 진행속도를 줄이는 음의 피드백(negative feedback) 현상도 존재한다. 예를 들면, 나무가 자라는 계절에는 숲이 더 우거지고 이로 인하여 이끼나 풀에 비해 더 큰 차광막이 형성된다. 따라서 증산작용이 더 활발해지고 툰드라 지역보다 지표면 기온이 낮아진다. 또한 북극해에서 발생하는 음의 피드백도 있는데, 해수면 온도가 높아지면 물의 밀도가 감소한다. 담수가 유입되는 경우와 마찬가지로 물의 밀도가 감소하는 경우에도 열염분순환이 저하되는데, 결과적으로 이 지역의 열전달이 감소되고 결국 해수면 온도가 더 낮아진다. 이것이 음의 피드백이다. 이러한 모든 효과를 결합하여 나타낼 수 있는 합리적 모형을 이용하면, 아한대 전체에서 나무와 기후 사이의 피드백을 포함한 양의 피드백이 우세하다는 것을 알 수 있다.[32] 그러나 피드백의 강도는 대체안정 상태로 임계전이가 발생될 정도로 강하지는 않다.

이렇게 서로 연결된, 기후와 초목 사이의 피드백 체계는 다른 지역에서도 발생한다. 우리 직관과는 좀 다른 결과일 수도 있는데, 토양의 초목 생육은 해양순환 패턴에도 영향을 준다. 시뮬레이션 결과에 따르면 과거 전 지구적 규모로 이루어진 전이를 설명하는 데에도 이러한 피드백이 중요한 근거가 되는 것으로 밝혀졌다.[32]

지의류와 나무

더 깊게 들여다보면 아한대 숲은 겉으로 보이는 것과 달리 균일한 생태계가 아니다. 구체적인 예로 캐나다의 경우를 살펴보면 남부의 폐쇄림(閉鎖林; closed forest)[9] 지대와 북부의 툰드라 지대 사이에는 지의류 삼림지대(lichen woodland)라는 뚜렷이 구별되는 지역이 있다. 이 지의류(地衣類)[10] 지역에도 나무가 매우 드물게 분포되어 있으며 작은 관목이 점점이

---

9)　수관밀도(樹冠密度; crown closure—나무의 가지와 잎이 달려 있는 부분의 밀도)가 지표의 20% 이상이며 나무 높이가 7m 이상이 되는 숲. 폐쇄림 내에는 초본층(草本層)이 거의 형성되지 않는다.

나타나는, 이끼 매트로 덮여 있다. 퀘벡 지방의 그랑자뎅 공원(Parc des Grand-Jardins)[11]에는 이러한 이끼가 매우 큰 규모로 나타나는데, 일반적인 지의류의 남방 한계선보다 500km나 더 아래로 분포되어 있다. 토탄 덩어리의 코어(core)를 분석하여 이러한 지의류 영역을 재구성한 연구가 발표된 바 있다.[33] 채취한 토탄 코어에 있는 식물 화석과 목탄 층, 곤충 유해, 꽃가루 등을 살펴봄으로써 아주 흥미로운 사실을 발견할 수 있었다. 지의류 영역은 아주 오랜 역사를 통해 생겨난 것이며, 이 영역이 한때는 숲에 가까운 형태였지만 갑작스럽게 이끼가 출현하게 되었다는 것을 알 수 있었다. 지의류는 580년에서 1440년 전 사이에 출현된 것으로 추정되는데, 일단 지의류가 자리를 잡으면 그 지역이 다시 숲으로 바뀌지는 않는다. 이러한 지의류의 탁월한 지속성은 인접한 숲과 기후 및 토양 조건이 같은 상황에서 지의류가 발생한다는 사실을 의미하며 나아가 대체안정 상태를 이룬다는 것을 의미한다. 지의류로 꽉 찬 토양은 완벽하게 나무가 자라지 못하도록 방해하는데, 그렇기 때문에 지의류가 없었다면 숲이었을 영역에서 지의류는 자체적 안정성을 확보하고 있다고 말할 수 있다.

한편 폐쇄된 숲 영역은 여전히 이 지역에 서식하는 우세한 식물 영역으로 남아 있는데 이러한 숲은 쉽사리 지의류 영역으로 바뀌지 않을 것이 분명하다. 그렇다면 수백 년 전에 그랑자뎅 공원에 이렇게 대규모 지의류 영역이 나타난 이유는 무엇일까? 토탄 코어를 더 자세히 분석하면 지의류가 출현한 시점은 가문비나무 잎말이나방 애벌레의 머리 캡슐이 다량 남아 있

---

10)   땅에 옷을 입힌 형태로 자라는 식물로서 일반적으로 이끼류를 의미한다. 습한 곳에서 자라나는 조류와 균류의 공생체를 지의류라고 한다.

11)   '큰 정원'이라는 뜻이다.

는 시점과 일치하는 것을 알 수 있다. 가문비나무 잎말이나방 애벌레는 가문비나무 숲을 고사시킨 곤충으로 유명하다. 하지만 이렇게 곤충이 창궐하는 경우는 전체 숲에 걸쳐 나타나는 반면, 지의류 영역은 특정한 기간에 특정한 지역에만 나타났다. 따라서 곤충 창궐만으로는 이러한 임계전이를 설명할 수 없으며 다른 원인을 찾아보아야 한다. 목탄층을 살펴보면 다른 원인이 산불임을 추정할 수 있다. 지의류 영역은 큰 산불이 일어났던 영역에 발생한 것으로 나타나는데, 토탄 코어 분석에 따르면 가문비나무 잎말이나방 애벌레가 창궐한 다음에 큰 산불이 발생했고, 그 직후에 임계전이가 발생한 것으로 추정된다. 따라서 아한대 지역에 지의류 영역이 나타난 사건은 복합적 섭동에 의해 생태계가 대체 상태로 전이될 수 있음을 보여주는, 놀라운 생태계 사건이라고 할 수 있다.[34]

곤충 창궐

아한대 숲에서 곤충이 창궐한 사건 자체도 자세히 살펴볼 만하다. 나중에 설명하겠지만, 임계문턱값만 넘으면 폭주과정이 진행되는 임계전이의 예로서 질병 창궐도 좋은 예라고 할 수 있다. 잎말이나방 애벌레가 창궐한 경우도 마찬가지로 임계전이라고 할 수 있다. 잎말이나방 애벌레는 침엽수의 푸른 잎을 먹어치운다. 이 애벌레의 창궐은 산림산업에 매우 중요한 사건이기 때문에 이 유충에 대해서는 오랫동안 연구가 진행된 바 있다. 잎말이나방 애벌레의 창궐은 불규칙적으로 발생하는데, 대략 30~100년 정도의 주기로 나타난다. 이 곤충은 다 자란 침엽수림을 파괴하는데, 주로 전나무와 가문비나무로 구성된 숲을 노린다. 삼림의 초기 상태에서는 나뭇잎이 노출되어 있으므로 새나 다른 천적이 애벌레를 쉽게 발견하고 잡아먹을 수 있다. 그러나 나뭇잎이 무성해지면 애벌레는 먹이를 쉽게 찾을 수

2부 자연계와 인간 사회의 구체적 사례들

있는 반면, 애벌레의 천적은 먹이를 찾기 어려워진다. 결과적으로 애벌레 수는 점점 증가하여 천적이 없애는 사망 개체수를 넘게 된다. 결국 덥고 건조한 시기가 조금이라도 잎말이나방 애벌레의 증가를 부추기면 이 균형 은 깨지고 나방 개체수는 급격히 증가하여 유충 개체수를 늘리는 폭주순환 과정이 진행되고 결국 곤충이 창궐하게 된다. 한 지역에서 이런 사건이 발 생하면 이것은 도미노 현상처럼 다른 지역으로 전파된다(5.2절 참조). 이 로 인하여 국지적인 창궐이 수천 제곱킬로미터에 이르는 영역으로 확대되 며 결국 7~16년이 지난 후 삼림은 완전히 붕괴된다.

제2차 세계대전 후에 천연자원을 보호하기 위해 살충제를 이용하여 가 문비나무 잎말이나방 애벌레를 퇴치하는 대대적인 운동이 벌어졌다. 그러 나 살충제를 사용해도 이 문제를 해결하는 것이 아니라 지연시킬 뿐이라는 사실이 나중에 밝혀졌다. 살충제를 계속 살포하다 보니 더 넓은 지역이 가 문비나무 잎말이나방의 창궐 대상에 포함되었으며 결국 더 극심하고 광범 위한 산림 황폐화가 진행되었다.[35] 그 이후에는 대개 사시나무와 자작나무 가 새로운 숲을 이루게 된다. 그러나 20~40년 정도가 지나면 큰 무스 (moose)[12] 무리가 이동함에 따라 일부 지역이 침엽수림으로 바뀌며 이로 인해서 침엽수림에는 새로운 순환 과정이 시작된다.[36]

4 | 융기습지의 형성과 소멸

습윤 기후에서는 개방된 호수에 유기물이 쌓이면서 융기습지(raised bog)

---

12)　몸무게가 약 800kg에 달하는 큰 사슴. 낙타사슴 또는 말코손바닥사슴이라고 불리기도 하며 유 럽에서는 엘크라고 부르기도 한다. 현존하는 최대의 사슴으로 몸집이 말보다 크다(참고: 두산백과).

그림 11.6　얕은 호수에서 융기습지가 형성되는 과정.[37]

가 형성된다. 형성 초기에는 반토양(半土壤; semiterrestrial)[13] 상태가 되지만 수분이 포화된 토탄(water-saturated peat)이 쌓이면 수면보다 몇 미터 높게 형성된다(그림 11.6 참조). 이러한 융기습지 형성 과정도 자기 강화 폭주과정과 유사하다. 일찍이 니코 반 브리멘(Nico Van Breemen)은 「물이끼가 다른 식물을 쫓아내는 방법(How sphagnum bogs down other plants)」[37]이라는 재미있는 제목의 논문에서 이 과정을 설명한 바 있다. 우

---

13)　반토양은 반육지토양, 반습지토양으로 나누어볼 수 있는데 여기서는 반습지토양을 의미하는 것으로 추정된다. 반습지토양은 습지나 늪 등에 수생식물이 부식되어 집적된 토양이다.

리는 먼저 습지가 어떻게 자기 전파 시스템(self-propagating system)을 이루게 되는지 살펴보고 이러한 습지에서 대기 중 질소 유입량이 최고치를 넘었을 때 식물 서식이 중단되는 과정을 살펴보고자 한다.

물이끼가 다른 식물을 쫓아내는 과정

융기습지에서는 물이끼 속에 속하는 이탄이끼(peat moss)[14]가 거의 대부분을 차지할 정도로 우세한데, 이러한 생태계에서 궁금한 점은 어떻게 이탄이끼가 이러한 우세함을 획득할 수 있느냐 하는 것이다. 전통적인 관점에서 보면 물이끼는 양분이 거의 없는 산성 습지에 적합하기 때문에 이렇게 우세할 수 있다고 단순하게 해석한다. 그러나 이는 동전의 한 면만 보고 판단한 것에 불과하다. 그 이면을 보면, 외부 조건이 적당한 범위 내에 있을 때 물이끼가 스스로 이런 환경을 만든다는 것을 알 수 있다. 따라서 이 작은 식물(물이끼)은 생태계의 엔지니어라고 볼 수 있는데, 물이끼는 양분이 불충분하며 습하고 추운 산성 환경을 만들어 경쟁자가 살아남지 못하도록 한다. 이 각각의 환경요소가 어떻게 물이끼에 의해 증진되며 물이끼가 어떻게 경쟁자들을 물리치는지 반 브리멘의 연구[37]를 따라가보자.

　토양이 흠뻑 젖을 만큼 습한 조건은 사실 이끼가 자라나기 전부터 이미 충만한 조건이다. 그러나 일단 물이끼 덩어리가 만들어지면 물은 더 고이며, 땅에 뿌리를 내리는 식물이 서식하지 못하고 토양의 공기구멍이 부식물질(humic substance)[15]로 인해 막히게 된다. 이때, 비가 내리면 이끼의

---

14) 　　　이탄(泥炭; peat)은 수생식물, 이끼류, 습지대의 풀 등이 지표 근처에서 퇴적하여 생화학적으로 탄화한 것을 말한다. 이탄은 자신의 무게에 해당하는 양보다 더 많은 양의 물을 포함할 수 있다고 알려져 있는데, 이탄이끼는 자신 무게의 최고 25배에 달하는 물을 포함할 수 있다.

스펀지 층이 부풀어 오르고 또한 겹겹이 쌓인 가지가 모세혈관과 같은 공간을 형성하기 때문에 토양 저층의 물도 흡수하게 된다. 이렇게 형성된 물 저장고에는 산소가 부족하기 때문에 이끼 덩어리가 형성되고, 따라서 식물이 뿌리를 내리고 살기에 부적합한 환경이 된다.

물이끼 덩어리는 또한 거의 열전달을 하지 않기 때문에 물이끼에 뿌리를 내린 관속식물의 뿌리를 차갑게 만들어, 결국 관속식물에게 필요한 따뜻하게 유지되어야 할 생육기간마저 단축시킨다. 반대로 맨 위쪽 얇은 층의 온도는 상대적으로 높아지는데, 이로 인해서 표면에는 물이끼 층이 더욱더 활발하게 자라나게 된다. 물이끼의 특이한 생물학적 과정으로 이탄은 높은 산성으로 바뀐다. 이러한 토양 산성화가 진행되면 대부분의 관속식물(vascular plant)[16]이 자라기에 부적합한 환경이 조성된다. 그러나 이것만으로 관속식물이 서식하지 못하는 것을 설명할 수는 없다. 왜냐하면 물이끼 말고도 산성 토양에서 잘 자라는 관속식물이 있기 때문이다. 이 이유를 질소로 설명할 수 있는데, 물이끼는 질소를 소모하는 아주 강력한 경쟁자인 동시에 대기의 무기질소농도를 높이는 역할을 한다. 이는 경쟁자와 불안정한 공존(부록 A.4절 참조)을 이루는 대표적인 사례다. 대부분의 식물은 물이끼가 만든, 질소가 낮은 상태에서는 살 수 없지만 이끼 자신은 이런 상태에서 더욱더 번성하게 된다. 물이끼의 효율적인 질소 흡수는 느린 광물화(鑛物化; mineralization)[17]와 더불어 대기의 무기질소농도를 높이는 작용을 한다.

---

15)   식물의 잎과 줄기 부분이 부식해서 생긴 유기성분.

16)   관다발이란 식물체에 필요한 물과 양분의 이동통로를 말하는데, 관속식물이란 관다발이 있는 식물로서 관다발식물, 유관속식물이라고 부르기도 한다.

번성했던 물이끼가 어떻게 붕괴되는가?

앞서 설명한, 주위환경이 변화하는 사례는 물이끼가 안정적인 시스템을 이루는 이유를 잘 설명해준다. 산성으로 저영양화된 저온다습한 환경에서는 나무나 관목, 다른 식물이 물이끼를 침투하지 못한다. 일단 토양이 물이끼 서식지로 바뀐 뒤에는 다른 상태로 바뀔 수 없을 것처럼 보인다. 공기통로가 막히는 형태로 토양이 재구성된 것만 고려하더라도 이 이상의 상태변화는 생기지 않을 것 같다. 그러나 이 시스템에도 아킬레스건이 있는데, 이는 바로 물이다. 물이 모두 빠지면 공기가 다시 통하게 되어 물이끼가 해체될 수 있다. 이렇게 되면 질소가 다시 생기고 이탄의 삼투성이 비가역적으로 증가하며 물이끼의 결합조직에는 부적합한 상태가 된다.

두 번째 약점으로는 질소 유입을 들 수 있는데, 물이끼가 대기의 질소를 낮은 상태로 유지할 수 있는 경우는 외부로부터의 질소 유입이 약할 때뿐이다. 레온 래머(Leon Lamer)와 그의 동료들은 질소 유입이 특정 경계치를 초과하게 되면 질소 차단 효과가 붕괴된다는 것을 밝혔다.[38] 새로 생긴 습지는 질소 유입량이 적을 수밖에 없는데, 그 이유는 주로 대기침적(atmospheric deposition)[18]이나 시아노박테리아(cyanobacteria)[19]에 의한 질소고정(N-fixation)[20] 때문이다. 대기침적이 이미 호수의 여러 부분에서

---

17)　생물이 무기물을 만들어내는 과정을 광물화라고 하는데, 여기서는 물이끼에 흡수된 유기질소가 무기질소(암모늄이온: NH_4^+)로 변화되는 과정, 즉 질소광화(nitrogen mineralization)를 의미한다. 질소광화를 거쳐 유기질소가 암모늄으로 변화되면 관속식물이 섭취할 수 있는데, 이 과정이 느리게 진행되기 때문에 관속식물이 자랄 수 없음을 설명하고 있다.

18)　대기 중으로 배출된 오염물질이 지표면 근처에 침적되는 현상이다.

19)　남조류(藍藻類)라고 알려진 시아노박테리아는 광합성을 통해 산소를 만드는 세균이다. 이름은 남조류지만 실제로는 엽록소 때문에 초록색으로 보인다.

현저히 증가되는 상황에서 질소가 물이끼 성장을 조절하는 수준으로 유입되고 있다면, 질소 유입량이 조금 증가한다고 해도 이에 비례해서 물이끼가 성장할 뿐이며 공기 중에는 낮은 수치의 질소가 유지된다. 그러나 질소유입 비율이 문턱값($15kg\ ha^{-1}\ y^{-1}$ 정도)[21]을 넘어서게 되면 물이끼 성장은 다른 조건에 의해 제한된다. 결국 증가된 질소를 물이끼가 모두 소모하지못하게 되고 대기 중 질소농도는 다른 식물이 습지에 서식할 만큼 충분하게 높아진다. 일단 이런 일이 발생하게 되면 다른 폭주과정이 진행된다. 교목, 관목, 풀 등이 차광막을 형성하여 그늘을 만들기 때문에 물이끼의 성장이 억제되고 결과적으로 대기 중 질소 유입이 활성화된다. 질소 함량이 높은 물이끼의 부식물과 비교적 쉽게 분해되는 관속식물의 부식물 함량이 높아지기 때문에 물이끼 해체는 더욱 가속화된다. 마지막 단계로, 관속식물 뿌리로부터 방출되는 산소와 유기물질이 이탄 해체를 더욱 가속화시키며 토양 내 영양분도 급격히 회복된다. 이런 모든 과정의 결과로 질소농도는 더 증가하게 된다. 간단한 도식 모형을 이용하면 물이끼 습지에서 관속 식물이 우세한 생태계로 어떻게 임계전이가 발생하는지 더 쉽게 설명할수 있다(그림 11.7 참고). 이 도식 모형은 다음 두 가지 사실을 전제하고 있다. (1) 관속식물보다 물이끼가 우세한 생태계에서는 일정한 양의 질소가유입되면 토양의 무기질소농도는 낮아진다. (2) 관속식물이 자라기 위해서는 물이끼에 필요한 질소 함량보다 높은 문턱값의 질소 함량이 필요하

---

20)   질소고정이란 공기 중에 다량으로 존재하는 안정된 불활성 질소 분자가 반응성이 높은 다른 질소 화합물(암모니아, 질산염, 이산화질소 등)로 변환되는 과정을 말한다.

21)   1ha($10,000m^2$, 약 3,000평)에 1년 동안 15kg의 질소가 유입되는 비율.

2부 자연계와 인간 사회의 구체적 사례들

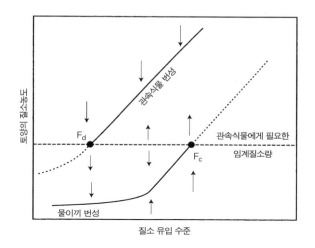

그림 11.7   융기습지에서의 물이끼와 관속식물 사이의 경쟁관계를 나타내는 도식 모형. 대기 중 질소 유입
이 낮은 경우에는 물이끼가 유입 질소의 대부분을 흡수해버리므로 토양 내 질소농도는 낮은 상태로 유지된다.
질소 유입이 높은 경우에는 다른 제한조건이 적용된다. 물이끼 증가 정도가 질소 유입량을 따라가지 못하게
되고, 토양의 질소농도가 증가한다. 토양 내 질소농도가 관속식물에게 필요한 임계문턱값을 넘으면(F_c 지점),
물이끼는 우세함을 잃고 연쇄과정(본문 내용을 참고하기 바람)을 거치고 토양 내 질소농도는 높은 수준으로
증가하게 된다. 물이끼가 다시 우세한 상태로 회복되려면 공기를 통한 질소 유입이 특정 수준(F_d 지점) 이하
로 떨어져야 하는데, 이 지점이 바로 관속식물이 살 수 없는 수준의 질소농도를 나타낸다.

다. 이 도식 모형과 이에 대한 해석은 얕은 호수의 혼탁도 분석 모형과 놀
라우리만큼 유사하다(그림 2.9 참조).

5 | 단편화된 토양에서의 멸종

멸종 위기에 처한 동식물의 보호 관점에서 보면, 가장 염려되는 것은 이들
생명체의 개체수가 임계밀도 아래로 떨어지지나 않을까 하는 것이다. 이
러한 현상은 앨리 효과(Allee effect; 그림 2.3과 부록의 A.2절 참고)라고 알

려져 있는데, 앨리 효과는 생태계에 나타나는 여러 메커니즘에서 발견할 수 있다. 특히 이해하기 어려운 메커니즘 중에는 서식지 단편화(habitat fragmentation)가 있다. 대부분의 동식물들은 특정하게 정해진 서식지에 살고 있는데, 이 서식지들은 불모지 가운데 흩어져 있다. 이러한 특징은 섬에 살고 있는 식물군과 동물군 모두에서 찾아볼 수 있는데, 농지 사이에 있는 숲에서도 서로 이어진 생태계가 조성되면 조건에 따라서 다양한 조류, 포유류, 곤충류, 식물류 등이 서식할 수 있다. 보통 개체는 지엽적인 서식지에 분포하고 있지만, 이러한 서식지가 서로 연결되어 광범위한 지역에 확산·분포될 수 있는데, 이렇게 개체가 분산되어 서식하는 군집들의 군집을 메타군집(meta-population)[22]이라고 부른다. 경관 생태학자(landscape echologist)들은 이런 현상을 연구하는데, 이들은 주로 멸종 위기의 종에 대해 서식지 단편화가 미치는 위협을 연구한다.[39]

여러 종의 메타군집의 분포를 조사하면 흥미로운 패턴을 찾을 수 있다. 어떤 한 시점을 기준으로 본다면, 대부분의 종은 모든 서식지에 분포하거나 일부 서식지에만 한정되는 형태로 서식한다(그림 11.8 참조). 이러한 특징은 식물뿐만 아니라 곤충과 새의 경우에도 나타난다.[40] 이러한 양극성 패턴은 두 개의 대체안정 상태가 존재함을 암시하고 있다(14.1절 참조). 사실 메타군집 모형 자체도 쌍안정성(bistability)[23]을 예측하고 있는데, 메타군집의 크기와 지역군집의 크기 사이에 발생하는 양의 피드백 때문에 이러

---

22)   공간적으로 떨어져 사는 같은 종의 군집들의 군집을 메타군집이라고 한다. 개별 군집의 수명은 유한하지만 전체 메타군집은 새로 생기는 개별 군집 때문에 안정적으로 유지될 수 있으며 실제로 보통 안정적인 상태로 관찰된다.
23)   대체안정 상태가 두 개인 형태로 유지되는 안정성.

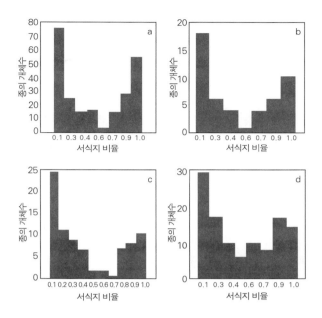

그림 11.8　서식지의 단편화와 서식 종 분포. 단편화된 서식지에서 특정 종의 서식 분포는 대부분의 서식 가능 지역에 존재하지 않거나 대부분의 지역에 서식하든가 둘 중 하나의 형태로 분포한다. 여기 나타낸 양극성 분포를 보면 이러한 특성이 더 명확하게 나타나는데, (a) 숲으로 둘러싸인 작은 마을에 서식하는 농작물 분포, (b) 영국의 나비 분포, (c) 논병아리(grebes) 분포, (d) 오크나무에 서식하는 어리상수리혹벌(gall wasp)의 분포를 통해 이를 확인할 수 있다.[40]

한 쌍안정성이 발생한다. 핀란드 여러 섬의 고립된 목초지에 서식하는 나비에 관한 연구는 이러한 예상을 뒷받침하는 결과를 보여준다. 각 섬의 항구에 서식하는 나비들의 메타군집은 다른 섬의 메타군집과 대개 무관하기 때문에 다각도로 비교해볼 수 있다. 모형에 의해 예측되었던 것처럼, 실험 데이터에 따르면 주변의 서식군집이 너무 작은 경우에는 메타군집이 멸종하는 것으로 나타났다(그림 11.9 참조).

이 결과가 의미하는 바는 점진적으로 서식지의 단편화가 진행될 경우에

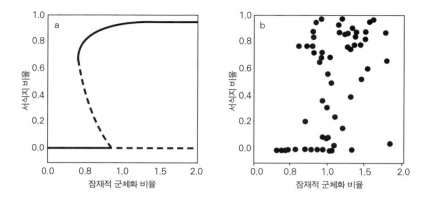

그림 11.9 주변 서식지의 개수에 따라 군체가 발생할 수 있는 가능성을 예측한 모델. 생명체는 서식지 전체에 골고루 퍼져 서식하거나 아무 곳에도 살지 않을 수 있다(좌측 그림). 핀란드 나비 연구 데이터(우측 그림)에 따르면 이러한 서식지 단편화 모형과 잘 들어맞고 있다.[141]

그곳의 생명체는 예상치 못한 임계전이로 갈 수 있다는 것이며, 즉 대부분의 서식지에서 생명체가 서식하던 상황이라 하더라도 극단적인 전이가 일어나면 메타군집 전체가 멸종하게 된다는 것을 의미한다. 고립된 종의 경우에는 서식 패턴을 해석하기 힘들 수도 있다. 또 다른 종들과 상호작용하는 종은 같은 단편화 문제를 공통적으로 겪을 수 있다. 따라서 고립된 종과 다른 종의 복합적인 전체 결과는 쉽게 예견할 수 없다. 이를 위해서는 메타공동체(meta-community)나 메타생태계(meta-ecosystem)에 초점을 맞추어야 할 것이다.[42] 예를 들면, 고립된 호수나 연못의 경우에는 최고 포식자 물고기가 멸종되면 차례로 도미노 효과가 유발되어 물이 혼탁한 상태에서 수생식물이 대부분을 차지하는 맑은 상태로 전이된다.[43] 따라서 서식지(호수)가 고립되면 될수록 맑은 상태를 선호하는 종들이 활발히 서식할 가능성이 높아질 것이다.

6 | 임계전이 관점에서 본 전염병

끝으로 페스트나 다른 전염병이 창궐하는 것도 임계전이의 예로 볼 수 있다는 점을 설명하고자 한다. 독자들이 짐작하는 대로, 전염병 창궐에 대한 연구 대부분은 인간 사회를 중심으로 연구되었다. 그러나 다른 동식물 종에 대해서도 같은 규칙이 적용된다. 일찍이 1927년에 커맥(Kermack)과 맥켄드릭(McKendric)은 전염병 감염자 수가 임계문턱값을 넘어섰을 때만 전염병이 창궐한다는 것을 예견하였는데, 구체적인 임계문턱값은 개별 사례의 전염성과 회복성, 치사율에 따라 달라진다고 하였다.["] 인구밀도가 문턱값 이하가 되면 어떤 전염병도 발생할 수 없다는 것도 이미 논의된 바 있는데, 인구밀도가 이 문턱값을 조금이라도 초과하면 전염병이 발생하여 인구밀도는 감소하고 따라서 문턱값 아래로 떨어지게 된다. 이에 대한 모형들은 해마다 정교하게 수정되고 있지만, 기본적인 이론은 대체적으로 맞는 것으로 평가되며, 이 이론은 우리에게 중요한 몇 가지 사실을 알려준다. 대표적인 것으로는 전염병으로부터 회복되어 면역을 갖게 된 개인의 비율이 특정 문턱값을 넘어서면 전염병은 보통 없어진다는 사실이다. 또 다른 것으로는 백신의 효과를 들 수 있는데, 비록 백신이 일부 사람에게만 효과가 있다고 하더라도 전염병을 막는 데에는 효과적이라는 사실이다.[24]

독감 바이러스와 같은 질병 바이러스는 시간이 지날수록 계속 변화하는 특징이 있다. 때론 이전에 여러 독감을 앓아서 면역이 된 사람에게도 어떤

---

24)   백신이 일부 사람들에게만 효과가 있다고 할지라도 백신으로 인해 감염자 수가 낮아지게 되므로 전염병이 퍼지는 것을 막는 데 효과적이다.

면역성이 없는 신종 바이러스 변종이 생기기도 한다. 이런 바이러스는 전 세계적 유행병을 일으키기도 하는데, 불과 수십 년 전 수많은 사람의 목숨을 앗아간 스페인 독감[25]도 이런 경우라고 할 수 있다. 질병 중에는 거의 변형되지 않는 질병들도 있는데, 이런 경우에는 한 번 면역이 된 개인은 평생 동안 같은 질병에 걸리지 않고 보호받을 수 있다. 대표적으로 홍역과 같은 '소아 질환(child diseases)'[26]을 들 수 있다. 이런 경우에는 간단한 모형으로 설명이 가능하기 때문에 전염병 창궐을 예측하기가 쉽다. 이런 질병은 대체로 학교와 같이 붐비는 곳에서 사람들 간의 접촉에 의해 발생된다. 그러나 전염병 창궐 여부는 백신이나 이전 감염 등을 통해 면역되지 않은, 감염 가능한 아이들의 비율에 달려 있다. 이 비율이 특정 수치를 넘어서면 전염병이 창궐하게 된다. 런던의 경우를 예로 들면 2년마다 홍역이 나타난다고 알려져 있다. 그러나 백신이 일반화된 곳에서는 다른 변화 추이를, 대개 더 복합적인 변화 추이를 볼 수 있다(그림 11.10 참조). 흔히 발생하지 않는 질병으로부터 전염병에 이르기까지 질병의 임계전이에 관한 주제는 인간의 질병뿐만 아니라 닭이나 돼지, 암소 등의 질병의 창궐을 연구하는 데에도 아주 중요하다. 여기서는 더 깊은 논의는 생략하겠지만, 이에 관한 문헌자료는 매우 많다.

중요한 것은 임계전이의 지속성이다. 비록 전염병은 언젠가는 사라지겠지만 이로 인해서 전체 생태계는 임계전이를 통하여 다시 빠져나올 수 없

---

25)   1918년 처음 발생해 2년 동안 전 세계에서 2,500만~5,000만 명의 목숨을 앗아간 독감이다. 14세기 중기 페스트가 유럽 전역을 휩쓸었을 때보다도 훨씬 많은 사망자가 발생했기 때문에 지금까지도 인류 최대의 재앙으로 불린다(참고: 두산백과).

26)   소아에게 나타나는 질병의 통칭. 여기서는 홍역이나 백일해 등 소아 전염병을 지칭하고 있다.

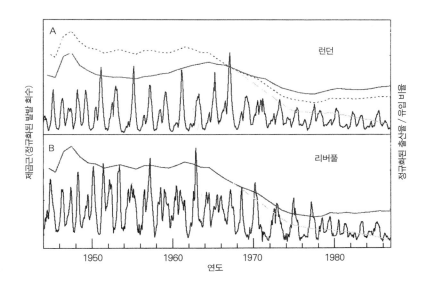

그림 11.10　영국의 두 도시에서 관찰한 전염병의 동적 추이. 시간축을 따라 요동치는 그래프는 홍역 발생 회수를 정규화한 것이다. 완만한 그래프는 연간 출산율을 정규화한 것이며(런던 그래프에서 점선은 리버풀의 출산율인데 비교하기 쉽도록 보인 것임), 완만한 회색 그래프는 감염 가능성이 있는 소아들의 유입 비율을 나타낸다(1960년대 후반부터 출산율보다 낮아지는데 이때부터 예방접종이 보편화되었기 때문이다). 매 학기 등교기간으로 인한 평균 감염 비율과 감염 가능성 소아들의 유입 비율 두 가지가 홍역의 동적 추이를 결정하며, 이는 간단한 모형을 통해서 재구성할 수 있다.[45]

는 완전히 다른 상태로 갈 수 있다. 앞서 설명한 것과 같이, 아한대 숲이 이끼로 바뀌는 임계전이가 아주 대표적인 예이다. 잎말이나방 애벌레의 창궐과 더불어 산불이 발생한다면 전체 생태계가 1,000년 이상 지속될 수 있는, 충분히 안정적인 대체안정 상태로 바뀐다. 캐리비언 산호초 생태계의 붕괴도 이러한 예라고 할 수 있다. 성게 전염병의 엄청난 창궐로 인해서 암초 바다가 조류가 점령한 상태[27]로 전환되었는데, 이 상태는 전염병 창궐 이후 수십 년이 지난 지금까지 지속되고 있다(10.2절 참조).

7 | 요약

토양 생태계는 해양 생태계나 과거 기후의 동역학보다는 연구하기 쉽다. 그리고 토양 생태계에서 대체안정 상태 사이의 임계전이에 대한 분명한 사례도 다수 발견할 수 있다. 그럼에도 불구하고 토양 생태계 연구자들은 임계전이를 받아들이기 꺼려한다. 왜 그럴까? 대부분의 자연 토양에는 이질성과 다양성이 공존하기 때문이다. 이렇게 느슨하게 엮인 소생태계(microsite)의 다양성을 살펴보면 각 소생태계가 비동기적인 상태 전이를 반복하고 있는데, 이는 호수나 해양과 같이 단순화된 생태계와 달리 토양 생태계는 극단적인 전이를 허용하지 않을 것처럼 보인다. 실제로 대부분의 토양 생태계에서 임계전이는 흔하게 발생하는 사건이 아닐 수 있다. 그러나 이는 다른 생태계에서도 마찬가지다. 임계전이는 규칙적인 상황이라기보다는 예외적인 상황이기 때문에, 그래서 더욱 관심이 집중되는 사건이다. 지금까지 살펴본 경우를 봐도 이를 알 수 있다. 가장 확실한 예로는 질병의 창궐을 들 수 있다. 이는 감염 가능성이 높은 개체수가 임계문턱값을 넘었을 때 발생한다. 흥미롭게도 질병 창궐이 생태계를 살짝 흔들어놓음으로써 생태계 전체가 경계치를 넘어서 다른 견인영역으로 미끄러져 갈 수도 있는데, 아한대 숲의 경우가 바로 이러한 예에 해당한다. 융기습지의 예를 보면 서로 경쟁관계에 있는 개체들이 어떻게 자기 자신을 강화해 가는지 볼 수 있는데, 일단 경계값을 넘으면 전체 생태계는 다른 쪽으로 이동하게 된다. 이처럼 우세함을 경쟁하는 임계전이는 생명체가 거의 살지

---

27)   해조류와 수생동물을 주로 잡아먹고 사는 성게가 사라져서 해조류가 번성하는 상태를 말한다.

2부 자연계와 인간 사회의 구체적 사례들

않는 시스템에서도 발생할 수 있는데, 황무지에 임계문턱값 이상의 질소가 유입되어 풀이 자라는 경우나[66] 아한대 숲이 지의류 평원으로 바뀌는 경우가 이런 사례에 해당한다. 반건조지 생태계의 여러 사례는 시공간적 급격한 전이에 의해 소생태계의 기후와 초목 사이의 양의 피드백이 발생할 수 있다는 것을 보여준다. 이러한 사례는 흥미롭긴 하지만 임계전이 규모가 대체로 작다는 특징이 있다. 반면 초목과 국지기후 사이의 양의 피드백이 발생하여 엄청난 규모의 효과를 내는 경우도 있다. 사헬·사하라 사막이 나타나게 된 것도 이런 사례라고 추정되며, 아마존 유역이 건조한 대체 안정 상태로 바뀐 것(숲이 사바나로 바뀜)도 그 시스템 내부에 어떤 전환점이 있었던 것으로 추정된다.

12

인간 역사의 동역학은 생태계나 기후의 동역학만큼이나 변덕스럽다. 평온한 기간도 있었지만 이런 기간 뒤에는 필연적으로 패러다임 변화나 혁명, 전쟁, 국가의 붕괴 등의 사건이 발발했다. 물론 급작스런 기후변동과 같은 외부 요인에 의해서 사회가 붕괴되는 경우[1,2]도 있었지만, 극적인 사회변화는 대체로 외부 충격과 무관하게 발생했다. 자연계와 마찬가지로 사회 시스템도 점진적 변화에 의해 탄력성이 약화되고 전환점을 넘어 자기 전파 임계전이(self-propagating critical transition)를 유발할 수 있다는 점을 이 장에서 살펴보고자 한다. 이런 임계전이는 바람직하지 않을 수도 있다. 그럼에도 불구하고 단체나 무리, 사회와 마찬가지로 개개인도 특정 태도나 행동에 '고착'되는 경향을 보일 수 있다는 사실, 즉 변화에 수동적 입장을 취할 수 있음을 살펴볼 예정이다. '바람직한' 임계전이란 이런 상황으로부터, 또는 원치 않는 다른 안정 상태—예컨대 빈곤의 덫[1)]이나 사회적 무질서에서 탈출하는 것이다.

자연계와 인간 사회 사이의 동역학 유사성에 대해 얘기하기 전에, '자연' 계와 달리 인간 사회의 동역학에 영향을 주는 메커니즘의 근본적인 특징을 살펴보자. 인간 사회에서는 학습과 정보 확산, 혁신 등이 엄청나게 중요한 역할을 한다는 점이다. 사회 시스템의 중요한 특징은 이전 상태로 돌아가는 일은 실제로 발생하지 않는다는 점이다. 생태계나 기후 시스템의 경우에는 이전 상태로 돌아가는 상황이 이따금 발생한다는 점에서 사회 시스템과 다르다. 생태계도 진화 등에 의해 점진적으로 변화하고 지구 시스템도 대륙이동을 통해 점진적으로 변화한다. 그러나 이러한 과정은 생태계나 기후의 동역학과 비교할 때 상대적으로 매우 느린 과정이다. 반면 사회 시스템에서 발생하는 학습, 정보 확산, 혁신 등은 상당히 빠른 과정인데, 이렇게 변화된 사회가 근본적으로 다르다고 느낄 만큼 그 변화속도는 충분히 빠르다. 이는 결국 이론적 프레임워크를 일부 변경해야 한다는 것을 의미하는데, 간단한 수식만으로는 표현하기 힘든 적응적 순환[2]과 같은 개념을 추가해야 한다. 이 개념은 사회적 동역학을 설명하는 데 유용하다(4.3절 참조). 우리는 끊임없이 과거에서 배우기 때문에 미래가 과거와

---

1)   빈곤의 덫이란 빈곤 상태에서 빠져나오기 힘든 현상을 뜻한다. 빈곤층에 있는 사람이 빈곤한 상태에서 빠져나오기 위해 취업을 해도 그에 따라 정부 보조금이 줄어들기 때문에 생활수준은 변하지 않는다. 이렇게 빈곤 상태에 고착화되는 현상을 빈곤의 덫이라고 한다.

2)   적응적 순환 이론이란 파괴와 재구성 과정이 역할을 바꾸어 가며 반복되어 변화하는 과정을 의미한다. 이는 개인과 사회에서도 발견할 수 있는데 어떤 일을 계속 반복하다 보면 그 과정이 강화되어 다른 것이 생기게 되고 결국 이전의 일은 사라지고 새로 생긴 다른 것이 사용된다. 예를 들어서 초기 인터넷 시절에는 고퍼(gopher)를 이용하여 파일이 있는 사이트를 찾고 ftp(file transfer protocol)를 이용하여 파일을 다운로드하였지만 지금은 웹(world wide web)이 이것을 대신하고 있다.

완전히 같아지는 경우는 발생하지 않는다.

학습과 지식의 확산이 사회적 동역학을 결정한다는 점에서 사회 시스템과 자연계의 차이점이 있지만, 둘 사이에는 명백한 유사성도 아울러 존재한다. 자연계와 마찬가지로 사회 시스템 내에서도 순환이나 국면전환과 같은 전통적인 패턴이 나타난다. 사회적 시스템을 정량적인 방법으로 모형화하거나, 어떤 연관성을 유추해낼 수 있을 정도의 규모로 사회 시스템에 대해 실험 연구를 수행하는 것은 현실적으로 불가능하다. 그러나 다른 동역학 시스템과 마찬가지로 인간 사회에도 비선형 동역학이 있다는 것은 확실하다. 경제학의 예로는 시장 순환성(대표적 예로 돼지 순환[3]을 들 수 있는데, 돼지 순환이란 시장 가격에 따른 농부의 결정과 최종 농산품 사이의 시차로 인해 발생하는 순환성을 뜻함)과 빈곤의 폭주 피드백(빈곤의 덫)을 들 수 있으며, 마케팅에서 기술 표준(쿼티〔QWERTY〕 키보드나 VHS 비디오가 사실상의 표준으로 채택된 것을 예로 들 수 있음)[4]도 좋은 사례가 된다. 이탈리아 이론가 세르지오 리날디(Sergio Rinaldi)는 지연된 피드백 메커니즘을 설명할 수 있는 수학적 모형을 제안하였는데, 이 모형은 애정 관계에서 붕괴와 순

---

3) 돼지 순환(pork cycle ; hog cycle)은 소순환(cattle cycle)이라고 부르기도 하는데, 공급과 가격이 요동치는 현상이 실제 시장에서 발생하는 현상을 뜻한다. 돼지 가격이 높으면 사람들이 돼지를 많이 사육하게 되어 공급이 많아지고 따라서 가격이 낮아진다. 반대로 돼지 가격이 낮아지면 공급이 줄어들어 가격이 높아진다. 이런 현상이 미국과 유럽의 돼지 시장에서 처음 발견되어 돼지 순환이라고 명명되었다.
4) 기술 경영 관점에서 우세한 설계(dominant design)란 '더 나은 설계(better design)'를 의미하는 것이 아니라 사실상 표준(de-facto standard)으로 자리 잡은 설계를 의미한다. 초기에는 기본적인 기능에만 충실한 설계였지만 시장에서 우위를 점함으로써 사실상 표준이 되고 그래서 우위를 유지하게 되는 설계를 뜻한다. 여기 설명된 것처럼 QWERTY 자판은 효율적이라고 할 수는 없지만 표준 자판으로 자리잡았고 VHS 비디오 테이프 방식도 베타맥스(Betamax) 방식보다 좋다고 할 수는 없었지만 비디오 테이프 형식에서 우위를 점하게 되었다.

환 사이의 안정성이 어떻게 형성되는지,[3] 또 몇몇 국가에서 장기간에 걸쳐 부정부패가 어떻게 순환 패턴을 보이는지[4]를 설명할 수 있다. 충돌의 동역학도 마찬가지로 동역학 시스템 관점으로 해석할 수 있다.[5] 이 논문의 주요 아이디어는 폭력의 양의 피드백이 주위 환경에 따라서는 두 집단 사이의 돌이킬 수 없는 공격성의 소용돌이를 유발할 수 있다는 점이다. 충돌의 크기 분포는 일반적으로 거듭제곱 법칙을 따르는데,[6] 이는 자기 조직적 임계성이 제 역할을 한다는 것을 의미한다. 숲속 산불 모형이나 모래더미 모형(4.1절 참조)에서 다양한 크기의 연쇄 반응을 볼 수 있었던 것처럼 사회에서도 다양한 크기의 크고 작은 충돌이 존재한다.

사회 시스템에 관련된 동역학 개념은 매우 광범위하게 나타나는 흥미로운 주제지만, 이 장에서는 인지 및 사고방식의 관성과 전환에 대해서만 언급할 예정이다. 우리는 개인 사고의 동역학으로부터 집단과 사회의 동역학까지 규모를 넓혀가며 이 과정을 살펴보고자 한다. 특별히 관성과 전환 패턴으로만 국한한 이유는 이러한 패턴이 사회가 문제를 처리하는 방식에 큰 영향을 준다고 개인적으로 생각하기 때문인데, 필자는 사회 문제도 기후나 생태계에서 발생하는 대규모 전환 문제와 유사하게 해석할 수 있다고 생각한다. 이러한 아이디어는 사회학자 프랜시스 웨슬리(Frances Westley)와의 토론에서 구체화되었는데, 이 장의 내용은 프랜시스와 함께 저술한 리뷰와 그 맥을 같이한다.[7] 첫 단계로 먼저 세포 수준에서 시작하여 사회 수준의 동역학까지 살펴볼 예정인데, 이를 통해 어떻게 임계전이가 규모와 상관없이 발생될 수 있는지 보이고자 한다. 예상하고 있겠지만, 세포 수준에서 사회 수준까지 규모가 커질수록 불확실성도 함께 증가하므로 이론적 모형을 그대로 적용하는 것에는 상당한 위험이 따르게 된다.

1 | 세포의 전환

세포 수준에서도 대체끌개를 흔히 볼 수 있다. 세포 수준의 대체끌개는 대개 특정한 목표를 달성하기 위해 존재하는데, 예컨대 세포가 자신의 생명 주기에 대해 두 가지 구분되는 선택권 중에서 하나를 '결정'해야 할 때 대체끌개가 나타난다. 각 세포는 간세포가 되거나 혈액세포가 되거나 둘 중 하나를 결정해야 하며 이 둘 외의 다른 선택권은 없다. 그러나 초기 배아 상태에서는 다양한 '선택권'이 주어진다. 양의 피드백이 쌍안정(bistability)을 이루는 경우로 대표적인 것은 초파리의 등배정형화(dorsal-ventral patterning; 어느 쪽이 등이 되고 어느 쪽이 배가 되는지 결정하는 것)이다.[8] 초파리의 등 위치를 나타내는 특정 단백질 종류는 셀 사이 양의 피드백 회로를 통해 증폭되는 과정을 거치면 향후 어떤 수용기(receptor; 감각기관)가 될지 결정된다. 이 결정 과정은 이전 신호의 크기에 대한 함수로 표현되며, 그 결과 초파리의 등에는 선명한 줄무늬가 형성된다.

세포의 선택과 관련된 다른 예로는 세포자멸(apoptosis)을 들 수 있는데, 세포자멸은 계획적으로 '예정된 세포의 죽음(programmed cell death)'을 통해 발생한다. 세포자멸은 '예정된 세포의 죽음'의 대표적 사례로서, 극히 정상적인 과정이며 명확한 목표를 지니고 있다. 예를 들어서 태아가 자랄 때 손가락이 구별되어야 하는 시점이 되었다고 가정하자. 이때, 손가락 사이에 있는 세포들은 세포자멸을 수행하여 손가락들이 분리될 수 있도록 한다. 또 세포가 복구될 수 없을 정도로 손상된 경우나 바이러스에 감염된 경우에도 세포자멸이 발생한다. 세포자멸은 이분법적 선택의 대표적인 사례다. 세포는 살거나 죽거나 둘 중 하나를 선택해야 하며, 이 둘 사이에 다른 선택권은 없다. 세포자멸의 이러한 특성— '모 아니면 도' 식의 특성(all-or-nothing character)은 신호단백질(signaling protein)이 유발하는 양의 피드백 때문인 것으로 추정된다.[9] 즉 신호단백질은 생화학적 반응의 쌍안정 상태를 만들어내는 역할을 한다. 일반적으로 말해서, 세포 신호 전달 경로에서 발생하는 이러한 쌍안정은 신호잡음(noise; 환경에 의해 발생되는 임의의 무관한 요동)을 제거하고 외부 자극이 특정 문턱값을 넘었을 때, 즉각적으로 반응하도록 하는 역할을 한다.

2 | 사고의 전환

인간의 생각이 여러 대조적인 상태 중 하나에 고착되는 경향이 있다는 것은 잘 알려진 사실이다. 기분의 두드러진 변화도 이런 예라고 볼 수 있다. 우울증에는 단순히 정신만 관계된 것이 아니라, 행동 패턴이나 사회적 교류와 연관된 화학적 균형 및 피드백이 총체적으로 연관되어 있다. 우울증의 정확한 메커니즘이 무엇이든 간에, 단극성 우울증(unipolar depression)은 꽤 안정된 상태라고 할 수 있다. 반면 양극성 우울증(조울증이라고도 함, bipolar depression)을 앓고 있는 사람은 아주 대조적인 두 상태—광적인 상태와 극심한 우울 상태에서 변덕스럽게 변할 수 있다.

더 자세히 살펴보면, 인간의 생각은 실제 상황을 인식하기 위한 여러 대안적 해석 방법 중에서 하나로만 고착화되는 경향이 있음을 알 수 있다. 이에 관한 대표적인 사례로는 영상을 볼 때 시각적 실마리에 고정되는 경향을 들 수 있다(그림 12.1 참조). 그림을 볼 때 우리는 여러 다른 해석을 동시에 하기 매우 힘든데, 이렇게 여러 대안적 해석 가운데서 하나에 '찰칵' 달라붙는 현상은 그림뿐만 아니라 복잡한 이론이나 세계관 등에도 마찬가지로 적용된다. 과학자들도 연구를 할 때 이런 문제를 흔히 겪게 된

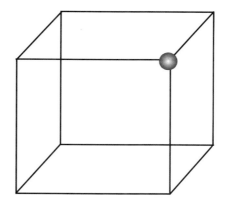

그림 12.1　　모호한 그림의 해석으로 유명한 네커큐브(Necker cube). 네커큐브에서 표시된 꼭짓점은 앞에 있다고 생각할 수도 있고 뒤에 있다고 생각할 수도 있다. 그렇기 때문에 어느 한 방식으로 해석한 다음에는 다른 방식으로 해석하기가 매우 어렵다.

다. 우리는 쉽게 '애착가설(pet hypothesis: 누구나 이렇게 생각할 것이라는 가설)'[5]을 채택하고 이 가설을 바탕으로 한 관찰을 기록하는데, 이렇게 되면 대상을 제대로 관찰할 수 없다.[10] 이런 메커니즘은 정치 분야에서 종교 분야의 신념에 이르기까지 모든 종류의 이데올로기에 영향을 주고 있다.

어떤 복잡한 대상을 빠르게 잡아내는 경향이 제 기능을 발휘하는 상황을 생각해보자. 먹이를 찾을 때나 위험 상황을 판단할 때와 같이 중요한 대상을 찾을 때에는 이런 판단 방법이 매우 유리하다. 말콤 글래드웰의 책『블링크(Blink)』[11][6]에는 인간이 지닌 이런 종류의 메커니즘에 대한 생생한 실례가 많이 수록되어 있다. 말콤에 따르면, 이러한 신속 분류 메커니즘

---

5)　　'애착가설'이란 개인이 선호하는 가설을 의미하는데, 정당한 근거가 없는 경우임에도 불구하고 '다른 사람도 모두 그렇게 생각할 것'이라는 생각에 바탕을 둔 가설일 수도 있다.

(rapid classification mechanism)이 아주 빠르게 진행되며 어떤 경우에는 우리 뇌에 존재하는 다른 이성적인 메커니즘보다 더 정확한 경우도 있다고 한다. 전문가들이 어떤 사안을 신속하게 결정하는 방법에 대한 연구[12]에서 도 이와 유사한 결과가 발표된 바 있다.

3 | 행동 고착

행동 패턴도 쉽사리 빠져나올 수 없는 특정 모드에 고착되는 경향이 있다. 이렇게 고착되는 경향도 때론 필요한데, 예컨대 맹수나 적을 만났을 때 제 역할을 한다. 맹수나 적을 만났을 때는 싸우거나 도망치거나 둘 중의 한 행동을 선택해야 한다. 싸우기로 결정했다면, 이 행동에 의심을 품거나 다른 모드나 다른 행동 사이에서 갈팡질팡하기 보다는 결정한 행동을 끝까지 완수하려고 노력하는 것이 합리적이다. 즉, 일관성을 유지하는 것이 가장 좋은 방침인 것이다.

　쥐를 대상으로 한 실험에 따르면, 공격성을 보일 때에는 공격적인 행동과 공격적인 호르몬 사이에 생리학적인 피드백 루프가 형성되는 것이 밝혀졌다. 공격적 행동이 일단 분출되면 대개 쉽사리 사라지지 않는데 그 이유가 바로 이 피드백 때문이다. 이러한 피드백 메커니즘은 보편적으로 존재한다고 생각된다. 아이들이 짜증을 부리거나 어른이 분노를 분출하는 경우를 살펴보면 이런 패턴을 관찰할 수 있다. 공격적 행동을 하면 곧바로 호르몬(부신피질 호르몬) 스트레스 반응이 유발되며 이에 따라 뇌의 중추는 공

---

6)　우리나라에는 2005년 번역·소개되었다(말콤 글래드웰, 이무열 옮김, 『블링크: 첫 2초의 힘』, 21세기북스, 2005).

격적 행동을 부추기게 된다. 결과적으로 충돌이 지속되는 동안 제어 메커니즘 내에 양의 피드백이 형성된다.[13] 이 메커니즘으로 경솔하게 폭력적 행동이 유발되기도 하지만, 한편으로는 일관된 공격성(또는 일관된 도주)을 고수하게 함으로써 인간의 생존 가능성을 높여주기도 한다.[7] 앞서 언급한 것처럼, 두 개의 서로 다른 행동방침 사이에서 망설이는 것보다는 일관된 행동을 고수하는 편이 생존 가능성을 훨씬 높일 수 있음을 알 수 있다.

이러한 일관성의 장점은 또한 '매몰비용 효과(sunk-cost effect)'[8]라고 알려져 있는 특이한 현상을 설명해준다. 경제 이론에 따르면 현재 행동을 결정하는 데 이전 투자를 고려해서는 안 된다는 규칙이 있다. 현 선택에 따른 비용 증가와 이득만을 고려해야 하며 이것에 따라서 선택해야 한다는 것이다. 그러나 사람들은 이러한 이성적인 판단에서 벗어나 선행 투자와 행동 선택 사이에 발생하는 양의 피드백의 덫에 걸리는 경우가 있는데, 실제로 이런 사례는 흔히 찾아볼 수 있다. 이를 매몰비용 효과[14]라고 하는데, 동물 실험에서는 '콩코드 효과(Concorde effect)'나 '콩코드 오류(Concorde fallacy)'[15]라고 부르기도 한다. 당시 프랑스와 영국의 합작 항공사였던 콩코드는 재정 상태의 전망이 불투명하다는 것이 이미 알려져 있었

---

7) '리더스 다이제스트'의 체험담을 보면 맹수와 싸워 생존한 사람들 이야기가 소개되는 경우가 있다. 사실 맹수를 만나면 일관된 도주를 하는 것이 생존 가능성이 더 높은데, 아이가 있다거나 도망칠 곳이 없는 상황에서는 일관된 공격을 고수할 수밖에 없다. 이렇게 일관된 공격성을 보이게 되면 설령 상대가 맹수라고 할지라도 물러서는 경우가 발생할 수 있으며 결국 생존 가능성을 높일 수 있게 된다.

8) 매몰비용 효과는 쉽게 얘기하면 '본전 생각'이다. 극도로 이성적인 사람이라면 어떤 의사결정을 내려야 할 때 그 상황 자체만 두고 결정을 내리겠지만, 대개의 경우에는 지금까지 들인 노력과 자금 등 여러 가지를 고려하게 된다. 결국 본전 생각 때문에 비이성적인 결정을 내리는 경우가 흔히 발생하는데 이를 매몰비용 효과라고 한다. 본문을 계속 따라가면 콩코드 사례를 통해 매몰비용 효과를 자세히 설명하고 있다.

지만(비행기가 완성되기 오래전에 알려져 있었음), 영국과 프랑스는 이미 많은 돈을 쏟아부었다는 이유 때문에 계속 투자하기로 결정한다. 아크스와 아이튼(Arkes and Ayton)[14]은 연구를 통해 콩코드 오류가 하등동물에서는 나타나지 않는다는 결론을 얻었지만, 인간에게서는 매몰비용 효과의 사례를 많이 찾아볼 수 있음을 지적하였다. 예컨대 미국 농구 선수에 관한 한 연구에 따르면, 팀에서 많은 비용을 지불하는 선수는 그 선수의 성과와 관련 없이 출전 시간이 길다고 한다.[16] 어떤 경우에는 얼핏 보기에 비이성적인 매몰비용 효과처럼 보이는 행위가 자세히 들여다보면 주요 인물들이 현 상태를 유지하며 자신들의 기득권을 잃지 않기 위해 저지르는 부당행위에 불과한 경우도 있다. 그러나 매몰비용 효과에는 본질적으로 심리학적 메커니즘이 작동한다는 증거도 있다.[14,17] 무엇보다도 자기 합리화[18]가 주요 역할을 하는 것으로 생각되는데, 사람들은 대개 자신이 과거에 결정한 것이 잘못되었다는 것을 인정하기 싫어하는 경향이 있기 때문이다. 사상 전향이나 세뇌에 관한 연구에 따르면 이러한 믿음이 자기 정체성을 이루는 주요 요소라고 추정되는데, 이는 사람들이 왜 이러한 입장 전환을 거부하는지에 대한 이유라고 볼 수 있다.[19] 이유야 어찌되었든 다 자란 성인의 경우 비이성적인 선택일지라도 특정한 행동방침에 집착하려는 경향이 있다는 것이 분명하다. 이런 고착화 메커니즘의 원인은 자기 강화 집착(self-reinforcing adherence) 때문인데, 자기 강화 집착은 '관성(inertia)'을 강화시키는 방향으로 행동 방침을 결정하도록 한다. 이 경우에 '관성'이란 주위 환경의 변화에 대해 대응이 부족한 것을 의미한다고 볼 수 있다.

2부 자연계와 인간 사회의 구체적 사례들

4 | 단체 태도의 관성과 전환

개인의 경우에는 특정 견해나 태도에 고착화되는 경향이 있는 반면, 단체 동역학에서는 제2단계의 관성을 추가로 고려해야 한다. 대중의 태도는 점 진적으로 전환된다기보다는 돌연 전환되는 경우가 많다는 사실이 여러 연 구를 통해 밝혀졌다. 말콤 글래드웰의 『티핑포인트』를 보면 이에 대한 아 주 훌륭하면서도 이해하기 쉬운 예가, 패션이나 흡연 전파에서부터 범죄 동역학에 이르기까지 많이 소개되어 있다.

  큰 단체나 전체 사회 수준의 메커니즘을 규명하기 위해 잘 통제된 수준 의 실험을 수행할 수는 없지만 작은 규모의 단체에 대해 실험을 수행하면 기본적인 메커니즘을 훌륭히 규명해낼 수 있다. 예컨대 심리학적인 실험 의 초기 연구에 따르면, 응급상황에 처해 구조요청을 하는 상황에서 사람 들의 반응은 주변에 있는 타인들의 반응을 얼마나 많이 인지할 수 있는가 와 밀접한 관련이 있다고 한다.[20] 만일 주변 사람들 중에서 아무도 도와주 지 않는다면, 당신도 그렇게 행동할 가능성이 높다. 결국 개인이라면 적극 적으로 행동했을 상황에서 단체는 수동적인 태도를 견지할 가능성이 있는 것이다. 지나고 나서 보면 이러한 행동역학이 작용했다는 것을 믿기 힘든 경우가 많다. 어떤 경우에는 "그렇게 많은 사람들이 어떻게 가만히 서 있 을 수 있지?" 하는 생각이 들겠지만, 아이러니하게도 그렇게 많은 사람이 '있음에도 불구하고(despite of)' 그런 일이 발생하는 것이 아니라 그렇게 많은 사람이 '있기 때문에(because of)' 그런 일이 자주 발생하는 것이 다.[9)]

  단체의 태도를 따르려는 경향은 너무도 강력하기 때문에, 어떤 사안에 대하여 주위 많은 사람들이 전혀 다르게 반응할 경우에 사람들은 자신이 직접 눈으로 확인한 것도 부인하는 경우가 있다.[21] 한 유명한 실험에 따르면, 세 개의 카드 중 하나와 딱 들어맞는 길이의 선분을 고르는 일을 수행할 때, 개인이 혼자 수행하면 1%의 미만의 오류로 수행할 수 있지만 단체 내의 다른 사람들이 공모하여 잘못된 선을 고를 경우에는 같은 사람도 3분의 1 이상 잘못 고르는 것으로 나타났다.[22]

같은 태도에 고착되는 경향이 의미하는 것은, 변하는 환경조건에 반응을 해야 하는 상황에서 단체는 개인과 달리 종종 경직될 수 있다는 것을 의미한다. 무슨 일인가 해야 한다는 느낌이 있을 때조차도 어떤 단체를 얽힌 정체(gridlock)로부터 빠져나오도록 하는 것은 매우 어렵다. 그런 상황에서는 전환점을 넘어서도록 촉진시키는 '예외적인 소수(exceptional few)'의 역할이 중요하다. 역사를 살펴보면 단체를 움직일 수 있는 능력을 가진 것처럼 여겨지는 몇몇 개인들을 볼 수 있는데 이들의 능력은 복합적인 요소에 의해 결정된다. 예를 들면, 이들은 인간관계가 특별하게 좋을 수도 있고,[23] 매우 높은 사회적 자본을 소유하고 있을 수도 있으며, 또한 타고난 혁명가(innovator)이거나 얼리어답터(early adopter)[10]일 수도 있고,[24] 감성적 감화를 불러일으키는 카리스마를 지니고 있을 수도 있다.[25] 이러한 리더가 없는 경우에 사회적 단체는 전체적인 고착화에서 벗어날 수 없으며

---

9)   1964년 뉴욕 거리에서 제노비즈라는 젊은 여성이 칼에 찔려 죽었다. 제노비즈는 범인에게 쫓기다가 30분 동안 세 번이나 공격을 받았지만 38명이나 되는 이웃이 창문에서 지켜보는 가운데 살해당했다. 제노비즈가 살해당하는 동안 38명의 목격자 중에서 아무도 경찰에 전화를 하지 않았다. 이 사건은 큰 반향을 불러일으켰으며 도시 생활의 비정함과 비인간적인 면을 상징하는 대표적인 사례로 자리 잡게 되었다. 이 문장은 이 사건을 견주어 생각해보면 더 이해하기 쉬울 것이다.
10)   얼리어답터란 다른 사람들보다 신제품을 빨리 구입하여 사용해보는 소비자 군을 뜻한다. 패션이나 유행을 주도하는 소비자 군이기 때문에 마케팅 측면에서 매우 중요하다.

변화가 필요한 상황에 적응하는 데에도 약할 수밖에 없다. 과학 분야에서 볼 수 있는 패러다임 전환의 경우에도 이와 같은 일이 발생하는데, 비범한 사람들은 구시대적 사실에 대해 새로운 비전을 제시하곤 한다.[26, 27]

태도와 리더십이 서로 작용하여 임계전이를 유발하는 과정은 간단한 수학적 모형으로 해석할 수도 있다(구체적인 수식은 부록의 A.14절 참조). 이 수학적 모형은 각 개인이 문제(예컨대 기후변화나 거리 범죄 등의 문제)에 대처하는 방식에는 두 가지 '의견(opinion; 또는 태도[attitude])' 모드가 있다고 가정한다. 그중 하나는 수동적 모드고 다른 하나는 능동적 모드이다. 개인은 문제에 대해 나름대로의 이미지를 바탕으로 행동하는데, 즉 사람들은 주어진 문제가 얼마나 심각한지, 또 규제를 강제했을 때 얼마나 효과적일지 등의 이미지를 형상화한다. 그러나 개인의 행동은 동료 그룹이 행사하는 사회적 압력에 의해서도 크게 영향을 받는다. 게다가 개인별 차이를 반영하는 확률적 요소도 존재한다. 이 모형에 따르면 개인은 비용편익(cost-benefit)의 관점에 따라 자신의 태도를 결정한다. 구체적으로 말해 단체의 경향에서 벗어남으로써 감내해야 하는 비용, 즉 동료집단 압력(peer pressure)을 감수하는 비용을 고려할 뿐만 아니라 순응하는 태도를 견지함으로써 얻을 수 있는 총 이익까지도 감안하여 자신의 행동을 결정한다.

갈수록 심각해지는 환경 문제에 대한 대중의 평균적인 태도 변화를 예측하는 데에도 같은 모형을 사용할 수 있다(그림 12.2 참조). S형 평형곡선은 지금까지 여러 번 설명되었던 파국주름(catastrophe fold) 형태인데, 지금 이 경우에는 대중이 인식한 문제의 크기가 증가함에 따른 대중의 반응이 파국주름에 따라 불연속적으로 나타나게 된다. 대부분의 개인은 임계점(F_1)에 이르기 전까지는 수동적 태도를 유지하지만 임계점에서는 문제 발생에 대항하는 능동적 태도로 돌연 빠르게 전이한다. 단체가 특정 태도나

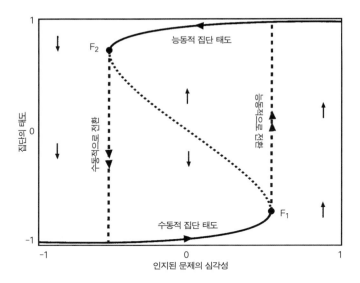

그림 12.2   문제의 심각성에 대한 집단의 태도 변화. 인간 사회에서는 개인 간의 차이가 거의 없고 동료 집단 압력이 높으면 집단 태도의 반응은 불연속적인 것으로 추정된다. 문제의 크기가 작으면(또 행동을 취하는 것에 대한 보상도 낮으면) 대부분의 개인은 문제에 대해 수동적인 태도를 취한다. 인식된 문제의 심각성이 임계점(F_1)을 넘을 만큼 충분히 커지면 사회는 돌연 능동적인 태도가 우세한 상태(문제를 조정하기 위해 정치적 압력을 행사하는 상태)로 전이된다. 이후 문제의 심각성이 낮아지면 조정 쪽으로 선회한 능동적 태도가 다른 임계점(F_2)에 이를 때까지 지속되며 이 지점을 넘으면 역시 수동적인 태도로 급작스런 전이가 발생한다. 이 그래프는 부록에 주어진 간단한 모형(부록 A.14절 참조)에서 h를 가로축으로 $\bar{A}$를 세로축으로 그린 그래프다.[38]

행동을 보일 때에는 집단적으로 반응하는 경향이 있다는 특성이 이 메커니즘의 밑바탕에 깔려 있다. 이 모형에서 볼 수 있는 개개인의 이러한 특징은 동등한 다수 압력의 결과로 나타나는 것인데 전에 논의한 바와 같이 단체가 같은 모드에 고착되도록 하는 힘은 개인의 경우보다 더 복잡하다. 이렇게 '똘똘 뭉치는 특성'은 변화하는 조건에 대면했을 때 관성이 발생할 수 있음을 의미한다. 이러한 관성은 개인의 태도가 한계점에 도달하여 무

2부 자연계와 인간 사회의 구체적 사례들

더기로 전환되는 시점까지 지속된다. 이렇게 대중의 태도가 폭주하는 사태가 발생하는 이유는, 다른 태도로 전환하는 개인이 많아질수록 이전의 태도를 견지했던 개인들을 끌어들이는 우발적 효과가 높아지기 때문이다. 이 동역학은 토머스 쿤(Thomas Kuhn)이 제시한 '패러다임 전환(paradigm shift)'과 크게 다르지 않은데,[26] 패러다임 전환이란 어떤 관점에서 볼 때 특이한 데이터가 누적되면 과학적 관점이 근원적으로 돌연 전환되며 이러한 특이성을 설명할 수 있는 새로운 이론이 나타나는 현상을 의미한다.[11]

물론 이후에 문제의 심각성이 줄어들어도 다른 임계문턱 지점(F_2)을 넘지 않는 한 대중의 태도는 여전히 능동적 상태에 있다는 것도 파국주름에 의해 설명되는데, 이 문턱 지점 이하가 되면 문제에 대한 행동이 불필요한 상태로 갑작스럽게 전이된다.

그 결과로 발생되는 이력 현상은 부대비용(동료집단 압력)의 크기와 개인 사이의 다양성 정도에 의해 결정된다. 동료 그룹의 압력이 약한 상황에서 개인들의 인식 차이가 다르다면 각 개인은 자신이 인지한 문제의 심각성에 따라서 태도를 결정한다. 그 결과로 나타나는 사회의 평균 태도는 문제의 크기에 따라 점진적으로 변화한다. 그러나 동료집단 압력이 증가하면 개인이 보이는 평균적인 태도는 인식된 문제의 크기의 임계점 부근에서 더 가파르게 변화하기 시작한다. 결국 집단의 '우발적 속성(contingency)'이 충분히 크다면 평형 커브는 S형 모양을 띠게 되고, 여기에서 갑작스런

---

11)   '패러다임'이란 토머스 쿤이 『과학혁명의 구조』라는 책에서 제시한 용어로 한 시대의 사고를 규정하는 틀이라는 의미다. 예컨대 천동설이 지배적이었던 시기에는 이 패러다임 안에서 모든 현상을 설명하곤 했다. 그러나 화성과 같은 외행성의 역행 현상이 관측됨에 따라 이를 설명할 수 있는 지동설이 새로운 패러다임으로 자리 잡게 되었다.

전이와 이력 현상이 발생하기 시작한다. 이 모형에서는 개인 간의 차이가 작아지면 동료집단 압력이 커지는 것과 사실상 같은 효과가 나타난다. 따라서 집단이 동시에 움직이는 속성과 개인의 차이, 이 두 특성은 변화에 대한 매개변수 역할을 한다. 이 두 매개변수의 값에 따라서 사회의 반응은 점진적인 형태에서 파국적인 형태로 변화할 수도 있고 아니면 그 반대로 변화할 수도 있다.

단체행동의 효과와 오피니언 리더의 중요성은 더 정교한 수학적 모형을 이용하여 설명할 수 있는데, 이들 수학적 모형은 사회 네트워크에서 강력한 리더의 영향력 효과를 측정하기 위해 고안된 것이다. 이러한 모형들 중에서 흥미로운 것으로는 각 개인을 자기입자(magnetic particle)로 간주하는 모형이다. 자기입자는 자기장을 발생시키기도 하지만 동시에 주변의 자기장 방향에 자신을 맞추기도 하는데, 개인의 태도도 자기입자와 유사하다는 것이다.[28] 이 분야의 모형과 실험적 연구에서 공통적으로 발견할 수 있는 것은, 외부의 조건 변화에 둔감한 단체에서 오피니언 리더가 의견의 전환을 촉진시킬 수 있다는 것이다.

확실한 것은 한 단체의 동료 그룹은 동일한 태도와 행동 패턴에 고착화되는 경향이 있다는 것이다. 이러한 상호감화(mutual contagion) 메커니즘에 의해 관성이 유발되기 때문에, 단체의 태도는 새로운 상황에 반응하기 어렵게 된다(그림 12.3 참조). 특히 상황이 복잡한 경우에는, 무엇이 문제인지, 또 어떻게 해결해야 하는지 파악하기 힘들게 된다. 이러한 비적응적 집단적 고착화에서 빠져나오기 위해서는 오피니언 리더의 역할이 매우 중요하다. 이 사실은 조정(manipulation)의 기회와 혁신(innovation)의 기회는 결국 비슷한 시기에 주어진다는 것을 의미한다.[12] 역사를 살펴보면 간디에서 히틀러에 이르기까지, 위기 상황에서 지도자의 분별력이 매우 다른

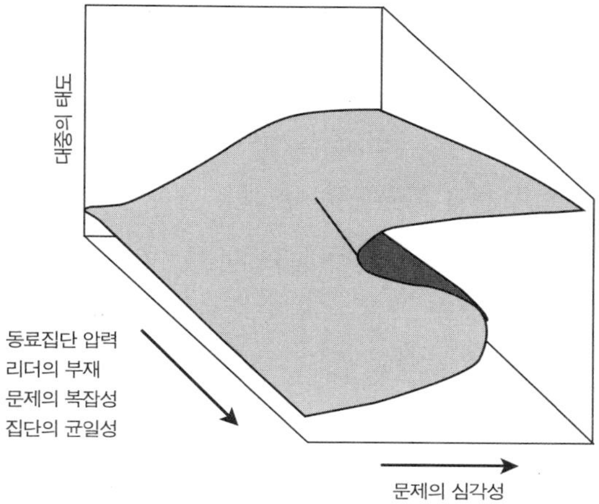
대중의 태도
동료집단 압력
리더의 부재
문제의 복잡성
집단의 균일성
문제의 심각성

그림 12.3 문제를 규제할 필요성에 대한 대중의 태도에서 나타나는 이력 현상. 이력 현상의 크기는 동료집단 압력이 높을수록, 또 강력한 오피니언 리더가 없을수록, 문제가 복잡할수록, 구성원 분포가 상대적으로 균일할수록 커진다.[38]

방식으로 나타난 수많은 예를 찾아볼 수 있다. 즉 태도 변화를 촉진시키는 '독보적인 소수' 에 따라 결과는 판이하게 달라지게 된다.

5 | 위기의 사회

특정 집단이 경직된 행동 모드에 고착화되는 경향으로 인해서 위기가 발생했을 때 사회적 수준의 혁신이 제한되는 것은 아닐까? 분명한 것은 인류가 자원 고갈이나 기후, 자본, 인구밀도 변화 등의 문제를 미래에는 반드시

---

12) 조정이 필요한 상황이나 혁신이 필요한 상황이나 비슷한 상황이라는 것을 의미하며 리더가 대처하는 방법에 따라 결과가 판이하게 달라질 수 있음을 내포하고 있다.

해결해야 한다는 것이다. 우리 사회가 미래의 주요 위기상황에 반응하는 방법에 대해 어떤 아이디어를 얻으려면 이전의 역사적 사건들을 살펴봐야 한다. 분명 인류는 오랫동안 수많은 문제에 직면해왔으며 또 문제를 해결해왔다. 이런 과거 사례를 미루어볼 때 미래 문제에 대한 우리의 능력을 신뢰할 수도 있겠지만, 반대로 비참하게 실패한 여러 사례들도 자세히 살펴볼 필요가 있다. 왜냐하면 이런 사례들을 통해 위기에 대한 사회적 차원의 대응책 수립의 근본적인 문제점에 관해서 중요한 통찰력을 얻을 수 있기 때문이다.

가장 잘 알려진 실패 사례로는, 자원 고갈에 직면하였을 때 고도의 문명 사회가 몰락한 예를 들 수 있다.[2] 우리는 여러 측면에서 예전과 다른 세상에 살고 있기 때문에, 역사가 단순히 반복될 수 없다는 것은 분명하다. 예컨대 국지적 자원 결핍 문제는 이제 운송수단을 통해 해결할 수 있으며 자원 사용 효율 문제와 생산성 문제는 기술적 방법을 이용하여 상당 부분 해결할 수 있다. 그렇지만 역사적 사건을 통해 볼 때, 당면한 문제에 대한 사회 반응의 근본적인 특성을 알 수 있는데, 이는 현대 인간 행태에 관한 여러 연구를 통해 얻어진 인간의 본성에 바탕을 두고 있다. 여기서 필자가 강조하고 싶은 중요한 사실은, 위기에 대한 인식이 강렬해질수록 오래된 구조와 습관에 더 집착하며 고착화되는 경향이 있다는 것이다. 이런 경향은 혁신적인 해법이 나올 기회나 행동 패턴의 변화를 감소시킨다는 것이 여러 증거를 통해 뒷받침되고 있다.

많은 고대 문명의 몰락 사건에서 찾아볼 수 있는 가장 충격적인 측면은, 이들이 남긴 인상적인 건축물을 통해 짐작할 수 있는 고대 문명의 힘, 부유함, 정교함일 것이다. 고대 문명이 몰락한 뒤에도 사람들은 여전히 살아남았다는 사실은 우리도 물론 알고 있다. 그러나 그 뒤에 남겨진 사회는 매우 소박한 형태였으며 고고학적 자료도 거의 남기지 못했다.[29] 어떻게 그러한 건축물을 건설했던 바로 그 사회가 완전한 몰락으로 떨어지는 덫에서 탈출할 수 없었던 것일까? 주목할 만한 사실은, 고대 건설되었던 정교한 도시와 성곽에도 '불구하고' 몰락한 것이 아니라, 바로 그 정교한 도시와 성곽 '때문에' 집단적인 관성을 보이게 되었다는 것이다. 이를 암시해주는 구체적인 예로 아나사지족(Anasazi)[13]의 사례를 들 수 있다. 고고학적 복원을 통해 찾아낸 사실[30]에 따르면 미 남서부에 거주했던 이 부족은 심각한 가뭄에도 불구하고 큰 도시 건설을 계속 추진했던 것으로 밝혀졌다. 이는 같은 지역에 거주했던 소규모 정착민들이 이러한 불리한 시기에 도시 건설을 포기했던 것과 대조된다. 고대 문명 몰락 문제는 이전에 논의했듯이, 위기에 유연하게 대처하지 못한다는 점에서 매몰비용 효과와 일치한다. 이런 경향 때문에 고대 사회는 많은 노력을 기울였던 건축물에서 제때에 탈출하지 못하고 자원 위기 상황에서 재앙적인 몰락을 맞이했는지도 모른다.[30][14]

매몰비용 효과가 대부분 물리적 기성품의 가치를 과대평가하는 것과 연관이 있지만, 매몰비용 효과는 위기가 닥쳤을 때 특정한 생활방식이나 특정 세계관을 고수하는 경향과도 관련이 있다. 재러드 다이아몬드(Jared Diamond)가 제시한 충격적인 사례로서, 한때 그린란드(Greenland; 그림 12.4 참조)를 점령했던 바이킹의 유연성 결핍 사례가 있다.[2] 고대 노르웨이 사람들은 그린란드 기후에 적합하지 못한데도 불구하고, 자신들이 고향에

---

13)   기원후 100년경부터 미국 애리조나 뉴멕시코 콜로라도 유타 접경 지역에서 발달한 인디언 문화
14)   이스터 섬의 거대석상도 섬주민들의 몰락을 가속화시킨 좋은 예이다. 섬 자연환경이 피폐해질수록 주민들은 더욱더 석상건설에 매달렸고, 그 과정에서 숲과 자원은 급속하게 고갈된 것이다.

그림 12.4　그린란드 바이킹 교회의 폐허. 그린란드 바이킹이 남긴 최후 기록을 보면 이 교회에서 1408 년 결혼식이 행해졌다(사진: 프레데릭 칼 피터 뤼텔(Frederik Carl Peter Rüttel), 위키피디아 (http://en.wikipedia.org/wiki/Image:Hvalsey.jpg)에서 무료로 구할 수 있음).

서 사용했던 농 · 축산물을 그대로 사용했다. 그린란드 기후에서 암소를 키우려면 거의 1년 내내 집안에 들여놓고 키워야 했다. 이 지역에서 출토 된 유골을 살펴보면 이들이 거의 굶주렸던 것을 알 수 있는데, 이 때문에 유골 자체도 소량만 분포되어 있다. 부족한 식량을 해결하기 위해 고대 노 르웨이 사람들은 카리부(caribou)[15]나 바다표범 등을 사냥하였다. 하지만 1400년대 초 북극 민족에게 소빙하기(little ice age)라고 알려진 기상변동 으로 극심한 추위가 찾아왔다. 그린란드의 노르웨이 민족은 거의 전멸했

---

15)　북극 근처에 서식하는 순록.

으며 유물 조사 결과, 식량 결핍이 주된 이유로 추정되었다. 물론 이는 극단적 기후조건에 직면했기 때문이라고 해석할 수도 있다. 그러나 이해할 수 없는 것은 같은 시기에 근처에 거주했던 이뉴잇족(Inuit)의 경우에는 살아남았다는 사실이다. 이뉴잇족이 살아남았던 이유는 바다표범을 잡는 기술이 뛰어났기 때문인지도 모른다. 그린란드의 노르웨이 민족은 이뉴잇족과 수백 년 동안 이웃에 접해 살면서도 이 뛰어난 수렵 기술을 받아들인 적이 없다. 대신 자신들이 오랫동안 살아왔던 방식을 그대로 고수했던 것이다. 그 결과 주위에 바다표범과 같은 식량이 지천으로 널려 있음에도 불구하고 굶어죽게 된 것이다. 그린란드 노르웨이 민족의 사례는 다른 방식으로 해석할 수도 있다(인터넷을 검색해 보면 수많은 이론을 찾아볼 수 있음). 그러나 역사를 살펴보면 과거에 성공적이었던 습관에 고집스럽게 집착하는 것 때문에 인간 사회가 문제에 봉착했던 사례를 쉽게 찾아볼 수 있다.[2] 스트레스가 높은 상황에서 행동 패턴을 바꾸는 데 실패하는 것은 인간 사회에 깊게 뿌리내린 오래된 문제다. 대부분의 경우 권력구조는 시간이 갈수록 경직성이 높아지게 마련인데, 기득권 세력일수록 현 상태를 포기하는 것이 어렵기 때문이다.

효율성의 덫

지금까지 논의했던 고착화 사례를 보면, 세포 수준 및 개인 수준에서는 여러 대체안정 모드 중 하나에 고착화되는 것이 유리했다. 그렇지만 이에 비해 사회 수준에서는 경직된 패턴에 고착화되는 것의 이점은 아직 명확하지 않다. 사실 사회가 일단 고착화되면 행동하지 못하는 덫에 걸리고 마는데, 왜 이러한 경직성이 단체의 경우에 빈번히 나타나는지 의아하지 않을 수 없다. 어떤 경우든 더 적응적인 동역학을 택하는 것이 이롭다는 것을 누구나 알고 있기 때문이다. 비판적인 자세나 혁신적인 아이디어를 수용해야 한다는 점을 부정할 사람이 누가 있을까마는 그럼에도 불구하고 현실은 많이 다르다.

여러 그룹에 복잡한 과업을 주고 완수하도록 하는 실험[31] 결과를 살펴보자. 그룹들 중 절반에는 '첩자'가 있는데 첩자는 고의적으로 비판적 행동을 하도록—악역(devil's advocate)[16]을 하도록—실험자가 미리 심어둔 사람이다. 이러한 첩자가 있는 그룹의 수행능력은 첩자가 없는 그룹에 비해 항상 더 좋았는데, 이 결과를 보면 충돌(허용 한도 내에서 발생하는 충돌)이 문제 해결에 중요한 역할을 한다는 사실을 다시 한 번 확인할 수 있다. 두 번째 실험에서는 모든 그룹을 대상으로 무기명 투표를 실시하였는데, 성과를 높이기 위해 제거하고 싶은 팀 구성원을 한 명 선택하도록 하였다. 물론 모든 그룹에서 제거해야 할 사람으로 악역을 맡은 사람을 선택하였다. 그러나 막상 악역을 맡은 사람을 제거하게 되면 결국 팀의 수행 능력은 저하되고 만다. 문제를 해결하려고 할 때, 다양성 및 충돌의 가치를 인식하는 그룹이 거의 없다는 것은 분명하다. 그러나 과연 이것은 멍청한 일일까? 아니면 같은 장단에 맞추어 춤추는, 동질 그룹의 장점이 있는 것일까?

다양한 연구를 비교해볼 때, 탐구 대 효율—혹은 탐구 대 착취—라고 불리는 두 가지 속성 군(cluster of property) 사이에 조정(trade-off)이 필요하다는 것을 추정할 수 있다. 동물 실험에서는 이러한 대조적인 행위 증후군(behavioral syndrome)이 존재한다는 사실이 오래전부터 알려져 있었

---

16)   말 뜻 그대로 해석하면 '악마의 대변인'이라고 할 수 있는데, 따라서 '악역'을 뜻한다.

다.[32] 또한 경영학에서도 탐구 및 착취 사이의 적절한 조정이 회사를 경영하는 방식에 큰 영향을 준다는 사실이 연구된 바 있다.[33] 작지만 혁신적인 회사들은 새로운 제품을 잘 고안해내지만 이를 시장에 내놓기 위해서는 적절한 시간 내에 적절한 비용을 들여 제품 생산에 착수해야 한다. 또한 이 제품을 안정적으로 생산해낼 수 있어야 한다. 물론 이 과정에는 정확성과 효율성이 수반되어야 한다. 시행착오는 최소한으로 줄여야 하며, 생산량은 높여야 하고, 경쟁우위를 점하려면 비용 또한 절감해야 한다. 탐구 모드와 착취 모드는 근본적으로 사고방식과 행동방식이 다른 모드이기 때문에 본질적으로 다른 조직적 문화를 필요로 한다.[34] 이는 회사가 지속적으로 혁신에 도전해야 하는 이유를 설명해준다고 볼 수도 있는데, 왜냐하면 탐구와 착취의 역학관계를 동시에 조화롭게 만드는 것은 매우 어려운 일이기 때문이다. 그럼 어떻게 해야 할까? 지속적인 혁신을 통해 오랫동안 지속되어온 대기업을 보면, 창조적인(혹은 혁신적인) 부서를 '캡슐로 감싸서 분리' 해[17]냄으로써 이 둘 사이의 긴장감을 해결해왔다. 이러한 기업들에서는 대개 이러한 연구개발팀을 생산 부서로부터 지역적으로 분리하고 있으며, 혁신적인 프로세스를 육성하고 독려할 수 있는 특별한 관리자를 교육하여 연구개발팀이 직접적으로 제품생산 요구를 받지 않도록 보호하고 있다. 이런 과정을 통해 회사는 새로운 아이디어와 향후에 시장에 내놓을 생산품을 보유할 수 있게 되며, 동시에 생산 및 마케팅을 선점할 수 있는 주

---

17)   여기서 캡슐로 감싸서 분리해낸다는 것은 독립적인 부서를 만들어 다른 부서와 차단시키는 것을 의미한다. 캡슐로 감싸서 분리해내는 기법의 성공 사례로는 애플 사의 매킨토시 컴퓨터 개발을 들 수 있다. 애플 리사(Lisa) 팀을 이끌던 제프 라스킨(Jef Raskin)은 애플 리사를 확장하여 매킨토시 컴퓨터를 개발하였는데 매킨토시는 독립적인 부서에서 개발된 것으로 알려져 있다.

도권을 성공적으로 확보할 수 있다.[35] 이렇게 고안된 아이디어가 충분히 성공적이라면 다른 부서는 이를 전파함으로써 혁신 부서의 창조적 에너지가 제품 생산에 소모되지 않도록 하여 혁신 부서를 보호한다.[36]

이러한 방법들은 모두 탐구 모드와 착취 모드가 서로 타협하지 않도록 하기 위한 것인데, 이 두 모드가 타협하는 것은 일반적으로 나쁜 타협이라고 생각되기 때문이다. 탐구 모드는 아주 최소한만 존재해도 효율성을 저해하는 것으로 생각된다. 각 단체가 존속해가며 잘 유지되기 위해서는 모든 구성원이 같은 규정에 따라 행동하며 일치를 보이는 것이 최선이라고 생각하는 이유도 그 심리적 기저에는 이런 생각이 깔려 있기 때문이다. 단체에 대해서는 이런 정책이 보통 잘 먹혀들지만, 반면에 이 정책은 단체의 적응적 능력을 심하게 저해할 수 있다. 대표적인 예로는 '고립된 단체행동'을 들 수 있다. 어빙 재니스(Irving Janis)[37]는 피그 만(Bay of Pigs)의 위기—존 F. 케네디 대통령과 그의 측근들이 단체의 결속을 위해 참담한 선택을 한 사건[18]—에 관한 자신의 연구에서, 새로운 아이디어가 필요한 단체가 단체의 결속력을 유지하기 위해 자신들의 문제 해결 능력을 스스로 포기하는 나쁜 경향을 '집단사고(group thinking)'라는 유명한 용어로 지칭하였다.[19] 『예언이 빗나갈 때(When Prophecy Fails)』[21]라는 책을 보면 또

---

18) 미국 CIA는 1,500명의 쿠바 망명자를 훈련시켜 1961년 4월 17일 쿠바의 피그 만에 침투시켰다. 작전 계획은 쿠바 내 반정부 세력과 연합해 카스트로 정권을 전복한다는 계획이었다. 결과는 참담하게 끝났는데, 침공군 안에 간첩까지 끼어 있었다. 사실 피그만은 상륙작전에 적합하지 않은 지역이었고 실패가 예견되었지만, 정책 결정에 참여한 사람들의 친밀도 때문에 쉽게 침공이 결정된 것이다. 피그 만 사건은 집단사고의 문제점을 나타내는 대표적인 사례다.
19) 집단사고란 심리학 용어로서 집단 내의 구성원 갈등을 최소화하며 의견의 일치를 유도하기 위해 비판적인 사고를 하지 않는 현상을 의미한다.

다른 예를 찾아볼 수 있다. 레온 페스팅거(Leon Festinger)는 이 책에서 종말론적 종교의식의 반응을 조사한 결과를 소개하는데, 전 세계가 특정 시점에 멸망한다는 예언을 하고 신전으로 대피하여 종말을 기다리는 단체에 대해 얘기하고 있다. 예언한 날이 다가왔지만 예견된 재앙이 나타나지 않고 지나갔을 때, 그 단체는 이 예언에 대해 의문을 가지는 대신 더 깊게 자신들의 생각에 빠져들어 더욱더 종말론에 집착하게 된다는 것이다.

스트레스가 집중되는 시기에 특히, 탐구성이 없는 효율성에만 집착하게 되는 경향은 덫에 걸리는 위험성을 내포하고 있다. 이러한 덫을 '효율성의 덫(efficiency trap)'이라고 한다. 효율성의 덫에 빠지면 정책의 혁신적인 전환을 통해 위험으로부터 빠져나올 수 있는 기회는 제한받게 된다. 이러한 동역학을 시각화하기 위해, 개인이나 단체, 기업이 탐구 모드에서 적합성 지형의 최적 위치, 예를 들어 가장 높은 자리를 찾는다고 가정해보자(그림 12.5 참조). 탐구자는 적합성 지형에서 찾은 특정 위치를 더 효율적으로 만들기 위해 자신의 위치를 더욱 높여가며 점차적으로 더 전문화시킨다. 그러나 이렇게 되면 지형을 더 탐사해가면서 다른 좋은 지점을 탐구하는 능력은 상실하게 된다. 만약 지형이 지속적으로 변화한다면, 원래 좋은 지점이었던 곳이 부적합한 나쁜 골짜기로 변할 수 있기 때문에 이런 전략은 문제가 될 수 있다. 그 결과 초래되는 스트레스로 인해 주변에 적응하는 데에만 더 집중하게 된다. 결국 국소적으로는 자신이 서 있는 적합성의 봉우리를 조금 높일 수는 있겠지만, 개인이나 집단의 근시안적이고 경직된 성향은 더욱더 증가하기 때문에 골짜기에서 탈출할 가능성은 사라지게 된다.

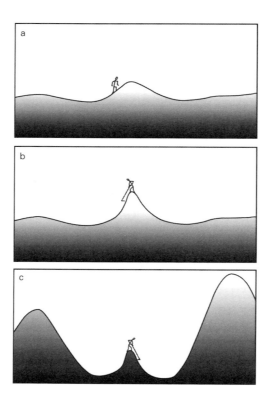

그림 12.5 효율성의 덫을 나타낸 그림. 탐사를 통해 적합한 지형을 찾은 경우(그림 a), 개인이라 단체, 회사는 효율성이 높은 착취 모드로 전환하여 적합성을 더 높인다(그림 b). 그러나 이런 행위 모드에서는 다른 대안을 찾는 탐구능력은 저하된다. 즉 적합성 지형이 변화함에 따라서 근시안적 관점에서는 최선책이었던 것이 차선책에 불과하게 되는 위기에 빠질 수 있다(그림 c).

현대 사회의 과제

일관된 모드에 집착하는 것이 진화적으로는 중요한 능력이지만, 이러한 집착은 변화하는 세계에서 극심한 경직성을 유발할 수 있기 때문에 인간 사회의 병적인 패턴으로 변질될 수 있다. 물론 이런 패턴을 분석하고 이로부터 무엇인가를 배울 수 있다는 점은 인간이 가진 위대한 점이다. 앞서

2부 자연계와 인간 사회의 구체적 사례들

살펴본 바와 같이, 대기업들은 혁신적 사고를 육성하여 크게 성공하였다. 또한 사회적으로 나타난 위대한 혁신적 사례도 찾아볼 수 있다. 사실 우리는 과거에서 많은 것을 배웠으며 지금도 끊임없이 혁신하고 있다. 그러므로 자원부족에 직면하여 사는 방식을 바꾸어야 할 때, 그린란드 노르웨이 민족처럼 완고한 생각을 고집하는 것은 멍청한 일이 될 것이다.

그럼에도 불구하고 지금 사회가 새로운 문제에 반응하는 속도가 유별나게 느리다는 점을 부정하기는 힘들다.[38] 사회적 문제나 기후 및 자원 문제가 심화되었을 때, 해결 방법을 찾을 수 있을 만큼 충분히 혁신적이며 생활 패턴을 변화시켜갈 만큼 충분히 유연하게 우리 스스로가 바뀔 수 있을까? 그럴 수 있을지도 모르지만 단체는 위기에 처했을 때 경직성이 증가하는 경향이 있으며, 그렇기 때문에 스트레스가 심한 상황에서는 참신하고 통합된 해법을 도출하는 것이 어렵다는 것을 우리는 알고 있어야 한다. 당면 문제에 대한 사회적 반응의 동역학이 복잡한 요인에 의해 결정된다는 것은 분명하다. 그러나 이런 큰 규모에서도 작은 단체에서 나타나는 것과 유사한 패턴을 발견할 수 있다. 예를 들어서 스트레스(예컨대 사회적 위기나 빈곤으로 인한 스트레스)가 더 높은 국가에 사는 국민들은 의사결정을 내릴 때 이성적인 판단이나 개인의 선택을 고려하는 경향이 낮으며 단체의 규범이나 권한에 의존하는 경향이 높은 것을 볼 수 있다.[39] 분명, 우리 사회가 미래에 이런 패턴을 보일 수 있다는 것은 사실에 근거한 추정이라기보다 불확실한 추측에 더 가까울 것이다. 그러나 지금까지 연구·발표된 사실에 따르면 사회적 위기와 기상이변은 전 세계적으로 더 심각해질 것이다. 따라서 이로 인한 스트레스로 인해 예전에 살아온 패턴을 강경하게 고수할 위험은 남아 있다. 미래 상황을 점치는 책들이 많이 출간되어 있으므로 여기서 다양한 위험성과 미래사회의 단면을 세세히 되풀이하지는 않겠다. 그렇지만 자연 및 사회에 존재하는 관성과 전이 메커니즘을 이해하는 것은 미래 위기 상황에서 위험을 줄이는 전략을 개발하는 것에 도움이 될 것이다.

6 | 요약

사회를 대상으로 반복적인 실험을 수행하기는 어려우며 따라서 정확한 수학적 모형을 개발하는 것도 어렵다. 그럼에도 불구하고 대체견인영역의 존재와 더불어 관성 및 임계전이와 같은 패턴이 나타나는 것에 대한 증거는 쉽게 찾아볼 수 있다. 또한 피드백과 폭주과정도 사회 동역학을 설명하는 데 흔히 볼 수 있는 특성이다. 호수나 지구와 같은 여타 시스템과 마찬가지로 인간 시스템에서도, 세포 수준 및 개인의 생각으로부터 단체 및 사회에 이르기까지 다양한 수준에서 임계전이가 발생한다. 각 시스템에서 여러 대체끌개 중 하나에 시스템이 고착화되는 경향은 항상 명확한 목적 때문에 발생한다. 세포 수준에서 고착화 경향은 세포가 특정 문턱값을 넘었을 때에 노이즈를 걸러내고 잘 정의된 일관된 성향을 보이기 위해 나타난다. 개인이나 단체의 태도 및 행위에 관해서도 기본적으로 같은 원칙이 적용된다. 이러한 고착화 기능은—기후와 같은 시스템의 비선형 동역학과 달리—적합성을 선택하기 위해 진화된 것이기 때문에 그다지 놀라운 기능이 아니다. 그렇지만 특정 패턴에 고착되는 경향에는 부정적인 면도 있는데, 새로운 상황에 적응할 수 있는 능력을 없애기 때문이다. 놀랍게도 인간 사회가 위기 상황에 직면했을 때에는 이러한 경직성이 더 심해지는 것으로 추정된다. 분명 우리는 주식 시장의 붕괴라든가 국가의 멸망, 전쟁 확대와 같은 사회적 임계전이를 방지할 수 있기를 바란다. 이러한 사태에 대비하기 위한 방법에도 진전은 있었다. 예를 들어 경제가 위험한 문턱에서 멀어지도록 보호하기 위하여 중앙은행이 관여하는 정책을 예로 들 수 있다. 반면 바람직하지 못한 덫으로부터 탈출하는 임계전이도 있을 수 있다. 이러한 임계전이를 촉진시키기 위한 성공적인 시도로는 빈곤의 덫으로부터 탈출할 수 있도록 도와주는 마이크로크레디트[20] 정책을 들 수 있다. 이러한 사회 동역학을 더 잘 이해하면 급변하는 세계의 다양한 사회적 문제에 더 적응적으로 대응할 수 있을 것이다.

---

20)　　빈곤층이나 저소득층을 대상으로 자활을 할 수 있도록 창업을 지원하는 무담보 소액대출 사업으로 일종의 '대안 금융'이다. 1976년 설립된 방글라데시의 그라민 은행(Grameen Bank), 1979년 브라질에서 시작된 액시온(ACCION) 등을 들 수 있다. 우리나라에는 사회연대은행, 신나는조합, 미소금융재단이 있다.

13

결론: 복잡계와 임계전이

지금까지 우리는 호수, 지구, 해양, 토양 생태계, 생명의 진화, 인간 집단에 존재하는 사회 동역학을 살펴보았다. 분명한 것은 이 시스템들 내에 존재하는 복잡성이 서로 다른 것처럼 보이지만, 대비되는 두 가지 국면 사이에 발생하는 순환이나 임계전이와 같은 현상이 명확하게 나타난다는 것이다. 그리고 이러한 현상은 매우 다양한 규모로 나타나고 있다. 예를 들어 호수플랑크톤의 집단 수준에서만 관찰하면 이 안에 보이는 전환과 순환은 매우 빠르지만, 연(year) 단위로 볼 때, 전체 호수 생태계 수준에서는 맑은 상태에서 이전과는 다른 물고기 종과 수중식물, 무척추동물이 있는 혼탁한 상태로 갑자기 바뀔 수 있으며 그 상태가 지속될 수도 있다. 마찬가지로 지구 시스템에서는 엘니뇨나 먼지폭풍, 수년에 걸친 가뭄과 같은 비교적 빠른 현상이 인간의 한 세대 내에도 발생하기도 하지만, 반면에 사하라 사막의 생성이나 영거 드라이어스(Younger Dryas)와 같은 기후전환 사건이 수백에서 수천 년에 걸쳐 나타나기도 한다. 이외에도, 태고 때에는 온난기와 빙하기 사이에 나타난 급격한 기후변화도 발생했었다. 그리고 인간을 대상으로 본다면 그러한 급격한 변화는 세포 수준이나 사람의 마음, 집단사회 수준에서 찾아볼 수 있다.

카오스나 순환, 국면을 변화시키는 핵심이 무엇인지를 이해하는 수준은 시스템마다 다를 수 있다. 예를 들어 지구나 해양보다 호수를 더 잘 이해할 수 있듯이, 시스템을 이해할 수 있는 정도는 그 규모에 달려 있다. 호수를 대상으로 한 실험적 조작으로 많은 것을 이해할 수 있었지만, 해양 시스템이나 기후 시스템은 실험을 통한 탐구가 불가능하다. 따라서 우리는 자연적으로 나타나고 있는 현상에 집중하거나 그러한 자연적 현상을 재현해낼 수 있는 직관적이고 수리적인 모형에 대하여 연구해야 할 것이다. 이 사실로 미루어볼 때 시스템의 규모와 시스템에 대한 이해의 불확실성은 밀접한 관련이 있다. 시스템이 크고 그 기능이 인간에게 더 중요할수록 그 전이현상에 숨어 있는 메커니즘과 그때의 문턱값을 찾아내기는 더 어려워진다고 할 수 있다.

임계전이를 예측하는 것은 매우 어려운 일이지만, 대신에 우리는 전이현상에 숨어 있는 메커니즘을 재구성하여 경계치 반응이나 대체안정 국면을 유발하는 양의 피드백을 찾아낼 수 있다. 그러나 정량적인 예측은 다중전환이나 문턱값을 실험을 통하여 관찰할 수 있는 아주 작은 규모의 시스템에서만 가능하다. 예를 들어 인 성분이 많은 얕은 호수에서 이 호수가 혼탁하게 되는 과정은 어느 정도 이해할 수 있지만, 해양에서 담수의 대량 유입으로 열염분순환이 중단될 것인지 여부나 벌목으로 인해 아마존 유역이 회복될 수 없는 사바나 상태로 변할지 여부는 실험으로 알아낼 수 없을 것이다.

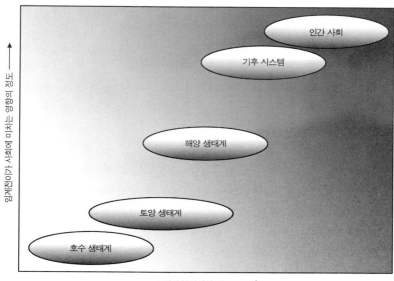

세로축: 임계전이가 사회에 미치는 영향의 정도

가로축: 모형의 불확실성 정도 ⟶

그래프 내 레이블: 인간 사회 / 기후 시스템 / 해양 생태계 / 토양 생태계 / 호수 생태계

그림 13.1　해결해야 할 문제의 중요성과 그 모형이 가진 불확실성. 세로축은 임계전이 현상이 사회에 미치는 효과의 정도를 나타내고 있으며, 가로축은 모형의 불확실성 정도를 나타내고 있다. 이 그래프는 인간 사회에 영향을 미치는 효과와 그 시스템에 내재한 불확실성의 관계를 나타낸다. 내재된 불확실성이 높을수록 그것이 인간 사회에 미치는 영향은 크다.

　시스템의 동적 특성을 파악하는 데 가장 도전적인 분야는 인간 사회다. 만일 우리가 미래를 예측할 수 있다면 그 정보를 이용하여 미래를 바꾸고 대비할 수 있기 때문에 인간 사회를 예측하는 것은 아주 매혹적인 면이 있다.[1] 인간 사회를 연구하는 것은 인간 자체만을 연구함으로써 해결할 수

---

1)　만일 인간이 자신의 미래를 정확하게 예측할 수 있다면 그 정보를 이용해서 미래를 바꿀 수 있기 때문에, 본질적으로 말하자면 자신의 미래를 절대적으로 예측할 수 없다는 말이 된다. 이 주제는 영화 〈마이너리티 리포트〉, 〈백 투 더 퓨처〉 등 여러 SF영화에 단골로 이용되는 소재이기도 하다.

있는 것은 아니다. 인간 사회 동역학은 때로 자연자원이나 기후와 같은 환경에 영향을 받기도 하고 거꾸로 인간이 환경에 영향을 주기도 한다. 지구는 인간을 포함한 매우 다양한 생태계로 구성된 복잡한 비선형 시스템이다. 좀 과하게 들릴지 모르겠지만, 필자는 인간 사회와 물리적인 지구와 자연 생태계가 결합된 SEES 시스템[2]을 움직이는 힘이 무엇인지 이해하고 예측하는 일이야말로 가장 중요한 시대적 문제라고 생각한다. 물론 이 작업은 오래 걸릴 것이다. 우리는 소립자와 분자를 거쳐 개별 생명체에 이르기까지 그 안에 어떤 현상이 일어나는지에 대해서 실험을 통해 파악할 수 있지만, 궁극적으로는 인간 사회와 같은 규모에서 일어나는 메커니즘을 이해하는 것을 목표로 잡아야 할 것이다. 비록 이런 규모에서는 실험을 통해 명확한 결과를 얻기 힘들지라도 말이다.

---

[2]   Social-Eco-Earth-System(SEES)

3부

임계전이와 그 대응

자연이나 사회 시스템이 예상치 못한 문턱값을 넘어가면 시스템은 되돌릴 수 없는 갑작스러운 전환현상을 맞이하게 된다. 제3부에서 우리는 이 상황을 어떻게 이용할 것인지에 대하여 다루어보고자 한다. 먼저 어떤 시스템이 임계전이에 도달할 가능성이 있음을 어떻게 알아내는지, 또 이와 관련하여 임계문턱이 임박했는지 여부를 어떻게 파악하는지에 대하여 살펴보고자 한다. 그 다음에 임계문턱이 잠재된 자연현상을 어떻게 다루어야 하는지 살펴볼 것이다. 그리고 인간 사회에서 앞서 설명한 방법을 어떻게 활용할 것인지, 이를 위한 합리적인 접근법으로는 어떤 것들이 있는지 살펴보고자 한다. 끝으로 원하지 않는 전이를 막을 수 있는 실제적인 방법과 원하는 전환을 촉진해 시스템을 더 나은 상태로 바꾸는 방법에 대해서도 살펴볼 것이다.

14

대체견인영역

우리가 자연과 사회를 마음대로 조절할 수 있다면, 대체안정 상태와 임계 전이가 일어나는 문턱값[1]을 확실히 찾아낼 수 있을 것이다. 그렇지만 책의 앞부분에서 설명한 이론적인 틀만 가지고 실제 시스템에 바로 적용하기에는 많은 어려움이 있다. 호수 생태계는 좀 나은 편이지만 그보다 큰 규모인 대양이나, 사회, 기상 시스템에 대한 정확한 정보를 얻기란 매우 어렵다. 이 장에서 우리는 관찰된 자료로부터 확인할 수 있는 대체안정 국면 관련 지표에 대하여 살펴보고자 한다. 그리고 실험과 모형을 이용해서 대체안정 상태에 관한 가설도 검증해볼 것이다. 이 장의 요약본은 스티브 카

---

[1] 어떤 시스템의 상태를 나타내는 특정 값 전후로 큰 변화가 발생하는 수치. 예를 들어 술을 마신다고 했을 때 두 병 이하 마셨을 때와 두 병 이상 마셨을 때 취하는 정도가 큰 차이가 날 경우 두 병은 문턱값의 한 예가 될 수 있다.

펜터(Steve Carpenter)와 함께 작성한 보고서에 기술되어 있다.[1]

1 | 현장에서 얻을 수 있는 힌트

관측된 자료에 대해 다양한 해석은 가능하지만, 대체안정 상태를 설명하기에 잘 맞는 특별한 패턴은 따로 존재한다. 이 장에서 필자는 다중 끌개의 존재를 나타내는 세 가지 타입의 지표에 대하여 특별히 강조하고자 한다.

국면전환과 시계열에 나타나는 점프현상[2]

시스템에서 나타나는 갑작스러운 변화는 흥미로운 현상이긴 하지만 아주 놀랄 만한 일은 아니다. 시계열 자료에서 나타난 전환이 별 의미 없이 우연히 일어난 것인지를 검증해주는 다양한 통계적 방법은 잘 알려져 있다.[2] 시계열 자료에서 임계전이가 중요한 현상이지만, 이것이 두 개의 대체끌개 사이를 건너뛴 현상이어야 할 필요는 없다. 대부분 급변 현상의 원인은 조건의 변화 때문이다. 예를 들어 브라질 대통령에 급진 사회주의자가 당선되거나, 미국 중앙은행이 이자율에 대한 어떤 결정을 하는 등의 상황변화는 다양한 경제지표의 점프현상을 일으킨다. 마찬가지로 물을 가두어 두기 위하여 댐을 닫으면 하류 생태계에는 급격한 변화가 발생한다. 또 다른 급변의 예로 어떤 점진적인 변화가 계속 쌓여서 정해진 한계를 넘어가면 이것 때문에 파국까지는 아니지만 특별한 변화가 갑작스럽게 나타나는

---

2)　시계열 자료에서 어떤 구간에서 급격한 변화가 있는 현상. 예를 들어 주식가격을 시계열 자료로 나타냈을 때 특정 지점에서 가격이 급등하거나 급락하는 경우, 이것은 시계열 자료에서 점프현상으로 나타난다.

경우가 있다. 예를 들어 기온의 변화는 매우 점진적으로 진행되지만 호수 표면에서 얼음이 얼거나 녹기 시작하는 것은 어느 순간 갑작스럽게 나타난다. 따라서 어떤 상태지표가 시계열상에서 나타나는 전환은 중요한 제어변수(control parameter)의 갑작스러운 변화로 설명할 수 있다(그림 14.1(a)). 그림 14.1(b)와 같이 쌍갈림은 없지만, 시스템이 급격하게 변화하는 시점 가까이 제어변수가 접근할 때 임계전이 현상은 발생한다. 한편 임계전이는 그림 14.1(c)와 같이 비록 작은 변화일지라도 주위 조건이 임계적 상황에 놓여 있다면 발생하게 된다. 그리고 그림 14.1(d)와 같이 시스템에서 발생한 요동이 시스템의 상태를 견인영역의 경계까지 밀어붙여도 임계전이가 발생할 수 있다. 그림 14의 아래에 있는 두 그래프 (c)와 (d)에서 나타나는 안정성 전환이 그 위의 그림 (a), (b)와는 매우 다르게 보이지만[3] 선형적 변화에서 파국적 변화를 만들어내는 요인에는 연속성(continuum)이 존재한다.[4] 이에 관해서는 나중에 그림 14.4에서 다시 설명할 예정이다.

관찰된 시스템이 그림 14.1의 4개 중 어디에 해당하는지를 주어진 시계열 자료만으로 파악하기란 거의 불가능해 보인다. 그러나 적어도 이론적으로는 두 가지 방법을 통하여 그림 14.1에서 제시한 경우를 구분해 낼 수 있다. 먼저 통계적인 접근법을 활용하면 대체끌개가 전환에 포함되어 있는지를 유추할 수 있다. 왜냐하면, 끌개에 의한 전환이 일어나면 시스템이 가속화되어 시스템은 견인영역에서 바깥쪽으로 밀려 나가는 현상을 보이

---

3) 환경조건의 아주 작은 변화로부터 전환이 발생하고, 이 전환 이후의 상황은 다시는 이전의 상황으로 되돌아가지 않는다는 의미다.

4) 조건은 연속적으로 변화하지만 시스템의 변화는 단속적으로 나타난다는 뜻이다.

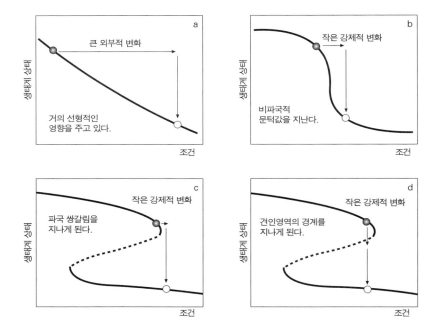

그림 14.1   시계열상의 도약을 설명하는 네 가지 모형. 그림 (a) 조건 상황의 변화에 따라 생태계가 그 변화정도에 연동하여 변화하는 상황. 그림 (b) 아주 민감한 상황에서의 조건의 작은 변화는 전체 시스템에 급작스러운 변화를 일으킨다. 그림 (c) 조건의 작은 변화로 인하여 파국적 쌍갈래 현상이 나타나는 과정의 예◆. 그림 (d) 시스템의 요동이 견인영역의 경계를 넘어가면 이것으로 인하여 시스템에 안정성 전환이 발생한다.

기 때문이다.[3] 또 다른 방법은 끌개 전환(attractor shift)이 있는 경우와 없는 경우의 모형[4, 5]을 비교해보는 것이다. 또는 쌍갈림 변수의 확률분포를 계산해도 끌개의 존재 여부를 알아낼 수 있다.[4] 그러나 설명한 방법은 전

◆   현재 그림의 회색으로 표시된 점에서 조금만 오른쪽으로 더 나가면 시스템의 상황은 그림과 같이 급격하게 떨어져 불연속 상황이 만들어진다. 이 경우 아래 상황인 경우에는 왼쪽 끌개로 수렴하고 그보다 조금 작은(왼쪽)이 경우에는 위에 있는 끌개로 수렴하여 두 개의 쌍갈림 지점으로 시스템을 분리된다.

환이 포함된 많은 양의 시계열 자료가 있을 때나 가능한 것이다.[6] 시계열에서 점프 현상이 나타나는 것은 내부에서 어떤 현상이 일어나고 있다는 것을 알려주지만, 진정한 의미에서 그것이 안정성 전환인지를 말해주기에는 불충분하다.

대규모 군체(群體, colony)[5]의 형성을 어떻게 안정성 이론(stability theory)과 연계시킬 것인가에 대한 논의가 생태학에서 오래전부터 있었다. 예를 들어 해양 부착생물(marine fouling)군[7]은 그 집단이 수명이 다해 모두 사라지기 전까지는 다른 군집으로 대치되지 않고 매우 잘 유지된다. 만일 어떤 개체군이 활발한 번식으로 대를 이어 번성할 수 없다면, 부착생물군에서 나타난 전환을 대체안정 국면[8]과 연관 짓기는 어려울 것이다. 후자[6]는 건림(dry forest)에서 볼 수 있다. 큰 키의 나무가 만들어주는 그늘은 아주 드물게 습한 기간이 아니라면 그 아래 작은 식물에 필수적이기 때문에 이 현상은 초기 대규모 식물 군락을 탄생시키는 계기를 만들어준다.[9]

외래종의 침입은 대체끌개 이론을 쉽게 설명할 수 있는 좋은 현상이다. 외래종의 침입이 어떤 시스템에 성공했다는 것은 그 침입종이 없었던 시스템이 도리어 불안정했었다는 증거가 될 수 있다. 왜냐하면, 몇 종의 침입으로 그 종이 존재하지 않은 불안정한 상태였던 시스템은 다른 상태로 바뀌었기 때문이다. 어떤 지역에 특정한 종이 없다는 말은 그 종이 해당 지역에 도착하지 못했기 때문이라고 말할 수 있다. 외래종이 침입한 후의 초기 상황은 복불복 상황과 비슷하여 살아남을 가능성은 개별 개체의 운명에

---

5)   어느 기간 동안 한 장소에서 사는 같은 종(種)의 생물집단을 말한다. 두 종 이상으로 이루어진 것을 종간 군체라고 부른다.

6)   끌개가 있는 경우와 없는 경우의 비교 연구를 통하여 대체안정 상태를 확인하는 방법.

달려 있다. 그런데 같은 개체가 더 많이 유입되기 시작하면 각 개체가 살아남을 가능성은 점점 더 높아진다. 침입 과정에는 진정한 의미의 대체끌개가 존재한다. 그 과정에는 집단 앨리 효과가 나타난다.[10][7] 이 사실은 외래종을 막거나 그 침입을 역으로 되돌리는 방법을 암시해주고 있어, 이 현상을 이용하면 외래 침입종을 완전히 제거할 수 있다. 우리는 원하지 않는 종을 임계밀도 이하로 만듦으로써, 두 개의 대체안정 상태 중 비어 있는 하나의 상태로 수렴되도록 한다. 그러나 실제 대규모 외래종의 침입에도 아주 강한 앨리 효과는 일어나지 않는데 그것은 그 외래종이 없는 상태가 실제로는 더 불안정한 상태이기 때문이다. 따라서 외래종 개체를 하나씩 모두 없애기 전까지는 시스템의 상태를 완전히 복원시킬 수 없다.

명확한 경계면과 빈도 분포의 다극성

시계열 자료에서 나타나는 점프는 두 개의 대조적인 상태의 사이에 존재하는 명확한 경계면에 비유될 수 있다. 예를 들어, 알파인 소나무(alpine tree)의 수목 한계선은 매우 명확하며, 암석 해변의 다시마 숲[8]이 뜯어 먹혀 불모지가 된 지역의 경계도 매우 분명하다.[11] 호수와 같이 그 특성을 파악하기에 쉬운 시스템을 표본으로 선택한다면, 우리는 그들을 확실히 구

---

7)   앨리 효과란 작은 집단에서 각 개체의 성장이 빨라지면 개체의 밀도가 높아지고, 개체의 밀도가 높아지면 전체적인 성장속도는 떨어지는 과정을 말한다. 집단이 너무 과밀하거나 과소하면 전체의 성장속도가 제한을 받는 현상을 말한다. 즉 개체군의 밀도가 일정해야만 전체의 성장이 제대로 진행되는 현상을 개체군의 앨리 효과라고 말한다.

8)   해초 군락의 일종으로 다시마 목에 속하는 커다란 갈조식물이 바다 밑에 빽빽이 모여 자라서 이루어진 숲을 말한다. 이러한 바다 숲은 물고기의 산란장이나 생육장이 되어 수산자원 육성에 중요한 몫을 한다.

분되는 그룹으로 나눌 수 있다.[12] 통계학적으로 볼 때 시스템 내에 대체끌개가 있을 때면 주요 변수의 빈도 분포는 다극성(multimodality)을 나타내게 된다. 다극성을 확인하는 검사법은 여러 가지가 있지만,[13] 측정된 실제 데이터가 충분해야만 다극성을 확인할 수 있다.[14] 데이터에 다극적 특성이 존재하는 경우라도, 하나의 극성이 존재한다고 결론지을 가능성이 높다. 한편 다극성이 충분하다고 해서 대체끌개가 항상 존재한다고 단정할 수는 없다. 그 이유는 앞 그림 14.2(a)와 (b)의 시계열상의 전환에 대한 설명으로도 가능하다. 즉 조건변수 자체가 기울기에 따라서 급격하게 변하거나 조건변수 자체에 다극성이 존재한다면 대체끌개 없이도 시스템에 다극성이 나타날 수 있다. 또한 대체견인영역이 없는 경우에도 공간적으로 다른 위치에 있는 요소에 의해서도 문턱 반응은 나타날 수 있다.[9]

파국주름[10] 의 모양

시계열상의 점프나 공간적 변화패턴을 대체안전성의 지표로 해석하는 일이 어려운 이유는 그 조건요소가 어떻게 변화하는지 모르기 때문이다. 만일 우리가 동인(driving factor)의 역할을 알 수 있는 정도의 충분한 자료를 가지고 있다면, 조건변수를 조금씩 변화시키는 식의 진단이 가능하다. 이 작업의 가장 이상적인 형태는 그림 14.1의 밑에 있는 예와 같다. 통계적

---

9)   시스템의 외부에 현상적으로 보이는 다극성이나 급변현상을 보고 시스템 내부에 본질적인 대체 끌개가 있다고 단정해서는 안 된다는 것을 설명하고 있다.

10)   파국에 나타나는 일곱 가지 형상(Fold, Cusp, Swallowtail, Butterfly, Hyperbolic Umbilic, Elliptic Umbilic, and Parabolic Umbilic) 중 하나로서 시스템의 상태를 2차원 그래프로 표시했을 때 같은 조건이라도 그 이전 상태에 따라서 다르게 나타나는 현상을 말함. 그것을 그림으로 나타내면 그래프가 접혀있는 모양을 나타내기 때문에 주름이라고 부른다.

관점으로 볼 때 단순한 작업은 아니지만 하나의 변수로 설명하는 것보다 두 개의 독립된 변수로 설명하는 것이 더 쉬운지를 확인해 볼 수 있다(그림 10.2와 14.2(c)를 참조). 회귀 모형의 다중성은 우도 비율(likelihood ratios), 또는 잔차제곱합[11] 검사방법이나 정보 통계학을 이용해서 확인할 수 있다.[17] 만일 이러한 쌍대 관계(dual relationship)가 확인된다면 이 안에는 이력 현상이 내재하고 있다는 것을 알 수 있다. 그러나 알지 못하는 외부 요소에 인해서도 전환이 발생할 수도 있는데 이런 때에는 변수와 환경 요소 간의 관계는 아주 다른 상황으로 바뀌었을 수도 있다.

결론적으로 우리는 앞서 논의한 사실을 이렇게 정리할 수 있다. 우리는 적절한 자료로부터 대체끌개의 존재에 대한 어떤 지표를 찾아낼 수는 있지만, 그것이 대체끌개의 존재를 완전히 보장해주지는 않는다. 그 안에는 주변 환경의 불연속으로부터 기인하는 시계열 자료상의 불연속이나 공간 패턴(spatial pattern)상의 불연속이 존재할 수 있기 때문이다. 다르게 말하자면, 시스템은 대체안정 상태라는 전혀 관련되지 않은 상황에서도 문턱 반응을 나타낼 수 있기 때문이다. 이 후자의 경우가 더 흥미로운데, 이 사실은 시스템이 문턱점으로 접근할 때 변화가 명확하게 나타나는지를 알려주는데 도움을 주기도 한다. 또한, 이 사실은 시스템의 외부 조건이 변한 경우에도 그 안에 진정한 대체끌개가 나타난다는 것을 말해주기 때문이다.

---

11)   extra-sum-of-square F test, 두 회귀 모형에 차이가 있는지를 검증하는 통계 기법.

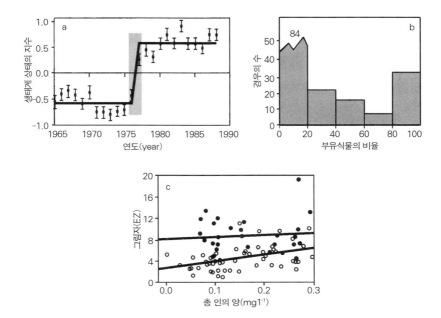

그림 14.2　현장에서 측정된 데이터로부터 알아낼 수 있는 대체끌개의 존재에 관한 힌트. 그림 (a) 시계열 자료에서 나타나는 전환 또는 점프. 그림 (b) 다극성을 가진 상태분포와 그림 (c) 이것이 하나의 제어 요소에 대하여 보여주는 쌍대관계(dual relationship). 그림 (a)는 태평양 대양 생태계에서 보여주는 국면전환 상황을 나타내고 있다.[15] 그림 (b) 네덜란드 158군데 수로에서 수집된 부유식물의 양극성 분포 상황. 그림 (c) 조류로 꽉 찬 호수(빈 동그라미)와 시아노박테리아가 가득한 얕은 호수에서 측정된 인의 총량(검은 동그라미로 표시되어 있음)을 물밑 그림자의 정도에 따라서 표시한 도표이다.[16] ◆

2 | 실험적 증거

만족할 규모의 직접적인 실험을 해보는 것은 어렵지만 일어난 현상을 해석하는 것은 조금 쉬울 수 있다. 이 장에서는 대체끌개의 존재를 실험(인간의

◆　그림에서 보면 각각은 두 개의 직선을 따라 분포하고 있음을 볼 수 있다.

개입 없이 자연적으로 발생한 실험을 포함해서)으로 확인할 수 있는 3가지 주요한 방법에 대하여 설명하고자 한다.

초기 상태가 결정하는 최종 상태

정의에 따르면 어떤 시스템에 하나 이상의 견인영역이 존재하면, 초기 상태에 따라서 서로 다른 견인국면(attracting regime)으로 수렴하게 된다. 경제학자들은 이 현상을 빈곤의 문제로 설명해왔다. 개인이나 집단이나 국가로 볼 때 가난한 개체는 계속 가난한 채로 있지만, 부자는 더욱 부자가 되고 있다. 생태계 문제로 볼 때 현장에서 관측된 자료는 소위 말하는 경로 의존성(path-dependency)[12]을 잘 보여준다. 예를 들어 7장에서 설명한 영국의 자갈 석탄 호수(gravel pits lake)의 경우와 같이 채굴이 끝난 수십 년 뒤에, 호수가 맑아질지 혼탁해질지는 초기 채굴방법에 달려 있다.[18] 호수의 물을 그대로 둔 채로 채굴하는 습식채굴(wet evacuation) 작업을 진행한 경우에는 호수의 상태가 혼탁한 상태로 남아 있었다. 하지만 호수의 물을 전부 뽑아낸 상태에서 채굴하고, 채굴이 끝난 후 다시 물을 채운 경우에는 맑은 호수의 상태를 수십 년간 유지할 수 있었다. 이런 결과에 대하여 여러 가지 설명이 가능하다. 그러나 경로 의존성은 실험적으로도 연구될 수 있다. 한 가지 방법은 초기 상태를 조금씩 다르게 한 다음 변화된 각 상태에 해당하는 최종 결과를 조사하는 방법이다. 한 예로 부유식물과

---

12)   어떤 상태는 그 이전의 상태에 큰 영향을 받는다는 사실. 예를 들어 주사위 던지기는 경로 의존성이 전혀 없는 예이지만, 뜨거운 불에 한번 데어본 아이가 이후에 불을 더 무서워하는 것은 그 심리에 경로 의존성이 있기 때문이라고 설명할 수 있다.

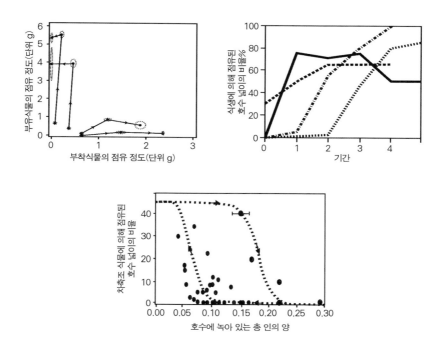

그림 14.3 대체끌개가 존재하는 세 가지 형식의 실험적 증거 (a) 초기 상태에 따라서 최종 상태가 정해진다. (b) 요동은 한 상태를 새로운 영속 상태로 작동시키기도 한다, (c) 조건의 변화(더 강화되거나 약화되거나)에 따른 이력 현상. (a)는 침수식물인 엘로데아(Elodea)와 부유식물인 렘나(Lemna)의 생존경쟁 실험에서 나타난 경로의존성이다.[15] ◆ (b)는 깊이가 얕은 호수에서 물고기 수를 급격하게 감소시키는 정도에 따라서 변화된 호수 내 식물의 점유 상태를 나타낸 것이다.(참고문헌 20에서 수정) ◆◆ (c)는 얕은 호수인 펠우워 호수 내부에 인의 농도를 증가시킨 다음 다시 감소시킨 후에 나타난 민물녹조류인 차축조(charophyte)의 반응을 그 점유 상태로 표시한 것으로 이력 현상이 잘 나타나 있다.[19] ◆◆◆

◆　초기 시작에서 부유식물과 침수식물의 경쟁에서 어느 쪽이 얼마나 더 많은가의 상황에 따라서 전체 시스템의 최후 점종이 정해진다.

◆◆　검은색 그래프가 말해주는 것은 초기 상태에 식물의 점유 정도가 우세해지면 이 상태는 이후에 큰 변화 없이 안정적으로 지속된다는 것이다.

◆◆◆　한 시점에서 관찰된 인의 양이 동일해도 그 양에 이르기까지 변화된 인의 양에 따라서 차축조

침수식물의 경쟁관계에 대한 연구를 들 수 있다(그림 14.3(a)). 실험장치에 두 가지 식물을 넣고 각각의 초기 밀도를 조금씩 차이가 나도록 한 뒤에 관찰해보면 경로 의존성을 확인할 수 있다. 두 식물종의 초기 밀도 차이가 적은 경우라도 그 최종 결과는 이 둘 중 하나의 종이 전체를 점령하는 상태로 바뀌었다. 이것은 두 식물이 섞여 있는 불안정한 상태가 두 종을 대표하는 서로 다른 대체안정 상태로 귀결됨을 보여주고 있다. 경로 의존성을 실험으로 확인해볼 수 있는 또 다른 예는 작은 수족관을 이용한 플랑크톤 군집 실험이다.[19] 다양한 종이 섞여 있는 집단에 나타나는 군집의 정도에 따라서 대체단말군집(alternative endpoint community)이 형성됨을 볼 수 있었다. 이 대체단말군집은 각 종의 군집화에 대하여 서로 경쟁하고 있기 때문에 안정된 상태라고 말할 수 있다.

요동이 만들어내는 새로운 상태

대체끌개를 가진 시스템의 다른 특성은 실험으로 확인할 수 있는데, 그 특징은 다음과 같다. 대체끌개가 있는 시스템이라면 우리가 확률적(stochastic)으로 추가한 사건으로 인하여 시스템의 상태는 견인영역으로 밀려나게 된다. 그것 때문에 시스템은 새로운 지속국면(persistent regime)에 들어가 버리게 된다. 이 방법[13]은 조금씩 다른 초기상황을 많이 만들어 시험해보는 재현 시스템(replicate system) 실험보다 좀 더 실용적이다. 예를 들어 소규모 대출을 가능하게 하여 궁극적으로 빈곤을 벗어나게 하는 마이크로

의 점유 분포는 다르다. 인의 농도 0.17 정도에서 보면 두 개의 상태가 나타난다. 이것은 차축조의 점유율이 단순히 그 시점에서의 황의 비율만으로는 결정될 수 없다는 사실을 말해준다.

13) 임의로 조그만 사건을 시스템 내부에 집어넣어 시스템의 변화를 보는 방법.

3부 임계전이와 그 대응

크레디트나, 호수의 탁한 상태를 안정적으로 맑은 상태로 만들기 위하여 일정 기간 물고기를 극단적으로 줄이는 작업(생물조작, biomanipulation)[14] 이 이러한 검사방법에 해당한다.[21] 한 가지 요소가 일으키는 요동이 얼마나 지속되는지에 대한 연구는 생태독성학에서 오래전부터 진행되어왔다. 이 연구는 시스템이 잠깐의 독성 쇼크 이후에 복원되지 못하는 상황에 관한 것인데 이를 군집화 조건(community conditioning)이라고 말한다.[22] 이 실험에는 주의해야 할 점이 많다. 만일 어떤 상태가 안정적이라는 것을 보이고자 한다면, 그 이전에 있었던 원래의 종이 고립되지 않도록 배려해야 한다.[15] 이 실험의 다른 문제는 다시 평형으로 회복되는 것을 확인하는 데 매우 오랜 시간이 걸린다는 것이다. 지금 보이는 안정 상태가 실제로는 새로운 대체안정 상태인 것같이 보일지라도, 그 상황은 실제로는 긴 전이 과정 중 일부에 불과할 수도 있다. 예를 들어 네덜란드의 어떤 호수[16]가 생물조작 이후에 원래의 혼탁한 상태로 되돌아가기 전까지 무려 6년 동안이나 식물이 자랄 수 있는 맑은 상태를 유지한 예를 통해서 볼 때, 안정된 상태와 대체안정 상태를 확실히 구분하기 위해서는 충분한 기간 동안 관찰해야만 한다.[23]

---

14)   예를 들면 호수에 서식하는 물고기를 대량으로 잡아 제거함으로써 그 안에 서식하는 먹이 식물들이 더 번성하게 하여 호수의 상태를 빠른 시간에 맑게 만들 수 있다.

15)   안정된 상태라면 그 이전에 존재한 개체를 다시 풀어놓았을 때 그 안정된 상태가 유지되어야만 비로소 진정한 안정 상태가 된다는 의미. 예를 들어 어떤 사회에서 깡패나 불량배를 인위적으로 격리시켜 안정된 상태가 된 후, 다시 그 불량배를 사회로 환원시키고 그들이 자유롭게 활동하도록 허용했을 때 그 사회가 그대로 안정성을 유지한다면 진정한 의미에서 안정된 상태가 되었다고 말할 수 있다.

16)   즈벰러스트(Zwemlust) 호수, 네덜란드에 있는 호수의 이름. http://www.zwemlust.nl/start. swf

조건변화에 따른 반응의 이력 현상

조절변수 값을 서서히 증가시켰다가 내리는 작업을 할 때(그림 14.3(c)) 나타나는 이력 현상은 그 안에 대체끌개가 있다는 것을 말해주고 있다. 이러한 이력 현상은 산성화[24]나 부영양화[25]에서 회복된 호수에서 잘 나타난다. 그리고 군집의 요동밀도[17] 변화에 따른 솔송나무 · 떡갈나무(hemlock-hardwood) 숲에서도 이력 현상은 관찰된다.[26] 그러나 이력 현상이 나타나는 경우라도 시스템 반응이 제어 변수의 변화율과 비교해서 아주 빠르지 않다면 그 안에 대체끌개가 있다고 단정할 수 없다. 다시 말해서 시스템의 반응이 제어 변수들의 변화보다 아주 빠르지 않다면 이력 현상으로 보이는 상황이 얼마든지 나타날 수 있기 때문이다. 결론적으로 말해서 직접적인 실험은 대체끌개가 존재하는지 알아내는 매우 좋은 방법이긴 하지만, 공간적, 시간적 제약 때문에 대규모의 직접 실험에는 한계가 있다.

3 | 기계론적 통찰

시스템에 전체적 안정성이 존재한다는 확신이 있다면 시스템을 기계론적 관점으로 구현하여 확인해볼 수 있다. 그래프와 방정식으로 구성되는 수식 모형은 관측된 행위를 설명하고, 또한 우리가 발견한 것을 외삽(extrapolation)시켜 예측할 수 있도록 한다. 그러나 기계론적 모형은 시스템 내부에 존재하는 대체끌개나 카오스끌개(chaotic attractor), 안정성에 관련된 흥미로운 특성을 예측할 수 있도록 해준다. 수리 모형은 야심 찬 이론가들

---

17)   요동밀도(disturbance density) 부록 26번을 참조.

에게는 최종 목표이며, 동시에 거대한 문제에 접근할 수 있게 하는 유용한 도구가 되기도 한다. 해양이나 사회와 같은 대상에서 대체끌개가 존재한다는 것을 밝히는 것은 어려운 문제이다. 현장자료나 실험자료가 있어도 거대한 시스템의 특성을 파악하기란 매우 어려우므로 이런 시스템에서는 특별한 통찰이 필요하다. 예를 들어 유럽과 북미대륙을 온화하게 만들어주는 해양의 열염분순환은 간빙기 동안에는 한 번도 중단된 적이 없었다. 그러나 우리는 과거에 한 번도 일어나지 않은 특이한 기후를 미래에 경험할 수도 있고, 해양의 순환이 중단되는 극단적인 상황도 완전히 배제할 수 없다. 만일 이런 상상하기 어려운 일이 일어난다면 급작스런 기온 하강이 예상되기 때문에, 이런 일은 모형을 이용해서 예측할 수밖에 없다. 따라서 예측 모형은 그 결과를 검증할 수 있는 지난 자료가 없을지라도, 최대한 정확하게 설계되어야 하고, 그 예측된 결과에 대해서는 신중한 검토가 필요하다.

모형을 만들어 현실을 해석하는 일은 과학의 핵심이다. 이 과정은 우리가 가진 믿음을 우리가 살고 있는 이 복잡한 세상에 대한 이해로 바꿔준다. 그러나 이 과정에도 여러 가지 함정이 있다. 이 장에서는 복잡계의 안정성을 분석하기 위하여 이론과 현실을 연결할 때 사용되는 여러 접근방법의 강점과 약점에 대하여 설명할 예정이다.

양의 피드백의 의미

양의 피드백은 이 책에서 다루고 있는 안정성의 흥미로운 여러 특성을 제공하는 중요한 원천이다. 경계행동(threshold behavior), 폭주과정[18], 이력

---

18)   어떤 과정이 스스로 가속되어 그 과정이 점점 증폭되는 현상. 예를 들면 눈사태, 뱅크런과 같은 경우가 이에 해당된다.

현상, 순환, 카오스 등은 모두 양의 피드백을 중요한 요소로 포함하고 있다. 그러나 양의 피드백을 탐구할 때에는 결론을 곧바로 끌어내지 않도록 주의해야 한다. 빨리 결론에 도달하고 싶은 유혹은 항상 있겠지만, 피드백 요소를 하나 찾았다고 해서 안전성에 관한 하나의 성질을 바로 일대일로 찾아낼 수 있다고 생각해서는 안 된다. 이 사실은 일선 연구자들도 곧잘 잊어버리는 경향이 있다. 예를 들어 양의 피드백이 존재하는 것을 서로 다른 두 개의 대체끌개를 시스템이 왔다 갔다 하는 현상과 같은 것으로 해석해서는 안 된다는 것이다.[27] 한편으로 당연해 보이기는 하지만, 양의 피드백이 존재한다고 하더라도 충분히 강하지 않으면 그것이 대체끌개를 만들어낼 가능성은 없다.

지구 온난화는 거대한 규모로 나타나는 양의 피드백이라고 할 수 있다. 높아진 기온 때문에 온실 효과가 가속화된다는 근거는 충분하다.[28] 예를 들어 기온이 높아지면 토양 생태계에서는 더 많은 이산화탄소, 메탄, 질소화합물을 생성시킨다.[19] 또 올라간 기온은 해양의 탈질소 반응과 성층화[20] 과정을 일으켜 해양 조류(algae)의 영양 상태를 포화시켜 바닷속으로 녹아들어 가는 이산화탄소의 양을 감소시키는 역할을 한다. 그렇지만 다른 경로의 피드백도 있는데 이산화탄소의 증가는 식물의 광합성을 활발하게 만들어서 식물이 더 많은 이산화탄소를 흡수하도록 만든다. 하지만 이 두 상반되는 피드백을 종합해볼 때, 인간 활동에 의한 온실 효과는 양의 피드백 효과를 주는 것이 분명하다.[29][21] 지구 시스템은 다양한 규모에서 각각의 대

---

19) 기온이 올라가면 시베리아와 같은 동토가 녹기 시작하여 그 안에 갇혀 있던 메탄이 대기 속으로 방출되고 이것이 더욱 온실효과를 가속화(양의 피드백)시키는 계기가 된다.

20) 대양의 해류가 서로 섞이지 않고 층을 형성하는 과정.

체끌개를 가지고 있는 것으로 보이지만, 지구 온난화로 인한 양의 피드백은 너무 약해서 완전한 대체안정 상태(따뜻한 기온으로)로 유도하기에는 부족하다.[30]

일반적으로 양의 피드백은 동역학 시스템을 지배하는 프로세스에 미치는 영향에 따라서 흥미로운 현상을 만들어낸다. 지구 기온과 온실 효과 사이의 피드백 관계는 가장 일반적으로 관찰할 수 있는 약한 피드백 관계이다. 강한 피드백 관계는 특정 문턱값에서는 큰 반응을 보이고, 더 강력한 양의 피드백은 대체끌개까지 만들어낼 수 있다. 피드백의 강도는 시스템의 성질에 따라서 다르므로 같은 시스템이라도 상황에 따라서, 예를 들어 그 변화가 문턱값 근처인지 또는 일반적인 변화인지에 따라서 대체끌개를 생성할 수도 있고 못할 수도 있다(그림 14.4 참조). 예를 들어 평범한 호수에서 물의 맑기와 수중식물의 성장은 양의 피드백 관계를 이룬다. 호수가 얕을수록 이 피드백은 강해진다. 예를 들어 침수식물이 호수 바닥을 모두 덮으면 물의 맑기와 침수식물 사이에 강한 양의 피드백이 생겨나고, 이 피드백은 대체끌개를 형성하게 된다(7장 1절 참조).[22] 이와 마찬가지로, 다양한 집단으로 구성된 사회에서 특별한 조정 과정이 없으면 사람들의 태도 변화는 점진적으로 나타난다. 그러나 동료집단의 압력이 심해지면 사람들

---

21)   증가한 이산화탄소로 인하여 더 많은 식물이 자라나서 이 식물들이 이산화탄소를 흡수하는 경향도 있지만 이 감소 영향은 늘어난 이산화탄소가 식물생장에 도움을 주는 양과 비교하면 매우 미약함을 의미한다.

22)   호수가 얕으면 빛이 바닥에 쪼이는 양도 늘어나고 그 때문에 바닥에 살고 있는 식물이 더 번성하게 되고 그 번성으로 인하여 물속의 유기 부유물은 더 빨리 사라진다. 물속이 깨끗해짐에 따라서 더 많은 빛을 바닥식물이 얻게 되고 이 과정은 양의 피드백으로 증폭된다. 그러나 호수가 깊으면 바닥에 닿는 빛의 양이 부착식물의 개체군의 수와 비교적 무관하므로 약한 피드백 고리만이 존재하게 된다.

의 태도는 두 개의 상반되는 모드 사이에서 급격히 변화하는 경향이 있다.[23] 피드백과 관련된 다른 예로는 지역기후를 들 수 있다. 지역기후에도 이력 현상이 나타날 수 있는데 이는 초목 식생과 강수량 사이에 피드백이 강하다는 것을 의미한다. 피드백이 작다면 이력 현상이 나타나지 않는다.

요약하면 다음과 같다. 시스템에 양의 피드백이 있다는 사실은 그 안에 어떤 흥미로운 현상이 있을 가능성을 말해주기 때문에 가치가 있다. 그러나 좀 더 구체적인 예측을 하기 위해서는 더욱 정량적으로 접근해야 하고, 다른 시스템과의 상호작용에 대해서도 깊게 분석해야 한다. 따라서 우리는 과학 분야에서 수학적 모형의 중요성에 주목해야 한다.

수학적 모형은 복잡계의 메커니즘을 이해하기 위해서 반드시 필요하지만 모형을 해석하는 것은 매우 까다로운 작업이다. 수학적 모형에 대한 다양한 논란거리를 역사적으로 모두 규명하는 것은 이 책의 범위를 벗어난다.[24] 그러나 반복적으로 논란을 불러일으키는 심오한 주제에 대해서는 생각해 볼 필요가 있다.

---

23)　　요즘 사회에서 문제가 되고 있는 집단 따돌림도 이런 경향이 표출된 것이라고 볼 수 있다. 집단 따돌림을 당하는 아이를 동정하고 싶어도 친구들의 압력 때문에 그러지 못하는 경우가 대부분이다. 따돌림을 당하는 아이 편에 서기 위해서는 따돌리는 아이들 집단의 반대편에 설 각오를 해야 한다.

24)　　예를 들어 많은 경제 시스템에서는 선형모형(linear model)을 이용해서 예측하는데 꽤 정확한 결과를 내주기도 한다. 그러나 물가나 경제의 요체가 서로 선형적으로 얽혀있는지를 확인하는 것은 매우 어려운 작업이다. 따라서 한 모형이 다수의 현상을 잘 설명해주더라도 정말 우리가 모르는 것을 예측해 줄 수 있는지를 판단하는 것은 여전히 어려운 문제이다. 이것은 이데아론을 설파한 고대의 철학에서부터 꾸준히 논란이 된 이슈이기도 하다. 즉 세상은 몇 개의 간결한 식으로 설명될 수 있도록 아름답게 구성되어 있다는 믿음과 그런 이론적인 틀로서는 규명할 수 없는 불가지론의 입장이 있다.

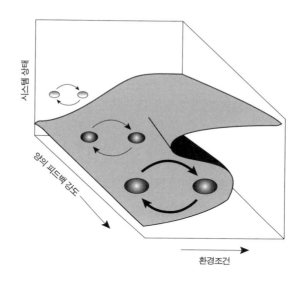

그림 14.4　양의 피드백은 그 세기의 정도에 따라서 증폭 현상, 문턱값 반응, 그리고 진성(true) 대체안 정 상태를 발생시킨다.

최소 모형과 가설검증의 문제

부록에 있는 수리적 모형과 책에서 설명한 도식 모형은 이른바 최소 모형 또는 전략 모형이라고 할 수 있다. 이러한 모형은 최소의 메커니즘으로 특 정한 동작을 만들어낼 수 있도록 설계된다.[31] 상식만으로 파악하기에 너무 미묘한 시스템을 파악하는 데에는 최소 모형이 아주 유용하다. 그러나 최 소 모형의 단점은 잠재된 여러 중요한 특성을 필연적으로 배제할 수밖에 없다는 것이다. 최소 모형은 몇 개의 문장이나 간단한 그림으로 설명하는 것보다는 분명 발전된 형태지만 정량적인 현실성이 결여되어 있다. 최소 모형에 여러 요소를 추가함으로써 좀 더 현실에 가까운 모형을 얻을 수도 있다. 그러나 이런 과정을 거친다고 해도 결국에는 거대한 시뮬레이션 모형이 얻어질 뿐이다. 나중에 설명하겠지만, 이러한 정량적인 예측 모형에 대해서는 여러 비판이 있다. 그 이유는 정량적인 모형이 복잡해서이기도 하지만, 그 시스템이 예측한 사실이 이치에 맞는 것인지 아닌지를 판단하는 것 자체가 원천적으로 불가능하기 때문이다.[31] 한 가지 명심해야 할 것은 우리가 만든 모형이 가설(hypothesis)과 본질적으로 다르지 않다는 것이다. 어떤 가설이든지 그것이 올바른 것인지 아니면 문제가 있는(즉, 틀린) 것인지를 따지는 것은 과학의 역사에서 오랫동안 논란이 되었었다.

토머스 체임벌린[32]은 한 세기 전에 다음과 같이 언급하였다. "우리는 가정하는 이론과 잘 맞아떨어지는 현상만을 선호하거나 과장하고, 그 이론과 맞지 않는 현상을 우리도 모르게 무의식적으로 경시하는 태도의 위험성을 항상 경계해야 한다." 과학에서는 어떤 결과에 대하여 다양한 해석을 할 수 있도록 마음을 열어두는 태도가 매우 중요하다. 특히 인간 사회나 환경 시스템과 같은 복잡계를 연구할 때 이러한 열린 태도는 매우 중요하다. 고전적인 가설검증은 실제 복잡계 이론에서는 별 도움이 되지 않는다. 과학철학사를 조금만 살펴본다면 이러한 사실을 잘 알 수 있을 것이다.

정상과학을 하는 가장 고전적인 방법은 가설·추론 접근법(the hypo-thetico-deductive approach)이다. 이 아이디어는 1620년 프랜시스 베이컨(Francis Bacon)의 저서 『노붐 오르가눔(Novum Organum)』[25]에서 제시되었고 이후 저명한 과학철학자인 칼 포퍼(Karl Popper)가 다듬었다. 가설·추론 방법은 이렇게 진행된다. (1) 먼저 가능한 모든 가설을 만들어본다.

---

25)   1620년에 영국의 철학자 베이컨이 지은 책. 아리스토텔레스의 논리학서인 『오르가눔』에 대항한다는 뜻으로 붙인 이름이다. 고대의 연구 방법에 대한 새로운 근대 과학의 연구방법을 제창한 것으로 철학사적 의의를 갖는다. 중세적인 사유 방법에 대한 결별과 근대적 귀납법을 상징하기도 한다.

(2) 그다음, 가설 검증에 필수적인 실험을 수행한 뒤에 그 실험결과와 맞지 않는 가설은 모두 버린다. (3) 살아남은 원 가설에 따르는 부차가설(subhypothesis)[26]을 만들거나 남은 가능성을 입증하기 위한 여러 가설들을 구성하여 위의 작업을 반복한다.

앞서 설명한 가설 검증 과정은 그럴듯해 보이지만 생태학[33]이나 복잡계를 다루는 과학에 이를 바로 적용하기에는 한계가 있다. 가장 중요한 이유는 관찰된 현상을 설명하는 다양한 가설이 서로 완전히 배타적이 아니기 때문이다. 메커니즘 하나로 설명되는 현상이라도 현실에서의 이 현상에는 각각 독립적인 다양한 메커니즘이 포함되어 있기 때문에 몇 개의 이론만으로 시스템의 현상 전체를 설명하기에는 한계가 있다. 해양 생태계에서 보이는 기후와 어획량의 상호작용이 좋은 예가 된다. 페루산 멸치의 급감이 멸치잡이에 따른 남획과 관계가 있다는 주장이 있었다. 그러나 해저에서 채취된 멸치와 정어리의 통계자료를 볼 때 이러한 급감은 이미 남획이 있기 오래전부터 존재한 순환현상에 불과하다는 주장도 있었다. 그리고 멸치의 양은 남획이 아니라 해류에 더 큰 영향을 받는다는 주장도 있다.[34] 멸치의 급감이 기후 때문인지 남획 때문인지에 대한 격렬한 토론이 있었는데 어부들의 남획을 막아야 한다는 주장과 함께, 어획량의 급감을 기후의 변덕스러움의 탓으로 돌리는 주장도 있었다.[35]

문제의 핵심은 대부분의 경우에 문제와 관련된 원인을 독립적으로 하나만 찾아내는 것이 불가능하다는 것이다. 문제의 원인은 경우에 따라서, 또 시대에 따라서 각각 다른 형태로 섞여 있다. 이 말이 의미하는 바는 정교

---

26) 주어진 가설을 뒷받침하거나 자세히 기술하는, 주 가설에 종속되어 제시된 추가의 가설.

한 실험[36]이나 최소 모형[31]으로는 무엇이 실제의 복잡계를 움직이는지 설명할 수 없다는 것이다. 모형에 집중해서 볼 때, 모형에 대한 가정(assumption)이 충분히 합리적이고, 모형이 현실을 잘 모사해준다고 해도, 실제의 현실에서 그것을 움직이는 메커니즘에는 모형이 가지고 있지 못한 또 다른 현실적 요소가 있다. 즉 모형화된 메커니즘이 문제없이 동작한다고 하더라도 이 사실을 그 모형이 현실을 잘 설명해주는 근거로 보아서는 안 된다. 왜냐하면, 모형화된 메커니즘은 현실에서 가장 근본이 되는 메커니즘과 여러 면에서 잘 상응하도록 이미 가정하고 만들어졌기 때문이다. 따라서 간단한 모형들(또는 작지만, 매우 정교하게 제어가 된 실험)이 특정 현상을 보여주기 위한 특정 모형으로의 의미는 있지만, 그 특정 목적 외 실세계 전체를 나타내기 위해서 사용되어서는 안 될 것이다.

사실적인 시뮬레이션 모형

최소 모형과 정성추론(qualitative reasoning)의 한계에서 벗어나는 해결책은 의외로 쉬운 것으로 생각된다. 즉 시스템의 중요한 프로세스를 가장 균형 있게, 그리고 정량적인 방법으로 종합할 수 있는 모형을 만들면 가능하다. 실제로 적절한 규모의 다양한 화학, 물리 문제에서는 앞서 말한 모형이 잘 적용된다. 예를 들어 발전소에서 버린 냉각수가 강에 어떤 영향을 미치는지는 쉽게 계산할 수 있다. 화학물질이 다수 포함된 산업폐수와 퇴적물, 지하수, 각 생물체에 축적된 화학물질의 양과의 관계를 계산하는 일도 가능하다. 그러나 배출된 이산화탄소가 기후와 해류에 미치는 전 지구적 영향을 계산하는 일은 매우 어렵다.

생태계 문제를 예측하는 시뮬레이션 모형의 정확도는 놀라울 정도로 형편없었다. 그러나 1970년대 초반에는 생태계를 예측하는 모형이 가능할 것이라는 거대한 낙관론이 있었다. 생물학으로, 그리고 기술적으로 중요한 주제에 관한 다양한 전문가들이 모여 그럴듯한 예측 모형을 만들어낸 적이 있다. 예를 들어 국제생물학 프로그램에서 호수에 관한 시뮬레이션 모형을 만든 적이 있는데 이것은 시뮬레이션 접근법의 대표적인 사례라고 할 수 있다. 이 호수 시뮬레이션 모형[37]은 각종 물고기, 침수식물, 플랑크톤이 포함된 28개의 미분방정식으로 구성되어 있다. 이런 모형의 특징이라면 추가 실험을 통하여 특정한 변수를 더 넣거나 모형에 포함되지 못한 새로운 요소를 추가로 찾아낼 수 있다는 것이다. 이런 복잡계에 사용되는 매개변수는 매우 많은데, 설사 그 값들이 측정 가능하다고 하더라도 짧은 실험기간에 매개변수를 모두 확정할 수 없다는 단점이 있다.

가장 보편적인 해결법은 현장자료에 맞도록 모형을 수정한 뒤에 그 모형을 통하여 결정되지 못한 매개변수를 다시 결정하는 튜닝(tuning) 기법을 사용하는 것이다. 이를 위한 매우 복잡 다양한 방법들이 이미 개발되어 있고 상당히 좋은 결과를 내기도 하지만 이렇게 성공적으로 보이는 현상이 실제로는 현실과는 아무런 관계가 없는 환상일 수도 있다. 왜냐하면, 이것이 가능해지려면 시스템의 여러 매개변수를 아주 잘 조정해야 하는데 이것이 현실적으로 불가능하기 때문이다. 따라서 복잡한 생태계를 튜닝하여 그럴듯한 결과를 만들어 보일 수는 있지만, 그 만들어진 내용이 실제 내부 현상의 본질과는 매우 다를 수 있다. 즉 이론과 결과가 잘 일치한다는 것이 모형구조나 매개변수의 실제성에 대한 보장은 될 수 없다는 것이다.[27] 따라서 그런 시뮬레이션 모형은 기본적으로 경험적인 입출력 모형을 단순

---

27) 복잡한 수식을 통하여 역대 한국 대통령의 성씨를 설명하는 수열모형을 만들 수 있다고 해서 다음 대통령을 예측할 수는 없다는 것이다.

히 수식으로 기술한 것에 불과할 뿐이다. 우리가 예상한 원인·결과 관계는 사실과 전혀 동떨어진 것이 될 수 있으므로, 새로운 상황을 외삽(extrapolation)으로 예측하는 일은 완전히 어처구니없는 일이 될 수 있다.[28]

거대한 시뮬레이션 모형을 검증하는 일은 여전히 불가능한 일이기는 하지만[38] 그럼에도 불구하고 모형 자체는 필요하다. 우리는 해양이나 인간 사회, 대기권에 대해서는 실험조차 불가능하지만, 지난 과거의 행적으로부터 다양하게 해석할 수 있는 그럴듯한 정도의 모형은 만들 수 있다는 사실에 희망을 가질 수 있다. 좀 나은 접근방법은 서로 다른 모형을 병렬적으로 구성하는 것이다. 각 모형이 사실과 맞지 않는 "거짓말"을 하는 경우도 있지만, 여러 가지 독립된 모형이 대체끝개와 같은 문제에서 일치하는 사실을 보여준다면 우리는 "제각각인 거짓말의 공통 부분은 진실을 말해준다"는 관점에서도 그것을 수용할 수 있다.[39][29] 또한, 비교를 통하여 불확실한 정도를 짐작할 수 있다. 해양에서 열염분순환이 중단될 가능성은 서로 다른 모형을 종합함으로써 계산할 수 있다.[40] 그러나 그러한 병렬적 모형이 본질적으로 독립적인 것은 될 수 없다. 왜냐하면, 각 모형이 독립적으로 구성되었다고 하더라도 거시적 관점에서 본다면 서로 연관된 가정을 사용하고 있기 때문이다. 또 바라는 결과를 얻고자 하는 쪽으로 일을 추진하려

---

28)　　예를 들어 역대 올림픽에서의 100m 달리기의 기록을 남녀로 구분하여 기록이 단축되는 것에 대한 수리 모형을 만들어 보면 여자가 머지않아 남자의 100m 기록을 따라잡을 것으로 나타난다. 왜냐하면 여자 100m 달리기의 기록은 남자보다 나쁘지만 그 감소추세가 남자보다 훨씬 가팔라서 그렇게 보일 수 있기 때문이다.

29)　　주 38을 보시오.

　　　　　　　　　　　　　　　　　　　　　　　　　　　　　3부 임계전이와 그 대응

는 경향성을 배제하는 것은 어렵고도 미묘한 문제이다.[30] 예를 들자면 어떤 기대와 다른 결과가 나오면 모형이 가진 오류에 대하여 좀 더 검사를 해보려 할 것이지만, 실험된 결과가 실제와 비슷하다면 우리는 더 이상 검사해보려고 하지 않는 경향을 누구나 가지고 있기 때문이다.

4 | 요약

시스템에 대체견인영역이 존재하는지를 확인할 수 있는 마법과 같은 방법은 아직 없다. 갑작스러운 전환, 분명한 경계면의 존재, 양극성 분포를 관찰할 수 있으면 우리는 대체끌개가 있을 것이라고 짐작할 수는 있지만 그런 현상들은 다른 원인에 의해서도 나타날 수 있다. 경로 의존성이나 이력 현상을 보여주는 실험이 더 강력한 증거가 될 수 있지만, 이는 작고 변화가 빠른 시스템에서만 가능하다. 기계론적 통찰을 형상화한 모형은 복잡계에 대한 우리의 이해를 돕는 데 도움을 주지만 그것을 검증하기란 매우 어려운 일이다. 우리가 할 수 있는 방법은 조심스럽게 각 개별적 경우로 나눠서 모형을 만들고, 서로 보완되는 방법을 동원해서 그 결과를 폭넓게 해석하는 것이다. 임계문턱이 존재하는지 알아내는 것은 힘들지만 어떤 식으로든 결론을 내려야 할 때가 있다. 현실에서는 임계문턱이 존재하지만, 실험을 통해서 그 문턱을 발견하지 못할 경우와 같이 실제 오류가 발생할 수 있는 경우를 고려해서 실험에 따른 비용과 이익까지도 따져 보아야 할 것이다. 우리는 이런 실험관리에 관한 내용도 다루어 볼 것이다.

---

30)　　이러한 경향은 흔히 말하는 소망적 사고의 오류라고 불린다. 뭔가 기대하는 사실이 더 잘 이루어지리라 믿는 심리적 경향을 말한다.

그리고 임계적 경계의 존재를 증명하는 데 집중하기에 앞서 우리는 이 문제의 다른 면도 살펴볼 수 있어야 할 것이다. 만일 임계전이로부터 발생할 수 있는 피해나 비용이 매우 크다면, 임계전이의 존재를 밝히는 데 필요한 비용은 큰 문제가 될 수 없다. 임계전이가 없음이 확실한 경우에는 일상적으로 일을 진행할 수 있다. 임계점이 없음을 보이는 일은 임계점을 찾아내는 일만큼이나 어렵고 도전적인 작업이 될 것이다. 이성적인 경제 분석가라면 문턱값이 예상되는 시스템에서는 매우 조심스러운 접근을 하라고 조언을 할 것이고 이것은 당연한 일이다.[41]

15

문턱상황의 예측[1]

앞장에서 설명한 내용의 핵심은 다음과 같다. 즉, 비록 조절할 수 있는 작은 규모의 시스템 내에서는 우리가 견인구역(attraction domain)의 존재를 보일 수 있을지라도, 사회와 해양, 지역기후 시스템(그림 13.1)과 같은 거대한 복잡계에서는 문턱의 존재와 그 안정성에 관해 알 수 없다는 것이다. 이러한 거대 시스템에 나타난 과거의 급격한 전이현상과 현재에도 급격하게 진행 중인 온실 효과, 인구증가, 영양순환(nutrition cycle)의 거대한 변화를 볼 때, 이런 급변 현상이 미래에 다시 나타나지 않는다고 장담할 수는 없다. 우리는 거대 시스템에 관한 정량적 모형을 만들 수는 없지만, 임계전이가 가까이 접근하고 있음을 알려주는 경험적 지표는 유용하게 활용

---

1) 원 제목은 〈How to know if a threshold is near〉이다.

할 수 있다. 예상하지 못한 외부 충격에 의한 국면전환은 어떤 경우라도 예측할 수 없지만, 시스템이 회복력을 잃어가고 어떤 문턱점이 다가오는 것을 알아내는 것은 가능한 일이다. 시스템은 문턱상황에 도달하기 전까지는 전혀 변화를 보여주지 않기 때문에 임계전이를 미리 감지하는 일은 불가능한 것처럼 보인다. 임계전이에 가까울 때 나타나는 현상이 일상적이고 전형적인 변화나 우연한 변동에 의한 것인지, 아니면 임계전이적 변화의 시초인지를 구별하는 것은 매우 어렵다.[2] 그러나 자세히 관찰해보면 임계전이에 관련된 신호가 가지는 고유한 특성을 찾아낼 수 있다. 각 시스템에서는 경고신호에 해당하는 변화가 항상 존재한다. 예를 들어, 얕은 호수가 혼탁한 상태로 급변하기 전에는 물고기 군집의 변화가 나타나고 조류의 성장이 활발해져서 침수식물에 전달될 빛을 가리는 조류 층이 나타난다.[1] 15장에서는 호수와 같이 잘 연구된 시스템이 아닌 일반적인 시스템에서 발견할 수 있는 여러 경고신호에 관해 살펴볼 것이다.

우리는 각 시스템에서 보편적으로 존재하는 조기경보신호에 대하여 살펴볼 것이다. 이 신호 발견의 중요성은 다음과 같은 사실 때문이다. 즉, 시스템에 쌍갈림 점이 다가올 때에도 시스템의 평형 상태에는 거의 변화가 나타나지 않을 수 있지만, 안정성 지형 관점으로는 변화가 나타난다는 것이다. 안정성 지형은 평형에서 벗어난 시스템이 이후 어떻게 움직일 것인가를 말해주기 때문에, 우리는 이 평형을 둘러싸고 있는 변동을 통하여 앞

---

2) 부동산 시장에서 임계 상태가 되면 가격 폭락이나 폭등이 발생하고 그것이 임계점을 지나면 거래가 일시적으로 뚝 끊어지는 상황이 발생한다. 즉 임계상태가 되기 전에 거래의 양상이 달라지는 것은 사실이지만 임계상태가 다르지 않아도 특정 조건에 의해서 내부의 변화가 더 강화되는 수도 있다. 이런 국부적인 변화가 임계상태의 전조인지 아니면 우연히 발생하여 곧 사라지는 현상인지를 구분하기는 어렵다.

으로 가능한 여러 가지 문턱현상을 예상할 수 있다.

1 | 이론: 전이의 접근신호

우리는 앞에서 시뮬레이션 모형과 이론적 모형을 통하여 임계전이에 관한 조기경보신호를 대강 살펴보았다. 이를 위한 수학적 배경 지식은 아주 복잡하고 이 분야에 대한 연구는 필자가 이 책을 쓰는 동안에도 진행 중이기 때문에 자세한 기술적 내용은 이 장에서 다루지 않기로 한다. 대신 최근에 주목을 받는 몇 가지 중요한 주제를 직관적으로 설명하고자 한다.

교란으로부터의 느린 회복

어떤 시스템이 임계문턱에 가까이 가고 있는지를 감지하는 데 가장 중요한 요소는 동역학 이론에서 말하는 임계둔화(critical slowing down) 현상이다. 임계둔화 현상이 일어나면 쌍갈림의 평형 정도를 나타내는 최대 고유치(dominant eigenvalue)[3] 값은 0으로 수렴한다. 이 상황이 되면 작은 교란에도 시스템의 회복은 매우 더디게 일어난다. 예를 들어 두 개의 대체안정 상태가 있는 집단의 경우를 생각해보자. 만일 어떤 집단이 외부 요인으로 불안정한 상태(보통 견인영역의 끝에 이런 영역이 놓여 있음)를 가진 쌍갈림점으로 가까이 간다고 생각해보자(그림 15.1 참조). 시스템의 쌍갈림점은 안정점(stable point)과 불안정점(unstable point)이 서로 충돌하는 지점이 된다.[4] 그리고 시스템이 쌍갈림에 가까이 갈수록 안정점 근처의 기울기

---

3)   어떤 행렬의 모든 고유치(eigenvalue) 중에서 그 절댓값의 크기가 가장 큰 하나의 고유치.

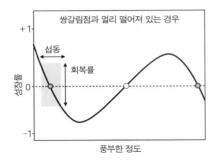
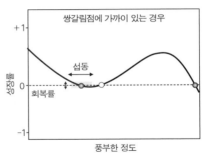

그림 15.1 쌍갈림에 가까운 정도에 따라 달라지는 시스템의 상황을 안정성 지형으로 나타낸 그림. 시스템이 쌍갈림에 가까이 접근할수록 작은 교란에 의한 회복 정도는 더 약해진다. 이 그림은 집단의 존재비(存在比)◆와 그들의 성장률에 대한 그래프이다. 회색 점은 안정점을 나타내며, 각 점은 그림 15.2의 굵은 선에 해당된다. 그리고 흰색 점은 불안정한 평형 상태를 나타낸다. 이 점은 그림 15.2의 점선에 해당된다. 이 집단은 강한 앨리 효과를 가지고 있다. 즉, 초기 상태일 때 존재비가 흰색 점으로 표현된 임계문턱점 아래에 있을 경우에는 시스템은 왼쪽의 안정점 쪽으로 움직인다. 쌍갈림은 안정점과 불안정점이 서로 충돌할 때 발생한다. 그림 15.2에서 오른쪽 흰색 점이 이 시점을 나타낸다.

가 완만해져서 평형 근처의 변화율은 낮아지게 된다. 따라서 시스템은 점점 임계문턱으로 향하게 되고, 작은 교란으로부터의 회복은 갈수록 어려워지게 된다.[2] 우리가 이 현상에서 알 수 있는 것은 다음과 같다. 즉 인위적인 작은 교란을 이용하여 회복력을 조사하면 현재 시스템이 문턱으로부터 얼마나 떨어져 있는지를 알아낼 수 있다(그림 15.2 참조). 우리는 평형에 가까이 접근할 때의 변화율만 알아내면 되기 때문에, 인공적인 교란을

◆　개체수(밀도)에 관계한 정량적 군락측도의 하나. 두 가지 의미로 사용하고 있다. 하나는, 어떤 종류가 출현한 조사구의 평균개체수를 의미하며, 군락의 구조해석에 사용한다.

4)　유지되어온 안정된 상태가 불안정한 상태로 급변하는 경계지점이 쌍갈림점이므로 이 점에서 안정점과 불안정점이 충돌한다고 표현할 수 있다.

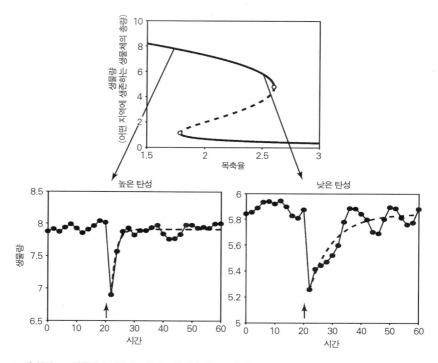

그림 15.2 확률적인 사건이 포함된 모형에서 인공 교란파(perturbation pulse)를 이용한 시뮬레이션. 이 그림은 시스템이 쌍갈림점에 가까이 있는 경우와 멀리 떨어져 있는 경우에 나타나는 회복력의 차이를 잘 보여준다.[2]

조금만 일으켜도 이 작업이 가능하다. 따라서 실험을 위하여 만든 인공적인 교란으로 시스템이 파손되는 따위의 위험은 걱정하지 않아도 좋을 것이다. 좀 더 쉽게 설명하자면 이것은 시스템을 파괴하지 않고서도 그 회복력의 강도를 측정할 수 있는 좋은 대안이 될 수 있다.[5]

시스템이 불안정한 평형 상태에 있을 때 즉, 전환점 근처에 있을 때에는 큰 규모의 교란으로부터 회복되는 데 시간이 지연될 수 있다. 그러나 현실적인 관점으로 볼 때, 견인영역의 너비를 계산하기 위하여 대규모의 교란

실험을 하는 것은 위험하다. 왜냐하면, 조금만 잘못하게 되면[6] 상태가 완전히 바뀌는 파국전환(catastrophic shift)을 만들어낼 수 있기 때문이다.[7] 따라서 전환점 근처로 시스템을 몰아가지 못할 정도의 작은 교란을 이용해도 견인영역의 크기를 어느 정도 잴 수 있다. 그럼에도 이 접근법에는 한계가 있다. 예를 들어, 문턱에 가까운 지점에서 나타나는 회복력의 감소는 일반적인 현상이지만, 시스템의 회복률과 견인영역의 너비 사이의 연관관계는 시스템마다 다르므로, 회복률의 절대값으로는 시스템이 문턱에 어느 정도로 가까이 와 있는지를 알아낼 수 없다. 서로 다른 특성이 있는 숲과 플랑크톤 집단의 회복력을 같은 수치 값으로 비교 해석하는 것은 무의미한 일이다. 플랑크톤의 회복력은 그 집단이 임계문턱에 도달해도 상대적으로 빠르게 나타나기 때문이다. 하지만 동질의 개체군에 속한 시스템이 보여주는 각각 다른 회복력의 차이는 새로운 정보를 알려준다. 예를 들어 두 개의 맑고 얕은 호수에서 견인영역의 너비를 비교하거나, 호수의 생태학적 회복력을 모니터링할 때 관찰되는 회복률의 차이는 큰 의미가 있다. 공간적으로 넓은 시스템의 경우에는 시스템의 특정 일부 지역에 교란을 만들고 그것으로부터 전체가 평형에 도달하는 속도를 측정할 수 있다. 이 실험을 통하여 멸종으로 접근하는 문턱에 도달 중인 시스템은 지역적 교란에 따른 회복시간이 더 늘어남을 알 수 있다.[3] 특정 지역에 서식하는 종을 모

---

5) 즉 풍부함을 더 늘리고 줄이는 식으로 변화를 주었을 때, 성장률은 크게 변화한다. 그러나 오른쪽과 같이 풍부함에 따른 변화의 폭이 작다.

6) 인위적으로 추가한 요동으로 인하여 발생한다.

7) 큰 극장에서 비상대피로를 만들기 위하여 실제 만원으로 객석을 채운 뒤에 극장에 불을 질러 사람들이 무질서하게 대피하는 실제 상황을 만들어보는 것은 매우 위험하고 어리석은 방법이다. 이것은 작은 규모의 극장에 작은 인원의 관객을 이용하여 매우 조심스럽게 그 안정성을 실험해야 한다.

두 제거하고 그 이후 시스템이 다시 복원되는 과정을 관찰함으로써 우리는 시스템의 회복력을 알아낼 수 있다.[8]

자기 상관계수 값의 증가

대부분의 시스템에서 회복력을 체계적으로 계산하는 것은 실용적이지도, 가능하지도 않지만, 이를 대신할 수 있는 한 가지 좋은 방법이 있다. 대부분의 시스템은 자연적인 교란을 가지고 있기 때문에 쌍갈림에 접근하게 되면 시스템이 둔화되어 교란 패턴의 자기 상관계수 값이 증가하는 현상을 보인다.[4] 쉽게 말하자면 정체된 시스템 변화의 정도를 감소시키면 이것 때문에 지금의 상태는 이전의 상태와 같아질 가능성이 더 높아진다. 이 때문에 시차-1(lag-1)의 자기 상관계수[9]는 정체된 회복속도를 파악해보는 좋은 지표가 될 수 있다. 지난 실험자료로 볼 때,[5] 자기 상관계수의 확연한 증가는 그림 15.3과 같이 임계전이 현상이 일어나는 파국 쌍갈림이 가까워질 때 확연하게 나타난다. 임계둔화현상과 같이 시계열 기반의 지표는 측정된 문턱과의 거리와 비교해보면 상대적인 의미가 있다.

---

8) 일반적으로 상가지역에서는 가게가 폐업을 하고 또 그 자리에 새로운 업종의 가게가 개업을 한다. 시스템이 평형 상태에 있는 경우에는 특정 몇 가게가 문을 닫고 나간 후에 빠르게 그 자리에 다른 가게가 새롭게 영업을 한다. 즉 개체로 본다면 어떤 공간적 지역에 개체가 사라지고 난 뒤에 빠르게 복원된다. 그런데 어떤 가게가 문을 닫고 나간 지 몇 달이 지나도 그대로 방치된다면 그 상가의 회복력은 매우 낮은 상태라고 할 수 있다. 임계전이가 접근하면 이런 현상이 벌어진다. 예를 들어, 국가 전체적으로 경제가 파국에 접근할 때보면 이런 현상을 두드러진다. 따라서 상가에서 비어있는 가게의 정도와 그것이 그대로 방치되는 정도를 살펴보면 임계전이가 얼마나 가까이 다가왔는지를 알 수 있다.

9) 시계열 자료에서 원 자료와 그것을 한 시점 뒤로 옮긴 자료와 비교하여 계산한 상관계수 값. 즉 일 년 365일 시계열 자료로 본다면 5월 10일과 5월 9일, 5월 11일과 5월 10일 이렇게 쌍으로 비교하여 구한 상관계수값을 말한다.

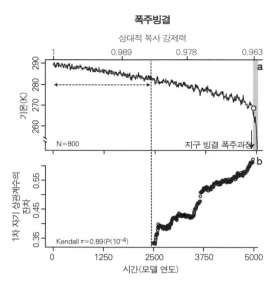

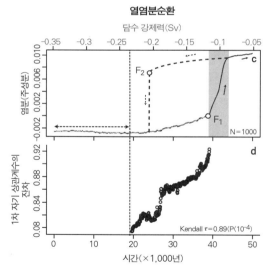

그림 15.3　쌍갈림을 지나는 기후 모형으로부터 생성된 두 종의 시계열 자료(임계전이 현상이 포함되어 있음). 이탈 경향의 시계열 자료는 전환에 앞서 자기 상관계수로 표현되는 둔화 현상이 점점 증가하고 있음을 잘 보여준다.(각 그림의 아래 그래프) 회색으로 표시된 지역은 전이 상태를 나타낸다. 화살표는 자기 상관계수 계산에서 사용되는 이동 윈도(moving window)의 너비이다.[5]

다양성의 증가

임계전이가 가까워지면 교란으로 인하여 변화의 다양성 역시 증가하는 경향이 있다.[6] 임계전이에 가까워짐에 따라 시스템이 둔화되는 것은 일반적인 현상이며, 그때 나타나는 다양성은 더욱 복잡한 방법으로 영향을 받는다. 직관적으로 생각해볼 때, 만일 시스템이 평형으로 회복되는 과정에서 갈수록 둔화되기 시작하면, 시스템을 평형 밖으로 밀어내는 무작위적인 교란은 랜덤워크(random walk)와 같은 패턴으로 나타나고 이것은 변화의 다양성을 증가시킨다. 그러나 특정한 상황에서 발생한 요동(시스템 전체를 흔드는 것은 아니고)에 대한 시스템의 반응으로만 생각해보면, 문턱이 가까워질 때 어떤 일이 발생할 것인지는 분명하지 않다. 첫 번째 추측은 다음과 같다. 환경적 변동으로 갑작스럽게 구성된 끌개 주위의 여러 상황 중하나에 시스템이 머무를 수 있다. 이것은 시스템이 국지적 평형에 무한히 빠른 속도로 접근하고 있다는 말과 같다. 이 경우 시스템의 평형곡선을 환경변수와 대비하여 그래프로 그려보면 시스템이 환경적인 변동을 따르는지를 파악할 수 있다. 일반적으로 그 변화곡선은 문턱에 가까이 갈수록 더 가파르게 변하기 때문에, 시스템이 문턱에 가까이 있을수록 환경적 요인으로 변화의 다양성은 더욱 증폭되는 모습을 보일 것이다(그림 15.4 참조). 따라서 환경적 교란 국면이 같은 상태로 남아 있다면, 시스템이 문턱에 접근할수록 시스템이 가질 수 있는 변화의 다양성은 더욱 커질 것으로 예상된다. 그러나 어떤 시스템도 바뀐 평형 상태에 곧바로 정착될 수 없고, 문턱에 접근하는 상황이 되면 심해진 둔화현상 때문에 변동을 따라가는 시스템의 능력을 제한받게 될 것이다. 따라서 시스템이 변동을 따라가기에 둔한 상태에 있다면 시스템의 변화 다양성은 궁극적으로 감소할 것이다. 그럼에도 시스템에서 변화의 다양성이 증가하는 현상은 여러 모형에서 임계

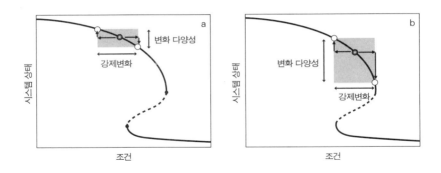

그림 15.4　환경요인에 따른 변동에 대하여 시스템이 무한히 빠른 속도로 반응한다고 가정하면, 주름 쌍갈림이 접근함에 따라, 강제로 주입된 '잡음(noise)'의 크기에 따른 요동의 변화 다양성은 더 커지게 된다.

전이가 가까이 오고 있음을 말해준다.

깜빡임

파국 쌍갈림이 시계열에 나타날 때 보이는 특이한 현상 중 하나는 깜빡임 (flickering), 또는 더듬거림(stuttering)이라고 불리는 현상이다. 깜빡임 현상은 무작위적인 힘이 시스템을 두 개의 끌개가 존재하는 두 견인영역 앞뒤로 흔들 때 나타난다. 이 상황은 시스템이 두 개의 안정구역으로 진입하여 쌍갈림으로 발전할 때 나타난다. 만일 내재된 느린 변화 때문에 시스템이 안정 상태가 단 하나뿐인 상황으로 움직이고자 한다면, 이런 깜빡임 현상은 시스템이 대체 상태로 영구적으로 이동하는 것에 대한 경고신호로 해석될 수 있다. 이런 깜빡임 현상은 호수가 맑은 상태에서 혼탁한 상태로 진행될 때 나타나는 좋은 예가 된다. 이 경우에도 분산과 자기 상관계수는 증가한다.[6] 그러나 이 깜빡임 현상은 전이가 일어나기에 앞서 시스템이 하나의 끌개로 접근해갈 때 나타나지만, 시스템의 특성에 따라 각각 다른 메커니즘으로 진행된다. 깜빡임 현상 중 특이한 경우로 확률공명(stochastic resonance) 현상을 들 수 있다. 확률공명 현상은 무작위로 발생한 소란이 느린 주기적 변화와 우연히 결합할 때 발생한다. 이로 인하여 대체안정생태로 진입하기 전에 어느 정도 주기적인 전환이 나타나게 된다. 이런 예는 열염분순환 과정에서 잘 나타난다.[7]

공간적 일관성의 증가

앞서 설명한 시계열 데이터의 변화에서도 나타나지만, 공간적 패턴은 임계전이에 앞서 나타나는 특성으로 볼 수 있다. 대부분의 시스템은 유사한 단위끼리 연결되어 동작하는 방식으로 구성되어 있다. 예를 들어 금융시장[10]끼리도 서로 영향을 주고받으며, 인간의 뉴런 세포도 서로 연결되어 영향을 주고받는다. 그리고 사람들이 어떤 사안에 대하여 가지게 되는 태도 역시 다른 동료의 영향을 받는다(12.4절 참조). 또한, 서로 단절된 구역으로 이루어진 시스템에서, 어떤 집단이 지속적으로 존재하는 것은 그들 옆에 사는 이웃 집단과 깊게 연관되어 있다(11.5절 참조). 이웃에 영향을 받는 시스템은 자성 물질의 전이현상과 비슷하다. 자성 물질에서 각 입자는 "스핀(spin)"[8]을 통하여 주위 입자들에게 영향을 미친다. 외부 힘에 의하여 전체적인 변화(예를 들면, 외부 자기장이나 세계적인 경제상황)가 발생하고 이에 따라 시스템 전이가 일어나면 시스템의 각 개체 단위의 분포 상태도 나름의 특성을 가지게 된다. 그중 가장 확실한 내재적 특성은 공간적 일관성(spatial coherence)이 증가하는 경향으로 변화하는 것이다.[11] 공간

---

10)   주식시장, 채권시장, 부동산시장들과 같이 경제학이나 경영학에서 분석이 단위가 되는 여러 가지 시장(market).

적 일관성이 증가하는 것은 임계적 상황이 일어나기 이전에 나타나는 상호 상관(cross correlation)[12] 계수나 공명의 증가 정도를 통하여 파악할 수 있다.[8]

주변의 구분된 지역(patch)에서 일어나는 특이한 변화도 다가오는 전이의 경고신호가 될 수 있다. 그러나 이것은 몇몇 특정한 시스템에만 국한된다. 예를 들어 아이징 모형(Ising model)[13]이나 앞서 설명한 것과 같은 상태 전이(phase transition)를 따르는 고전적인 모델에서는 축척 불변성(scale-invariant)의 성질을 가진 프랙털(fractal)로 나타난다.[8] 이와는 다르게 지역적 소란에 의해서 좌우되는 시스템, 예를 들어, 작은 초목지를 중심으로 하는 채집생활형 생활 모형에서는 그 반대 현상이 나타난다. 즉, 해당 지형에는 넓은 변수값에 대하여 프랙털 모양을 나타내는데, 전이가 가까워짐에 따라서 이러한 프랙털 모양의 서식지는 큰 규모로 나타나는 단편화된 구역으로 인하여 사라지게 된다.[9, 10]

자기 조직화 기능을 가진 시스템에서 나타나는 임계전이는 공간적으로 특별한 모양을 만들어준다. 예를 들어, 사막의 초목 모형에서 임계전이가 완전히 진행되고 나면 초목들은 고립된 작은 지역으로 모이는 특성을 보인다. 초목이 작은 지역으로 모이는 현상은 사막화라는 새로운 안정 상태로

---

11)   공간적 일관성이 증가한다는 말은 공간적으로 더 가까운 개체들이 멀리 떨어져 있는 개체들에 비해서 더 같은 특성을 가진다는 것을 의미한다. 외국에서 한국인들이 코리안 타운을 형성하여 살아가고 그 지역에 더 많은 한국인이 들어오고 그 지역이 더 넓어지는 것은 각 개체가 가진 공간적 일관성이 증가하고 있다고 해석이 가능하다.

12)   두 개 이상의 서로 다른 자료 사이에서 주기성을 찾기 위한 측정값.

13)   통계물리에서 자화현상을 설명하기 위한 수학적 모델. 이 모델은 '스핀'이라고 불리는 이산(discrete) 변수로 구성되어 있다. 각 스핀변수는 +1 또는 -1의 값을 가진다.

진입하는 경고신호로 해석될 수 있다.[14]

2 | 현실에서 나타나는 전이의 전조 현상

각 모형에서 전이의 경고신호가 있다는 사실을 잘 안다고 하더라도, 시스템이 문턱에 접근할 때, 그 경고신호를 꼭 집어서 찾아내어 보여주는 것은 다른 문제이다. 경고신호를 구체적으로 찾아내는 것은 매우 도전적인 문제인데, 이를 위한 몇 가지 방법이 제시되었다. 예를 들어 모든 식물이 사라질 것으로 예상되는 건조 지역에서 나타나는 식물 패치의 전형적 분포를 들 수 있다.[9] 실제 시스템에 갑작스러운 전이를 미리 알려주는 가장 확실한 현상은 고대 기후의 급변과 같이 전이 이전보다 시스템의 자기 상관값이 증가한다는 것이다(그림 15.5 참조). 홍미롭게도 이 패턴은 사하라 사막의 탄생, 빙하기의 종료, 3,400만 년 전에 일어난 온실기후 · 빙기기후 전이 등과 같은 급작스러운 기후전환에서도 잘 나타나고 있다. 이 패턴을 찾아내려면 컴퓨터에 의한 복잡한 자료처리 과정이 필요하다.[5] 왜냐하면 시간상으로 아주 느린 변화는 계산 과정에서 충분히 걸러져야 하고, 상대적으로 빠른 변동만 분석되어야 하기 때문이다. 예상과는 달리 고대의 기후전환에 앞서 변동성은 많이 증가하지 않았다. 이와는 달리 혼탁한 상태에

---

14)　　군데군데 나무가 자라는 상황에서 사막화가 본격적으로 시작되면, 그동안 흩어져 관찰되는 나무들이 좁은 지역으로 모이는 현상으로 보인다. 예를 들어 지금 완전히 사막화의 상태로 안정화된 지역을 보면 나무가 전혀 없는 지역과 오아시스를 중심으로 나무들이 모여 있는 지역으로 구분되는 것을 볼 수 있다. 따라서 사막화가 진행될 시점에는 나무가 무작위로 사라지는 것이 아니라 식물이 특정한 지역에 한정하여 생존하게 된다는 것이다.

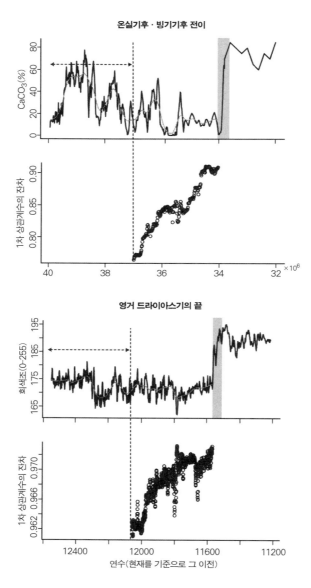

그림 15.5　영거 드라이아스기의 끝 시점과 온실기후가 시작되는 시점의 기후 동역학을 재구성한 그래 프. 이 그래프에서 볼 때 둘 사이의 자기 상관 정도가 증가함을 볼 수 있다. 그림에서 화살표는 자기 상관계 수를 구하기 위하여 설정된 윈도의 너비를 나타낸다.[5]

서 맑은 상태로 변하는 호수의 시계열 자료를 보면 전이 이전보다 변동은 증가하였지만, 자기 상관계수는 증가하지 않았음을 알 수 있다.

기후나 사회, 생태계와 같이 거대한 시스템의 경고신호에 관한 연구는 이제 시작단계이다. 그러나 의학에서 간질발작이나 심장발작을 예측하는 방법은 생리학 분야에서 상당히 많은 연구가 되어 있다. 그것에 내재된 동역학 현상은 기후나 생태계에서 보이는 것과 다소 차이가 있지만 모든 복잡함에도 불구하고 고전적 주름 쌍갈림이 내재된 구조인 것으로 보인다. 심장과 뇌에서 나타나는 전이현상은 살아 있는 세포 사이의 동기화(synchronization) 현상과 관련 있다. 그리고 이 세포나 뇌의 동기화 현상은 자연에서의 위상결합(phase locking)과 공명 현상(resonance phenomena)에 해당한다고 볼 수 있다. 그럼에도 우리는 우리 몸 속 세포와 두뇌에서 나타나는 경고신호를 찾아낼 수 있다.

우리 몸에 나타나는 발작파(epileptic seizure)는 주위의 신경세포들이 모두 동기화되어 신호를 보낼 때 발생한다. 신경계의 특성으로 이 발작이 일어나기 전에는 반드시 특이한 변화가 나타난다. 예를 들어, 발작이 일어나기 수 분 전에, 뇌파검사(EEG)[15]를 통하여 전류를 측정하면 그 변화가 쉽게 감지된다.[11] 좀 더 정확한 변화는 발작 25분 전에 관측되는데, 이때 세포의 동기화가 점점 더 강해진다.[12] 또한 발작이 일어나기 수 시간 전에는 약간의 에너지가 분출되고, 이 이후로는 환자가 느낄 수 없을 정도의 통증신호가 뒤따르게 된다.[13] 이 현상은 보통의 시스템에서 가장 중요한 전

---

15) 뇌파검사(electro-encephalography)란 두피에 전극을 붙여 뇌의 전기적 활동을 기록하는 검사이다. 간질의 진단, 분류 및 치료 경과를 평가하는 데 매우 중요하며 국소적·기질적 뇌병변이나 특이한 파형을 나타내는 신경질환, 의식장애 등을 발견하는 데 사용된다.

이가 발생하기 이전에 대체안정 상태 주위에서 발생하는 작은 신호들의 깜빡임과 같은 패턴을 보인다. 특히 심장이 멈추는 치명적인 사건에서, 심장이 멈추기 몇 시간 전쯤에는 어떤 반복되는 리듬의 형태로 경고신호가 나타난다는 것이다. 즉, 심장이 치명적인 상태에 빠지기 전에 심장 리듬의 점 상관 차원(point correlation dimension)[16] 값을 구해보면 그 값이 감소하는 것을 확인할 수 있다.[14][17]

3 | 신호의 신뢰성

경고신호를 구체적으로 감지하는 일은 그 신호가 시스템에서 어떤 역할을 하는지를 보여주는 것보다 훨씬 더 어려운 일이다. 신호감지에는 여러 원인으로 양성오류(false positive)와 음성오류(false negative)가 발생한다.[18] 음성오류는 급작스러운 전이가 발생하기 전에 아무런 전조 현상을 보지 못하는 경우를 나타내는 것으로, 이것에 대한 원인은 다양하게 설명될 수 있다. 하나의 가능성은 갑작스러운 전환이 문턱에 점차 접근하는 과정에 앞서 이러한 경고신호 자체가 전혀 나타나지 않는 경우이다. 예를 들면 시스

---

16)   미분 방정식 등으로 완벽하게 수리적으로 모델링할 수 없는 복잡한 비선형계의 특성을 규명하는 방법이다. 해당 시스템의 시계열 자료를 어떤 위상공간에 매핑을 시킨 뒤에 그 위상공간의 궤적이 차지하는 정도를 표시하는 단위이다. 이것은 프랙털 차원과 유사하다.

17)   심장의 박동이 매우 세밀한 단계에서까지도 매우 규칙적이며 반복적으로 나타난다는 것을 의미한다.

18)   양성오류의 예로는 실제 감기환자가 아니고 다른 이유에서 체온이 올라갔는데 이것을 감기의 전조로 보고 감기환자로 판명하는 경우이다. 즉, 측정한 양성 신호가 잘못된 경우를 말한다. 이와 달리 음성오류는 열이 나지 않는 감기에 걸린 사람의 체온만을 측정하여 이 사람이 감기에 걸리지 않았다고 판명을 하는 경우이다. 즉, 음성오류는 측정되지 못한 음성 신호로부터 잘못된 판단을 내린 경우를 말한다.

템에 매우 특이한 상황이 발생하여, 시스템이 쌍갈림 점으로부터 같은 거리에 머물러 있으면서 또 다른 새로운 안정 상태로 끌려가는 경우를 들 수 있다. 또한, 빠르고 지속적인 외부 환경의 변화의 의해서 발생한 전환은 시스템 내부에서 구성되는 경고신호로는 포착될 수 없다(그림 14.1(a) 참조). 두 번째, 음성오류는 경고신호를 뽑아내는 과정에 내재된 통계학적인 문제이다. 예를 들어, 자기 상관계수의 증가를 알아보기 위해서는 충분히 긴 시간 동안 잘 정리된 시계열 자료가 필요한데 이것을 마련하기는 쉽지 않다. 세 번째 어려움은 외부 요인에 의한 요동이 오래 지속되는 경우인데 이런 현상이 발생하면 우리가 원하는 내부 신호를 추출하는 일이 방해를 받는다. 양성오류, 혹은 가짜 경보(false alarm)는 경고신호가 쌍갈림 점에 접근하지 않음에도 나타나는 경우이다. 이는 외부에서 발생한 교란으로 인한 혼란(분산이나 자기 상관계수의 증가경향) 때문에 나타날 수 있으므로, 경고신호로 해석할 수 있다.

중요한 사실은 모든 경고신호는 파국 쌍갈림이 아닌 문턱에 접근하는 경우에도 나타난다는 점이다(그림 14.1(b) 참조). 이것은 시스템이 둔화되는 정도^{2}와도 관계가 있으며 자기 상관계수값과 분산의 변화와도 일치한다. 또한, 다가오는 전이를 보여주는 국지적 지형 특성(좁은 지역으로 잘려진)은 비파국문턱(noncatastrophic threshold)[19]이 가까이 왔을 때에도 발생한다.^{9} 그럼에도 일반적으로 볼 때 비파국문턱은 보다 극적인 파국문턱과 연관이 되어 있으며, 실제로도 현실의 시스템은 서로 다른 형식의 문턱을 넘나든다(그림 14.4 참조). 따라서 경고신호가 두 가지 다른 형식의 문턱을

---

19)   시스템에 문턱점에서 새로운 상태로 바뀌지만 그 바뀐 상태가 파국적인 상황은 아니라는 점을 말한다. 파국적 변화는 시스템 내부의 구성요소가 물리적으로 파괴되어 사라지는 현상을 말한다.

구별해주지는 못할지라도, 어떤 중요한 변화가 다가오고 있음은 분명히 나타내주고 있다.

4 | 요약

지금까지 설명한 경고신호에서 가장 주목할 점은 그것이 외부로부터 주어진 것이 아니라 시스템에 내재된 고유한 특성이라는 점이다. 즉 깜빡임 현상은 심장발작이 발생할 때 반드시 나타나는 현상이다. 그리고 마지막 빙하기[20] 이후 발생한 열염분순환 과정이 지속되는 상황에도 깜빡임 현상은 나타났다. 또한, 시스템의 자기 상관계수가 증가하는 현상은 정체 상태에 있는 시스템이 가진 공통적인 경고신호로 해석해도 좋을 것이다. 그리고 심장발작에 나타난 바와 같이 분산이 증가하는 현상은 앞서 설명한 호수의 예와 같이 중대한 전이상황이 가까이 오고 있음을 나타내는 가장 대표적인 지표로 인식되고 있다. 이러한 내재된 특성은 모든 전이 현상들이 쌍갈림과 연관되어 있기 때문이다. 즉, 여기에는 동역학의 보편적인 법칙이 전체를 지배하고 있기 때문이다. 예를 들어, 고대의 기후에서 그 요동현상이 점점 둔화되는 것은 어떤 기후적 전환점이 있었다는 증거로 생각할 수 있다.

　경고신호의 근원은 쌍갈림 지점에서 시스템이 급격히 둔화되는 현상과 관계가 있다. 그 결과 시스템은 일종의 무기력한 상태로 빠져든다고 볼 수 있다. 이것은 그림 15.6에 그려진 안정성지형의 비유를 통해서도 직관적

---

20)　　빙하작용(氷河作用, glaciation). 빙하에 의한 침식, 운반, 퇴적 작용을 총칭하는 것이다. 이로 인하여 찰흔이 남고, 침식된 파편들이 이동하여 빙퇴석, 말단퇴석 등을 형성하게 된다(출처-네이버 백과사전).

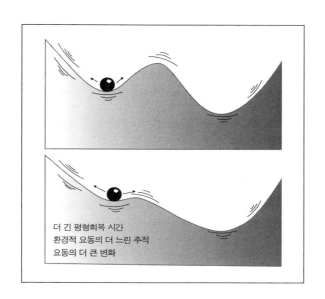

더 긴 평형회복 시간
환경적 요동의 더 느린 추적
요동의 더 큰 변화

그림 15.6 시스템이 쌍갈림 점에 접근할 때 나타나는 견인영역의 변화. 시스템이 쌍갈림에 접근함에 따라, 견인영역의 크기는 줄어들고 그 영역은 더 얕아지게 된다. 즉, 시스템이 평형 상태로 움직이는 속도는 떨어진다. 따라서 작은 소란 이후에 다시 평형으로 돌아가는 시간은 더 길어지게 된다. 그림에서 공의 양쪽 변화폭을 생각해보면 된다. 이와 유사하게 평형의 위치가 환경적인 요동 때문에 움직이게 되면, 시스템이 안정을 찾기까지에는 많은 시간이 걸린다. 이때 시스템에 나타난 요동의 자기 상관 정도는 더 강해지고 신호는 더 확실해진다.

으로 설명된다. 쌍갈림에 가까이 다가갈수록, 경사도는 더 완만하게 되는 데 이것은 교란 이후의 복원 과정도 더 둔화될 수 있음 의미한다. 그 결과 요동이 심한 환경에서 지금(오늘)의 상태가 지난(어제) 상태와 더욱 비슷하다면 그 이후에 나타날 변화의 다양성은 당연히 증가하게 된다. 하지만 설명한 경고신호의 지표는 아래와 같은 한계점을 가진다.

◆ 신호 지표는 쌍갈림과 관계가 없는 문턱점이 다가왔을 때에도 나타난다.

이것은 어떤 임계치 근처에서 시스템이 매우 민감하게 반응하는 것을 의미한다.

◆ 신호 지표의 절대값을 해석하는 것은 어렵기 때문에 그것보다는 그 변화가 일어난 과정과 변화의 정도에 주목해야 한다.

어떤 경우이든지 시스템에 내포된 경고신호는 우리가 임계전이를 예측하는 데 필요한 전체 도구 중 하나라는 사실이다. 전이현상을 잘 관찰할 수 있는 호수와 같은 시스템에서는 문턱값이 얼마쯤 되는지를 호수 내 여러 집단의 크기와 다른 요소를 활용해서 경험적으로 결정할 수 있다. 그러나 다른 시스템의 경우라면 기계적인 직관에 의존하여 그 문턱값을 알아낼 수 있는 정량적인 시뮬레이션 모형을 만들어야 한다. 불행히도 기후 시스템은 매우 특이하고 유일하므로 그와 비슷한 전이현상을 가진 다른 시스템으로 대체하여 연구하기는 불가능하다. 또한, 세포나 생체기관, 생태계, 기후 시스템과 같이 매우 복잡한 시스템은 아직 충분히 이해되지 못하고 있으므로 그들의 전이 상황을 예측해주는 모형은 아직 성공적이지 못하다. 경고신호의 내재적 특성은 각 시스템의 세부적인 구조와는 독립되어 공통적으로 존재하기 때문에 우리는 어떤 시스템이라도 그 임계전이를 예측할 수 있다고 낙관적으로 생각할 수 있다. 따라서 만일 어떤 시스템에 임계전이의 가능성이 있을 것이라고 예상을 한다면, 임계전이에 앞서 나타날 경고신호에 대하여 지속해서 관찰해야 할 것이다.

16

과학에서 정책으로의 험난한 여정

기후나 사회 또는 생태계 같은 복잡계는 임계점을 가질 수 있기 때문에 우리는 최선의 결과를 내기 위해 이런 사실을 이용하고 싶어한다. 그러나 현실적으로 이러한 복잡계를 다루는 것은 간단하지 않다. 다음 장에서 필자는 '좋은' 전이는 촉진하고 '나쁜' 전이는 피할 수 있는 성공적인 접근방식에 대한 예를 보여줄 것이다. 그러나 그에 앞서 과학과 정책 사이에는 양립하기 어려운 현실이 존재한다는 점을 인식해야 한다. 필자는 사람들이 임계전이의 가능성을 받아들이는 패러다임 전환의 가능성에 대해 낙관적으로 생각한다. 하지만 우리는 과학을 정책으로 바꾸는 데 나타나는 여러 문제를 쉽게 생각해선 안 된다. 우리가 과학을 최대한 활용하고 싶다면 다음의 몇 가지 사항을 주의해야 한다.

주의사항의 출발점은 자연자원이 사회의 여러 이해당사자 모두에게 중요하다는 사실이다. 개별 이해당사자 그룹은 각자의 목적에 맞게 자연자원을 사용하는데, 이런 사실은 해양이나 기후와 같은 대규모 시스템뿐만 아니라 더 작은 규모인 자연자원의 경우에도 적용된다. 예를 들면, 호수와 개울은 기업이 산업폐수를 처리하는 데 사용될 수도 있고, 맑은 물에서 수영하길 원하는 아이나 낚시꾼에 의해서도 사용될 수 있다. 따라서 우리가 의존하고 있는 거대한 복잡계에서 결론을 이끌어낼 때에는 항상 이해관계의 충돌이 존재한다는 점을 인식해야 한다.

문제는 이러한 상황에서 최선책을 찾는 것이다. 필자는 우리가 직면할 수 있는 전형적인 문제들을 제시하기에 앞서, 먼저 사회적으로 공정한 환경정책을 만드는 이상적인 방법을 설명하고자 한다. 이때의 정책목표는 사회 전체적으로 얻을 수 있는 총효용, 즉, 후생(welfare)을 극대화하는 것이다. 다음으로 필자는 왜 현실이 이론적인 최적화와 다른지를 논의하고자 한다. 필자는 이 장 전반에서 호수의 예를 사용할 것이다. 그러나 호수의 예에서 도출된 추론은 기후 시스템이나 산호초 등 인간의 활동에 영향을 받는 모든 자원 시스템에서도 똑같이 적용될 수 있다. 이러한 관점은 필자와 경제학자 윌리엄 브록(William Brock), 사회학자 프랜시스 웨슬리가 함께 작업했던 연구에 기초하고 있다. 필자는 앞서 말한 공동논문에 있는 추론을 적용할 것이며, 더 자세한 내용은 해당 논문을 참고하기 바란다.[1]

1 | 자연을 현명하게 이용하는 방법

우리는 이상주의 경제학자들의 관점으로 이야기를 시작하고자 한다. 사회 전체적으로 최선인 정책을 찾기 위해 중요한 단계는 모든 이해관계를 공통의 통화(currency)로 표현하는 것이다. 현실적으로 이것은 가끔 돈으로 간주되기도 한다. 그러나 넓은 의미에서는 행복과 도덕적 가치 등 중요한 비금전적인 가치를 포괄하는 후생이나 효용으로 볼 수도 있다. 필자는 이러한 관점이 스트레스 요인에 대한 반응 모형과 어떻게 연관되어 있는지 보여주고자 한다. 특히 임계문턱에 있는 경우 자연자원의 사회적 활용에 관한 새로운 사실을 설명하고자 한다.

이해당사자와 후생

호수의 경우, 많은 이해당사자가 있으며 그들의 후생은 생태계의 사용방식과 연관되어 있다. 예를 들어, 쇠똥과 비료로 호수 집수 지역(catchment area)을 오염시키고 있는 농부를 생각해보자. 농부가 오염을 정화하기 위해서는 비용을 지불해야 하므로, 호수를 사용하는 것은 농부에게 경제적으로 이득이 된다. 마찬가지로 폐수를 강으로 몰래 흘려보내면 가계나 기업은 폐수정화비용을 지불하지 않을 수 있다. 그러나 호수가 심하게 오염되면 호수를 이용하는 낚시꾼, 조류관찰자, 호숫가 토지소유자, 수영하는 사람 등이 호수에 부여하는 가치는 떨어진다. 그리고 호수에 매력을 느껴 여가활동을 즐기는 사람들이 줄어든다면 호텔, 야영지, 레스토랑의 수입은 줄어들 것이다. 만약 호수가 시아노박테리아에 오염되어 있다면 호수 물을 사용하는 생수회사들은 생수제조에 더 많은 노력을 기울여야 할 것이다. 현실적으로 각 이해당사자의 후생이 호수의 사용에 따라 어떻게 변화하는지 예측하는 것은 간단하지 않다. 또한, 다른 도덕적 기준이 아닌 인간의 사용가치 극대화가 기준이 되는 것이 바람직한지에 대해서도 논의할 필요가 있다. 그럼에도 가치평가접근법(valuation approach)의 가장 큰 특징은 의사결정 과정에서 생태계의 물질적 가치뿐 아니라 비물질적 가치를 모두 고려했다는 점에서 큰 진전을 이루어낸 것으로 볼 수 있다.

자연자원을 공유하는 최선의 방법

자연자원을 최적으로 사용하기 위한 전략의 첫 번째 단계는 가상의 합리적 사회설계자(Rational Social Planner; RASP)[1]의 개념을 도입하는 것이다. 이 개념을 앞에서 설명한 호수의 예에 적용해보면 다음과 같다. RASP는 각 이해당사자의 후생이 호수의 사용과 어떻게 연관되어 있는지 잘 알고 있으며, 이를 바탕으로 사회에 높은 후생을 가져다주도록 호수의 사용 수준을 결정할 수 있다고 가정한다. 그리고 RASP는 호수의 사회적 최적사용을 결정하기 위해 누군가가 다른 이해당사자의 후생에 미치는 영향을 고려해야 한다(예를 들면, 사람들은 흙탕물에서 수영하는 것을 좋아하지 않음). 그러므로 RASP는 호수의 사용에 따른 사회시스템의 변화를 알아야 한다. 즉, RASP는 사회적으로 가장 높은 후생 수준을 가져다주는 호수의 통합사용(integrated use)을 결정하기 위해 생태계 반응과 각 이해당사자의 후생함수를 모두 고려해야 한다.

생태계의 기능적 제약조건하에서 후생을 극대화하는 원칙을 앞에서 나온 반응 그래프를 이용하여 설명하면 다음과 같다(그림 16.1 참조). 그림에서 수평축은 영양부하와 같이 인간의 사회적 이용 때문에 생태계에 부과된 스트레스를 의미한다. 그리고 생태계의 사용 정도에 따라 각 이해당사자는 경제적 이득을 얻게 된다. 이때 생태계에 스트레스를 부여하면서 이득을 얻는 사용자는 작용자(Affector)[2]라고 부른다. 반대로 수영하는 사람들

---

[1]   합리적 사회설계자는 복지경제학에서 자주 사용되는 개념으로, 합리적인 의사결정자(decision-maker)의 특수한 예이다. 선의의 합리적 사회설계자는 모든 사회 구성원의 후생의 증감을 파악할 수 있는 전지전능함을 가지고 있으며, 사회 구성원 전체의 경제적 후생을 극대화하려는 목표를 가지고 있다.

[2]   호수의 상태에 스트레스를 부여하는 작용자의 예로 폐수를 방출함으로써 이득을 얻는 농장 주인을 들 수 있다.

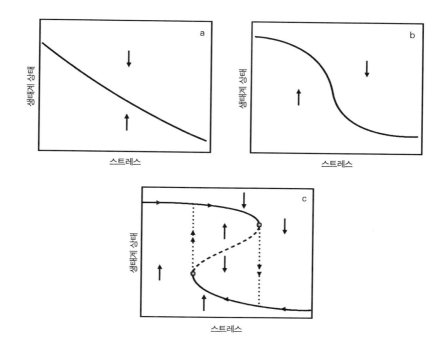

그림 16.1　인간이 부여한 스트레스에 생태계가 반응하는 세 가지 다른 방법. 인간에 의한 자원의 사용은 생태계에 스트레스를 부여하는데, 이때 생태계가 스트레스에 반응하는 방식은 위 그래프 (a), (b), (c)와 같이 다양하게 나타난다.

과 같이 호수를 이용하면서 이득을 얻지만, 호수의 상태에는 특별한 영향을 미치지 않는 사용자들이 있다. 이처럼 생태계에 스트레스를 부여하지 않으면서 이득을 얻는 사용자는 향유자(Enjoyer)라 부른다. 따라서 향유자의 후생 수준은 수직축에 표시된 물의 청정도와 같이 생태계의 질적인 측면에 달려 있다. 일반적으로 향유자의 사용가치는 작용자에 의한 생태계 사용 수준이 높아질수록 감소할 것이다. 그러므로 그림 16.1의 그래프에서 생태계의 사용 수준이 높은 상태는 생태계의 상태가치가 낮은 것과 대응되며, 이것은 향유자가 생태계의 사용으로 얻게 되는 효용에 낮은 가

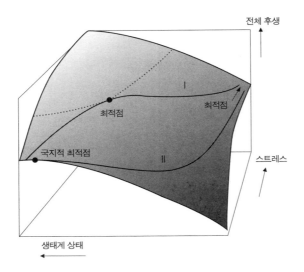

전체 후생

최적점

최적점

국지적 최적점

스트레스

Ⅰ

Ⅱ

생태계 상태

그림 16.2　향유자와 작용자가 있는 가상의 사회에서 최적 후생 수준을 달성하는 모형. 향유자의 후생은 생태계의 상태지표가 증가하면 함께 증가한다. 작용자의 후생은 그들의 활동에 의해 부여된 스트레스가 증가하면 함께 증가한다. 따라서 사회 전체 후생은 위와 같은 후생평면으로 나타낼 수 있다. 하지만 생태계의 상태가치는 스트레스의 함수이므로 후생평면 위 모든 점들을 선택할 수 있는 것은 아니다. 평면 위에 있는 안정균형선(Ⅰ과 Ⅱ)은 실제 생태계의 상태가 스트레스에 어떻게 반응하는지를 나타낸다(그림 16.1에서는 a, b, c의 세 가지 곡선). 그림에서 최적의 사회후생 수준은 곡선 Ⅰ과 Ⅱ의 가장 높은 점에서 달성된다.[1]

치를 부여하고 있다는 것을 의미한다. 그리고 향유자가 생태계를 사용하면서 얻는 이득은 수직축에 표시된 상태 지표의 수준이 높아짐에 따라 체계적으로 증가할 것이다. 현실에서는 수많은 이해당사자가 있고, 그들의 이해관계는 작용자·향유자의 이론적 모형같이 정확히 상호보완적이지 않으며 때로는 서로의 이해관계가 겹칠 수도 있다. 그러나 작용자·향유자 모형은 자원의 최적사용을 결정하는 기본적 아이디어를 설명하는 데 유용한 도구가 된다.

　생태계 이용으로 얻게 되는 전체 후생의 크기를 작용자와 향유자의 후생합으로 나타낼 수 있다고 가정하자. 그러면 전체 후생은 반응 그래프(그림 16.2 참조)의 양축을 따라 증가할 것이다. 만약 자연에 어떠한 제약 조건도 없다면, 가장 높은 사회 후생은 생태계의 사용 수준이 가장 높은 지점과 생태계의 상태가치가 모두 가장 높은 지점의 조합에서 달성될 것이다. 그러나 생태계의 상태가치는 생태계 사용 수준의 함수이므로,[3] 작용자와 향유자가 선택할 수 있는 스트레스와 생태계 상태 수준은 제한된다.[4] 사용자와 향유자가 선택할 수 있는 스트레스와 생태계 상태 수준의 조합만을 모으면 안정 균형선(stable equilibrium line)을 만들 수 있다(그림 16.1의 세 가지 곡선과 그림 16.2의 곡선 I과 II). 실제 생태계의 반응은 이러한 안정 균형선 위의 한 점에서 나타날 것이다. 즉, 후생평면 위에 그려진 안정 균형선은 작용자와 향유자에 의한 생태계 사용의 조합과 그에 대응되는 후생 수준의 크기를 나타낸다.

나쁜 타협

사회가 달성할 수 있는 후생의 최댓값은 각 곡선의 가장 높은 점이 된다. 일반적으로 우리 사회는 이러한 최댓값에 가능한 한 가깝게 도달하는 것을 목표로 한다. 그러나 앞서 제시한 그래프를 해석하기 위해서 몇 가지 주의해야 할 사항이 있다. 가장 단순한 상황은 중간 정도 스트레스 수준에서 하나의 최적점(그림 16.1, 곡선 I)이 나타나는 경우이다. 이것은 작용자와 향유자의 타협을 통해 가장 높은 사회적 후생이 달성되는 상황을 나타낸

---

3) 생태계의 사용 수준이 높으면서 생태계의 상태가치가 낮아진다.
4) 작용자와 향유자는 후생평면 위의 모든 점을 선택할 수 있는 것은 아니다.

다. 그러나 직관적으로 해석하기 어려운 상황도 존재한다. 예를 들어, 두 개의 대체 가능한 최적점(그림 16.2. 곡선 II)이 존재하는 경우 상황은 복잡해진다. 이 경우에 사회 전체의 후생극대화는 작용자나 향유자 중 어느 한쪽으로 편향될 때 나타난다. 만약 중간 수준에서 타협(때론 사회정치 과정의 산물이라고 알려진)이 이루어지면 사회 전체의 효용 수준은 낮아지기 때문에, 중간 수준에서의 타협은 사회문제에 가장 나쁜 해결책일 수 있다. 곡선 II에서 나타나는 이런 곤란한 상황은 아주 민감한 시스템에서 잘 나타난다. 낮은 수준의 스트레스에서도 상태가 크게 악화될 수 있다는 점을 고려할 때, 타협의 결과는 사회 전체 후생을 아주 낮출 수도 있다. 즉, 작용자에게 약간의 이득을 주는 낮은 스트레스 수준조차도 향유자에게는 큰 손실을 가져올 수 있다. 이러한 상황에서는 타협을 선택하기보다 두 개의 양극단 중 하나를 선택하는 것이 최선이 될 것이다. 만약 시스템이 공간적으로 분리된 단위로 취급된다면(예를 들어, 한 지역에 많은 호수가 존재하는 경우), 일부 호수의 사용권한을 모두 향유자에게 할당하고 나머지는 작용자에게 할당하면 최적의 해를 달성할 수 있다.[2] 그러나 현실적으로 이러한 방식은 불가능하다. 따라서 극단에 있는 두 개의 최적점 중 하나를 선택하고, 그 상황에서 손해를 본 이해당사자에게 적절한 보상하는 게 최선일 것이다.

벼랑 끝에서의 극대 후생

후생이 낮아지는 임계전이하에서 어떻게 후생극대화를 이루어내느냐 하는 것은 중요한 문제다. 여기서도 호수의 예를 사용하겠지만, 이 책 전반에서 논의된 다른 시스템에도 같은 추론 과정이 적용 가능하다. 먼저 인간이 만든 스트레스 때문에 전보다 나쁜 상태로 임계전이가 촉발되는 시스템의 예

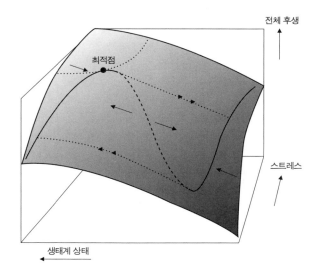

전체 후생

최적점

스트레스

생태계 상태

그림 16.3　대체안정 상태와 최적이득. 대체안정 상태를 가진 시스템에서는 임계전이에 가까이 다가갈 때 최적이득이 달성될 수 있다. 이러한 해석은 그림 16.2와 유사하다.[1]

를 생각해보자. 맑은 호수는 오염에 의해 유독성 조류가 증식하는 혼탁한 상태로 바뀔 수 있고, 어장은 남획으로 붕괴될 수 있으며, 열염분순환이 임계점을 넘어서면 북유럽은 더욱 추워진다. 그리고 숲이 없어진다면 아마존 밀림은 건조한 열대초원으로 변할 수 있다. 그러면 임계전이를 가진 시스템에서 최적사용은 어떤 의미가 있는지 생각해보자. 대체안정 상태를 가진 시스템에서 효용 극대화는 붕괴가 일어나는 문턱값 가까이에서 나타난다(그림 16.3 참조). 그리고 임계전이를 가진 시스템에서 스트레스는 그 시스템이 붕괴 직전에 가기 전까지 큰 영향을 미치지 못한다. 그러므로 향유자들은 시스템이 붕괴될 만큼의 높은 수준의 스트레스가 부여되기 전까지는 별문제 없이 잘 지낼 수 있다.

　우리는 모형을 통해 후생극대화라는 목표가 상당히 위험한 전략이 될 수 있다는 것을 알게 되었다. RASP가 이 과정에서 약간 계산을 잘못하거나 피할 수 없는 불운(예를 들면, 유난히 무더운 해)을 겪으면, 사회는 훨씬 더 낮은 효용 수준의 대체안정 상태로 바뀔 수 있다(그림 16.3의 오른쪽 곡선). 시스템을 이전의 경로로 복원시키기 위해서는 스트레스가 상당히 감소되어야만 하지만, 이때 전체 후생이 감소하는 대가를 치러야 한다. 만약 장기적 관점에서 사회적 비용과 이득을 추정할 수 있다면, 이론상으로는 최선의 전략이 찾아질 수도 있을 것이다. 분명 최적효용 수준에 가까이 가는 것과 시스템의 붕괴를 막는 것 사이에는 상충관계가 존재한다.[5] 이러한 가상의 분석결과가 시사하는 바는 다음과 같다. 즉, 우리가 의사결정을 할 때 문턱값까지의 거리를 잘 모르고 시스템 붕괴에 따른 손해가 매우 크다는 것을 안다면 매우 조심스러운 태도를 보여야 할 필요가 있다는 것이다.[3]

2 | 좋은 해결책에 대한 걸림돌

최선의 전략이 무엇인지를 아는 것과 현실에서 그것을 실행에 옮기는 것 사이에는 큰 격차가 존재한다. 우리는 왜 환경자원을 사회적 관점에서 다루지 않는지 생각해보자. 이 질문에 대한 답은 보는 관점에 따라서 다른 답을 가질 수 있다. 우리는 이 문제에 대한 일반 사회과학자들의 전체적 관점에 대하여 설명하고자 한다.

---

5)   최적순간효용을 달성하기 위해서는 시스템의 붕괴 경계에 가까이 가야 함. 따라서 최적효용수준을 달성하기 위해서는 시스템의 붕괴 위험이 높아질 수 있다. 즉, 양자 사이에는 상충관계가 존재한다.

공유지의 비극을 초래하는 보이지 않는 손

자연자원을 공유하는 것과 관련한 초기 관점 중 하나는 《사이언스 (Science)》에 발표된 하딘(Hardin)의 '공유지의 비극(tragedy of the commons)'이라는 개념이다.[4] 공유지의 비극은 '보이지 않는 손(invisible hand)'으로 표현되는 고전적 경제 이론에 대한 반발로 볼 수 있다.[5] 실제 경제학자들 사이에서 널리 퍼져 있는 정설에 따르면 자유시장경제는 자동으로 사회 전체에 가장 최선인 정책을 이끌어낸다고 믿어져 왔다. 이 견해에 따르면, 각 개인이 독립적으로 내린 결정은 자동적으로 최선의 사회적 선택이 되기 때문에 개인을 대상으로 한 어떠한 규제도 필요 없다는 것이다. 이 '보이지 않는 손'에 대한 하딘의 반박은 윌리엄 포스터 로이드 (William Foster Lloyd)라는 아마추어 수학자의 1883년 팸플릿에서 차용된 것이다. 공유지의 비극을 잘 설명하는 예는 다음과 같다. 모든 사람에게 개방된 공유 목초지가 있다면 각 목동은 가능한 많은 소를 그곳에서 기르려고 할 것이다. 이러한 목동의 행동은 부족전쟁, 밀렵과 질병 때문에 인간과 동물의 수가 상당히 줄어드는 동안 지속될 수 있다. 그러나 이러한 외부 요인이 나타날 가능성이 적어지고 인구가 증가함에 따라, 공유지의 비극이 나타나기 시작한다. 자기의 이익을 극대화하려는 각 목동은 "지금의 소떼에 한 마리를 더 추가하면 나의 효용은 어떻게 될 것인가?"라고 물을 것이다. 이러한 효용은 부정적인 측면과 긍정적인 측면을 모두 가지고 있다. 긍정적인 측면은 목동이 늘어난 동물을 판매함으로써 돈을 벌 수 있다는 것이다. 부정적인 측면은 추가된 동물 한 마리가 만들어내는 과잉방목[6]으로 발생한

---

6)   소떼가 목초지의 풀을 모두 먹어치우고 가축 분뇨로 지역에 오염을 증가시키는 일이 예가 될 수 있다.

다. 그러나 과잉방목의 효과는 모든 목동에 의해 공유되기 때문에 어느 특정한 목동이 느끼는 음(-)의 효용, 그로부터 받는 손해는 아주 작을 수 있다. 그 결과 합리적인 생각을 하는 목동이라면 한 마리를 더 소떼에 추가하는 것이 현명한 일이라고 결정할 것이다. 이런 식으로 또 한 마리, 그리고 또 한 마리의 소가 추가로 공유지에 들어오게 될 것이다. 그 목초지를 공유하는 모든 목동이 똑같은 결론에 도달하여 무한정으로 소를 추가하면 이것은 목초지의 붕괴로 이어지고 결국에는 모든 목동들에게 '비극'이 된다. 하딘은 이 상황을 이렇게 표현하고 있다. '사람들이 공유지를 마음대로 사용하여 자신만 이익만을 추구하는 사회가 된다면 그 사회의 운명은 몰락으로 귀결될 수밖에 없을 것이다.'

파급비용 문제 또는 오염의 이익

물론 목동을 이용한 하딘의 설명은 아주 단순한 점이 있다. 인간 사회에서는 일찍부터 큰 혼란을 피하고자 협동, 규율, 벌칙 등에 관한 제도가 만들어졌다.[6] 그럼에도 공유지의 비극은 자원의 공동 사용을 규제하지 않는다면 어떠한 문제가 발생하는지를 잘 보여주는 예라고 할 수 있다. 사회적 관점에서 인간의 여러 활동은 환경에 바람직하지 않은 영향을 미친다. 경제학에서는 이것을 '파급비용(spillover cost)'으로 설명하는데, 즉, 인간의 활동 중에는 시장가격에 포함되지 않은 비용을 유발하는 것이 있다.[7] 예를 들면, 모터사이클을 타는 사람의 즐거움과는 별개로, 모터사이클이 지나갈 때의 소음은 행인들에게 짜증을 유발한다. 하지만 모터사이클의 시장 가격은 다른 사람에게 영향을 미치는 소음의 '비용'을 고려하지 않고 있다. 그 결과 자유시장경제하에서는 사회적 최적 수준을 넘는 '모터사이클 이용자'[7)]가 있게 된다. 공유지의 비극과 유사하게 대부분의 환경문제는 이런 보상되지 않는 부정적인 파급 효과로부터 발생한다. 이것을 호수의 예로 설명하면 다음과 같다. 규제가 없는 상황에서 작용자는 자원의 이용으로 이득을 얻는다. 하지만 작용자가 부여한 스트레스 때문에 생태계의 상태는 악화되고 그 피해비용은 고스란히 향유자에게 전가된다. 생태계의 향유자 중 일부가 작용자이기도 한 상황에서는 생태계 사용에 따른 피해비용은 공동체 전체로 귀착되지만, 그 이익은 전적으로 작용자만 가지게 될 것이다. 환경문제의 핵심은 바로 이러한 이익과 비용에 관한 편향(bias)에 있다.[8]

집단행동의 문제

앞의 상황을 공평하게 만드는 첫 번째 단계로 향유자의 힘을 동원하여 규제를 강화하는 것을 생각해볼 수 있다. 그러나 향유자를 동원해 규제를 강화하는 방식은 효과가 잘 나타나지 않을 수 있는데, 그 이유는 집단행동의 문제로 설명할 수 있다. 이 집단행동의 문제를 설명하는 게임 이론에 따르

---

7)　　어떤 제품이 그것을 사용하지 않는 사람이나 환경에 여러 피해를 미치지만, 해당 물건의 가격에 이것이 포함되어 있지 않다는 것을 말한다. 예를 들어, 길거리에 대형 스피커를 틀어놓고 물건을 파는 사람은 이 소리가 주위 가게에는 피해를 주지만 그렇다고 해서 그 피해에 대한 보상적 차원으로 그 물건의 가격이 올라가는 것은 아니다. 따라서 길거리 소음은 주위 사람들이 물리적으로 버틸 수 있을 때까지 증가하는 경향이 나타나고 있다. 즉, 사회는 소음유발에 대한 경비를 해당 업자에게 요청하지 않기 때문에 소음공해는 해결될 기미를 보이지 않는다.

8)　　만일 특정 지역의 대기가 그 지역에만 영향을 준다면 그 안에서 공해산업을 할 기업은 없을 것이다. 그러나 마구잡이로 내보내는 공해가 그 공장에는 약간의 피해를 주는 반면 그 공장의 이익과는 아무런 연관이 없는 인근 주민(enjoyer)에게는 큰 피해를 주기 때문에 공해는 쉽게 근절되지 않는다. 만일 담배를 피우는 사람들에게 반드시 흡연자들로만 구성된 장소에서만 피우게 하여 그 피해에 따른 비용을 당해 집단이 모두 처리하도록 한다면 흡연 문제는 쉽게 해결될 수 있을 것이다. 최근의 공공정책은 흡연허용장소 등과 같이 이러한 점으로 고려하여 개선되고 있다고 판단된다.

면 집단의 노력은 밀집된 작은 집단보다 크고 분산된 집단에서 더 작게 나타난다는 것이다. 이것은 낮은 효과성 인식(perceived effectiveness)과 주목성(noticeability) 때문이다.[8] 집단이 크면 클수록 각 구성원은 더욱더 익명이 된다는 것을 느낄 수 있다. 그래서 큰 집단에 속한 개인들은 집단 노력으로 얻은 이익을 구성원 모두가 '공평'하게 공유해야 한다는 생각을 갖고 있기 때문에, 그 참여의 의미를 소홀하게 여기게 된다.[9] 분명히 집단 크기에 따른 개인 노력이 감소하는 정도는 각 구성원이 공동의 이익에서 얻을 수 있는 이익을 얼마나 확실하게 느낄 수 있는지에 달려 있다.[9]

사회 후생의 극대화 과정을 보여주는 그래프 모형을 조금만 수정하면 정치적 압력이 만들어낼 결과를 보여줄 수 있는 모형을 만들 수 있다. 수정의 초점은 사회 후생의 최적을 찾기보다는 시스템을 규제하는 당국이 어떻게 정치적 압력에 대응하느냐 하는 것이다. 앞에서 논의되었듯이, 정치적 압력은 이해당사자의 이익(즉, 후생, 그림 16.3 참조)뿐만 아니라 힘을 동원하는 이익집단의 효과성에 달려 있다. 이를 이용하면 우리는 작용자와 향유자에 적용할 수 있는 정치적 힘을 그래프로 나타낼 수 있다. 이 그래프는 생태계로부터 어떤 효용을 얻는 작용자와 향유자에 적용된 것과 같이 힘을 동원하는 집단의 능력에 효용을 곱함으로써 나타낼 수 있다(그림 16.4 참조). 향유자가 작용자보다 더 일관되고 집중된 집단에 속해 있는 상황이라면 향유자의 정치적 힘은 상대적으로 강할 것이다. 대체안정 상태

---

9)　정치적인 투표에서 사람들이 "나 하나쯤은 빠져도 문제가 없겠지"라는 생각을 가지는 것과 유사하다. 자신이 결정한 어떤 정책의 이득이 자신에게만 돌아오는 것이 아니라 모두에게 나누어진다고 생각하기 때문에 더욱 이러한 경향은 강화된다. 경찰이 없는 곳에서 사람들이 교통질서를 쉽게 위반하는 것도 이런 식으로 해석할 수 있다.

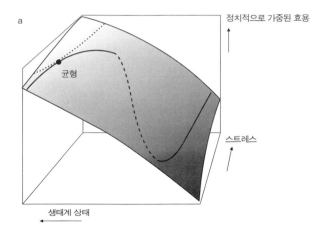

a

정치적으로 가중된 효용

균형

스트레스

생태계 상태

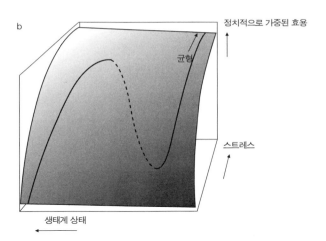

b

정치적으로 가중된 효용

균형

스트레스

생태계 상태

그림 16.4　　정치적 압력의 현실적 효율. 정치적 압력을 동원하는 데 있어 효율성의 차이는 그림 16.3에 설명된 사회후생의 최적화 과정을 왜곡한다. 시스템에는 서로 다른 이익집단들의 정치적 압력이 균형을 이루는 상태가 존재한다. 만약 향유자가 더 효율적이라면(그림 (a)), 그러한 균형은 바람직한 생태계 상태를 나타내는 높은 회복력이 존재하는 경로에 있을 것이다. 그러나 보통 작용자가 더 효율적인 집단이면, 곡선의 낮은 경로로 떨어진 이후에도 생태계에 압력을 증가시키는 상황(그림 (b))을 유발하는 정치적 압력(본문 참조)을 행사하게 된다.[10]

를 가진 시스템이라면, 이것은 상대적으로 안전한 지역인 균형곡선의 '좋은' 경로로 이끄는 경향을 보일 것이다(그림 16.4(a) 참조). 이러한 상황에서 회복력은 상대적으로 높게 나타난다. 그러나 일반적으로 분산된 집단인 향유자들에 비해 작용자는 잘 조직되어 있는 편이다. 그 결과 작용자의 정치적 힘은 때때로 불균형적으로 커질 수 있다. 이러한 경우에 곡선의 '좋은' 경로에서는 최적점이 나타나지 않는 상황이 생길 수도 있다(그림 16.4(b) 참조). 이 상황에서 정치적 압력은 향유자의 효용을 더 낮추는 방향으로 작용할 것이다. 왜냐하면, 작용자는 조금 더 압력을 가하면 자신들에게 추가 이익이 생길 수 있다고 생각하기 때문이다.

반응 지연 문제 또는 우리가 항상 늦는 이유

집단행동의 문제는 기후나 생태계 같은 복잡계를 유익하게 활용하도록 규제할 때에만 나타나는 현상은 아니다. 환경을 악화시키는 대부분의 인간 활동은 좀처럼 규제되지 않고 있다. 그리고 이것은 새로운 노력의 필요성과 또 다른 새로운 환경문제를 만들기 때문에 절대 피할 수 없는 것이다. 새로운 문제를 감지하고 규제하는 데 느린 사회는 분명히 더 많은 비용을 지불할 수밖에 없다. 우리는 이 문제를 조금 더 살펴보고자 한다.

반응이 느리다는 것은 새로운 문제를 감지하는 데도 어려움이 있다는 것을 말한다. 면역체계 대부분에서 새로운 문제를 감지하는 방법은 과거 경험에 의존하는 것이다.[11] 만약 어떤 문제가 과거에 겪은 것과 다르다면, 그 문제를 감지하는 데에는 상당한 시간이 걸릴 수도 있다. 감지되진 않았지만 오랫동안 존재해온 문제의 예로는 내분비선의 교란을 들 수 있다. 수많은 종의 화학물질이 동물이나 인간의 내분비 호르몬계를 교란시킬 수 있다는 사실은 오랫동안 알려지지 않았다. 현재는 환경에 배출된 여러 화학물질이 동물의 기관과 피부, 세포 사이의 화학적 전달을 교란시키는 잠재력의 위험이 극히 우려되는 상황이며,[12] 환경물질로 인한 새로운 사례를 발견하려는 노력이 진행되고 있다.[13]

하지만 불행히도 과학자들에 의해서 문제가 빠르게 인식되더라도 곧바로 규제로 이어지지는 못하고 있다. 빠른 규제로 가는 길을 지연시키는 첫 번째 문제는 앞에서 논의했듯이 여론 속에 존재하는 사람들의 타성적 생각이다(12.4절 참조). 생각이 수동적 사고방식에 갇혀 있는 경우 문제를 확실히 인식하는 쪽으로의 전환은 오랜 기간이 지난 후에야 일어날 수 있다. 논의한 바와 같이, 만약 문제들이 너무 복잡해서 개인적인 관찰에 근거해서 결정하기 어렵다면 이러한 지연 효과는 더 강해진다. 이 상황에서 개인은 동료나 정책 당국의 의견에 더욱더 의존하게 된다. 동료 효과(peer effect)가 강할수록 이력 현상과 타성을 증가시키는 반면, 정책당국이나 여론 주도층에 대한 수동적인 의존은 조작(manipulation)의 위험을 증가시킨다. 앞절에서 논의된 힘의 편향에 비추어볼 때, 이러한 현상은 이해당사자가 권력집단일수록 '의미형성자'[10]를 고용하여 그들의 세계관을 선전하고 문제의 심각성을 경시하도록 유도하는 과정으로 나타난다.

문제가 널리 인식된다 할지라도 효과적인 규제가 만들어지기까지는 오랜 시간이 걸린다. 이러한 국면이 얼마나 지속되느냐 하는 상태에 따라 매우 다양하게 나타난다. 분명한 것은 어떤 문제에 대한 규제가 집중된 권력집단의 부의 일부를 포기해야 한다면, 이 집단은 효과적으로 규제의 과정

---

10)   의미형성자란 어떤 상황에 대한 새로운 이해 또는 인식을 형성해주는 사람을 의미한다. 의미형성자의 의견을 따르는 경우, 특정 상황의 이해과정(sense making)에서 필요한 정보의 탐색과 이용의 노력을 줄일 수 있다.

을 지연시키거나 방해하고자 할 것이다.[8] 인식에서 규제까지 이어지는 데 걸리는 시간에 영향을 미칠 수 있는 두 번째 변수는 사회적 의사결정을 위한 힘의 분포이다. 고도로 집중되고 권위주의적인 의사결정구조를 가진 중앙정부가 변화의 필요성을 확신한 경우라면 시스템은 더욱 빠르고 견고하게 조직화될 것이다. 반면 의사결정권한이 모든 조직에 균등하게 분배되어 있는 분권화된 시스템이라면 행위를 조정하는 협정으로 변화가 결정될 것이다.[14] 이 분권화된 결정에 의한 해결책은 상대적으로 지속 가능한 면에서는 유리하겠지만, 그 과정이 오래 걸린다는 단점이 있다.[15] 분명한 것은 의사결정을 담당할 중앙기관이 없거나 나중에 나누어줄 이득의 분배가 똑같지 않은 경우라면 문제의 규제가 더 어려워진다는 것이다. 이러한 상황이라면 협상이 필요한데, 이 경우 특권층 일부에 의해 결정 과정의 방해도 일어날 수 있다. 지구 온난화와 같이 실제로 전 지구적 규모의 환경 이슈들이 이 범주에 속한다. 지구온난화는 너무도 분명한 사실이며 그에 대한 조치의 필요성이 상당히 높음에도 교토의정서(Kyoto Accord)[11)]의 문제점에서 나타났듯이 효과적인 조치의 가능성은 불분명하다.

문제에 대한 느린 반응이 가져다주는 문제는 생태계나 기후 시스템이 파

---

11)   교토의정서는 교토프로토콜이라고도 하며, 지구 온난화 규제 및 방지의 국제협약인 기후변화협약의 구체적 이행 방안으로, 선진국의 온실가스 감축 목표치를 규정하고 있음. 1997년 12월 일본 교토에서 개최된 기후변화협약 제3차 당사국 총회에서 채택되었다. 이후 의정서가 채택되기까지는 온실가스의 감축 목표와 감축 일정, 개발도상국의 참여 문제로 선진국 간, 선진국·개발도상국 간의 의견 차이로 심한 대립을 겪기도 했지만, 2005년 2월 16일 공식 발효되었다. 의무이행 대상국은 오스트레일리아, 캐나다, 미국, 일본, 유럽연합(EU) 회원국 등 총 38개국이며 각국은 2008~2012년 사이에 온실가스 총배출량을 1990년 수준보다 평균 5.2% 감축하여야 한다. 미국은 전 세계 이산화탄소 배출량의 28%를 차지하고 있지만, 자국의 산업보호를 위해 2001년 3월 탈퇴하였다.

3부 임계전이와 그 대응

국전환으로의 임계문턱을 막 넘으려고 하는 상황에서 특히 중요하다. 만약 그 문제가 이전에 한번 겪어본 기후변화와 다르다면, 최초로 그것을 알아차리는 일이 너무 늦어져 우리는 그러한 전환에 대해 어떤 대비도 하지 못할 수 있다.[12] 또한, 불가역적인 전환이 발생하기 전까지 우리가 느끼는 문제의 심각성은 별것 아니게 보일 수 있기 때문에, 문제에 대한 정확한 인식으로의 전환은 너무 늦게 일어날 수 있다. 정교하고 종합적인 해결책이 그런 급박한 상황에서라면 쉽게 나올 수가 없을 것이다. 반대로 앞에서 논의했듯이(12.6절 참조), 스트레스는 혁신이나 융통성보다는 오히려 경직을 일으키는 경향이 있다. 어떤 경우에든 중앙기관이 존재하지 않으면 전 지구적 문제에 관한 의사결정은 지연될 수밖에 없을 것이며 이 문제에는 가장 힘 있는 국가들조차 값비싼 대가를 치르게 될 것이다. 열염분순환의 붕괴와 같은 전 지구적 변화로부터 나타나는 급작스럽고 불가역적인 전환을 예방할 수 있는 정책전략은 지연 메커니즘의 진단과 매우 밀접한 관계가 있음을 인식하고 있어야 한다.

3 ㅣ 요약

결론은 다음과 같다. 개별적인 인간은 자원의 사용과 문제에 대한 해결책을 찾는 데 혁신적이지만, 인간으로 구성된 사회는 한정된 자원을 최대한 활용하지 못하고 자원이 붕괴 직전에 가까워질 때까지 적절히 행동하지 못

---

12) 이전에 나타난 빙하기와는 전혀 다른, 완전히 새로운 기후변화가 시작되기 시작했다면 이에 대한 선행연구가 전혀 없어 우리는 이 전조를 알아차릴 수 없을 것이다. 이 때문에 우리는 급격한 전환에 속수무책으로 당할 수밖에 없을 것이다.

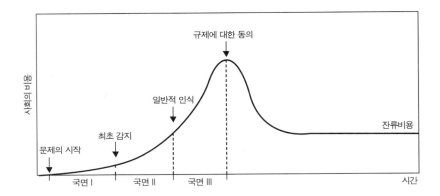

그림 16.5　시간에 따른 파급효과의 정도. 사회 문제를 일으키는 새로운 활동에 대한 사회적 비용이 처음에는 매우 작으나 이러한 활동의 강도가 증가함에 따라 커지게 된다. 문제의 발생에서 규제하는 시점까지 긴 시차가 있는데, 이는 세 가지 국면으로 구분된다: (I) 문제가 완전히 감지되지 못하는 기간, (II) 문제에 대한 일반 인식이 부족한 기간, (III) 실제 규제가 시작되기 전 지연기간. 최종적인 규제는 보통 사회의 최선 해결책을 반영하지 못하기 때문에 사회에 잔류비용(residual cost)이 남는다.[10]

하고 있음을 알 수 있다. 이러한 경향에는 몇몇 근본적인 이유가 숨어 있다. 사회의 하위 집단에게는 생태계와 환경의 손실을 가져오면서도 이득이 되는 활동을 하는 경향이 있다. 이런 하위 집단의 행동에 대한 규제는 잘 일어나지 않고 있다. 만약 규제가 일어난다고 해도, 그러한 규제는 사회 전체를 위한 최선의 해결책을 반영하지 않는다. 또한, 아주 늦게 과학자가 해당 문제를 발견한 경우나, 공공 의제(public agenda)에 나타나는 관성적 경향,[13] 규제의 지연 또는 교착 상태 때문에 오랜 시간이 지난 후에

---

13)　사람들이 새로운 사실을 믿으려고 하기보다는 관성적으로 이전에 사회가 가진 일반적인 믿음에 따르려는 경향을 보이기 때문에 문제에 대한 즉각적인 조치는 늦어진다. 예를 들어, 오존층의 구멍은 이전의 이론과 배치되었기 때문에 과학자들 사이에서조차 관성적 사고로 이 문제를 확인하여 각종 규제(예

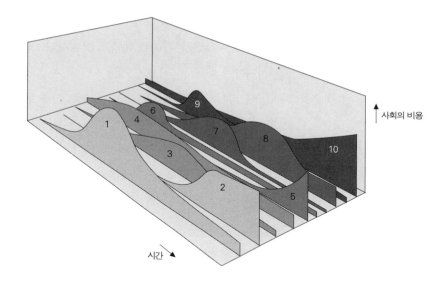

그림 16.6　시간에 따른 사회적 비용의 변화. 새로운 문제는 어떤 경우이든 계속해서 발생하게 마련이다. 이 문제를 해결하기 위한 모든 사회적 비용은 문제를 빠르게 인식하고 곧바로 규제하는 능력에 달려 있다. 몇몇 문제는 상대적으로 빨리 규제될 수 있고(예를 들면, 문제 6) 거의 완전히 해결될 수 있는 반면(문제 6과 7), 다른 문제들은 오랫동안 규제되지 않거나(문제 10) 해결할 수 없는 불가역적인 전환에 해당한다(문제 2). 각 문제를 나타내는 곡선의 면적은 문제가 나타난 순간부터 시작된 사회적 누적비용을 나타낸다. 각 시점에서의 모든 문제에 대한 비용의 총합은 그 시점에서 사회가 환경적 파급효과에 대하여 부담해야 할 전체 비용이다. 즉, 사회가 부담하는 환경적 파급비용의 총합은 모든 곡선 아래에 있는 면적들의 합이다.[10]

야 문제를 대한 해결책을 모색하기 시작한다(그림 16.5 참조). '비용은 나누고 이익은 내 것으로'로 요약되는 기업가 정신은 가능한 규제가 없는 상황을 끊임없이 찾아내도록 부추기고 있다. 이것이 끊임없이 대두되는 새

를 들면, 프레온 가스의 사용금지)를 하는 데 상당한 시간이 걸렸다.

로운 환경문제들을 일으킨다(그림 16.6 참조). 그 결과 사회는 차선(subop-timal)의 규제뿐만 아니라 새로운 문제들을 인식하는 데에도 실패한다. 그리고 문제를 규제하는 반응이 느리기 때문에, 어느 순간에 이전의 환경문제에 대한 높은 비용을 한꺼번에 짊어질 수도 있다. 반응 실패로 인한 위험은 대체견인영역으로 전환될 수 있는 시스템에서 높게 나타난다. 왜냐하면 전환점에 가까워질 때까지 상황이 악화되는 신호는 뚜렷하지 않기 때문에 전환을 대비하기 위한 아무런 준비를 하지 않기 때문이다. 따라서 붕괴로 인한 피해는 매우 클 것이고, 설사 바람직한 상태로의 회복이 가능하다고 하더라도 완전히 회복되기까지는 아주 오랜 시간이 걸릴 수밖에 없을 것이다.

17

변화를 다루는 새로운 방법

지금까지 우리는 과학적 이론을 토대로 정책을 입안할 때 어떤 사항에 주의해야 하는지 살펴보았다. 이제 한 걸음 더 나아가 긍정적이고 실질적인 측면에서 우리가 무엇을 할 수 있고 그 일을 어떻게 추진할 수 있을지 살펴보자. 그 첫번째 단계로서 좋은 전이를 촉진하는 방법과 나쁜 전이를 예방하는 방법을 살펴보고자 한다. 특정한 전이가 좋은 것인지 나쁜 것인지를 명확히 구분하는 것 자체도 쉬운 문제는 아니다. 그럼에도 어떤 전이는 일반적으로 나쁜 것으로 여겨지고 있다. 구체적인 예로 대구의 개체수의 급감은 좋은 전이라고 볼 수 없다. 또한, 열염분순환이 중단되는 것도 우리가 원하는 전이가 아니다. 유럽 북부 및 미국 북동부에 발생한 엄청난 기온 하강은 너무나 파괴적인 결과를 가져왔다. 반면 우리는 사람들이 빈곤의 덫에서 탈출할 수 있기를 바란다. 또 우리는 호수가 혼탁한 상태에서 깨끗한 상태로 바뀌는 것을 선호한다. 그러나 앞장에서 논의하였듯이, '좋은' 전이가 항상 모든 면에서 좋은 것은 아니며 또 모든 이해당사자에게 좋은 것도 아니다. 마찬가지로 '나쁜' 전이가 모든 이해당사자에게 모든 면에서 나쁜 것은 아니다. 그렇지만 이 장에서는 좋은 전이와 나쁜 전이를 이분법적으로 구별하여 어떻게 좋은 전이를 촉진하고 어떻게 나쁜 전이를 예방할 수 있는지 생각해보고자 한다. 먼저 이 범주에 속하는 실제 사례를 살펴보고, 회복력을 관리하고, 적응력을 높이며, 전이를 이끌어내는 관점에서 우리가 할 수 있는 일을 요약하여 설명하고자 한다.

1 | 좋은 전이의 촉진

임계전이라는 과학을 배움으로써 얻을 수 있는 가장 좋은 점은, 나쁜 상태에서 좋은 상태로 자기 전파전환(self-propagating shift)을 촉진하기 위한 가장 현명한 방법을 알게 된다는 점이다. 어떤 시스템이든 일단 시스템의 아킬레스건만 찾으면 쉽게 시스템을 전환시킬 수 있다. 생각대로만 된다면 다음과 같은 훌륭한 과정을 통해 좋은 전이를 만들어낼 수 있을 것이다. 첫째, 나쁜 상태의 회복력을 줄이는 방법을 찾는다. 둘째, 최소한의 노력으로 나쁜 상태로부터 빠져나온다. 다음에 제시할 몇 가지 사례를 보면 이 과정을 아주 쉽게 파악할 수 있을 것이다.

얕은 호수와 생물조작

대체안정 상태 이론은 얕은 호수를 회복시키는 전략의 초석으로 사용되었다. 얕은 호수에서 오염되지 않은 상태란 많은 수중식물이 살고 있는 맑은 물 상태로, 이 상태에는 다수의 동물플랑크톤과 물고기, 새들이 풍요로운 공동체를 이루고 있다. 그러나 농업 하수나 폐수 등으로 과도한 영양분이 유입되면 호수는 생물학적 다양성이 없는 걸쭉한 녹색으로 바뀌며 이런 상태에서는 독성이 높은 남조류 덩어리들이 생기게 된다. 얕은 호수의 안정성 특징은 앞에서 상세히 논의한 바 있다(7.1절 참조). 여기서 핵심은 영양부하에 따라 결정되는 호수의 맑은 상태나 혼탁한 상태는 대체안정 상태를 이룬다는 것이다. 이 사실은 혼탁한 호수의 회복 작업에 참여한 생태학자들에 의해 발견되었는데, 필자도 그중 한 명이었다. 이러한 발견에 참여한 생태학자 중 한 명으로서 호수 회복 작업의 내막을 설명하면 다음과 같다. 혼탁한 상태에서는 영양부하를 이전의 맑은 수준까지 감소시킨다고 하더라도 얕은 호수는 대부분 혼탁한 상태 그대로 남아 있게 된다는 것을 알게 되었다. 다음에 취할 수 있는 조치는 체코 생물학자들의 어류 양식장 연구[1]에서 힌트를 얻었다. 이 연구에 따르면 어류가 거의 없거나 전혀 없는 양식장의 물이 어류가 많은 양식장보다 항상 맑다는 것이다. 또한, 이들은 어류가 동물플랑크톤 군에 체계적으로 영향을 준다는 사실도 아울러 발견하였는데, 이는 후에 존 브룩스(John Brooks)와 스탠리 도슨(Dodson)에 의해 재확인되었다. 《사이언스》에 게재된 존과 스탠리의 논문[2]은 현재까지 고전처럼 여겨지는 훌륭한 논문이다. 호수가 이전처럼 깨끗한 상태로 되돌아가지 못한다는 사실에 직면한 우리는 호수에서 어류를 제거하면[1) 어떤 일이 발생하는지 보기로 했다. 처음에는 작은 양식장에서 실험했는데 좋은 결과를 얻었으며, 그 뒤 작은 호수로 실험 규모를 확대하였다.

초기에 실험한 호수 중에서 기억나는 것은 네덜란드의 한 마을에 인접한 아주 작은 호수였다(그림 17.1). 호수 이름은 즈벰러스트[2)였는데, 호수 이

---

1) 지금은 생물조작(biomanipulation)이라고 알려진 방법이다.

2) 네덜란드어로 즈벰러스트(Zwemlust)란 '수영 천국(swimming joy)'이라는 의미다.

그림 17.1　네덜란드의 작은 호수에서 어류를 제거하는 과정. 혼탁한 상태에서 맑은 상태로 바꾸기 위해 호수의 물을 퍼내고 있다.

름에서 알 수 있는 것처럼 이 호수는 인근 마을 사람들이 자주 수영하던 곳이었다. 과거에는 호수 주변에 작은 상점도 있었는데 그래서 이 호수는 자연적인 야외수영장 역할을 했었다. 그러나 세월이 흐름에 따라 이 호수도 네덜란드 마을의 여느 호수처럼 녹조덩어리가 있는 혼탁한 상태로 변했다. 식물플랑크톤의 농도는 매우 높아졌으며 독성이 있는 남조류가 호수를 연한 녹색으로 바꾸어놓았다. 호수의 수질 개선을 위한 수 차례의 시도가 실패한 후, 연구자들은 물고기의 양을 조절하기로 했고 그 결과는 매우 놀라웠다.[3] 1987년 3월, 물고기를 완전히 제거하기 위해 호수의 물을 퍼냈는데, 당시 1ha당 약 1,000kg의 어류가 있었다. 이후 사흘 동안 인근 강으로부터 물이 흘러들어와 호수를 다시 채웠는데, 이때 물벼룩과 수생식물, 작은 물고기들도 함께 흘러들어왔다. 호수에 물이 흘러들어온 후 조금 지나

3부 임계전이와 그 대응

자마자 조류가 생겨났으나 곧 큰 물벼룩들이 많아져서 조류를 먹어치웠으며 전체 조류 양은 이전에 비해 2% 수준에 머물렀다. 결과적으로 물은 수정처럼 맑아졌으며 이 상태는 수년간 지속되었다.

이 성공 소식은 급속히 퍼졌고 그 이후 더 많은 실험이 수행되었다. 끝으로 우리는 매우 큰 규모로 확대하여 실험을 수행하였는데, 대규모 호수에서 3km 정도 길이의 저인망[3]을 이용하여 물고기를 잡는 방식으로 실험을 진행했다. 호수는 어류의 75% 정도가 제거되면 예외 없이 깨끗해졌다.[4] 물고기 수는 대부분은 신속히 회복되었으나 생물조작으로 새로 재편된 상태로 안정화되었다. 중요한 것은 수중식물이 회복되었다는 사실인데, 이 식물로 인해서 호수는 이후 수년간 깨끗한 상태로 유지되었다. 이와 유사한 연구가 영국과 덴마크에서 같은 시기에 수행되었는데, 생물조작 방법은 호수를 회복시키기 위한 일반적인 방법론으로 채택되었다.[5] 재미있게도 이 방법을 추진한 대표적 인물을 나라별로 한 사람씩 꼽을 수 있다. 네덜란드의 해리 호스퍼(Harry Hosper), 덴마크의 에릭 제퍼슨(Erik Jeppesen), 영국의 브라이언 모스(Brian Moss)가 바로 이 사람들이다. 이들은 모두 과학자일 뿐만 아니라 카리스마를 지닌 '의미부여자(sense maker)' 역할[4]을 수행했는데, 당면한 문제점을 설명하고 멋진 해결책을 제시했을 뿐만 아니라 실제로 정책 입안자 및 수질관리 책임자들과 접촉하여 가시적인 성과를 거뒀다.

---

3)　　기다란 끌줄이 달린 그물로서 트롤망이라고 부르기도 함. 그물 아랫자락이 바닥에 닿기 때문에 수평 방향으로 끌면 물고기를 대량으로 잡을 수 있다.

4)　　의미부여자란 발견한 사실을 단순히 전달하는 것뿐만 아니라 그 사실의 정확성을 확인하고 중요성을 평가함으로써 실제로 우리에게 어떤 의미인지, 어떤 영향을 주는지 제시하는 사람을 뜻한다.

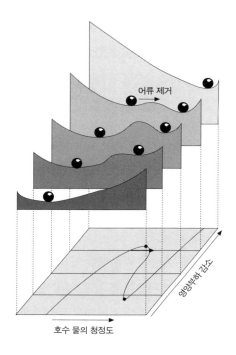

그림 17.2　　호수 회복의 도식 모형. 어류를 제거하면 호수를 혼탁한 상태에서 맑은 상태로 바뀔 수 있다. 그러나 영양 수준의 감소 여부에 따라 혼탁한 상태가 장기간 안정 상태로 유지될 수도 있다.

　첫 실험이 행해진 지 20년이 지났다. 그동안 실험 대상 호수들의 장기간에 걸친 반응은 다양하게 나타났다. 어떤 호수는 실험으로 인한 섭동 후 곧바로 다시 혼탁해졌고 어떤 호수는 지금까지도 깨끗한 상태를 유지하고 있다. 나머지 대부분 호수는 수년간 깨끗한 상태를 유지하다가 다시 혼탁한 상태로 되돌아갔다.[6] 이러한 결과는 모두 임계전이 이론과 잘 들어맞고 있는데, 즉 호수의 청수 상태 안정성은 호수의 영양 상태에 달려 있음을 알 수 있다(그림 17.2 참조). 어떤 호수는 장기간 진행되는 이행 반응(long transient response)을 보이고 있었는데 이는 허상평형(ghost equilibrium)

의 효과로 설명할 수 있다. 이런 호수가 이루는 깨끗한 상태는 엄밀하게 말하면 완전한 안정 상태는 아니지만, 허상 효과로 인해서 평형의 가장자리에서 매우 천천히 변화가 일어나기 때문에 사실상 변화가 정지된 것 같은 결과를 보인다(5.1절 참조). 이렇게 장기간 진행되는 이행적 반응은 매우 흥미로운 현상인데, 실용적 관점에서 보면 생물조작과 같은 비교적 저렴한 비용의 충격요법을 통하여 장기간 지속될 수 있는 생태계 개선을 이룰 수 있기 때문이다.

엘니뇨를 이용한 건조 지역의 생태계 회복

호수의 경우와 마찬가지로 반건조 지역(그림 17.3)에서도 숲을 회복시키기 위한 유사한 생물조작방식이 개발되었다. 전 세계적으로 반건조 지역은 원래 광활한 관목지와 숲으로 덮여 있었다. 그러나 지금은 일부 자투리 숲만 남은 형태로 바뀌었다.[5] 어떤 반건조 지역은 벌목 후에 농경지로 이용되기도 했으나 이로 인해서 비옥한 토양이 손실되었기 때문에 농경지 이용 기간은 짧은 기간에 그칠 수밖에 없었다. 결국 그 지역은 초본식물들이 희박하게 분포된 평원에 관목이 드문드문 자라는 빈약한 초목 상태가 된다. 이러한 지역을 활용하는 유일한 방법은 염소를 키우는 것 정도밖에 없어서 이러한 지역의 경제적 가치는 낮을 수밖에 없다.

원래의 숲을 회복하기 위한 여러 노력은 대부분 성공하지 못했다. 숲이 회복되지 못하는 주된 원인은 토끼와 염소(이 두 동물은 대부분 인간에 의해 전파되었음) 때문이다. 숲의 회복을 막는 또 다른 걸림돌은 가뭄이다. 다

---

5) 　 기존 초목 지역의 개발로 관목지와 숲이 사라지고 그 규모가 축소되었음을 의미한다.

그림 17.3　빽빽한 삼림으로 덮여 있었던 칠레의 중심 계곡의 변화. 과거와 달리 지금은 나무가 드문드문 분포하고 있으며 토양의 경제적 가치는 상당히 저하되어 있다. 사바나 초원과 유사한 이 시스템에서는 초식동물에 의해 키 작은 관목이 유지될 뿐이다.

자란 나무의 그늘이 없는 상황에서 묘목이 자라려면 이례적으로 습한 기간이 몇 년간 지속되어야만 하기 때문이다. 일부 건조지에서는 엘니뇨의 영향으로 강수량이 몇 배나 증가하였는데 이런 상황에서는 식물이 눈에 띄게 성장하게 된다. 그러나 식물이 성장한 뒤에는 예외 없이 초식동물이 급격히 증가하며 식물의 생물량은 다시 이전 수준으로 떨어지게 된다.

　생태학자 밀레나 홈그렌은 이러한 동역학에서 아이디어를 얻었는데, 그 아이디어는 엘니뇨 우기와 시간을 맞추어 해당 지역의 초식동물을 제거하는 것으로서 이 작업을 통하면 숲을 회복시킬 수 있다는 것이다.[7] 지금은 엘니뇨 현상이 꽤 규칙적으로 발생하기 때문에 몇 달 앞서서 우기를 예측할 수 있다. 따라서 우리는 적절한 시기에 초식동물을 제거할 수 있는 시간적 여유가 충분한데, 이렇게 함으로써 숲의 회복력이 저하된 상태에서 식물의 씨앗이 퍼질 수 있도록 할 수 있다. 일단 묘목들이 충분히 자라면 가뭄 및 초식동물에 대한 취약성이 사라진다. 게다가 나뭇잎이 우거져 차광막이 형성되면 차광막 아래는 더 선선하고 습해지므로 묘목이 더 잘 자랄 수 있어 숲은 자연스럽게 재건된다.

반건조지에서의 생물조작은 호수의 경우와 비슷하지만 미세한 차이가 있다는 것에 주목해야 한다. 호수의 경우와 마찬가지로 반건조지에서도, 원하지 않는 상태로 시스템을 전이시키는 종들의 개체수를 일시적으로 감소시키는 것이 중요하다. 두 경우 모두, 원하지 않는 상태의 회복력이 원하는 상태의 회복력보다 상대적으로 낮아진 상태가 되었을 때에 이러한 교란을 유발시켜야만 된다는 것이 핵심이다. 그러나 호수의 경우에는 먼저 영양부하를 감소시킴으로써 회복력을 변화시키는 반면, 숲을 회복시키는 경우에는 자연적으로 회복력이 변화되는 절호의 기회(그림 17.4 참조)를 기다린다는 점이 다르다. 이 방법은 대자연의 힘에 내재된 자연적인 리듬을 이용하는 멋진 방법이다.

빈곤의 덫에서 탈출하기 위한 마이크로크레디트

경제적 빈곤은 일종의 자기 강화 안정 상태라고 볼 수 있는데, 벗어나기 어려운 이러한 안정 상태를 빈곤의 덫이라고 한다(2.2절 참조). 빈곤의 덫은 분명 인류가 직면한 중요한 문제다. 전 세계적으로 약 30억 명 정도의 가난한 사람들이 있으며 전 세계 인구의 4분의 1이 하루 생계비 1달러 미만으로 살아가고 있다. 국가 붕괴 및 전쟁은 빈곤 지역에서 자주 발발하며, 세계 도처에서 평화를 지속하지 못하는 주요 원인도 심각한 빈곤 때문

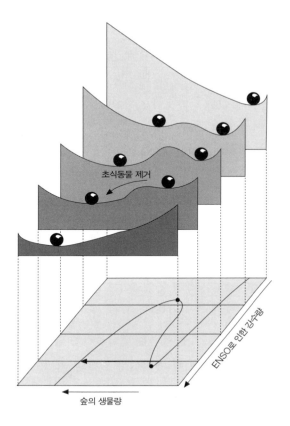

그림 17.4　반건조지의 도식 모형. 우기 동안에 초식동물을 제거함으로써 퇴화된 건조 지역을 숲으로 바꿀 수 있다. ENSO로 인한 강수량의 증가만으로는 변화를 촉발시키기에 불충분하며(맨 앞 지형을 제외한 모든 지형에서 그러함) 초식동물을 제거해야만 변화된다는 것이 문제의 핵심이다. 역으로 강수량이 기준 수준에 미치지 못한다면 초식동물을 제거해도 별 도움이 되지 않는다(맨 뒤의 지형).

이라고 추정된다.[8] 그러므로 수많은 사람을 빈곤의 덫에서 탈출시키는 방법을 제시한 경제학자에게 2006년 노벨평화상이 수여된 것은 놀랄 만한 일이 아니다. 이 경제학자가 제시한 방법은 마이크로크레디트[6]인데, 유엔개발계획(United Nations Development Program; UNDP)은 2005년을 마이

그림 내 라벨: 초식동물 제거 / 숲의 생물량 / ENSO로 인한 강수량

그림 17.5　　마이크로크레디트 해 로고. UNDP가 선정한 이 로고는 마이크로크레디트가 빈곤의 덫으로
부터의 임계전이를 촉진한은 아이디어를 잘 보여준다.

크로크레디트의 해로 선포함으로써 노벨상 수상 직전 해에 미리 축하한 셈
이 되었다. 마이크로크레디트의 해 로고(그림 17.5)는 빈곤의 덫으로부터
탈출할 수 있는 아이디어를 잘 보여준다.

　마이크로크레디트가 해결한 덫은 가난한 사람들에게 닫혀 있는 대출 접
근성(access of loans)이다. 전통적으로 은행은 가난한 사람들이 대출을 상
환하지 못할 위험성이 너무 높다고 간주했다. 노벨평화상 수상자인 방글
라데시 경제학자인 무하마드 유누스(Muhammad Yunus)는 1974년경 이
러한 생각이 잘못되었다고 생각했다.[7] 《뉴욕타임스》와의 인터뷰(2006년

---

6)　　미소금융 또는 마이크로크레디트는 빈곤층들의 소규모 사업지원을 위한 무담보 소액대출을 의미
한다. 1974년경 무하마드 유누스는 20여 달러가 없어 고리대금업자의 횡포에 시달리는 인근 주민에게
자신의 돈을 빌려주었고, 이것이 무담보 소액대출 제도인 마이크로크레디트의 시발점이 되었다. 이후
UN이 2005년을 '마이크로크레디트의 해'로 정할 정도로 큰 주목을 받았으며, 마이크로크레디트 사업은
초기 자선단체 기부금에 의존하던 단계에서 최근 IPO(initial public offering) 등을 통해 금융기관으로
전환하는 등 상업화 단계에 진입하고 있다.

10월 14일)에서 유누스는 놀라운 경험담을 들려주었다. 유누스는 42명의 방글라데시 사람들에게 각각 27달러씩을 나눠주었는데, 이 중에는 가족들을 부양하기 위해 대나무 가구를 만들어 파는 여성도 포함되어 있었다. 이 사람들은 유누스가 준 돈으로 돈을 벌었고 그가 선물한 돈[8]을 마치 대출금인 것처럼 그에게 되갚았다. 유누스는 다음과 같이 회고했다.

> "만약 당신이 준 적은 돈으로 이렇게 많은 사람을 행복하게 할 수 있다면, 당신은 더 많은 돈을 쓰지 않겠습니까?"

많은 가난한 사람들(물론 모든 가난한 사람들은 아님)은 약간의 자금만 있다면 소규모 사업을 시작하여 이윤을 남김으로써 빈곤의 덫에서 탈출할 수 있는 것으로 밝혀졌다. 이들은 대개 더 큰 규모의 대출이 필요하지 않았으며, 단기간에 상환할 수 있는 소액대출(microloan) 한 번만으로 충분히 빈곤의 덫에서 탈출할 수 있었다. 이 사실은 이론적 프레임워크(14.2절 참조)가 실험적으로 입증되었다는 것을 의미하는데, 다시 말해서 빈곤의 덫이 부유한 상태에 대한 대체끌개라는 것과 단 한 번의 섭동만으로 빈곤한 상태

---

7) 　무하마드 유누스는 처음에는 사비로 빈민들에게 담보 없이 빌려주다가 1976년 은행에서 자신이 대출을 받아 빈민들에게 소액대출을 하는 '그라민 은행 프로젝트(Grameen Bank Project)'를 운영하였다. 그 결과 1979년까지 500여 가구를 절대 빈곤에서 구제하였고, 이 성공에 고무되어 1983년 그라민 은행을 법인으로 설립하였다. 극빈자에 대한 무담보 대출이었으나 회수율이 99%에 육박하여 그라민 은행은 1993년 이후 흑자로 전환하였고, 대출받은 극빈자 600만 명의 58%가 절대 빈곤에서 벗어난 것으로 집계되었다. '빈곤은 사회구조에 기인한다.'는 생각에서 시작된 그의 마이크로크레디트 운동은 빈곤퇴치 운동의 모범이 되어 세계 각국으로 전파되었다. 유누스는 빈곤퇴치의 공로를 인정받아 자신이 총재로 있는 그라민 은행과 함께 2006년도 노벨평화상의 공동 수상자로 선정되었다.

8) 　유누스가 대가를 바라지 않고 나누어준 소액의 돈을 의미한다.

에서 부유한 상태로 전환될 수 있음을 잘 보여주고 있다. 물론 대체안정 상태는 정해진 범위의 조건에서만 나타난다. 마이크로크레디트가 부분적인 경우에만 해결책이 될 수 있다고 해도 이는 놀랄 만한 일이 아니다. 어떤 경우에는 환경이 너무 열악하여 대출이 이루어진다고 하더라도 소기업이 성장하지 못할 수도 있다. 노벨상 위원회도 역시 이 한계를 인정했다. 위원회의 대언론 공식 성명서는 다음과 같이 적고 있다.

"유누스의 장기 비전은 이 세상에서 가난을 없애는 것이다. 하지만 이는 마이크로크레디트만으로는 실현될 수 없다."

하지만 마이크로크레디트의 영향력을 부정할 수는 없다. 실제로 마이크로크레디트의 아이디어 자체는 오랜 역사를 지니고 있다. 유누스는 놀랄 만한 성공적인 방법으로 그 일을 추진했기 때문에 특히 인정을 받은 것이다. 자신의 경험을 통해 깨달은 지 몇 년 뒤에 유누스는 가난한 사람들에게 대출해주기 위한 목적으로 그라민 은행을 설립했다. 이후 그라민 은행은 수백만 명의 대출자들에게 50억 달러가 넘는 돈을 대출했다. 상환을 보증받기 위해 이 은행은 '연대보증 그룹(solidarity group)'이라는 시스템을 사용했다. 연대보증 그룹은 대부분 여성으로 구성된 비공식적 소규모 그룹으로서, 매주 자신들이 사업하는 마을에서 은행 관계자와 모임을 가졌으며 은행 관계자는 이 모임을 통해 개개인의 경제적 자립 노력을 지원하였다. 그라민 은행의 성공은 세계적 주목을 받게 되었다. 1997년 11월에는 100개 국가의 대표단이 마이크로크레디트 정상회의(Microcredit Summit) 참석차 워싱턴에 모였는데, 이 회의의 목표는 2005년까지 전 세계의 100만 빈민가정을 돕는 것이었다. 세계 유수 지도자들과 주요 금융기관들도 이러한 목표를 지지했다. 현재 월드뱅크(World Bank)의 추정에 따르면 7,000여 개의 마이크로크레디트 기관이 약 1,600만 명의 개발도상국 빈민을 위해 봉사하고 있다고 한다.

왜 이렇게 많은 기관이 마이크로크레디트 아이디어에 관심을 보이며, 또 그 아이디어가 어떻게 그렇게 빨리 전 세계적으로 전파될 수 있었을까? 《이코노미스트》와 같은 경제 잡지의 분석을 따르면, 마이크로크레디트에 부과된 이자율은 보통 정상적인 대출의 이자율보다 훨씬 더 높다는 사실이 공통적으로 확인된다. 이 사실은 왜 대형 금융기관들이 이 사업에 그렇게 열정적으로 투자하는지 잘 설명해주고 있다. 마이크로크레디트야말로 '시장 실패(market failure)'를 '시장 성공(market success)'으로 바꾼 정책이며 앞으로도 그럴 것이다. 물론 이 사실이 유누스의 업적을 깎아내리는 것은 아니다. 유누스는 가난한 사람들의 생활에 효과적으로 임계전이를 촉발시키는 아이디어를 발전시켰으며 성공적으로 수많은 사람을 빈곤의 덫에서 구해냈기 때문이다.

끝으로 노벨상 위원회의 대언론 공식 성명서를 다시 한 번 인용하고자 한다.

어떠한 금융담보(financial security)도 없이 가난한 사람들에게 대출하는 것은 불가능한 아이디어인 것처럼 보였다. 그러나 유누스는 30년 전 미미한 시작에서부터 출발하여 그라민 은행을 설립하였으며, 이를 통해 빈곤에 대항해서 싸우기 위한 중요한 수단이 마이크로크레디트임을 최초로 그리고 가장 훌륭하게 입증하였다. 그라민 은행은 세계 도처에서 설립되고 있는 수많은 마이크로크레디트 기관들의 아이디어와 모델의 원천이 되었다.

2 | 나쁜 전이의 방지

앞에서 보인 성공적인 예는 '좋은' 전이를 촉진하는 몇 가지 혁신적인 방법을 잘 보여주고 있다. 불행히도 이 사례를 뒤집어 생각해본다면 원치 않는 전이는 어떻게 할까 하는 또 다른 근본적인 문제로 바뀐다. 만약 여러분에게 나쁜 전이를 막는 성공적인 사례가 없다면 어떻게 될까? 또 나쁜 일이 발생하지 못하도록 방지한다는 사실을 어떻게 입증할 수 있을까? 그리고 최악의 경우를 생각해보자. 우리는 어떤 일의 결과가 나쁠 것이라고 예상은 하지만 지금까지는 아무런 징조를 보이지 않는 상황에 있다. 만일 그런 나쁜 상황을 방지하는 일에 사람들이 투자하도록 해야 한다면 그들을 어떻게 설득할 수 있을까? 앞서 우리는 이 문제에 포함된 몇 가지 사회경제적 측면을 깊이 논의했다(16장 참조). 이제부터 우리는 좋은 상태에서 나쁜 상태로 변하는 임계전이를 방지하기 위한 시도들이 어떻게 시행되었는지에 대하여 몇 가지 예를 들어 설명하고자 한다.

펠유워 호수의 전이 예방

원치 않는 임계전이의 문제가 당국의 관리정책에서 실제 언급되는 예는 상당히 드물지만, 호수는 그런 대상 중 가장 대표적인 예가 될 수 있다. 일반적인 관점에서 관리비용과 그에 따르는 경제적 효과까지 고려하였을 때 가상의 호수를 이용하여 맑은 상태에서 혼탁한 상태로의 붕괴 위험을 다루는 이론적 연구가 최선의 방법으로 여겨지고 있다.[*] 그러나 몇몇 호수는 그러한 연구 수준보다 더 좋은 결과를 이끌어내고 있다. 그 한 예는 네덜란드에 있는 펠유워(Veluwe) 호수인데, 이 호수는 얕고 큰 편이다. 펠유워 호수는 사람들의 여가활동으로 인하여 과도하게 이용되었으며, 수십 년간 집중적으로 연구된 대상이었다. 이 호수의 역사를 살펴보면 맑은 상태에서 혼탁한 상태로의 전이뿐 아니라 그 반대의 상황도 발생했으며, 영양부하의 변화에 따른 이력 현상도 나타났음을 볼 수 있다.[10] 지금은 펠유워 호수가 깨끗하지만, 앞으로 육지로부터 영양분이 유입될 것으로 예상된다. 또한, 호수 바닥을 파서 수심을 깊게 만들고 수생식물을 제거하는 계획은 호수가 가진 맑은 상태에서의 회복력을 위태롭게 할 것으로 보인다. 수질관리 당국은 남조류가 지배하는 혼탁한 상태의 호수로 되돌아갈 위험성을 인식하여, 과학자들에게 다른 시나리오 하에서 그런 붕괴가 발생할 가능성을 추정해달라고 요청했다. 확률 모형은 이런 상황에서의 위험을 추정하기 위해 사용되고, 합리적인 의사결정을 위한 기준을 제공해주는 도구이다.[11] 이러한 확률 모형을 이용하면 시스템의 주요 변수가 특정 임계값을 넘을 가능성을 계산할 수 있다. 예를 들면, 과학자들은 기상환경의 연중 변화와 생태계의 불규칙 잡음까지를 고려하여, 호수에 녹아 있는 인(phosphorus)의 총량과 수질 투명도와 같은 주요 매개 변수들이 특정 임계값을 초과할 확률을 계산할 수 있다.

그레이트 배리어 산호초의 회복력 증가

그레이트 배리어 산호초는 세계에서 가장 큰 산호초 생태계이다. 여기에는 약 2,900개의 개별 산호초가 있으며, 이들은 호주 동부해안을 따라 2,000km에 걸쳐 펼쳐져 있다. 그레이트 배리어 산호초의 미적 가치는 엄청나며, 산호초 관광은 이 지역 경제에 상당한 도움을 준다. 얼핏 보기에는 이 산호초 생태계가 깨끗한 상태인 것 같지만, 실제로는 심각한 생태계 변화를 보이기 시작하고 있다.[12] 이로 인하여 유럽 식민지화 이후 번창했던 수출 어업은(예를 들면, 해삼과 진주조개, 거북) 완전히 붕괴되어 더 이상 상업적인 성공은 불가능했으며, 악마불가사리의 대규모 발생은 산호초를 급격히 감소시켰다. 특히 1998년과 2002년에 나타난 급격한 기후변화로 약 600개가 넘는 산호초에서 백화 현상[9]이 나타났을 때 사람들은 비로소 이 문제의 심각성을 인식하게 되었다. 그리고 해안 퇴적물의 유실과 대규모 바다양식에 의한 과영양화로 산호초의 회복력은 외부 충격을 극복할 수 없을 정도로 약화되었다.[13] 캐리비언 산호초가 녹조 상태로 붕괴한 것은 물고기 남획과 다른 스트레스 요인이 해양 시스템을 다시는 복원될 수 없는 상태로 전이시켜버린 좋은 예가 될 것이다. 진행 중인 기후변화로 볼 때 백화 현상과 해양산성화는 더욱 심해질 것으로 예상되기 때문에 해양 생태계의 회복력을 위해 바다는 특별히 관리되어야 한다. 바다에서의 실험 결과를 본 후 이에 따라서, 산호초의 33%에 해당하는 지역을 조업금지 구역으로 설정하는 대담한 정책적 결정이 이미 시행되기 시작했다.[12]

대구 급감 예방하기

어류자원의 관리는 원치 않은 상태로의 붕괴를 막기 위한 노력의 또 다른 예이다. 호수와 산호초에서 나타난 붕괴 과정은 잘 연구되어 정리되었기 때문에 이 문제가 어떤 정치적 의제가 될 수 있었다. 하지만 많은 어류학

---

9) 산호의 백화 현상이란 얕고 따뜻한 바다로 제한된 산호의 서식지 내에서 수온이 급격하게 상승하거나 내려가 산호의 색이 하얗게 변해 사멸하는 현상을 의미한다. 산호는 식물이 아니라 동물이라서 생존을 위해 햇빛이 필수적인데, 햇빛은 산호의 반투명한 조직 속에 사는 크산텔레라는 미세한 조류의 성장을 촉진하고, 크산텔레는 산호에게 먹이와 광합성을 통해 산소를 공급하며 산호초로부터 생활 장소를 제공받는 공생관계를 이룬다. 그런데 환경변화로 압력을 받으면 산호는 갈색의 크산텔레를 밖으로 내보내게 되고 투명한 조직을 통해 하얀 석회질 골격이 노출된다. 이에 따라 공생이 이루어지지 않으면 산호는 성장이나 번식을 할 수 없어 사멸하고 파도에 의해 서서히 침식당하게 된다.

자의 노력에도 어류자원에 숨어 있는 메커니즘은 여전히 명확하게 규명되지 않은 상태로 있다. 어업은 어류자원이나, 해류순환에 나타나는 전환현상에도 영향을 미친다. 그리고 기후도 어업에 큰 영향을 주고 있다. 이렇게 크고 개방된 해양 시스템을, 호수에서 그 동역학을 만들어내는 외부 요인(힘)을 밝히는 것과 같이, 이해할 수 있는 작은 단위로 분석하는 것은 상당히 어려운 일이다. 어업에 관해 주목할 만한 사실 중 하나는 뉴펀들랜드 해안에 보이는 대구의 급격한 감소다(10.1소절 참조). 대구는 지구상 어류 중에 집중적으로 연구되고 관리된 어종 중 하나라고 볼 수 있다. 그렇다면 왜 이렇게 급격하고 되돌릴 수 없는 상황에까지 대구의 붕괴가 이루어진 것을 예측하지도, 예방하지도 못한 것일까? 대부분의 경우와 같이 대구에 관한 시스템에서도 사람들의 이해는 부족했으며, 어류학자들이 사용한 모형은 적절하지 못했기 때문이다.[14] 불가피하게 과학에 존재하는 불확실성에도 문제가 있었지만, 어업정책을 승인하고 시행하는 과정에서의 문제점 역시 매우 크다고 하겠다.[15] 필자가 이 책을 쓰는 동안에도 유럽연합의 어류학자들은, 대구의 붕괴가 현실화되는 과정을 볼 때 북해 대구어업은 완전히 중단되어야 한다고 권고하고 있다. 그러나 이 지역에서 조업 중인 각 나라의 정치인들은 이러한 권고를 잘 따르지 않으려고 한다. 필자는 독자 여러분이 이 책을 읽을 때쯤에는 북해의 대구가 번성하기를 희망해본다.

기후 임계전이의 예방

과학에 존재하는 불확실성 때문에 어류의 붕괴를 막는 방법이 어렵기도 하지만, 관련된 여러 나라 이해당사자들을 대상으로 한 정책수립의 어려움 때문에 더 어려워진다. 마찬가지 이유로 기후 시스템에서 임계전이를 막는 것은 어업의 경우보다 훨씬 더 어렵다. 기후 모형과 재구성된 기후 동역학을 보면 지구 시스템에는 대체끌개가 존재한다는 것을 알 수 있다. 그러나 이 안에도 많은 불확실성이 남아 있다. 호수나 어업의 경우와 달리 기후에 대해서는 최근에 나타난 임계전이의 기록이 우리에게는 없다. 그나마 가장 최근의 예로는 5,000년 전에 갑자기 생겨난 사하라 사막을 들수 있다. 좀 더 잘 알려진 예는 이미 몇 번 나타난 열염분순환[10]의 붕괴일 것이다. 영화 〈투모로우(The Day after Tomorrow)〉[11]는 열염분순환의 붕괴가 만들어낼 상황을 묘사하고 있지만, 현실에서 실제 일어날 가능성은 거의 없다고 볼 수 있다. 왜냐하면, 현재 해양이 가진 회복력은 열염분순환 붕괴가 발생한 예전 빙하기 때의 최대치보다는 훨씬 더 클 것으로 추정되기 때문이다.[12] 그러나 기후 시스템에 대한 우리의 이해 수준으로 볼 때 아직 불확실한 점이 많으며, 이런 이해의 부족은 북극과 아마존 유역과 같은 잠재적인 임계전이를 지닌 다른 지역(11.1절 참조)에 대해서도 마찬가지의 수준이다.[16]

잠재된 기후 전이를 막기 위한 우리의 선택권은 대기 중 이산화탄소의 양을 관리하는 데 한정되어 있다. 이산화탄소 배출량의 조절은 전 세계적인 조치를 필요로 하기 때문에 대단히 어렵다. 노벨상 위원회도 인식하였지만, '정부 간 기후변화위원회(IPCC)'[13]와 전 미국 부통령인 앨 고어(Al

---

10)   열염분순환이 일어난 가장 최근 시기는 지금으로부터 약 9,000년 전이다.

11)   2004년에 제작된 롤랜드 에머리히(Roland Emmerich) 감독의 재난영화. 영화 속에서 지구 온난화로 인해 빙하가 녹고 그 결과 해류의 변화가 생겨 빙하기가 오게 된다.

12)   그만큼 열염분순환으로 임계전이가 일어날 가능성은 적다는 의미.

13)   기후변화와 관련된 전 지구적 위험을 평가하고 국제적 대책을 마련하기 위해 세계기상기구(WMO)와 유엔환경계획(UNEP)이 공동으로 설립한 유엔 산하 국제협의체. 이 단체의 웹사이트는 다음

Gore), 그 외 주요 인물들의 노력으로 인하여 기후변화는 인간이 만들어 낸 것이라는 인식을 대중에게 심어주기 시작했다. 그리고 지구 온난화와 같이 누구나 지각할 수 있는 지구의 변화는 대중의 태도 전환에 영향을 미쳤다. 지금은 북극과 아마존 같은 하부 시스템의 임계전이까지 막을 정도의 온실가스 감축이 필요한 시점이지만, 그럼에도 과연 이런 통일된 행동이 전 지구적으로 합의될 수 있는지는 아직 남아 있는 문제다.

3 | 요약

'좋은' 전이를 촉발시키는 예가 실제 현실에 있다는 것은 놀라운 사실이다. 그런 예는 사람들이 문제를 근본적으로 다르게 볼 수 있는 패러다임 전환을 보여주는 것이며, 그 핵심은 바로 특별한 노력을 기울이지 않고도 극적인 변화를 만들 수 있다는 것이다. 즉, 호수 복원과 마이크로크레디트의 경우가 바로 그것이다. 마이크로크레디트 제도가 소액 대출을 제공하는 기관에 가져다주는 이익은 또 다른 차원으로 설명될 수 있다. 그러나 "뭔가 좋은 일을 했다."는 느낌 자체가 이러한 대출기관의 매력임은 부정할 수 없는 사실이다.

회복력을 증가시켜 '나쁜' 전이를 막는 전략은 그레이트 배리어 산호초와 펠유워 호수 등에 잘 적용되었지만, 좋은 전이를 촉발시키는 전략보다는 분명 파급력이 약하다. 이성적으로 생각해보면, 회복력을 위해 어떤 일을 해야 한다는 것은 자명하다. 전이를 촉발시키는 우연한 사건을 관리하

과 같다. http://www.ipcc.ch/

는 것보다는 회복력을 관리하는 편이 보통 더 쉬운 편이다. 어려운 일이기는 하지만, 지구 온난화, 오염, 표층 토양의 유실, 빈곤, 난개발 등에 나타나는 어떤 경향성을 파악하는 것이 불가능하지는 않다. 그러나 이런 경향성과는 다르게 갑자기 불쑥 발생하는 가뭄과 허리케인, 생물학적 침입[14], 테러리스트나 사악한 지도자 등은 피하기 매우 어렵다. 이러한 견해를 수용하는 데 가장 문제가 되는 것은, 이것이 우리의 직관과 다르다는 점이다. 사람들은 자연이나 사회에 나타나는 급변 현상을 복원력의 감소로 설명하기보다는 가뭄, 허리케인, 지진, 사악한 지도자나 유성과 같이 직접적인 원인에 의해서 나타난 사건이라고 생각하는 경향이 있다. 직관이 우리에게 항상 최선의 길을 알려주는 것은 아니다. 만일 직관에 의해서만 생각한다면 우리에게 세상은 평평한[15] 공간이 될 것이다. 게다가 기후, 오염, 지표층의 유실, 가난이나 개발 압력으로 인하여 지구 복잡계가 보이지 않게 파괴될 수 있다는 것을 입증하는 것은 둥근 지구를 증명하는 것보다 훨씬 더 어려운 일이다. 사람들을 설득시킬 때에는 주요 사례가 중요한 역할을 하지만, 원치 않는 상태로의 붕괴를 방지하고자 할 때에는 사례를 사용하는 것이 문제가 된다. 곧 나타날 문제에 대하여 분명한 신호가 보이지 않는 상황에서 정책입안자들을 설득하여 뭔가 나쁜 일이 발생하는 것을 방지하는 일에 투자하도록 하는 것은 어려운 일이다. 그리고 나쁜 전이를 방지

---

14) 　　생물학적 침입이란 어떤 생물이 본래 살던 곳을 떠나 새로운 곳에 침입하여 정착하는 현상을 의미한다. 생물학적 침입자(biological invader)는 대부분 인간이나 동물 등에 의해 의도적 또는 비의도적으로 이동된 것인데, 이러한 종을 '외래종'이라고 한다. 외래종은 원래 그곳에 살고 있던 '자생종'의 군락과 생태계의 특성을 변형시키기도 한다.

15) 　　원문은 "the world is flat."이다. 즉 직관에만 의존하는 경우 지구가 둥글다는 '명백한 사실'을 제대로 인식하지 못할 수도 있다는 의미이다.

했다고 하더라도 선행 투자로 실제로 나쁜 전이를 예방되었다는 사실을 입증하는 것 또한 어렵다. 반면에 좋은 전이를 유발해야 할 때에는 좋은 사례를 통해 복원력에 관한 관심을 증진시킬 수 있다. 호수의 예를 보면 영양 수준을 감소시킴으로써 혼탁한 상태의 복원력을 감소시키는 동시에 맑은 상태의 복원력을 증진시켰다. 마찬가지로 소액융자의 경우에도 가난의 정도가 심각하지 않은 경우에만 효과를 발휘할 수 있는데, 즉 부유한 상태가 안정적이지 못하고 가난의 덫에서의 회복력이 너무 강한 경우에는 소액융자도 별 효과를 거두지 못한다.[16]

임계전이 이론은 복원력이 자연적으로 변화할 때 조정을 가함으로써 가장 잘 적용될 수 있다. 이러한 조정은 나쁜 전이를 방지하는 일뿐만 아니라 좋은 전이를 촉발시키는 일과도 관련이 있다. 자연적인 리듬은 원치 않는 상태로부터 전이를 유발할 수 있는 기회를 제공해준다. 예를 들어, 엘니뇨 현상 덕분에 강수량이 많아진 해는 삼림 복원을 위한 기회를 제공한다. 그리고 강수량이 아주 적은 해에는 탁한 호수가 맑은 상태로 변화할 가능성이 더 높다.[17] 한편 오스트레일리아의 방목장 관리자들은 엘니뇨가 나타나는 해에 가뭄이 닥치면 가축의 수를 줄임으로써 목초지의 황폐화를 미리 방지한다.[17]

기후, 사회, 바다와 같은 광대한 시스템에서 그 복원력을 관리하는 것은 큰 도전이라고 할 수 있다. 그렇지만 우리가 작은 규모의 임계전이를 성공

---

16) 소액융자는 하루 한 끼도 먹지 못하는 극빈에게 소용이 없다. 즉, 소액융자는 이 돈이 빈곤탈출의 씨앗이 될 정도로 가난한 사람에게만 의미가 있다.

17) 호수의 수면이 낮아지면 물고기와 부유식물이 줄어들어 수중식물이 번성하게 되고, 이것 때문에 식물플랑크톤이 감소하여 전체적으로 맑아진다.

3부 임계전이와 그 대응

적으로 관리할 수 있다는 사실은 더 폭넓은 복잡계에서도 이러한 아이디어
를 적용될 수 있다는 가능성을 보여준다고 할 수 있다.

18

1 | 확증의 문제

시스템마다 어떤 전환점이 존재할 것이라는 가정이 그럴듯하게는 들릴 수 있다. 그러나 안정성과 임계전이의 관점으로 볼 때 복잡한 실제 상황을 더 중요하게 여길 것인지, 아니면 그에 관한 수리 모형을 더 가치있게 볼 것인지는 상황에 따라 정해진다.[1] 따라서 현실성과 정확성 사이에 좋은 균형을 찾기는 쉽지 않다. 엄격히 본다면 특정한 한 시점에서 일어나는 균형과 쌍 갈림은 현실세계에서는 존재하지 않는다고 할 수 있다. 그럼에도 현실적으로 이해하기 어려운 현실의 근본적인 특징은 "수학이라는 거울에 비춰

---

[1]   현실에서의 관찰결과가 임계전이와 안정성을 더 잘 설명해줄 수 있는지, 아니면 이론적 모형이 설명에 더 유리한지는 확실하게 어느 쪽의 우세로 기울지 않고 있다는 의미다.

본 세상"의 관점으로 해석될 수 있다. 과거에 우리는 카오스와 파국 이론 같은 개념을 너무 안이하게 현실에 적용해왔다. 그러나 이러한 과거의 태도는 우리가 복잡계에 변화를 일으키는 요인이 무엇인지를 규명하는 데 별 도움이 되지 않는다. 하지만 이론과 현실의 연결 과정에 나타날 수밖에 없는 부정확함 때문에 이러한 이론적 해법을 쉽게 포기하려는 태도는 좋은 생각이 아니라고 할 수 있다.

일단 확실한 증거가 있을 때 새로운 가설을 받아들이는 것은 합리적인 태도이다. 그러나 임계전이의 경우와 같이 문제는 우리가 가정한 사실이 실제 현실에서도 진짜 그런 것인가 하는 것이다. 이 책에서 말한 이론과 증거를 고려해볼 때, 생태계나 기후, 사회에 전환점이 없다는 주장은 좀 받아들이기 힘들 것이다. 이 사실로 미루어볼 때 시스템에 존재하는 전환점에 대한 증거를 요구하기보다는, 시스템에 존재하는 단 하나의 안정 상태에 대한 증거를 요구하는 것이 더 나을 수 있다. 이 일은 모든 초기 상태로부터 시작해도 결국은 똑같은 국면으로 종결된다는 것을 보여주면 된다. 하지만 현실에서 이 일은 매우 어려우므로 그것의 증명 과정에 어떤 어려움이 있는지를 찾아보아야 한다. 실제 존재하는 전환점을 없다고 가정하는 것은 아주 위험한 가정이 될 수 있다. 이런 잘못된 가정은 오염 피해가 쉽게 복구될 수 있다거나, 기후가 완만하게 변할 것이라거나, 집단의 갑작스러운 붕괴는 절대로 일어나지 않을 것이라고 주장하는 것과 다르지 않다.

2 | 실용과학으로서의 임계전이

앞서 말한 바와 같이 임계전이에 대한 일반적인 예방원칙에는 동의할 수 있지만, 우리가 전환점을 예측할 수 있다면 더 좋을 것이다. 내부의 메커니즘이 잘 알려지지 않았다 하더라도 해당 시스템의 조기경보신호를 찾는 것은 전이의 위험을 평가하는 데 도움을 줄 수 있으며 이것은 대단한 발전이라고 할 수 있다. 그러나 우리가 임계전이를 관리할 수 있는 멋진 방법을 찾으려고 한다면 그 시스템을 지배하는 메커니즘이 무엇인지에 대한 이해는 필수적이다. 하지만 이런 통찰력을 얻을 수 있는 만병통치약은 없다. 가장 확실한 과학적 방법은 반복실험을 통해서 인정 받는 것이다. 그러나 생태계, 사회, 지구 시스템에 존재하는 안정성을 연구하기 위한 전 지구적 규모의 실험은 불가능하므로 우리는 어쩔 수 없이 자연현상에 나타나는 결과와 우리의 통찰력을 접목시켜 만든 모형에 의존해야만 한다.

사회, 생태계나 기후 같은 거대한 복잡계의 기능을 파악하는 것은 매우 힘든 일이다. 그럼에도 이 책을 통해서 우리는 낙관적인 이유를 찾을 수 있다. 우리는 과학을 통해서 배리어 산호초와 같은 규모의 거대 시스템에서도 그 회복력을 복원시키는 정책을 세울 수 있었다. 그리고 우리는 임계전이를 인위적으로 일으켜 빈곤의 덫이나 혼탁한 호수, 황무지와 같은 바람직하지 않은 상태를 벗어나는 방법을 찾을 수도 있다. 거대한 복잡계에서 임계전이의 원인을 파악할 수 있는 이유는 그러한 거대한 전환도 실제로는 매우 단순한 메커니즘에 의해서 촉발될 수 있기 때문이다. 그런 단순한 촉발 메커니즘은 쉽게 인식될 수 있다. (우리가 복잡계에 대하여 무엇을 모르는지조차 모르는 문제는 말할 필요도 없이.) 우리가 복잡계라고 알고 있는 시스템에는 항상 불확실성이 존재한다. 비관론자들은 우리의 지식이 절망적일 만큼 단편적이라고 말하지만, 한 가지 희망적인 소식은 우리가 전환점을 발견할 수 있다면 실제 현실 복잡계의 모든 것을 알 필요는 없다는 것이다. 우리는 계속해서 중요한 문제에 관하여 관심을 놓지 않아야 하고,

또한 자세히 모르는 문제라고 해서 쉽게 포기하는 태도를 보여서는 안 된다는 것이다. 대부분 과학은 우리가 알고 있는 단편적인 지식을 모아서 지금까지 규명되지 못한 사실의 영역을 꼼꼼하게 메워 나가는 과정으로 진행된다. 지금까지 밝혀진 전환점의 예는 고립된 지식의 조각을 연결해주는 다리 역할을 할 것이다.

이 책의 독자라면 현실에 나타나는 여러 가지 임계전이 현상을 확인할 수 있을 것이다. 매료된다는 것과 집착한다는 것을 구분하기가 쉽지는 않지만, 전환점을 찾고자 하는 노력은 권할 만한 일이다. 분명 점진적인 변화는 일반적인 규칙이며, 임계전이는 예외적 사건이다. 그러나 임계전이가 가져다주는 어마어마한 영향을 고려해볼 때, 임계전이는 예외적 현상이지만 특히 주목할 만한 가치가 있다고 할 수 있다.

Critical Transitions in Nature and Society

———

부록

———

이 부록에서 우리는 앞에서 말한 여러 현상을 설명하기 위한 수학적 모형을 제시한다. 하지만 엄밀한 수학적 모형을 설명하기보다는, 일반적인 독자들이 이해할 수 있도록 기초적인 내용을 기반으로 설명하고자 한다. 따라서 이 부록은 동역학 시스템 모형에 관한 아주 간단한 설명서(가이드)라고 할 수 있다. 수리적인 모형에 익숙한 독자는 이 부록으로 기본적인 수식을 확인할 수 있다. 그리고 관련한 몇 가지 소프트웨어 패키지를 이용하면 모형을 이해하는 데 도움이 될 것이다. 예를 들어, MATLAB[1]에서 제공되는 GRIND 패키지는 유용한 도구가 될 수 있다. GRIND 패키지는 다음의 주소를 통해 구할 수 있다. http://www.aew.wur.nl/UK/GRIND

---

1)   과학계산을 위한 프로그래밍 소프트웨어.

A.1 성장곡선

가장 잘 알려진 성장 모형은 아래의 로지스틱 방정식(logistic equation)이다. 이 식은 시간에 따른 증가율을 개체수의 함수로 표현한 것인데, 이 방정식은 아래와 같이 두 개의 매개변수 A와 K를 가지고 있다.

$$\frac{dA}{dt} = rA\left(1 - \frac{A}{K}\right)$$

이 단순한 모형의 특성이 그림 A.1에 나타나 있다. 개체군의 밀도(A)가 환경의 수용능력 K(carrying capacity)보다 매우 낮을 때 상대 성장률($dA/dt/A$)인 r은 최고가 된다.

이 경우에는 경쟁의 정도를 나타내는 항인 $(1-A/K)$은 1에 가까워진다. 로지스틱 방정식은 개체군에 대한 상대적인 성장률($dA/dt/A$)이 선형적으로 감소하는 것을 가정하고 있다. 따라서 이 수식에 따르면 개체군의 생산성(dA/dt, productivity)[2]은 수용능력이 반이 될 때 그 값은 최대가 된다. 만일 개체군의 밀도가 너무 낮으면 생산성은 재생산 개체의 수(A)로 제한된다. 그리고 개체군의 수가 $K=A$와 같이 수용능력의 한계치까지 접근하면 내부 경쟁 때문에 생산성은 0에 가까워지게 된다. 따라서 성장곡선에 따르면 최적인 상태[3]는 전체 수용능력의 절반 정도로 개체수를 유지할 때임을 알 수 있다. 시간축으로 이 그래프를 그려보면 성장하는 개체군의 밀도는 S자 모양(sigmoid)을 따르게 되는데 밀도가 수용능력 값의 절반일 때 성장커브가 가장 가파르게 증가함을 볼 수 있다(그림

---

2)   전체 개체수가 늘어나는 단위 시간당 비율.

3)   시스템에서 가장 많은 생산을 할 때.

A.1(c)).

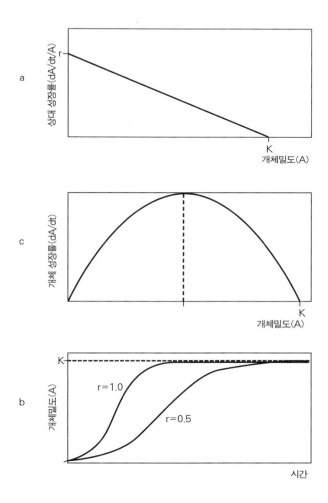

그림 A.1　　로지스틱 성장방정식의 특성. (a) 개체당 상대적인 성장률 (*dA/dt/A*)◆. 이것은 개체군의 밀도가 높을수록 선형적으로 감소한다. (b) 시간당 개체수의 증가, 즉 개체군의 성장률(*dA/dt*)은 개체군의 밀도가 가질 수 있는 값의 절반이 될 때 가장 높아진다. (c) 성장하는 개체군의 밀도는 시간이 경과함에 따라 S자 곡선으로 변한다. 여기에서 r은 최대 성장률의 값을 나타낸다.

이 모형이 가지는 단순함 때문에 로지스틱 성장곡선은 여러 분야에서 활용되고 있다. 물론 이 모형은 매우 단순화한 것이다. 현실에서는 개체밀도에 따라 정확하게 선형적으로 감소하는 현상이 잘 나타나지 않는다. 또한, 이러한 성장 방정식은 현실에 숨어 있는 다양한 조절[4] 메커니즘을 포함하고 있지 않다.

예를 들어, 식물의 경우 영양소나 햇빛과 같은 요소가 성장 곡선의 모양을 결정하는 변수라는 것을 알지만, 어떠한 방식으로 식물의 성장에 영향을 주는지는 알려져 있지 않다. 이것을 알기 위한 가장 보편적인 접근은 수용능력 K를 증가시키도록 환경을 풍부하게 만드는 것이다. 앞에서 제시한 로지스틱 식에 의하면 개체군의 밀도가 낮을 경우에, 환경을 풍부하게 바꾸는 것은 최고성장률 값 r에는 영향을 미치지 않기 때문이다. 성장곡선을 표현하는 다른 수식은 다음과 같다.

$$\frac{dA_i}{dt} = rA - cA^2$$

이 식은 앞서 설명한 고전적인 모형의 K 대신 r/c로 바꾸면 함께 구할 수 있다. 그러나 이 수식은 앞서 나온 방정식과는 다른 해석이 가능하다. 앞의

◆　　시간당 개체가 증가하는 비율을 전체 개체수로 나눈 값.

4)　　내부에서 어떤 것이 증가하면 다른 요소에 의하여 그 증가를 억제하고, 반대로 너무 감소한 상태가 되면 다른 작용으로 그것을 더 증가시키려고 하는 조절작용이 있는 메커니즘에는 대부분 성장곡선 모양의 성장률이 나타난다. 예를 들어, PC방이 하나도 없는 동네에서 PC방이 생기면 낮은 개체수 때문에 그러한 업소가 빠르게 생겨나 빠른 성장률을 보인다. 그렇지만 그 수가 일정 이상이 되면 자체 경쟁이 격화되어 새로운 PC방으로 개업하려는 사람의 수가 감소한다. 따라서 그 개체수(PC방의 개수)는 점점 느리게 증가한다. 이 과정에서 PC방의 수를 시간 축으로 그려보면 S자 모양을 나타내게 된다.

식에서 보면 r의 증가는 평형 밀도(equilibrium density) K를 증가시키지 않는 것으로 보이지만, 이 두 번째 식에서 보면 r의 증가는 평형 상태 개체군의 밀도를 선형적으로 증가시키는 것으로 나타난다. 두 번째 식에서 c는 경쟁계수(competition coefficient)를 의미한다. 성장곡선을 나타내는 앞서의 두 식에서 이득과 손실(출생과 사망, 성장과 호흡[5])은 r로 합쳐진다.

실험에서 매개변수 값은 문제에 따라서 적절하게 선택하면 된다. 호수에서 나타나는 조류(algal)의 경우에 적당한 값은 $r=1(d^{-1})$, $K=10(mg1^{-1})$이다. 이것은 두 번째 식에서 $c=0.1$인 경우와 동일하다.

A.2 앨리 효과

집단에는 밀도 문턱이 존재하는데, 집단의 밀도가 이 문턱값 아래로 떨어지면 그 집단은 멸종하게 된다. 2.1절에서 살펴본 바와 같이, 여러 메커니즘에 의해 이러한 멸종이 발생할 수 있다. 이러한 앨리 효과를 설명할 수 있는 여러 가능한 공식 중 하나는 다음과 같다.[']

$$\frac{dA}{dt} = rA\left(1 - \frac{A}{K}\right)\left(\frac{A-a}{K}\right)$$

전형적인 로지스틱 성장곡선 함수와 이 수식이 다른 점은 로지스틱 성장곡선 함수의 마지막 항에 $(A-a)/K$ 을 곱했다는 것뿐이다. 이로 인해서 집단 성장이 0이 되는 경우가 하나 더 늘어나게 되었다. 즉, 수용능력[6] 지

---

5) 생장호흡(growth respiration, 生長呼吸)은 광합성을 기반으로 살아가는 생물이 호흡에 의해 만들어내는 에너지 중 생장, 증식, 조직 또는 기관 형성에 사용되는 에너지의 양.

6) 수용능력(carrying capacity)은 어떤 시스템이 지탱할 수 있는 최대 인구(집단) 규모를 의미하며, 수용력이라고 부르기도 한다.

점$(A=K)$뿐만 아니라 앨리 멸종문턱 $a(A=a)$에서도 성장이 0이 된다. 이 임계 밀도 이하$(A<a)$에서는 전체 성장이 0보다 작아지고, 그 결과 집단은 멸종하게 된다.

매개변수는 자유롭게 선택해도 상관없지만, 전형적인 앨리 효과가 나타나도록 하려면 a의 값은 반드시 K보다 작아야 한다.

A.3 난개발

소비(일반적인 관점으로 볼 때 개발)는 식물 집단에서(2.2절 참조) 대체끌개를 만들어낸다. 동물들에게 허용되는 먹이가 많으면 수치상으로 더 많은 개체를 번식시키고, 기능적으로는 먹이를 더 집중적으로 먹게 된다(그림 A.2). 홀링(Holling)은 눈가리개를 한 도우미가 테이블 위에 부착된 사포 조각을 모으는 실험을 이용하여 기능적 반응에 대한 고전적인 수식을 제안하였다.[2] 일반적으로 사용되는 실용적인 형태는 제2유형 함수 반응으로, 일인당 소비율은 식량 밀도(A)가 증가함에 따라 점근적으로 최대치에 접근하는 것을 가정한다. 이것은 반포화 상수 H를 포함하는 모노(Monod) 방정식[7]으로 표현될 수 있다.

$$cons = g\,\frac{A}{A+H}$$

또 다른 가능성은 소비가 특정 문턱값에서 더 급격하게 증가하는 것이다. 이러한 제3유형 함수 반응은 동물에게 식량원 F의 밀도가 지나치게

---

7) 미생물의 성장을 환경과 영양분을 매개변수로 하여 기술한 방정식. 생물학자 자크 모노(Jacques Monod)가 처음으로 제시한 식이다.

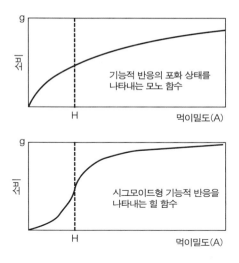

그림 A.2 먹이밀도에 따른 소비율의 증가. 소비율의 증가는 S자(아래 그림) 커브를 따르거나 단순포화 모형을 따른다.(위 그림)

낮거나 F_f의 접근이 불가능하여 다른 대체식량으로 전환할 때 발생할 수 있다. 이를 표현하는 간단한 방법은 힐(Hill) 방정식을 이용하는 것이다.

$$cons = g\frac{A^p}{A^p + H^p}$$

여기서 H는 반포화 계수이며 거듭제곱 지수 p는 곡선을 S자로 만들며, p값이 클수록 가파르게 증가한다. 예를 들어 p의 값이 10과 같이 아주 클 때, 곡선은 0에서부터 H에 근접한 g까지 계단함수로 나타난다. 이때, 모노 함수는 $p=1$인 힐 함수의 특별한 경우라는 것에 주목해야 한다.

소비 인구의 전체 소비량을 계산하기 위해서는, 앞의 공식에 소비자의 수(c)를 곱해야 한다. 그림 2.11과 2.12는 생산 곡선과 소비 곡선이 결합된 것을 보여준다. 그림 2.11과 2.12에 나타난 식을 로지스틱 성장방정식이나 제3유형 함수적 반응을 통제하여 근사시킬 수 있다. 매개변수를 다르게 조작하면 어떠한 조건에서 대체균형이 나타나는지를 분석할 수 있다. 세 번째 그림에 나타난 파국주름은 성장과 소비를 변수로 하는 먹이 동역학 미분 방정식의 해($dA/dt=0$)를 잘 보여주고 있다.

$$\frac{dA}{dt}=rA\left(1-\frac{A}{K}\right)-gc\,\frac{A^p}{A^p+H^p}$$

이 공식을 시뮬레이션해보면 본문에서 논의된 이력 현상을 설명할 수도 있으며, 초기 조건에 따라 모형이 대체균형의 문턱에서 개발부족 또는 과잉개발의 상태로 다르게 안정화되는 과정도 보여준다.

A.4 두 종 사이의 경쟁

대체안정 상태는 단 두 종간의 경쟁에서도 나타날 수 있다. 일반적으로 볼 때 같은 종으로 군집을 이루는 것이 다른 여러 종으로 군집을 이루는 것보다 생존에서 유리하다면 경쟁은 대체안정 상태를 만들 수 있다. 왜냐하면, 동종 간 경쟁은 이종 간 경쟁보다 심하지 않기 때문이다. 이것은 두 개의 종으로 구성된 군집을 단일 종으로만 구성된 군집으로 유도하는 양의 피드백의 존재를 의미한다고 할 수 있다. 이 과정은 두 종 간의 상호작용을 분석하기 위한 고전적인 그래프 방법을 이용하면 더 잘 이해할 수 있다. 이 방법은 처음에는 이해하기 어렵지만 일단 그 과정을 알게 되면, 포식자·피식자 상호작용에서부터 지구 온도와 온실가스 농도 사이의 피드백에 이르기까지, 다양한 변수들 사이의 상호작용을 분석할 수 있게 된다.[3] 주된

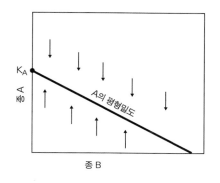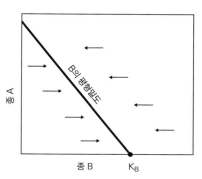

그림 A.3　두 종 사이의 경쟁은 서로의 수용능력에 영향을 주는 과정으로 나타낼 수 있다. 종 B의 풍부한 증가는 종 A의 수용능력을 감소시키므로, 종(A)의 평형밀도를 정할 것이다(왼쪽 그림). 이와 같은 식으로 종의 평형밀도도 종의 밀도에 따라서 결정됨을 알 수 있다.(오른쪽 그림)

아이디어는 다른 종에 대한 어떤 종의 평형 상태(제로 · 성장 등경사선)를 그래프로 그리고 그 반대로도 해보는 것이다(그림 A.3). 예를 들면, 이런 등경사선(isocline)은 두 종 간의 경쟁에 대한 가장 단순한 로트카–볼테라 모형(Lotka-Volterra model)[8]으로부터 구성할 수 있다.

$$\frac{dA}{dt} = r_a A - c_a A^2 - c_{ab} AB$$

$$\frac{dB}{dt} = r_b B - c_b B^2 - c_{ba} BA$$

종 A의 성장방정식의 첫 두 항은 단순히 로지스틱 방정식이다. 하지만, 동종 간의 경쟁 $(c_a A)$ 이외에, 종 A는 다른 종들과의 경쟁$(c_{ab} B)$에도 시

---

8)　　로트카–볼테라 모형은 1925년도에 로트카(Lotka)에 의해서 그리고 1931년에 볼테라(Volterra)에 의해 각기 발표되었으며 포식자 · 피식자의 모형으로 불리기도 한다.

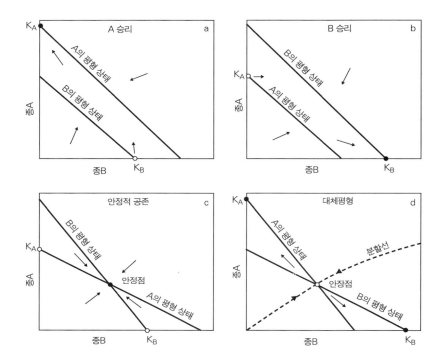

그림 A.4 종 A와 종 B의 경쟁 평형선. 각 선의 경쟁의 결과로 나타나는 평형의 상태를 그래프로 보여준다. 검은색 점은 안정적 평형을 나타내고, 흰색 점은 불안정 평형의 상태를 나타낸다.

(a) A가 우세한 경우, A의 평형 상태, B의 평형 상태, 종 A, 종 B

(b) B가 우세한 경우, A의 평형 상태, B의 평형 상태, 종 A, 종 B

(c) 안정화된 상태에서의 공존, 안정점 A의 평형 상태, B의 평형 상태, 종 A, 종 B

(d) 대체평형, 안장점(saddle point), 분할선, A의 평형 상태, B의 평형 상태, 종 A, 종 B

달리게 된다. 종 B의 성장 방정식은 종 *A*의 성장방정식과 같은 식으로 구성할 수 있다.

그림 A.3과 A.4에 보인 제로 · 성장 등경사선(the zero-growth isocline)은 이들 성장방정식의 해($dA/dt=0$과 $dB/dt=0$)를 나타낸다. 등경사선으로부터 우리는 각 종의 평형밀도는 그 경쟁자들의 밀도가 증가함에 따라 선형적으로 감소한다는 것을 알 수 있다(그림 A.3). 물론, 그 감소의 경사도는 경쟁의 세기에 의존한다. 만약 경쟁자가 독립된 생활영역을 가지고 있다면 그 압박 효과는 비교적 그다지 중요하지 않을 것이다.

경쟁의 효과를 보기 위해, 우리는 두 종의 평형선을 그려볼 수 있다(그림 A.4). 만약 한 평형선이 다른 종의 평형선보다 모든 지점에서 상위에 있으면 가장 높은 평형선을 가진 종이 승자가 된다. 만약 두 평형선이 교차하면 이 교차점(saddle point)은 두 종이 모두 평형이 되는 점이다. 하지만 공존하는 이 점은 안정 평형 혹은 불안정 평형 중 하나가 될 수 있다. 그림 A.4의 아래 두 그림으로부터 안정적 공존은 이종 간의 경쟁이 상대적으로 약할 때만 나타나는 반면에, 이종 간의 경쟁이 동종 간의 경쟁보다 강할 경우(경쟁자 밀도의 함수인 평형밀도에서의 감소정도가 심할 경우)에는 대체평형 상태가 나타난다.

환경에 대한 반응의 차이를 보기 위해 만약 환경이 종 A에게는 유리하게, 그리고 종 B에게는 직접적인 영향을 주지 않는 상황으로 바뀌었다면 어떤 일이 일어날지 생각해보자. 이 상황을 그림으로 나타내면 종 A의 평형선이 위로 올라가는(K_A가 증가하는 것처럼) 반면에 종 B의 평형선은 그 자리에 머물러 있게 된다. 만약 종 B가 우세한 상태(그림 A.4(b))에서 출발한다면 이 변화는 결국 종 A가 우세한 상태(그림 A.4(b))로 시스템을 변화시킬 것이다. 하지만 이러한 상태전이는 공존 상태가 안정적인지 혹은 불안정한지에 따라 달라진다(그림 A.5).

안정적 공존의 경우(그림 A.4(c); 그림 A.5 위의 그림)에는, 두 선이 교차하면 두 종의 평형 상태를 나타내는 안정점은 점차적으로 왼편 위로 올라

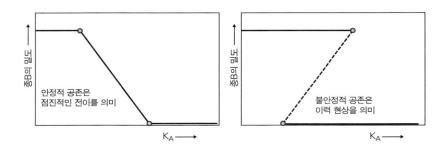

그림 A.5　경쟁에서 종 A는 선호하고 종 B에는 직접적인 영향을 주지 않는 환경의 변화는 동종 간의 경쟁과 이종 간의 경쟁의 상대적인 세기의 따라 계를 점진적(왼쪽)이거나 이력적(오른쪽)인 전이로 이끌어갈 수 있다(본문 내용 참조).

갈 것이다. 따라서 공존하는 평형 상태에서 종 B의 개체수가 점차적으로 줄어든다는 것을 의미한다. 그 교차점이 결국 수직 축에 도달하면 B는 멸종하고 A만 단일 집단으로 남게 된다. 이것을 초임계 쌍갈림(transcritical bifurcation)[9]이라고 한다. 즉, 이 상황에서 종 B가 소수의 상태에서 멸종의 상태가 된다는 것은 미미한 변화이므로 파국 쌍갈림으로는 볼 수 없다.

이제 만약 같은 환경적인 변화가 대체안정 상태(그림 A.4(d), 그림 A.5의 아래 그림)를 가진 시스템에서 일어난다면 어떻게 될 것인가를 생각해보자. 시스템에서 종 B가 우세한 평형 상태(상태 K_B)로 있다고 가정해보자. 만약 두 평형선이 교차하면, K_A의 증가는 불안정한 교차점을 오른편 아래

---

9)　　a transcritical bifurcation is a particular kind of local bifurcation, meaning that it is characterized by an equilibrium having an eigenvalue whose real part passes through zero http://en.wikipedia.org/wiki/Transcritical_bifurcation

로 미끄러져 내려가게 할 것이다. 하지만, 종 B가 보여주는 단일집단 평형 상태(상태 K_B)는 불안정한 교차점이 그 상태에 도달하기 전까지는 여전히 평형 상태에 있을 것이다. 그렇지만 우리는 이 단일집단의 회복력이 감소하고 있는 것을 알 수 있다. 불안정 안장점은 두 개의 단일집단 평형이 나타내는 견인영역의 경계에 있게 된다. 안장점이 종 B의 단일집단 쪽으로 움직임에 따라, 이 평형의 유인영역은 줄어든다. 즉, 종 A의 침입은 시스템을 A 단일집단 상태로 변화시키는 일을 촉발할 것이다. 결국 종 A 종의 평형선이 종 B의 단일집단의 평형 상태(K_B)와 안장점을 충돌할 정도로 넓게 움직인다면, 이 단일집단 군집은 불안정하게 된다. 비록 종 A의 유입이 아주 미세하게 일어나더라도 시스템은 점 K_A에서 종 A단일집단으로의 폭주과정을 거쳐 전환이 일어날 것이다.

종 A가 전혀 없다면, 종 B로만 구성된 단일집단에서 전환은 일어나지 않을 것이다. 한 변수 값이 영(0)인 불안정 상태는 무의미한 평형 상태(trivial equilibrium)라고 불린다. 외래종의 침입이 때로 성공하는 것과 같이 무의미한 평형 상태는 자연계에서 흔히 보이는 상황이다. 특정 지역에 어떤 종이 보이지 않는 것은 그 종이 해당 지역에서 이미 살고 있던 종과 공존하지 못해서 사라진 것이 아니라, 그 지역 자체에 도달하지 못했기 때문으로 봐야 할 것이다.[10]

───────────

10)   어떤 식물 A로만 구성된 집단은 일단 이론적으로 보면 안정 상태라고 할 수 있지만 다른 집단이 유입의 기회조차 없이 그러한 상황이 되었다면 이것은 무의미한 평형이라고 할 수 있다. 이런 상황이 생기는 경우는 다른 종이 그 지역에 정착하려다 경쟁에 의해서 밀려난 것으로도 해석할 수 있지만 외래종의 그 지역에 나타날 기회조차 없었기 때문이라도 볼 수 있으며, 실제 자연환경을 보면 이 후자의 경우가 더 많다.

A.5 다종경쟁

다양한 종으로 구성된 가상적인 사회에서 임계전이는 앞서 기술한 경쟁 모형을 확장함으로써 분석할 수 있다. 이 모형에 관한 수식은 다음과 같다.[4]

$$\frac{dN_i}{dt} = rN_i\left(1 - \frac{\sum_j \alpha_{i,j} N_j}{K_i^*}\right) + u,$$

$$i = 1,\ 2,\ \cdots,\ n;\ (\alpha_{i,i} = 1,\ K_i^* = K_i(1 + M\eta_i)$$

이 공식을 이용하면 외부 압력의 효과를 살펴볼 수 있는데, 각 종의 수용능력은 무작위수인 민감도 상수(η_i)로 표현되는 가상 환경요소(M) 값에 의해서 결정된다. 단 종의 생물량이 비현실적으로 낮은 경우를 방지하기 위해 아주 작은 값의 유입 지수(immigration factor) u를 사용하였다.

A.6 포식자 · 피식자 순환

한계순환(3.1절 참고) 분석의 기초로서 두 개의 식으로 구성된 포식자 · 피식자 모형을 사용한다. 포식자 · 피식자 모형은 호수 플랑크톤 생태계에서 발생하는 상황을 잘 설명해준다.[5]

$$\frac{dA}{dt} = rA\left(1 - \frac{A}{K}\right) - g_z Z \frac{A}{A + h_a}$$

$$\frac{dZ}{dt} = e_z g_z Z\left(1 - \frac{A}{A + h_a}\right) - m_z Z$$

이 모형과 이것을 확장한 모형에 사용된 매개변수 값과 각각의 단위는 표 1에 정리되어 있다. 조류의 기본 성장(A)은 최대 성장률(r)과 수용능력(K)으로 구성된 로지스틱 함수를 따른다. 동물플랑크톤의 소비를 고려해주기 위하여 $m_z Z$항이 추가되었다. 조류가 소비하는 식물플랑크톤의 양은 동물플랑크톤의 양(Z)과 동물플랑크톤의 최대 소비율(g_z), 식물플랑크톤의 밀도에 의해 결정된다. 식물플랑크톤에 대한 의존성은, 고정된 반포화 값(h_a)에 대한 포화 함수적 반응을 나타내는 모노 함수로 기술될 수 있다. 동물플랑크톤은 섭취한 먹이에 따라 특정 효율(e_z)로 증가하고, 반대로 식물플랑크톤의 호흡작용과 자체의 자연사로 인해 동물플랑크톤은 고정된 비율(m_z)로 감소한다. 이 모형에서 매개변수가 기본값을 가지면 이 모형은 한계순환을 거치게 된다.

표 1. 공식에 사용된 기호와 단위, 기본값, 의미

기호	단위	값	정의
ε	–	0.7	계절에 따라 바뀌는 빛과 온도의 세기
A	mg l^{-1}	–	식물플랑크톤의 농도
d	day^{-1}	–	Z를 포함하는 부분과 포함하지 않는 부분 사이의 부피 변화 비율
e_z	gg^{-1}	–	먹이가 동물플랑크톤의 성장으로 전환되는 효율
G_f	mg l^{-1} day^{-1}	–	전체 어류에 의해 소비되는 동물성 플랑크톤의 최대 소비량
g_z	gg^{-1} day^{-1}	0.4	동물플랑크톤의 최대 섭식율
h_a	mg l^{-1}	0.6	Z함수적 반응을 유발하기 위한 조류의 반포화 농도
h_z	mg l^{-1}	1	어류의 함수적 반응을 위한 의 반포화 농도
i	gg^{-1}day^{-1}	0.01	비섭식지로부터 유입되는 식물플랑크톤 유입률
K	mg l^{-1}	10	식물플랑크톤 수용 능력
l	day^{-1}	0.1	식물플랑크톤의 감소율
m_z	day^{-1}	0.15	동물플랑크톤의 사망률
q	–	–	전체 호수 부피에 대한 동물플랑크톤의 서식지 부피 비율

| r | day^{-1} | 0.5 | 식물플랑크톤의 최대 성장 비율 |
| Z | mg l^{-1} | – | 대규모 초식 동물플랑크톤의 농도 |

A.7 호프 쌍갈림

모형에서 안정화 상태를 진동 상태(불안정 상태)로 만들어보고 싶다면 그림 3.3에 나타난 K값을 점차적으로 증가시키면 된다. 수용능력을 아주 낮은 수준에서 시작하여 점점 증가시키면, 조류의 밀도는 K 지점에서 평형을 이루게 된다. 만일 이 지점을 넘어서면 동물플랑크톤의 증가율은 0보다 크게 된다. 결국 조류 밀도는 상수 값을 유지하게 되며 이 값을 넘어가면 동물플랑크톤의 밀도는 증가한다. 생태계가 더 풍요로워지면 생태계는 한계순환 과정을 거쳐 다음 임계점으로 진동을 시작하게 된다. 더 자세히 말하면, 본문에서 설명한 바와 같이(3.1절과 그림 3.3 참고) 호프 쌍갈림(Hopf bifurcation)에서는 안정적 평형 상태가 불안정해질 수 있는데 이 불안정 상태는 안정적 한계순환에 의해 둘러싸이게 된다는 것이다.[11]

A.8 공간이질성의 안정화

다음 그림에서 우리는 어떤 공간구조가 진동하는 시스템의 잠재력에 어떻게 영향을 미치는지 설명하고자 한다. 이 모형은 동물플랑크톤과 조류가

---

11)   어떤 변수 K의 변화에 따라서 그전에 불안정한 점이 한계순환 과정으로 바뀌고 이 순환의 과정으로 시스템이 대체안정 상태가 될 수 있는데 바로 그 변화가 일어나는 시점이 호프 쌍갈림 점이다. 시스템에서 불안정 점이 몇 개의 대체안정 상태로 바뀌는 점이 쌍갈림점이라면 그것이 한계순환으로 바뀌는 점이 바로 호프 쌍갈림점이라고 할 수 있다.

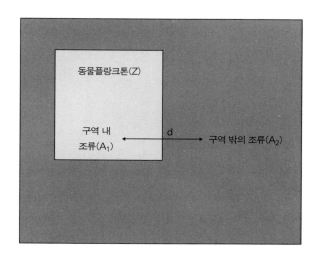

그림 A.6   플랑크톤 순환 모형을 나타내기 위한 가상 공간구조. 이 공간구조는 플랑크톤 순환 모형에서 공간의 이질성이 어떤 영향을 미치는지를 조사하기 위해 고안된 것이다. 동물플랑크톤(Z)은 공간의 한 부분에만 존재한다고 가정한다. 조류는 동물플랑크톤 구역의 안(A_1)과 밖(A_2)에서 모두 성장하고, 이 두 구역 양쪽으로 퍼져나간다고 가정한다(화살표 d가 이 과정을 나타냄).[6]

상호작용하는 간단한 모형을 확장한 것이다. 시스템의 공간적 변화 과정(spatial process)을 모형으로 만드는 것은 좀 복잡하다. 공간집단의 근본적인 특징을 유지하면서 단순화하는 방법도 가능하다. 즉 조류는 호수 전역에 균일하게 퍼져 있다고 가정하는 반면, 동물플랑크톤은 호수의 특정 지역에만 모여 있다고 가정하는 것이다. 이렇게 우리는 두 개의 가상 구역을 만든다(그림 A.6). 첫 번째 구역에서는 동물플랑크톤이 조류 집단의 일부분(부차집단, A_1)을 먹는 반면, 두 번째 구역에서 조류(A_2)는 포식자로부터 벗어나 있다고 가정한다. 우리는 하루에 일어나는 두 구역 사이의 교환양을 호수 부피의 비율 d로 정의한다. 이것은 동물플랑크톤이 밀집되어 있는 구역으로 이동하는 물(조류가 포함된)의 양으로 생각할 수 있고, 같은 방식으로 동물플랑크톤의 이동도 표현할 수 있다.

이 상황은 다음 공식으로 나타낼 수 있다.

$$\frac{dA_1}{dt} = rA_1\left(1 - \frac{A_1}{K}\right) - g_z Z\frac{A_1}{A+h_a} + \frac{d}{f}\,(A_2 - A_1)$$

$$\frac{dA_2}{dt} = rA_2\left(1 - \frac{A_2}{K}\right) - \frac{d}{1-q}\,(A_2 - A_1)$$

$$\frac{dZ}{dt} = e_z g_z Z\frac{A_2}{A_1+h_a} - m_z Z$$

모형의 동역학으로 볼 때, 플랑크톤/조류의 혼합률과 동물플랑크톤이 차지한 호수의 부피는 몇 개의 그래프로 요약할 수 있다(그림 A.7). 만약 두 집단의 혼합이 없다면 (I)의 경우, 동물플랑크톤과 조류가 공존하는 구역에 있는 개체는 강한 진동을 경험하는 반면, 동물플랑크톤이 없는 호수 지역에 있는 조류는 아무런 영향을 받지 않는다. 실제로 진동은 조류와 그것을 먹이로 하는 집단을 멸종으로 몰아갈 수도 있다. 거의 멸종된 상태에서 다시 회복하기까지는 오랜 시간이 걸리는데, 이것은 그 진동의 주기가 매우 길어진다는 것을 의미한다. 이러한 유형의 진동은 모형에서는 흔히 나타나지만, 자연에서 실제로 나타나는 진동은 모형처럼 그렇게 극심하지는 않다. 각 개체가 점유하고 있는 구역 사이에 어느 정도의 혼합을 허용하는 모의실험을 해보면, 거의 멸종에 가까운 사건을 만들어내는 진동은 실제 공간적 특성을 무시한 결과라는 것을 보여준다. 약간의 교류 (II의 경우)만 허용해도 섭식 지역의 동역학 시스템은 완전히 변화될 수 있다. 교류를 허용한 동역학 시스템도 여전히 진동은 하고 있지만 사이클의 진폭은 감소되고 진동 기간은 실제로 관찰된 것과 거의 비슷해진다. 동물플랑크

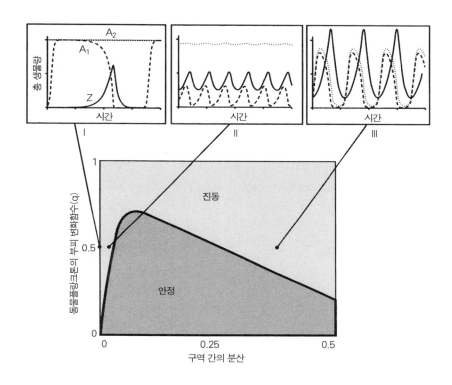

그림 A.7　조류/플랑크톤 구역 간에 일어나는 확산 정도에 따른 동물플랑크톤의 호수 점유 현상. 동물플랑크톤이 차지한 호수 부피(q)의 일부 효과와 공간의 양 지역 사이의 조류의 확산 비율(d)을 보여주는 공간상의 동물플랑크톤 · 조류 모형의 분기점 그래프. 아래 그림에 나타난 실선 커브는 호프 분기점을 나타내고 진동구역과 안정구역을 나누는 매개변수 공간의 경계선을 나타내고 있다. 안정된 평형(균형) 상태는 공간의 먹이활동지역(d)이 충분히 작고 교환율(q)이 중간일 때 나타날 수 있다. 만약 동물플랑크톤이 더 큰 공간을 차지한다면 안정화는 더욱더 어려워진다. 위에 나타낸 세 개의 시간에 따른 그래프는 각각 다른 수준의 혼합에서 나타나는 모형의 행태를 보여준다.[6]

톤에 의한 섭식활동이 없는 지역의 조류에서도 약간의 진동현상은 나타나는데 이는 섭식활동이 있는 지역의 영향을 어느 정도 받기 때문이다. 두 지역 사이의 교류를 더 증가시키면 한계순환의 주기는 더 줄어들게 되어,

결국에는 불안정 평형점과 충돌하여 안정 평형점이 생성된다. 이 충돌점이 바로 앞서 설명한 호프 쌍갈림의 분기점이다(지금은 앞서 설명한 것의 반대 과정임).

지금까지 본 것과 같이 공간적인 구조가 있는 시스템에서 교류가 발생하면 시스템은 좀 더 안정화되는 경향을 보임을 알 수 있다. 그런데 교류의 정도를 더 높이면 시스템은 호프 쌍갈림 점을 지나 다시 진동하게 되는 놀라운 현상을 보인다. 비록 이 현상이 처음에는 직관에 반하는 것처럼 보이나, 교류의 정도가 매우 강력한 극단적인 상황을 상상해본다면 이해할 수 있다. 그리고 이후 전체가 완전히 섞여 있는 극단의 상황을 고려해볼 수 있다. 이런 완전한 혼합 상태가 되면 호수에 살고 있는 모든 조류의 특성은 점점 더 비슷해지고 그 조류를 은신처로 하여 살아가는 동물플랑크톤의 밀도는 호수의 다른 곳으로부터의 영양분 유입 때문에 매우 높아지게 될 것이다.

A.9 견인경계 충돌

견인경계 충돌의 예를 보기 위하여 상위의 포식자(이 경우에는 고기)를 앞에서 설명한 동물플랑크톤·조류 모형에 넣어보자. 앞절에서 논의했던 조류 모형과 방정식은 그대로 사용할 예정이다. 단지 동물플랑크톤을 먹는 고기의 포식 효과를 설명하기 위하여 앞서의 성장 방정식에 플랑크톤의 손실 항만을 추가하면 된다.

$$\frac{dA}{dt} = rA\left(1 - \frac{A}{K}\right) - g_z Z \frac{A}{A + h_a} + i(K - A)$$

$$\frac{dZ}{dt} = e_z g_z Z \frac{A}{A+h_a} - m_z Z - F \frac{Z^2}{Z^2 + h_z^2}$$

이 모형으로부터 여러 유형의 예측이 가능하다. 견인경계 충돌의 예를 위하여 우리는 물고기 밀도(G_f)를 0에서 시작하여 점차적으로 증가시켜 본다. 두 종의 식물플랑크톤과 동물플랑크톤의 상호작용은 순환끌개의 형태로 나타나는데, 이 한계순환의 폭이 끌개영역의 경계와 충돌할 정도로 충분히 증가하면 호수는 식물플랑크톤으로 가득한 녹조 상태가 되어 붕괴된다.[12] 이것을 견인경계 충돌[13]이라고 부른다.

A.10 주기 강제력

주기 강제력(periodic forcing)이 시스템에 미치는 영향을 보여주는 예로서 계절에 따른 호수 플랑크톤의 변화 모형을 들 수 있다.[7] 우리는 태양광의 정도, 물의 온도, 고기의 먹이활동이 계절에 따라서 변화한다고 가정한다. 빛은 조류의 수용능력(K)에 영향을 주며 온도는 조류, 동물플랑크톤, 고기의 물질대사에 관련된 변수(r, g, m, G_f)에 영향을 준다. 문제를 단순화하기 위하여 우리는 온도에 따른 세부적인 변화, 각 개체별로 다른 태양광의 의존정도는 모두 무시하기로 한다. 대신 이러한 변수들에 계절적 충격

---

12) 　　동물플랑크톤과 식물플랑크톤의 포식자 · 피식자 상호작용으로 어느 한쪽이 많아졌다가 줄었다가 하는 순환, 정확히 말하면 한계순환을 거친다. 그런데 그 순환의 한 과정 중, 예를 들어 동물플랑크톤의 수가 작을 때 그 작은 수 대부분을 새로 등장한 물고기가 먹어버린다면 동물플랑크톤은 멸종에 가까운 상태가 되고 이로 인하여 호수는 물고기와 식물플랑크톤으로 가득 차게 되며 이 녹조 현상은 앞으로도 계속 지속된다.

13) 　　혹은 homoclinic bifurcation이라고 부른다.

지수 σ_t를 곱함으로써 계절이 미치는 영향을 반영하고자 한다. σ_t는 t(시간, 날짜)에 의해 정해지는 주기 함수이다:

$$\sigma_{(t)} = \frac{1 - \epsilon \, cos(2\pi t/365)}{1 + \epsilon}$$

여기서 $t = 0$는 1월의 첫 번째 날을 의미한다. 이 공식에서 매개변수 σ_t(즉 가장 추운 겨울 중간의 어느 날의 상황)의 최솟값은 이 σ_t이 가지는 최댓값(여름 가장 무더울 때)에 $(1 - \epsilon)/(1 + \epsilon)$을 곱한 결과와 같다. 그러므로 σ_t의 최댓값을 기본값(default value)으로 사용하면 되며, 이 값을 조절하여 계절 변화의 폭을 결정할 수 있다.[14]

온도로 인한 변동에 덧붙여 물고기 포식압력(G_f)은 물고기의 번식 과정이 계절적 순환에 영향을 준다. 물고기의 번식 순환은 온도와 태양광의 정도와 동조하여 사인곡선이 된다고 가정한다. 따라서 G_f를 앞서 설명한 계절적 충격 지수($\sigma_{(t)}$)에 곱함으로써 그 효과를 반영시키고자 한다. 따라서 이 계절에 따른 차이를 반영한 전체 모형은 다음과 같다.

$$\frac{dA}{dt} = \sigma_t r A \left(1 - \frac{A}{\sigma_{(t)} K}\right) - Z\sigma_{(t)} g_z \frac{A}{A + h_A} + d(\sigma_{(t)} K - A)$$

$$\frac{dZ}{dt} = e_z g_z Z \frac{A}{A + h_a} - m_z Z - F \frac{Z^2}{Z^2 + h_z^2}$$

외부에서 주어지는 주기영향력에 나타나는 끌개의 여러 형태와 그 안에

---

14)   이 값을 아주 작게 하면 4계절의 변화가 거의 없는 온화한 날씨 환경을 만들어주며, 이 값을 크게 설정하면 여름과 겨울의 온도폭이 매우 큰 상황을 만들어준다.

존재하는 쌍갈림에 대한 해석은 상당히 복잡하지만,[7] 그 모형을 연구하는
가장 쉬운 방법은 각각의 변수 값을 다르게 설정하여 시뮬레이션해보는 것
이다. (그림 7.9)

A.11 자기 조직화 패턴

많은 연구자에 의해서 자기 조직화 패턴을 만들 수 있는 기본 모형이 제안
되었다.[8, 9] 식물에 나타나는 자기 조직화 모형의 본질은 그 안에 존재하는
음과 양의 피드백이다. 즉 좁게 보면 지역적으로 제공된 수분과 양분이 주
는 긍정적 효과로부터 부분적 양(+)의 피드백이 나타나는 것과, 넓게 보
면, 수분과 양분을 두고 벌어지는 식물 조직들 사이에 나타나는 음(-)의
피드백이 있다는 것이다. 세 개의 편미분 방정식으로 구성된 리트커
(Rietkerk)의 모형을 예로 들어보자.[9] 이 모형은 확산을 통한 수분과 식물
의 수평적 이동(lateral displacement)에 기초하고 있다. 식물의 생물량
(plant biomass) V_b는 다음의 편미분 방정식으로 나타낼 수 있다(변수에 대
한 설명은 표 2를 참조).

표 2. 변수, 기본값, 단위[9]

변수	내용	기본값	단위
c	성장을 위해 식물이 흡수한 수분의 전환비율	10	$g\ mm^{-1}\ m^{-2}$
g_{max}	최대 수분흡수량	0.05	$mm\ g^{-1}\ m^2\ d^{-1}$
K_1	식물성장과 수분흡수의 반포화상수	5	mm
d	폐사로 인한 식물밀도의 감소량	0.25	d^{-1}
D_p	식물의 확산정도	0.1	$m^2\ d^{-1}$
α	최대 침투율	0.2	d^{-1}

K_2	수분침투의 포화상수	5.0	$g\,m^{-2}$
W_0	식물이 없을 때의 수분 침투율	0.2	–

$$\frac{\partial V_b}{\partial t} = c\ g_{max}\Big(\frac{W}{W+k_l}\Big)V_b - dV_b + D v_b \varDelta V_b$$

수분유효도 W, 식물의 생물량 V_b, 식물에 의한 최대 수분흡수 g_{max}로 이루어진 첫 번째 항은 식물의 성장과 관련이 있다. 방정식의 두 번째 항은 식물의 폐사율 d를 나타내고, 세 번째 항은 식물의 분산 정도를 나타내는 항으로 이것은 확산상수 D_{v_p}를 포함한 항으로 나타낼 수 있다. 토양에 이미 존재하고 있는 물의 양, 토양수의 변화는 다음과 같이 나타낼 수 있다.

$$\frac{\partial W}{\partial t} = \alpha \cdot O \cdot \frac{V_b + k_2 W_0}{V_b + k_2} - g_{max}\Big(\frac{W}{W+k_l}\Big)V_b - r_w W + D_w \varDelta W$$

이 방정식의 각 항은 수분의 침투와 흡수, 증발, 배수에 의한 수분의 손실과 토양수의 확산을 나타내고 있다. 지표수 O는 다음과 같이 나타낼 수 있다.

$$\frac{\partial O}{\partial t} = P - \alpha \cdot O\Big(\frac{V_b + k_2 W_0}{V_b + k_2}\Big) + D_O \varDelta O$$

이 방정식의 항은 각각 강우량, 땅에 흡수되는 수분의 손실, 지표수의 확산을 나타내고 있다. 실제 격자모양의 셀로 구성된 환경에서 이 모형을 시뮬레이션해보면 변수 값에 따라서 각각 다르게 나타나는 패턴을 볼 수 있다.[15]

A.12 얕은 호수의 대체안정 상태

얕은 호수에서 대체안정 상태를 만드는 메커니즘의 본질은 식물에 의해서 호수의 혼탁도가 감소되고, 반대로 이 혼탁도는 식물의 성장을 방해한다는 것이다. 7.1절에 제시된 그래프 모형은 참고문헌[10]에 나타난 방정식을 종합한 것이다. 역(inverse) 모노 함수를 이용하면 식물이 아래에 표시된 균형 혼탁도(E_{eq})에 미치는 효과를 나타낼 수 있다.

$$E_{eq} = E_0 \frac{h_v}{h_v + V}$$

V는 식물로 덮여 있는 호수 지역의 넓이를 의미하고, E_0는 식물이 없는 곳의 혼탁도이다. 식물이 사라지는 효과는 힐 함수에 의해 다음과 같이 나타낼 수 있다.

$$V_{eq} = \frac{h_E{}^p}{h_E{}^p + E^p}$$

혼탁도와 식물 생물량이 S자 모양의 로지스틱 커브에 따라 균형점에 근접한다고 가정하면, 위에 제시한 균형식은 아래의 미분 방정식으로 변환하여 나타낼 수 있다.

$$\frac{dE}{dt} = r_E E \left(1 - \frac{E}{E_{eq}}\right)$$

$$\frac{dV}{dt} = r_V V \left(1 - \frac{V}{V_{eq}}\right)$$

---

15)   그림 11.3에 제시된 사진에는 땅에 나타나는 다양한 형태의 패턴이 잘 나타나 있다.

A.13 부유식물

부유식물과 바닥에 뿌리를 둔 침수식물 사이의 경쟁에서 나타나는 비대칭성(7.3절)에는 세 가지 특징이 있다. (1) 부유식물에게는 빛이 더 중요한 반면 (2) 침수식물은 물의 영양분 농도가 낮아도 잘 자랄 수 있고[16] (3) 이 때문에 침수식물은 물의 영양분 농도를 더 낮출 수 있다. 이 비대칭성의 특성을 위한 단순 모형은 다음과 같다.[10]

$$\frac{da}{dt} = a\left(r_a \frac{1}{1+q_a(t_a a + t_c c)} \frac{P-c-a}{h+P-c-a} - d_a - f \right)$$

$$\frac{dS}{dt} = r_s S \left(\frac{n}{n+h_s} \right) \left(\frac{1}{1+a_s S + bF + W} \right) - l_s S$$

시간 경과에 따른 부유식물 F와 침수식물 S의 생물량의 변화는 물속 영양분과 태양광에 제약을 받는 두 변수 값 r_f(부유식물 최대성장률)과 r_s(수생식물 최대성장률)에 영향을 받는다. 또한 호흡이나 다양한 소멸 원인에 의하여 결정되는 각각의 손실률 l_f(부유식물)과 l_s(수생식물)도 이 함수에 변수로 포함된다. 영양분에 의한 제약은 물속에 녹아 있는 전체 무기질소농도 n의 포화 함수로 표현되는데, 이것은 식물 생물량의 증가에 따라 감소한다고 가정하고 있다.

$$n = \frac{N}{1+q_s S + q_f F}$$

---

16)   부유식물과 달리 침수식물은 영양의 대부분을 뿌리를 통하여 호수바닥 퇴적물에서 흡수하기 때문이다.

여기에서 식물이 없을 때의 영양분 최대 농도 N은 시스템의 처음 유입된 영양분 양에 따라 달라지고, 매개변수 q_s와 q_f는 이 수생식물과 부유식물이 물속의 질소농도에 미치는 영향의 정도를 나타내는 조절 값이다. 태양광으로 인한 제약은 단순하게 공식화될 수 있다. 즉 $\frac{1}{a_f}$와 $\frac{1}{a_s}$은 수생식물과 부유식물이 동종 간 경쟁으로 인해 그 성장률이 50%까지 감소할 때의 밀도를 각각 나타낸다. 두 식물 간 경쟁 외에도 수중식물이 받는 빛은 두 가지 요소에 의해서 조정된다. 그 하나는 물속에서 빛이 감소되는 정도를 나타내는 변수 W이며 다른 하나는 부유식물의 그림자로 인해 감소되는 정도 b이다. 이 모형에서의 설정할 매개변수 초기 값은 표 3에 주어져 있다.

표 3. 부유식물 모형에서 필요한 매개변수와 일반 변수의 초기 값과 그 차원 단위

매개변수/일반변수	초기값	단위
F	–	g dw m^{-2}
S	–	g dw m^{-2}
N	–	mg N l^{-1}
n	–	mg N l^{-1}
a_f	0.01	(g dw m^{-2})$^{-1}$
a_s	0.01	(g dw m^{-2})$^{-1}$
b	0.02	(g dw m^{-2})$^{-1}$
h_f	0.2	mg N l^{-1}
h_s	0.0	mg N l^{-1}
l_f	0.05	day^{-1}
l_s	0.05	day^{-1}
q_f	0.005	(g dw m^{-2})$^{-1}$

q_s	0.075	$(g\ dw\ m^{-2})^{-1}$
r_f	0.5	day^{-1}
W	0	-
r_s	0.5	day^{-1}

A.14 우발적인 행동

우발적인 행동을 모형화하기 위한 간단한 방법이 있다. 즉 각 문제와 관련한 개인들의 견해와 태도를 간단한 이분법적으로 나타내는 것이다. 예를 들어 능동적인 견해나 태도의 경우는 (+1)로 나타내고 수동적인 견해와 태도는 (−1)로 나타낸다. 능동적으로 되기 위해서는 그만큼 노력이 필요하며 이러한 능동적인 행동은 다른 동료에게 압박을 준다. 즉 능동적인 사람이 보이는 "나는 올바른 일을 하고 있어"와 같은 식의 생각은 주위 사람에게 더 적극적인 감정을 전달하기 때문이다.[12] 여기서 능동적인 행동에 대한 효용을 $\widetilde{U}_{(+)}$ 나타내고 수동적인 행동에 대한 효용을 $\widetilde{U}_{(-)}$ 로 나타내기로 하자. 이러한 효용함수가 다양한 사람의 특징을 반영할 수 있기 위해서는 무작위적인 특성을 가지고 있어야 할 것이다. 따라서 우리는 $\widetilde{U}(a) = U(a) + s\ \varepsilon(a)$ 로 사람들의 특성을 나타낼 수 있다. 여기에서 행동 $a = +1$은 능동적인 행동, $a = -1$은 수동적인 행동을 나타낸다고 하자. 그리고 $U(a)$는 확률적 요소가 없는 결정적[17] 과정이며, $\varepsilon(a)$는 무작위 변수, s로 분산의 정도를 조정한다. 만약에 $\varepsilon(a)$ 변수가 사람과 행동의 면으로 볼 때 독립적이며 동일한 분포[18]를 따른다고 가정하면, 우리는 대

---

17)   같은 입력에 대해서는 항상 같은 결과만을 생성하는 과정, 함수 등.

부록

수의 법칙(law of large numbers, 큰수의 법칙)[19]을 적용할 수 있으므로, 행동 a에 대한 확률 P를 $V(a), a, s$의 함수를 이용해서 다음과 같이 나타낼 수 있다.

$$P(a) = \frac{e^{\frac{U(a)}{s}}}{e^{\frac{U(+1)}{s}} + e^{\frac{U(-1)}{s}}}$$

이제 동료집단에 의한 "사회적 압박" 효과를 고려해 보자. $n_t(a)$를 시간 t에서 발생되는 행동 a에 대한 확률 P로 정의하면, 집단이 전체적인 선호되는 행동의 경향은 다음과 표현할 수 있다.

$$A_t = n_t(+1) - n_t(-1)$$

그리고 개인 i가 t시점에 어떤 행동을 취할 때 집단의 경향을 고려하는 문제를 생각해보자. 한 개인의 결정이 집단의 경향과 보이는 차이를 $c(a_{i,t} - A_t)^2$로 나타낸다면, 개인 i가 t시점에 행한 행동에 대하여 얻을 수 있는 효용은 다음과 같다.

$$V_t(a_i) = U_i(a_{i,t}) - c(a_{i,t} - A_t)^2$$

그다음 확률함수를 적용하여 U를 V로 교체하게 되면, 다음 식을 얻을 수 있다.

---

18)   통계학에서 말하는 iid, 즉 independently and identically distributed.

19)   모집단이나 시행횟수가 충분히 클 때 성립되는 통계적 법칙.

$$A_t = T\left(\frac{h_t + 2cA_{t-1}}{s}\right)$$

$$h_t = \left(\frac{U_{t(+1)} - U_{t(-1)}}{2}\right)$$

$$T_x = \frac{e^x - e^{-x}}{e^x - e^{-x}}$$

위의 모형에 숨어 있는 원리는 국면전환을 다룬 두 편 논문에 이미 잘 설명되어 있다.[13] 이슈화되고 있는 사회문제에 대한 대중의 태도는 집단 행동의 평형시점 $\overline{A_t}$[20]을 h_t의 함수로 표현하여 그래프로 나타낼 수 있다.

---

20)   즉 $A_t = A_{t-1}$이 되는 시점.

| 용어해설 |

동역학계에서 주로 사용되는 전문 용어를 아래에 정리했다. 엄밀한 수학적 설명보다는 개괄적인 입장에서 용어를 설명하고자 하였다. 더 자세한 내용은 책의 각 부분에서 찾아볼 수 있다.

견인영역 ｜ Basin of attraction
> 특정한 끌개로 수렴하는 초기 조건의 집합

경쟁배제 ｜ Competitive exclusion
> 어떤 종이 아주 강한 경쟁자에 의해 배제되는 상황

공간적 이질성 ｜ Spatial heterogeneity
> 어떤 특징이 공간적 위치에 따라 다르게 나타나는 변화

국면전환 ｜ Regime shift
> 한 국면에서 그것과는 전혀 다른 국면으로 비교적 급작스럽게 넘어가는 과정. 국면이란 시스템의 한 상태에 존재하는 다양한 역학, 예를 들어 요동이나 순환과 같은 확률적으로 발생하는 소란을 총체적으로 일컫는 말

군집 ｜ Community
> 특정 생태계에 모여 살고 있는 종 그룹

기계적 모형 ｜ Mechanistic model
> 시스템의 역학을 직접적 보여주는 모형. 이와 반대로 경험적 모형(예를 들면 회귀 모형)은 선택한 변수들 사이의 관측된 상관관계를 기술해주는 모형이다.

기능 그룹 ｜ Functional group
> 생태계에서 같은 기능을 수행하는 종 그룹. 예를 들면 곤충을 먹는 동물이나 질소고정 식물이 한 예가 될 수 있다.

끌개 ｜ Attractor
> 어떤 모형이 충분한 시간이 지난 후에 수렴하는 특정한 상태나 전반적인 국면

남획, 난개발 ｜ Overexploitation
> 생물체가 생산하는 속도 이상으로 그들을 이용하는 형태. 예를 들어 나무가 자라는 정도보다 더 많은 나무를 베어서 활용하는 것이나 바다에서 치어까지 모두 잡아버리는 것이 전형적인 예이다.

느리고 빠른 순환 ｜ Slow-fast cycle

한계순환의 일종으로 두 개의 대체안정 상태를 빠른 단계와 느린 단계가 서로 간섭함으로써 나타나는 주기적 전환 현상

다중안정 상태 | Multiple stable states

주어진 하나의 외부 조건에 대하여 하나 이상의 안정 상태를 포함하는 시스템의 상황

다차원 시스템 | Multidimensional system

여러 개의 독립변수를 가진 모형. 이것을 그림으로 나타내려면 각 차원마다 하나의 축이 필요하다. 3차원이라면 세 개의 축이 필요하다.

대체안정 상태 | Alternative stable states

동일한 외부 상황에서도 서로 다르게 수렴될 수 있는 시스템의 상태집합

동위원소 지문 | Isotopes and isotopic signature

산소나 질소 같은 원자는 현실에서 비슷한 기능을 하지만 실제 무게가 약간씩 다른 종이 존재한다. 물의 증발이나 질소고정 과정에서 약간 가볍거나 약간 더 무거운 원소가 선호된다. 이 과정에서 각 동위원소의 구성비가 조금씩 달라지는데 이것을 동위원소의 지표 또는 지문(fingerprint)이라고 한다. 이것을 이용하면 고대의 기후나 퇴적물에서 발견된 동물들의 식성을 유추할 수 있다.

문턱, 문턱값 | Threshold

시스템이 조건에 극도로 민감한 지점. 시스템은 이 문턱값을 기준으로 서로 확실히 구별되는 상태로 나뉜다.

밀개 | Repellor

끌개의 반대 개념. 따라서 시스템은 이 지점으로 최대한 멀어지려고 한다. 밀개는 대체견인영역의 경계를 형성한다.

부영양화 | Eutrophication

영양 유기물질의 지나친 유입으로 말미암아 생태계에 발생한 변화

불안정 평형 | Unstable equilibrium

밀개 점(repellor point)

비선형 시스템 | Nonlinear system

변수의 선형적 결합으로 기술할 수 없는 시스템. 비선형 시스템에는 문턱값, 다중끌개, 순환, 혼돈이 존재할 수 있다.

생물조작 | Biomanipulation

생태계의 상태를 변화시키기 위해서 주요 동식물종을 조절하는 작업. 호수에서 물을 맑게 하기 위하여 고기를 잡는 경우가 생물조작의 좋은 예가 된다.

생활영역 | Niche

생명체가 생태계에서 삶을 꾸려가는 방식의 총체. 예를 들어 특정한 새의 '생활영역'은 그들이 먹이로 하는 특정 곤충군이 될 수 있으며, 식물에 따라서 그 생활영역은 습한 땅, 산성의 땅, 영양분이 척박한 땅으로 구별될 수 있다.

쌍갈림 | Bifurcation

모형이 정성적으로 변화하게 되는 시점 변수의 문턱값

안장점 | Saddle

방향에 따라서 끌개가 될 수도 있고, 밀개가 될 수도 있는 특수한 불안정 평형점

안정평형 | Stable equilibrium

끌개 점(attractor point)

양의 피드백 | Positive feedback

자기 자신에게 양의 효과를 더해주는 효과의 연속. 예를 들어 기온이 올라가 눈이 녹아 쉽게 더워지면 이로 인하여 지면이 더 노출되어 기온이 더 오르는 현상

얕은 호수 | Shallow lake

수심이 몇 미터에 불과한 호수. 얕은 호수는 호수의 물이 잘 섞인다는 특징이 있으며 대부분의 호수가 여기에 해당된다.

영역경계 | Basin boundary

시스템이 다른 상태로 수렴하기 위한 모든 초기 조건의 경계구역

영역경계 충돌 | Basin boundary collision

시스템의 진동 과정에서 나타난 특정 상태가 다른 대체영역의 경계와 만나는 사건

외부 영향, 외부적 강제 | External forcing

시스템의 외부에서 미치는 영향, 예를 들면 태양광은 지구 시스템의 관점에서 보면 일종의 외부 영향이다.

유사주기 | Quasi-periodic

주기나 진폭의 변화가 자주 변하기 때문에 같은 것이 정확하게 반복되는 주기라고는 볼 수 없는 진동 시스템. 혼돈 시스템과 달리 유사주기 시스템은 장기 예측을 불가능하게 하는 초기 조건 민감성이 없다.

의존성 | Contingency

이 책에서는 어떤 개체가 그 동료를 따라서 하는 경향을 의미하는 뜻으로 사용되었다.

이력 현상 | Hysteresis

시스템의 상태가 바뀐 후에도 같은 상태에 남아 있으려는 경향. 대체안정 상태 관점에서 설명하자면 다음과 같다. 시스템이 어떤 조건의 변화에 의해 특정 문턱값에서 쌍갈림이 발생한다. 그런데 그 변화의 조건을 이전으로 되돌린 경우 이전에 쌍갈림을 일으킨 문턱값이 아닌 새로운 점에서 복구 현상이 나타난다. 즉 새로운 상태에 들어갈 때 끌개점의 위치와 다시 복구될 때 끌개점의 위치가 다를 수 있는데 이 경우에 해

당 시스템은 이력 현상을 보인다고 말한다. 이력 현상은 루프를 형성한다. 그 서로 다른 쌍갈림 문턱값의 차이를 이력 현상의 크기 또는 너비라고 한다.

임계적 서행 | Critical slowing down

요란(disturbance)에서 회복 과정이 둔화되어 서서히 쌍갈림 점으로 가까이 가는 경향

자기 조직화 패턴 | Self-organized patterns

내부 개별 단위들의 상호작용으로 그전에는 전혀 볼 수 없었던 패턴이 갑자기 나타나는 것

저항 | Resistance

시스템에 변화를 일으키는 데 필요한 힘

적응적 순환 | Adaptive cycle

환경 변화에 적응하기 위하여 시스템 스스로 재조직화와 붕괴의 반복적 순환을 되풀이하는 것의 휴리스틱(heuristic) 모형

주기 강제력 | Periodic forcing

특정 기간 동안 진동하는 환경에 나타나는 변화의 영향. 예를 들면 계절적인 기온의 변화, 광량의 변화가 여기에 해당한다.

주름 쌍갈림 | Fold bifurcation

견인영역의 경계에 있는 불안정한 점이 안정점과 만나는 임계문턱점. 이 쌍갈림 점에 도달하면 평형은 갑자기 사라진다.

진행 과정, 이행 과정 | Transient

복잡계 시스템이 끌개로 접근하는 그 중간 과정

최소(전략) 모형 | Minimal (strategic) model

특정 동작을 만들어내기 위해서 최소한으로 필요한 메커니즘만을 가진 모형

카오스 | Chaos

정확하게 표현하자면 결정적 혼돈(deterministic chaos)이라고 해야 한다. 시스템을 움직이는 결정적 규칙에 의해서 나타날 수 있는 예측 불가능한 요동

특이한 끌개 | Strange attractor

혼돈 시스템에서 나타나는 끌개의 한 종류. 이것은 하나의 고정점이 아니라 비반복적으로 순환하는 형식으로 나타난다.

파국 쌍갈림 | Catastrophic bifurcation

시스템에 존재하는 어떤 끌개가 사라지고 이것이 새로운 대체끌개로 대체될 때 나타나는 쌍갈림

파국전환 | Catastrophic shift

용어해설

아주 작은 요동이 모형을 파국적 쌍갈림 너머로 보내버리는 상황에서 보이는 급격한 전환 현상

파국주름 | Catastrophe fold

어떤 요인에 대응하는 시스템의 특성을 그래프로 나타낼 때 그 반응 커브가 주름의 형태로 나타나는 것. 이것이 의미하는 것은 동일한 환경 조건에서도 그 이전 상황에 따라 다른 대체안정 상태가 나타난다는 것을 말한다.

폭주변환 | Runaway change

스스로 양의 피드백을 만들어 가속화되는 변화의 과정

평형 | Equilibrium

시스템에 영향을 미치는 프로세스 간에 균형이 정확히 맞아서 시스템에 별다른 변화가 나타나지 않는 상황. 평형이 안정적이라는 말은 작은 변동이 발생해도 쉽게 원래 상태로 되돌아오는 상황을 말한다. 불안전한 평형은 작은 변동 이후에 시스템이 초기 상태와 아주 다른 상황으로 변한 경우를 말한다.

피드백 루프 | Feedback loop

원인과 결과의 연관성이 닫힌 루프로 구성된 것

한계순환 | Limit cycle

내부 요인에 의해서 움직이는 안정적이며 순환적인 동역학. 초기 조건과 상관없이 시스템이 이 순환의 과정으로 수렴되면 이 순환 역시 시스템의 끌개가 될 수 있다.

허상 | Ghost

끌개가 사라진 뒤에도 남아 있는 것처럼 보이는 일종의 흔적. 시스템에 '허상'이 나타나면 시스템은 불안정해지며 시스템은 반응에 둔감하게 된다.

회복력 | Resilience

시스템이 다른 시스템으로 넘어가지는 않는 상황에서 포용할 수 있는 요동의 최대치. 사회생태계적으로 설명한다면 어떤 사회 시스템이 자신의 기본적인 기능은 그대로 유지하면서 발생한 요동을 수용할 수 있는 그 한계치. 예를 들어 사회의 일상적인 기능(예를 들면 교통, 교육, 치안, 생산, 놀이)이 유지되는 선에서 일어날 수 있는 소요의 최대 수준

효용 | Utility

이 책에서 효용은 인간이 생태계로부터 얻어내는 이득이라는 뜻으로 사용된다.

1장 | 서론

1. M. Nystrom, C. Folke, and F. Moberg, *Trends Ecol. Evol.* *15* (10), 413 (2000); T. P. Hughes, *Science* **265**,1547 (1994); N. Knowlton, *Am. Zool.* **32**(6), 674 (1992); T. J. Done, *Hydrobiologia* **247**(1-2), 121 (1991); L. J. McCook, *Coral Reef* **18**, 357(1999); D. R. Bellwood,T. P. Hughes, C. Folke et al., *Nature* **429**(6994), 827 (2004).

2. P. deMenocal, J. Ortiz, T. Guilderson et al., *Quaternary Science Reviews* **19**(1-5), 347 (2000).

3. M. Gladwell, *The Tipping Point* (Little, Brown, and Co., New York, 2000).

4. R. Adler, *Nature* **414**(6863), 480 (2001).

5. J. Diamond, *Collapse: How Societies Choose to Fail or Survive* (Viking Adult, New York, 2004).

6. G. Schwartz and J. J. Nicols, *After Collapse, The Regeneration of Complex Societies* (The University of Arizona Press, Tucson, 2006).

7. T. Heyerdahl, *In the Footsteps of Adam: An Autobiography*, p. 320 (Little, Brown, and Co., London, 1998).

8. J. A. Tainter, *The Collapse of Complex Societies: New Studies in Archaeology*(Cambridge University Press, Cambridge, UK, 1988); M. A. Janssen, T. A. Kohler,and M. Scheffer, *Current Anthropology* **44**(5), 722 (2003).

9. S. R. Carpenter, *Regime Shifts in Lake Ecosystems: Pattern and Variation*(Ecology Institute, Oldendorf/Luhe, Germany, 2003).

10. S. A. Forbes, *Bulletin of the Scientific Association* (*Peoria, IL*), 77 (1887).

1부 임계전이 이론

2장 | 대체안정 상태

1. R. Thom, *Structural Stability and Morphogenesis: An Outline of a General Theory of Models* (Addison-Wesley, Reading, MA, 1993).

2. R. C. Lewontin, "The Meaning of Stability," in *Diversity and Stability in Eco logical*

Systems, Brookhaven Symposiums in Biology, vol. 22, pp. 13–24 (1969).

3. C. S. Holling, *Annu. Rev. Ecol. Syst.* **4**, 1 (1973).

4. R. M. May, *Nature* **269** (5628), 471 (1977).

5. C. S. Holling, *Annu. Rev. Ecol. Syst.* **4**, 1 (1973).

6. G. J.Van Geest, F. Roozen, H. Coops et al, *Freshwater Biol.* **48**(3), 440 (2003).

7. R. Thom, *Structural Stability and Morphogenesis: An Outline of a General Theory of Models* (Addison-Wesley, Reading, MA, 1993).

8. D. L. DeAngelis, W. M. Post, and C. C. Travis, *Positive Feedback in Natural Systems* (Springer-Verlag, New York, 1986).

9. M. Holmgren, M. Scheffer, and M. A. Huston, *Ecology* **78**(7), 1966(1997).

10. J. B. Wilson and A.D.Q. Agnew, *Adv. Ecol. Res.* **23**, 263 (1992).

11. M. Holmgren and M. Scheffer. *Ecosystems* **4**(2), 151 (2001).

12. M. Scheffer, R. Portielje, and L. Zambrano, *Limnol. Oceanogr.* **48**, 1920(2003); J. Van de Koppel, P.M.J. Herman, P. Thoolen et al., *Ecology* **82**(12), 3449(2001).

13. M. Scheffer, S. H. Hosper, M. L. Meijer et al., *Trends Ecol. Evol.* **8**(8), 275(1993).

14. I. Noy-Meir, *J. Ecol.* **63** (2), 459 (1975).

15. S. Bowles, S. N. Durlauf, and K. Hoff, *Poverty Traps* (Princeton University Press, Princeton, NJ, 2006).

16. S. Bowles and H. Gintis, *J. Econ. Perspect.* **16** (3), 3 (2002).

17. M. M. Holland, C. M. Bitz, and B. Tremblay, *Geophys. Res. Lett.* **33**, 23(2006).

18. M. I. Budyko, *Tellus* **21**(5), 611 (1969).

19. C. Punckt, M. Bolscher, H. H. Rotermund et al., *Science* **305**(5687), 1133(2004).

20. S. D. Mylius, K. Klumpers, A. M. de Roos et al., *Am. Nat.* **158**(3), 259(2001); S. Diehl and M. Feissel, *Am. Nat.* **155**(2), 200 (2000).

21. C. Walters and J. F. Kitchell, Can. *J. Fish. Aquat. Sci.* **58**(1), 39 (2001); A. M. De Roos, L. Persson, and H. R. Thieme, *Proc. Royal Society of London—Biological Sciences* **270**, 611 (2003).

22. I. Hanski, J. Poyry, T. Pakkala et al., *Nature* **377**, 618 (1995).

23. B. J. Crespi, *Trends Ecol. Evol.* **19**(12), 627 (2004).

24. K. Taylor, *Am. Sci.* **87**(4), 320 (1999).

3장 | 순환과 카오스

1. M. L. Rosenzweig, *Science* **171**, 385 (1971).

2. S. Rinaldi and M. Scheffer, *Ecosystems* **3**(6), 507 (2000).

3. D. Ludwig, D. D. Jones, and C. S. Holling, *J. Anim. Ecol.* **47**(1), 315 (1978); C. S. Holling, *Memoirs of the Entomological Society of Canada* **146**, 21 (1988).

4. M. Scheffer, *Ecology of Shallow Lakes*, 1st ed. (Chapman and Hall, London, 1998).

5. W. B. Cutler, *Am. J. Obstet. Gynecol.* **137**(7), 834 (1980).

6. J. Vandermeer, L. Stone, and B. Blasius, *Chaos Solitons Fractals* **12** (2), 265(2001).

7. A. R. Yehia, D. Jeandupeux, F. Alonso et al., *Chaos* **9**(4), 916 (1999).

8. J. Gleick, *Chaos: Making a New Science* (Penguin Books, New York, 1988).

9. J. Huisman and F.J.Weissing, *Nature* **402**(6760), 407 (1999).

10. R. M.May, *Nature* **261**,459 (1976).

11. T. D. Rogers, *Progress in Theoretical Biology* **6**, 91 (1981).

12. S. Smale, *J. Math. Biol.* **3**, 5 (1976).

13. E. H. Van Nes and M. Scheffer, *Am. Nat.* **164**(2), 255 (2004).

14. M. Scheffer, *J. Plankton Res.* **13**,1291 (1991).

15. M. Scheffer, S. Rinaldi, and Y. A. Kuznetsov, *Can. J. Fish. Aquat. Sci.* **57**(6), 1208 (2000).

16. J. Vandermeer and P. Yodzis, *Ecology* **80**, 1817(1999).

17. J. Huisman and F. J. Weissing, *Am. Nat.* **157**(5), 488 (2001).

4장 | 복잡계의 창발적 패턴

1. B. D. Malamud, G. Morein, and D. L. Turcotte, *Science* **281** (5384), 1840(1998).

2. P. Bak, *How Nature Works: The Science of Self-Organized Criticality* (Copernicus Books, New York, 1996).

3. P. Bak, *Phys. Rev. Lett.* **59**, 381 (1987).

4. R. V. Sole, S. C. Manrubia, M. Benton et al., *Nature* **388**(6644), 764 (1997).

5. P. Bak and K. Sneppen, *Phys. Rev. Lett.* **71**(24), 4083 (1993).

6. M.E.J. Newman, *J. Theor. Biol.* **189**(3), 235 (1997).

7. J. van de Koppel, D. van der Wal, J. P. Bakker et al., *Am. Nat.* **165**(1), El(2005).

8. J. von Hardenberg, E. Meron, M. Shachak et al., *Phys. Rev. Lett.* **8719**(19), Art. No. 198101 (2001).

9. R. HilleRisLambers, M. Rietkerk, F. Van den Bosch et al., *Ecology* **82**(1), 50(2001); J. Van de Koppel and M. Rietkerk, *Am. Nat.* **163**(1), 113 (2004); M. Rietkerk, M. C. Boerlijst, F. van Langevelde et al., *Am. Nat.* **160**(4), 524 (2002).

10. M. Rietkerk, S. C. Dekker, P. C. de Ruiter et al., *Science* **305** (5692), 1926(2004).

11. R. Levins, *Am. Sci.* **54**(4), 421 (1966); M. E. Gilpin and T. J. Case, *Nature* **261**, 40(1976).

12. J. A. Drake, *Trends Ecol. Evol.* **5**(5), 159 (1990).

13. C. L. Samuels and J. A. Drake, *Trends Ecol. Evol.* **12**, 427 (1997).

14. T. J. Case, *Proc. Natl. Acad. Sci. USA* **87**, 9610 (1990); R. Law and R. D. Morton, *Ecology* **77**, 762 (1996).

15. R. A. Matthews,W. G. Landis, and G.B.Matthews, *Environ. Toxicol. Chem.* **15**, 597(1996).

16. E. H. Van Nes and M. Scheffer, *Am. Nat.* **164**(2), 255 (2004).

17. A. F. Lotter, *HoloceneS* **8** (4), 395 (1998).

18. R. M. May, *Math. Biosci.* **12**, 59 (1971).

19. S. L.Pimm, *Nature* **307** (5949), 321 (1984).

20. G. E. Hutchinson, *Am. Nat.* **93**(870), 145 (1959).

21. G. E. Hutchinson, *Am. Nat.* **95**, 137 (1961).

22. D. Tilman, *Ecology* **58**, 338 (1977).

23. U. Sommer, *Limnol. Oceanogr.* **29**, 633 (1984); U. Sommer, *Limnol. Oceanogr.* **30**(2), 335 (1985); M. A. Huston, *Biological Diversity: The Coexistence of Species on Changing Landscape* (Cambridge University Press, Cambridge, UK, 1994).

24. J. Huisman and F. J. Weissing, *Nature* **402**(6760), 407 (1999).

25. A. Bracco, A. Provenzale, and I. Scheuring, *Proc. R. Soc. Lond. Ser. B–Biol. Sci.* **267**(1454), 1795 (2000).

26. R. T. Paine, *Am. Nat.* **100**, 65 (1966); J. M. Chase, P. A. Abrams, J. P. Grover et al., *Ecol. Lett.* **5**(2), 302 (2002).

27. C. E. Mitchell and A. G. Power, *Nature* **421**(6923), 625 (2003); M. E. Torchin, K. D. Lafferty, A. P. Dobson et al., *Nature* **421**(6923), 628 (2003).

28. G. Bell, *Am. Nat.* **155**(5), 606 (2000); S. P. Hubbell, *The Unified Neutral The ory of Biodiversity and Biography* (Princeton University Press, Princeton, NJ, 2001).

29. J. Whitfield, *Nature* **417**(6888), 480 (2002).

30. L. W. Aarssen, *Am. Nat.* **122**(6), 707 (1983).

31. M. Loreau, *Oikos* **104**(3), 606 (2004).

32. D.W. Yu, J. W. Terborgh, and M. D. Potts, *Ecol. Lett.* **1**(3), 193 (1998); R. E. Ricklefs, *Oikos* **100**(1), 185 (2003).

33. M. Scheffer and E. H. Van Nes, *Proc. Natl. Acad. Sci. USA* **103**(16), 6230(2006).

34. R. H. MacArthur and R. Levins, *Am. Nat.* **101**(921), 377 (1967).

35. T. D. Havlicek and S. R. Carpenter, *Limnol. Oceanogr.* **46**(5), 1021 (2001); E. Siemann and J. H. Brown, *Ecology* **80**(8), 2788 (1999); C. S. Holling, *Ecol. Monographs* **62**, 447 (1992).

36. C. R. Allen, *Proc. Natl. Acad. Sci. USA* **103**(16), 6083 (2006).

37. Y. Liu, D. S. Putler, and C. B. Weinberg, *Mark. Sci.* **23**(1), 120 (2004).

38. H. Hotelling, *The Economic Journal* **39**(153), 41 (1929).

39. C. S. Holling, *Annu. Rev. Ecol. Syst.* **4**, 1 (1973).

40. C. S. Holling, in *The Resilience of Terrestrial Ecosystems: Local Surprise And Global Change*, W. C. Clark and R. E. Munn, Eds., pp. 292–317 (Cambridge Uni versity Press, Cambridge, UK, 1986).

41. L. Gunderson and C. S. Holling, *Panarchy: Understanding Transformations in Human and Natural Systems* (Island Press, Washington, DC, 2001).

42. D. Ludwig, D. D. Jones, and C. S. Holling, *J. Anim. Ecol.* **47**(1), 315 (1978).

43. B. H. Walker and D. Salt, *Resilience Thinking—Sustaining Ecosystems and People in a Changing World* (Island Press, Washington, DC, 2006).

44. S. R. Carpenter, *Ecology* **77**(3), 677 (1996).

5장 | 요동과 이질성, 다양성

1. E. Benincà, J. Huisman, R. Heerkloss et al., *Nature* **451**,822 (2008); K. Kersting, *Verhandlungen Internationale Vereinigung Theoretisch Angewandte Limnologie* **22**, 3040 (1985).

2. O. N. Bjornstad and B. T. Grenfell, *Science* **293**(5530), 638 (2001); S. Ellner and P. Turchin, *Am. Nat.* **145**, 343 (1995).

3. S. R. Carpenter, *Regime Shifts in Lake Ecosystems: Pattern and Variation*(Ecology Institute, Oldendorf/Luhe, Germany, 2002).

4. A. Hastings, *Trends Ecol. Evol.* **19**(1), 39 (2004).

5. J. M. Cushing, B. Dennis, R. A. Desharnais et al., *J. Anim. Ecol.* **67**(2), 298(1998).

6. G. J. Van Geest, H. Coops, M. Scheffer et al., *Ecosystems* **10**(1), 37 (2007).

7. J. H. Connell and W. P. Sousa, *Am. Nat.* **121**(6), 789 (1983); G. D. Peterson, *Clim. Change.* **44**(3), 291 (2000); S. A. Levin, *Ecosystems* **3**(6),498 (2000); P. S. Petraitis and R. E. Latham, *Ecology* **80**(2), 429 (1999); M. Nystrom and C. Folke, *Ecosystems* **4**(5),

406 (2001).

8. W. S. Gurney and R. M. Nisbet, *J. Anim. Ecol.* **47**(1), 85 (1978); R. Nisbet, W. S. Gurney, W. W. Murdoch et al., *Bio. J. Linn. Soc.* **37**, 79 (1989).

9. M. P. Hassel and R. M. May, *J. Anim. Ecol.* **43**, 567 (1974).

10. A. M. De Roos, E. McCauley, and W. G. Wilson, *Proc. R. Soc. Edin. Sect. B(BioLSci.)* **246**, 117 (1991).

11. M. Scheffer, M. S. Van den Berg, A. W. Breukelaar et al., *Aquat. Bot.* **49**, 193(1994).

12. E. H. Van Nes and M. Scheffer, *Ecology* **86**(7), 1797–1807 (2005).

13. K. S. McCann, *Nature* **405**(6783), 228 (2000).

14. A. R. Ives and S. R. Carpenter, *Science* **317**(5834), 58 (2007).

15. E. P. Odum, *Fundamentals of Ecology* (W.B. Saunders Co., Philadelphia and London, 1953).

16. S. Yachi and M. Loreau, *Proc. Natl. Acad. Sci. USA* **96**(4), 1463 (1999).

17. M. Loreau, *Oikos* **91**(1), 3 (2000).

18. T. Elmqvist, C. Folke, M. Nystrom et al., *Front. Ecol. Environ.* **1**(9), 488(2003); B. Walker, A. Kinzig, and J. Langridge, *Ecosystems* **2**(2), 95 (1999).

19. T. P. Hughes, Science **265**, 1547 (1994).

20. H. T. Dublin, A. R. Sinclair, and J. McGlade, *J. Anim. Ecol.* **59**(3), 1147(1990).

21. M. Scheffer, M. Holmgren, V. Brovkin et al., *Global Change Biology* **11**(7), 1003 (2005).

22. M.Maslin, *Science* **306**(5705), 2197 (2004).

23. R. D. Vinebrooke, K. L. Cottingham, J. Norberg et al., *Oikos* **104**(3), 451(2004).

24. A. R. Ives and B. J. Cardinale, *Nature* **429**(6988), 174 (2004).

25. E. H. Van Nes and M. Scheffer, *Am. Nat.* **164**(2), 255 (2004).

26. R. S. Steneck, J. Vavrinec, and A. V. Leland, *Ecosystems* **7**(4), 323 (2004).

27. W. O. Kermack and A. G. McKendrick, *Proc. Royal Soc. London. Series A* **115**(772), 700 (1927).

28. C. S. Elton, *The Ecology of Invasions by Animals and Plants* (Methuen Ltd., London, 1958).

29. R. S. Steneck, M. H. Graham, B. J. Bourque et al., *Environmental Conserv.* **29**(4), 436 (2002).

30. W. N. Adger, T. P. Hughes, C. Folke et al., *Science* **309**(5737), 1036 (2005); R. Costanza, M. Daly, C. Folke et al., *Bioscience* **50**(2), 149 (2000).

31. M. Scheffer, F. Westley, and W. Brock, *Ecosystems* **6**(5), 493 (2003).

6장 | 결론: 이론적 개념에서 현실로

1. C. H. Peterson, *Am. Nat.* **124**(1), 127 (1984).

2. J. H. Connell and W. P. Sousa, *Am. Nat.* **121**(6), 789 (1983).

3. M. Scheffer, S. R. Carpenter, J. A. Foley et al., *Nature* **413**, 591 (2001).

4. S. Rinaldi and M. Scheffer, *Ecosystems* **3**(6), 507 (2000).

5. M. Scheffer, S. Rinaldi, Y. A. Kuznetsov et al., *Oikos* **80**, 519 (1997); M. Scheffer, S. Rinaldi, and Y. A. Kuznetsov, *Can. J. Fish. Aquat. Sci.* **57**(6), 1208(2000).

6. V. Brovkin, M. Claussen, V. Petoukhov et al., *J. Geophys. Res. Atmos.* **103**(D24), 31613 (1998); M. Claussen, C. Kubatzki,V. Brovkin et al., *Geophys. Res. Lett.* **26**(14), 2037 (1999).

7. S. H. Strogatz, *Nonlinear Dynamics and Chaos—With Applications to Physics, Biology, Chemistry, and Engineering*, 1st ed. (Addison-Wesley Publishing Company, Reading, MA, 1994).

8. C. S. Holling, *Annu. Rev. Ecol. Syst.* **4**, 1 (1973).

9. C. S. Holling, in *Engineering Resilience vs. Ecological Resilience*, P. C. Schulze, Ed., pp. 31-43 (National Academy Press, Washington DC, 1996).

10. S. Carpenter, B. Walker, J. M. Anderies et al., *Ecosystems* **4**(8), 765 (2001).

11. E. H. Van Nes and M. Scheffer, *Am. Nat.* **169**(6), 738-747 (2007).

12. B. H. Walker and D. Salt, *Resilience Thinking—Sustaining Ecosystems and People in a Changing World* (Island Press, Washington, DC, 2006).

13. S. R. Carpenter, *Regime Shifts in Lake Ecosystems: Pattern and Variation*(Ecology Institute, Oldendorf/Luhe, Germany, 2002).

2부 자연계와 인간 사회의 구체적 사례들

7장 | 호수

1. S.A.Forbes, *Bulletin of the Scientific Association* (*Peoria, IL*), **77** (1887).

2. B. Moss, *Ecology of Fresh Waters, Man & Medium.*, 2nd ed. (Blackwell Scientific, Oxford, UK, 1988).

3. M. Scheffer, S. H. Hosper, M. L. Meijer et al., *Trends Ecol. Evol.* **8**(8), 275(1993).

4. E. H. Van Nes, M. Scheffer, M. S. Van den Berg et al., *Aquat. Bot.* **72**(3-4), 275 (2002).

5. E. H. Van Nes, M. Scheffer, M. S. Van den Berg et al., *Ecol. Model.* **159**(2-3), 103 (2003).

6. J. H. Janse, E. Van Donk, and R. D. Gulati, *Neth. J. Aquat. Res.* **29**(1), 67(1995); J. H. Janse, E.Van Donk, and T. Aldenberg, *Water. Res.* **32**(9), 2696 (1998).

7. J. H. Janse, *Hydrobiologia* **342**, 1 (1997).

8. T. L. Lauridsen, E. Jeppesen, and M. Søndergaard, *Hydrobiologia* **276**, 233(1994); M. Scheffer, A. H. Bakema, and F. G. Wortelboer, *Aquat. Bot.* **45**(4), 341(1993).

9. E.H.R.R. Lammens, "The Central Role of Fish in Lake Restoration and Management," in *The Ecological Bases for the Lake and Reservoir Management*, D. M. Harper, B. Brierley, A.J.D Ferguson, and G. Phillips, Eds., pp. 191-198(Kluwer Academic Publisher, Dordrecht 1999).

10. M. Scheffer, *Ecology of Shallow Lakes*, 1st ed. (Chapman and Hall, London, 1998).

11. R. Levins, *Am. Sci.* **54**(4), 421 (1966).

12. G. J. Van Geest, F. Roozen, H. Coops et al., *Freshwater Biol.* **48**(3), 440(2003).

13. D. A. Jackson, *Hydrobiologia* **268**(1), 9 (1993).

14. A. Hargeby, G. Andersson, I. Blindow et al., *Hydrobiologia* **280**, 83 (1994).

15. G. J. Van Geest, H. Coops, M. Scheffer et al., *Ecosystems* **10**(1), 37 (2007).

16. E. H. Van Nes, W. J. Rip, and M. Scheffer, *Ecosystems* **10**(1), 17 (2007).

17. S. F. Mitchell, D. P. Hamilton, W. S. MacGibbon et al., *Internationale Revue der Gesamten Hydrobiologie*, **73**, 145 (1988); S. L. McKinnon and S. F. Mitchell, *Hydrobiologia* **279-280**, 163 (1994).

18. R. D. Gulati, E.H.R.R. Lammens, M. L. Meijer et al., *Biomanipulation Tool for Water Management. Proceedings of an International Converence Held in Amsterdam, The Netherlands, 8-11 August 1989*, 1st ed. (Kluwer Academic Publishers, Dordrecht, Boston, London, 1990).

19. S. H. Hosper and M. L. Meijer, *Ecological Engineering* **2**(1), 63 (1993).

20. R. M. Wright and V. E. Phillips, *Aquat. Bot.* **43** (1), 43 (1992).

21. N. Giles, *The Game Conservancy Ann. Rev.* **18**, 130 (1987); N. Giles, *Wildlife after Gravel: Twenty Years of Practical Research by the Game Conservancy and ARC* (Game Conservancy Ltd, Fordingbridge, Hampshire, UK, 1992).

22. R. E. Grift, A. D. Buijse, W.L.T. Van Densen et al., *Archiv für Hydrobiologie* **135**(2), 173 (2001).

23. M. Søndergaard, E. Jeppesen, and J. P. Jensen, *Archiv für Hydrobiologie* **162**(2),

143 (2005).

24. U. Sommer, Z. M. Gliwicz, W. Lampert et al., *Archiv für Hydrobiologie* **106**(4), 433 (1986).

25. H. J. Dumont, *Hydrobiologia* **272**(1-3), 27 (1994).

26. E. Jeppesen, M. Søndergaard, N. Mazzeo et al., in *Lake Restoration and Biomanipulation in Temperate Lakes: Relevance for Subtropical and Tropical Lakes*, M. V. Reddy, Ed., pp. 331-359 (Science Publishers, Plymouth, UK, 2005); F. Scasso, N. Mazzeo, J. Gorga et al., *Aquat. Conserv.—Mar. Freshw. Ecosyst.* **11**(1), 31 (2001).

27. J. B. Grace and L. J. Tilly,. *Archiv fur Hydrobiologie* **77**(4), 475 (1976); N. Rooney and J. Kalff, *Aquat. Bot.* **68**(4), 321 (2000); M. Scheffer, M. R. De Redelijkheid, and F. Noppert, *Aquat. Bot.* **42**, 199 (1992); T. A. Nelson, *Aquat. Bot.* **56**(3-4), 245 (1997).

28. G. A. Weyhenmeyer, *Ambio* **30**(8), 565 (2001); D. G. George, *Freshwater Biol.* **45**(2), 111 (2000); D. T. Monteith, C. D. Evans, and B. Reynolds, *Hydrological Processes* **14**(10), 1745 (2000); D. Straile, D. M. Livingstone, G. A. Weyhenmeyer et al., *Geophys. Monograph* **134**, 263 (2003); W. J. Rip, M. Ouboter, B. Beltman et al., *Archiv für Hydrobiologie* **164**(3), 387 (2005).

29. M. Scheffer, S. R. Carpenter, J. A. Foley et al., *Nature* **413**, 591 (2001).

30. M. Scheffer, G. J. Van Geest, K. Zimmer et al., *Oikos* **112**(1), 227 (2006).

31. E.Van Donk and R. D. Gulati, *Water Sci. Technol.* **32**(4), 197 (1995).

32. I. Blindow, *Freshwater Biol.* **28**(1), 15 (1992); I. Blindow, G. Andersson, A. Hargeby et al., *Freshwater Biol.* **30**(1), 159 (1993); I. Blindow, A. Hargeby, and G. Andersson, Aquat. Bot. **72**(3-4), 315 (2002); S. F. Mitchell. *Aquat. Bot.* **33**(1-2), 101 (1989).

33. M. R. Perrow, B. Moss, and J. Stansfield, *Hydrobiologia* **276**, 43 (1994); B. Moss, J. Stansfield, and K. Irvine, *Verhandlungen Internationale Vereinigung Theoretisch Angewandte Limnologie* **24**, 568 (1990).

34. J. Simons, M. Ohm, R. Daalder et al., *Hydrobiologia* **276**, 243 (1994); W. J. Rip, M.R.L. Ouboter, and H. J. Los, *Hydrobiologia* **584**(1), 415 (2007).

35. W. J. Rip, M.R.L. Ouboter, P. S. Grasshoff et al. (submitted).

36. D. L. DeAngelis, D. C. Cox, and C. C. Coutant, *Ecol. Model.* **8**, 133 (1979).

37. A. M. De Roos, L. Persson, and H. R. Thieme, *Proc. Royal Soc. London—Biol. Set.* **270**, 611 (2003).

38. D. Claessen, A. M. De Roos, and L. Persson, *Am. Nat.* **155**(2), 219 (2000).

39. C. Luecke, M. J. Vanni, J. J. Magnuson et al., *Limnol. Oceanogr.* **35**(8), 1718(1990); M. Boersma, O.F.R. Van Tongeren, and W. M. Mooij, *Can. J. Fish. Aquat. Sci.* **53**(1), 18(1996).

40. M. Scheffer, S. Rinaldi, and Y. A. Kuznetsov, *Can. J. Fish. Aquat. Sci.* **57**(6), 1208 (2000).

41. M. Scheffer, *J. Plankton Res.* **13**, 1291 (1991); J. Huisman and F. J. Weissing, *Nature* **402**(6760), 407 (1999).

42. E. H. Van Nes and M. Scheffer, *Am. Nat.* **164**(2), 255 (2004).

43. J. Ringelberg, *Helgol Wiss Meeresunters* **30**(1-4), 134 (1977).

44. E. Benincà, J. Huisman, R. Heerkloss et al., *Nature* **451**(6512), 822 (2008).

45. M. S. Van den Berg, M. Scheffer, E. H. Van Nes et al., *Hydrobiologia* **409**, 335(1999).

46. M. S. Van den Berg, H. Coops, J. Simons et al., *Aquat. Bot.* **60**(3), 241 (1998).

47. M. S. Van den Berg, "A Comparative Study of the Use of Inorganic Carbon Resources by *Chara aspera and Potamogeton pectinatus*," in *Charophyte Recolonization in Shallow Lakes—Processes, Ecological Effects, and Implications for Lake Management*, pp. 57-67 (Vrije Universiteit Amsterdam, Amsterdam, 1999).

48. L. R. Mur, H. Schreurs, and P. Visser, "How to Control Undesirable Cyanobacterial Dominance," in *Proc. 5th International Conference on the Conservation and Management of Lakes, Stresa, Italy*, G. Giussani and C. Callieri, Eds., pp. 565-569 (International Lake Environment Committee Foundation, Otsu, Japan,1993).

49. L. R. Mur, H. J. Gons, and L. Van Liere, *FEMS Microbiol. Lett.* **1**(6), 335(1977).

50. M. Scheffer, S. Rinaldi, A. Gragnani et al., Ecology **78**(1), 272 (1997).

51. J. H. Janse and RJ.T.M. Van Puijenbroek, *PCDitch, een model voor eutrofiëring en vegetatie-ontwikkeling in sloten* (in Dutch, with model formulations in English), Report No. 703715 004 (RIVM, Bilthoven 1997).

52. B. Gopal, *Water Hyacinth* (Elsevier, New York, 1987); A. Mehra, M. E. Farago, D. K. Banerjee et al., *Resour. Environ. Biotechnol.* **2**, 255 (1999).

53. M. Scheffer, S. Szabo, A. Gragnani et al., *Proc. Natl. Acad. Sci. USA* **100**(7), 4040 (2003).

54. R. Portielje and R.M.M. Roijackers, *Aquat. Bot.* **50**, 127 (1995).

55. G. E. Hutchinson, *A Treatise on Limnology. Volume III, Limnological Botany* (John

Wiley and Sons, New York, 1975); P. A. Chambers, E. E. Prepas, M. L. Bothwell et al., *Can. J. Fish. Aquat. Sci.* **46**,435 (1989).

56. F. Robach, S. Merlin, T. Rolland et al., *Ecologie—Brunoy.* **27**, 203 (1996); C. D. Sculthorpe, *The Biology of Aquatic Vascular Plants* (Edward Arnold Ltd, London, 1967).

57. E. Van Donk, R. D. Gulati, A. Iedema et al., *Hydrobiologia* **251**, 19 (1993); R. Goulder. Oikos **20**,300 (1969).

58. S. R. Carpenter, *Proc. Natl. Acad. Sci. USA* **102**(29), 10002 (2005).

8장 | 기후

1. J. E. Lovelock and S. Epton, *New Scientist*, 304 (1975).

2. S. A. Forbes, *Bull. Scientific Association* (*Peoria, IL*), 77 (1887).

3. D. C. Catling and M. W. Claire, *Earth and Planetary Sci. Lett.* **237**(1-2), 1(2005).

4. C.Goldblatt,T.M.Lenton, and A. J.Watson, *Nature* **443**(7112), 683 (2006).

5. W. B. Harland and M.J.S. Rudwick, *Sci. Am.* **211**(2), 28 (1964).

6. M.I. Budyko, *Tellus* **21**(5), 611 (1969).

7. J. L. Kirschvink, "Late Proterozoic low-latitude global glaciation; the snowball Earth," in *The Proterozoic Biosphere: A Multidisciplinary Study*, J. W. Schopf and C. Klein, Eds., pp. 51-52 (Cambridge University Press, Cambridge, UK, 1992).

8. K. Caldeira and J. F. Kasting, *Nature* **359**(6392), 226 (1992); R. T. Pierrehumbert, *Nature* **429**(6992), 646 (2004).

9. R. T. Pierrehumbert, Nature **419**(6903), 191 (2002).

10. Y. Donnadieu, Y. Godderis, G. Ramstein et al., *Nature* **428**(6980), 303 (2004).

11. R. E. Kopp, J. L. Kirschvink, I. A. Hilburn et al., *Proc. Natl. head. Sci. USA* **102**(32), 11131 (2005).

12. P. D. Gingerich, *Trends Ecol. Evol.* **21**(5), 246 (2006).

13. L. J. Lourens, A. Sluijs, D. Kroon et al., *Nature* **435**(7045), 1083 (2005).

14. A. Tripati, J. Backman, H. Elderfield et al., *Nature* **436**(7049), 341 (2005).

15. L. R. Kump, *Nature* **436**(7049), 333 (2005).

16. J. R. Petit, J. Jouzel, D. Raynaud et al., *Nature* **399**(6735), 429 (1999).

17. A. Berger, *Rev. Geophys.* **26**(4), 624 (1988).

18. D. Paillard, *Nature* **409**(6817), 147 (2001).

19. M. Scheffer, V. Brovkin, and P. M. Cox, *Geophys. Res. Lett.* **33** (doi: 10.1029/

2005GL025044), L10702 (2006).

20. P. U. Clark, R. B. Alley, and D. Pollard, *Science* **286**(5442), 1104 (1999).

21. E. Rignot and P. Kanagaratnam, *Science* **311**(5763), 986 (2006).

22. H. J. Zwally, W. Abdalati, T. Herring et al., *Science* **297**(5579), 218 (2002).

23. J. A. Rial, R. A. Pielke, M. Beniston et al., *Clim. Change* **65**, 11 (2004).

24. J. Imbrie, A. Berger, E. A. Boyle et al., *Paleoceanography* **8**(6), 699 (1993).

25. M. Ghil, *PhysicaD* **77**(1-3), 130 (1994).

26. National Research Council, *Abrupt Climate Change: Inevitable Surprises*(U.S. National Academy of Sciences, National Research Council Committee on Abrupt Climate Change, National Academy Press, Washington, DC, 2002).

27. S. Rahmstorf, *Clim. Change* **46**(3), 247 (2000).

28. H. Stommel, *Tellus* **13**(2), 224 (1961).

29. A. Ganopolski and S. Rahmstorf, *Nature* **409**(6817), 153 (2001).

30. E. Tziperman, L. Stone, M. A. Cane et al., *Science* **264**(5155), 72 (1994).

31. M. Holmgren, M. Scheffer, E. Ezcurra et al., *Trends Ecol. Evol.* **16**(2), 89(2001).

32. P. B. deMenocal, *Science* **292**(5517), 667 (2001).

33. F. F. Jin, J. D. Neelin, and M. Ghil, *Science* **264**(5155), 70 (1994).

34. S. D. Schubert, M. J. Suarez, P. J. Pegion et al., *Science* **303**(5665), 1855(2004).

35. J. A. Foley, M. T. Coe, M. Scheffer et al., *Ecosystems* **6**(6), 524 (2003).

36. A. Giannini, R. Saravanan, and P. Chang, *Science* **302**(5647), 1027 (2003).

37. E. N. Lorenz, *J. Atmospheric Sci.* **20**, 130 (1963).

9장 | 진화

1. S. J. Gould and N. Eldredge, *Nature* **366**(6452), 223 (1993); R. E. Lenski and M. Travisano, *Proc. Natl. Acad. Sci. USA* **91**(15), 6808 (1994); R. E. Ricklefs, Systematic Biol. **55**(1), 151 (2006).

2. M. Pagel, C. Venditti, and A. Meade, *Science* **314**(5796), 119(2006).

3. D.Raup, *New Scientist* **131**(1786), 46 (1991).

4. J. W. Kirchner and A. Weil, *Nature* **404**(6774), 177 (2000).

5. D. M. Raup, *Proc. Natl. Acad. Sci. USA* **91**(15), 6758 (1994).

6. M. J. Benton, "Extinction, Biotic Replacements, and Clade Interactions," in *The Unity of Evolutionary Biology*, E. C. Dudley, Ed., pp. 89-92 (Dioscorides Press, Portland, Oregon, 1991).

7. P. Bak and K. Sneppen, *Phys. Rev. Lett.* **71**(24), 4083 (1993).

8. E. H. Van Nes and M. Scheffer, *Am. Nat.* **164**(2), 255 (2004).

9. B. J. Crespi, *Trends Ecol. Evol.* **19**(12), 627 (2004).

10. A. H. Knoll and S. B. Carroll, *Science* **284**(5423), 2129 (1999).

11. M. J. Benton and R. J. Twitchett, *Trends Ecol. Evol.* **18**(7), 358 (2003).

12. N. Lane, *Nature* **448**(7150), 122 (2007).

13. T. J. Davies, T. G. Barraclough, M. W. Chase et al, *Proc. Nat. Acad. Sci. USA* **101**(7), 1904 (2004).

14. D. I. Axelrod, *Botanical Rev.* **36**(3), 277 (1970).

15. L. J. Hickey and J. A. Doyle, *Botanical Rev.* **43**(1), 3 (1977).

16. S. L. Wing and L. D. Boucher, *Ann. Rev. Earth and Planetary Sci.* **26**, 379(1998).

17. T. S. Feild, N. C. Arens, J. A. Doyle et al., *Paleobiology* **30**(1), 82 (2004).

18. E. H. Van Nes and M. Scheffer, *Ecology* **86**(7), 1797–1807 (2005).

19. S. C. Wang and P. Dodson, *Proc. Natl. Acad. Sci. USA* **103**(37), 13601(2006).

20. R. A. Kerr, *Science* **302**(5649), 1314 (2003).

21. P. M. Sheehan, D. E. Fastovsky, R. G. Hoffmann et al., *Science* **254**(5033), 835(1991).

22. R. E. Sloan, J. K. Rigby, L. M. Vanvalen et al., *Science* **232**(4750), 629(1986).

23. P. D. Gingerich, *Trends Ecol. Evol.* **21**(5), 246 (2006).

24. M. E. Gilpin and T. J. Case, *Nature* **261**,40 (1976).

25. J. A. Drake, *Trends Ecol. Evol.* **5**(5), 159 (1990).

26. B.KonarandJ.A.Estes, *Ecology* **84**(l), 174(2003).

27. M. Scheffer, S. H. Hosper, M. L. Meijer et al., *Trends Ecol. Evol.* **8**(8), 275(1993).

28. T. P. Hughes, *Science* **265**, 1547 (1994).

29. M. Claussen, C. Kubatzki, V. Brovkin et al., *Geophys. Res. Lett.* **26**(14), 2037(1999).

30. R. V. Sole, S. C. Manrubia, M. Benton et al., *Nature* **388**(6644), 764 (1997).

31. M.EJ. Newman, *J. Theor. Biol.* **189**(3), 235 (1997).

10장 | 해양

1. J. H. Steele, *Fish. Res.* **25**(1), 19 (1996).

2. S. R. Hare and N.). Mantua, *Prog. Oceanogr.* **47**(2–4), 103 (2000).

3. N. Mantua, *Prog. Oceanogr.* **60**(2–4), 165 (2004).

4. J. H. Steele, *Prog. Oceanogr.* **60**(2–4), 135 (2004).

5. W. S. Wooster and C. I. Zhang, *Prog. Oceanogr.* **60**(2–4), 183 (2004).

6. C. H. Hsieh, S. M. Glaser, A. J. Lucas et al., *Nature* **435**(7040), 336 (2005).

7. H. Steele and E. W. Henderson, *Philos. Trans. Royal Soc. London B Biol. Sci.* **343**,5 (1994).

8. D. H. Cushing, *Climate and Fisheries* (Academic, London, 1983) P. 387; F. S. Russell, A. J. Southwar, G. T. Boalch et al., *Nature* **234**(5330), 468 (1971).

9. G. Beaugrand, *Prog. Oceanogr.* **60**(2-4), 245 (2004).

10. G. Beaugrand, P. C. Reid, F. Ibanez et al., *Science* **296**(5573), 1692 (2002).

11. N. Daan, *Rapp. et Proc—Verb. Cons. Int. Explor. Mer* **177**, 405 (1980); J. Al-heit and M. Niquen, *Prog. Oceanogr.* **60**(2-4), 201 (2004).

12. F. P. Chavez, J. Ryan, S. E. Lluch-Cota et al., *Science* **299**(5604), 217 (2003).

13. A. Bakun and P. Cury, *Ecol. Lett.* **2**(6), 349 (1999).

14. J. H. Steele and E. W. Henderson, *Science* **224**, 985 (1984).

15. C. Walters and J. F. Kitchell, *Can. J. Fish. Aquat. Sci.* **58**(1), 39 (2001).

16. A. M. De Roos and L. Persson, *Proc. Natl. Acad. Sci. USA* **99**(20), 12907(2002); A. M. De Roos, L. Persson, and H. R. Thieme, *Proc. Royal Soc. London—Biol. Sci.* **270**,611 (2003).

17. J. A. Hutchings and J. D. Reynolds, *Bioscience* **54**(4), 297 (2004).

18. Millennium Ecosystem Assessment, E*cosystems and Human Well-Being: Synthesis* (Island Press, Washington, DC, 2005).

19. I. Noy-Meir, *J. Ecol.* **63**(2), 459 (1975).

20. M. Rietkerk and J. Van de Koppel, *Oikos* **79**(1), 69 (1997); J. Van de Kop-pel, M. Rietkerk, and F. J. Weissing, *Trends Ecol. Evol.* **12**(9), 352 (1997).

21. J.B.C. Jackson, *Proc. Natl. Acad. Sci. USA* **98**(10), 5411 (2001).

22. G. Marteinsdottir and K. Thorarinsson, *Can. J. Fish. Aquat. Sci.* **55**(6), 1372 (1998).

23. G. A. Rose, B. deYoung, D. W. Kulka et al., *Can. J. Fish. Aquat. Sci.* **57**(3), 644 (2000).

24. K. T. Frank, B. Petrie, J. S. Choi et al., *Science* **308**(5728), 1621 (2005).

25. Q. Schiermeier, *Nature* **428**(6978), 4 (2004).

26. M. Scheffer, S. R. Carpenter, and B. De Young, *Trends Ecol. Evol.* **20**(11),579 (2005).

27. D. M. Ware and R. E. Thomson, *Science* **308**(5726), 1280 (2005).

28. R. H. Peters, Limnol. *Oceanogr.* **31**(5), 1143 (1986).

29. C. H. Greene and A. J. Pershing, *Science* **315**(5815), 1084 (2007).

30. B. Worm and R. A. Myers, *Ecology* **84**(1), 162 (2003).

31. J.B.C. Jackson, M. X. Kirby, W. H. Berger et al., *Science* **293**(5530), 629(2001).

32. J. C. Castilla and L. R. Duran, *Oikos* **45**(3), 391 (1985); J. C. Castilla, *Trends Ecol. Evol.* **14**(7), 280 (1999).

33. M. Nystrom, C. Folke, and F. Moberg, *Trends Ecol. Evol.* **15**(10), 413(2000); N. Knowlton, *Am. Zool.* **32**(6), 674 (1992); T. J. Done, *Hydrobiologia* **247**(1-2), 121 (1991); L. J. McCook, *Coral Reef* **18**, 357 (1999); D. R. Bellwood, T. P. Hughes, C. Folke et al., *Nature* **429**(6994), 827 (2004).

34. T. P. Hughes, *Science* **265**,1547 (1994).

35. T. P. Hughes, D. R. Bellwood, C. Folke et al., *Trends Ecol. Evol.* **20**(7), 380(2005).

36. D. G. Raffaelli and S. J. Hawkins, *Intertidal Ecology* (Chapman and Hall, London, 1996).

37. R. S. Steneck, M. H. Graham, B. J. Bourque et al., *Environmental Conserv.* **29**(4), 436 (2002).

38. R. S. Steneck, J. Vavrinec, and A. V. Leland, *Ecosystems* **7**(4), 323 (2004).

39. B. Konar and J. A. Estes, *Ecology* **84**(1), 174 (2003).

40. J. A. Estes, M. T. Tinker, T. M. Williams et al., *Science* **282**(5388), 473 (1998).

41. R. E. Scheibling, A. W. Hennigar, and T. Balch, *Can. J. Fish. Aquat. Sci.* **56**(12), 2300 (1999).

42. C. B. Officer, R. B. Biggs, J. L. Taft et al., *Science* **223**(4631), 22 (1984).

43. H. S. Lenihan, F. Micheli, S. W. Shelton et al., *Limnol. Oceanogr.* **44**(3), 910(1999).

44. L. H. Gunderson, *Ecological Economics* **37**(3), 371 (2001).

45. B. Chandler, A. M. Frank, and M. McMurry, Eds., *The New Student's Reference Work for Teachers, Students, and Families* (F. E. Compton and Company, Chicago, 1914).

46. T. Van der Heide, E. H. van Nes, G. W. Geerling et al., *Ecosystems* **10**(8), 1311 (2007).

47. M. Scheffer, R. Portielje, and L. Zambrano, *Limnol. Oceanogr.* **48**, 1920(2003).

48. E. H. Van Nes, T. Amaro, M. Scheffer et al., *Mar. Ecol. Prog. Ser.* **330**,39–47(2007).

49. T. Amaro and G.C.A. Duineveld, "Benthic shift on *Amphiura filiformis* and *Calianassa subterranea* population in the period 1992–1997 at the Friesian Front (Southern North Sea)" (submitted).

50. F. Creutzberg, P. Wapenaar, G. Duineveld et al., *Rapports et proces verbaux des*

reunions/Commission Internationale pour I' Exploration Scientifique de la Mer *Mediterranee* **183**, 101 (1984).

51. G.C.A. Duineveld and G. J. van Noort, *Neth. J. Sea Res.* **20**(1), 85 (1986).

52. T. Amaro, M. Bergman, M. Scheffer et al., *Hydrobiologia* **589**(1), 273(2007).

53. J. Van de Koppel, P.M.J. Herman, P. Thoolen et al., *Ecology* **82**(12), 3449(2001).

11장 | 토양 생태계

1. M. Scheffer, M. Holmgren,V.Brovkinetal., *Global Change Biol.* **11**(7), 1003(2005).

2. J. G. Charney, *J. Royal Meteorological Soc.* **101**, 193 (1975).

3. Y. K. Xue and J. Shukla, *J. Climate* **6**(12), 2232 (1993).

4. N. Zeng, J. D. Neelin, K. M. Lau et al., *Science* **286**(5444), 1537 (1999).

5. A. Kleidon and M. Heimann, *Clim. Dyn.* **16**(2-3), 183 (2000).

6. A. J. Dolman, M.A.S. Dias, J. C. Calvet et al., *Ann. Geophys.—Atmos. Hydrospheres Space Sci.* **17**(8), 1095 (1999).

7. V. Brovkin, M. Claussen, V. Petoukhov et al., *J. Geophys. Res. Atmos.* **103**(D24), 31613 (1998).

8. L. D. Sternberg, *Global Ecol. Biogeogr.* **10**(4), 369 (2001).

9. J. A. Foley, M. T. Coe, M. Scheffer et al., *Ecosystems* **6**(6), 524 (2003).

10. M. Claussen, *Clim. Dyn.* **13**(4), 247 (1997).

11. P. Hoelzmann, D. Jolly, S. P. Harrison et al., *Global Biogeochem. Cycles* **12**(1), 35 (1998); D. Jolly, I. C. Prentice, R. Bonnefille et al., *J. Biogeogr.* **25**(6), 1007(1998).

12. P. deMenocal, J. Ortiz, T. Guilderson et al., *Quaternary Sci. Rev.* **19**(1-5), 347 (2000).

13. M. Claussen, C. Kubatzki,V. Brovkin et al., *Geophys. Res. Lett.* **26**(14), 2037(1999).

14. M. D. Oyama and C. A. Nobre, *Geophys. Res. Lett.* **30**(23) (2003).

15. E. R. Fuentes, R. D. Otaiza, M. C. Alliende et al., *Oecologia* **62**,405 (1984).

16. H. T. Dublin, A. R. Sinclair, and J. McGlade, *J. Anim. Ecol.* **59**(3), 1147(1990).

17. A. Dobson and W. Crawley, *Trends Ecol. Evol.* **9**(10), 393 (1994).

18. M. Holmgren, B. C. Lopez, J. R. Gutierrez et al., *Global Change Biol.* **12**(12), 2263 (2006).

19. M. A. Bravo-Ferro and M. Rodriguez-Sánchez, *Zonas Aridasl* **7**, 206 (2003).

20. M. Rietkerk and J.Van de Koppel, *Oikos* **79**(1), 69 (1997).

21. J. Van de Koppel, M. Rietkerk, and F. J. Weissing, *Trends Ecol. Evol.* **12**(9), 352 (1997); M. Shachak, M. Sachs, and I. Moshe, *Ecosystems* **1**(5), 475 (1998).

22. M. Holmgren, M. Scheffer, and M. A. Huston, *Ecology* **78**(7), 1966 (1997).

23. J. B. Wilson and A.D.Q. Agnew, *Adv. Ecol. Res.* **23**, 263 (1992).

24. R. Geiger, *The Climate Near the Ground* (Harvard University Press, Cambridge, MA, 1965); R. Joffre and S. Rambal, *Acta Oecologica—Oecologia Plantarum* **9**(4),405 (1988).

25. A. Valientebanuet and E. Ezcurra, *J. Ecol.* **79**(4), 961 (1991).

26. R. M. Callaway, *Botan. Rev.* **61**(4), 306 (1995).

27. M. Holmgren and M. Scheffer, *Ecosystems* **4**(2), 151 (2001).

28. J. von Hardenberg, E. Meron, M. Shachak et al., *Phys. Rev. Lett.* **8719**(19), art. no. 198101 (2001); R. HilleRisLambers, M. Rietkerk, F. Van den Bosch et al., *Ecology* **82**(1), 50 (2001); J.Van de Koppel and M. Rietkerk, *Am. Nat.* **163**(1), 113(2004); M. Rietkerk, M. C. Boerlijst, F. van Langevelde et al., *Am. Nat.* **160**(4), 524(2002); M. Rietkerk, S. C. Dekker, P. C. de Ruiter et al., Science **305**(5692), 1926(2004).

29. M. Y. Bader, *Tropical Alpine Treelines, How Ecological Processes Control Vegetation Patterning and Dynamics* (Wageningen University, Wageningen, The Netherlands, 2007). 10.

30. H. F. Sklar and G. A. van der Valk, Eds., *Tree Islands of the Everglades*(Kluwer Academic Publishers, Dordrecht, The Netherlands, 2002).

31. G. B. Bonan, D. Pollard, and S. L. Thompson, *Nature* **359**(6397), 716 (1992).

32. V. Brovkin, S. Levis, M. F. Loutre et al., *Clim. Change.* **57**(1-2), 119 (2003).

33. J.P.P. Jasinski and S. Payette, *Ecological Monographs* **75**(4), 561 (2005).

34. R. T. Paine, M. J. Tegner, and E. A. Johnson, *Ecosystems* **1**, 535 (1998).

35. C. S. Holling, "The Spruce–Budworm/Forest–Management Problem," in *Adaptive Environmental Assessment and Management*, C. S. Holling, Ed., pp. 143?182 (John Wiley & Sons, New York, 1978).

36. D. Ludwig, D. D. Jones, and C. S. Holling, *J. Anim. Ecol.* **47**(1), 315 (1978).

37. N. Van Breemen, *Trends Ecol. Evol.* **10**(7), 270 (1995).

38. L.P.M. Lamers, R. Bobbink, and J.G.M. Roelofs, *Global Change Biology* **6**(5), 583 (2000).

39. I. Hanski, *Nature* **396**(6706), 41 (1998).

40. I. Hanski and M. Gyllenberg, *Am. Nat.* **142**(1), 17 (1993).

41. I. Hanski, J. Poyry, T. Pakkala et al., *Nature* **377**, 618 (1995).

42. M. Loreau, N. Mouquet, and R. D. Holt, *Ecol. Lett.* **6**(8), 673 (2003).

43. M. Scheffer, G. J. van Geest, K. Zimmer et al., *Oikos* **112**(1), 227 (2006).

44. W. O. Kermack and A. G. McKendrick, *Proc. Royal Soc. London Series A* **115**(772), 700 (1927).

45. D.J.D. Earn, P. Rohani, B. M. Bolker et al., *Science* **287**(5453), 667 (2000).

46. F. Berendse and W. T. Elberse, "Competition and Nutrient Availablity in Heathlands and Grassland Ecosystems," in *Perspectives on Plant Competition*, J. B. Grace and D. Tilman, Eds., pp. 94–116 (Academic Press, New York, 1990).

12장 | 인간

1. P. B. deMenocal, *Science* **292**(5517), 667 (2001).

2. J. Diamond, *Collapse: How Societies Choose to Fail or Survive* (Viking Adult, 2004).

3. S. Rinaldi, *Applied Mathematics and Computation* **95**(2–3), 181 (1998).

4. S. Rinaldi, G. Feichtinger, and F. Wirl, *Complexity* **3**(5), 53 (1998).

5. P. T. Coleman, R. Vallacher, A. Nowak et al., *American Behavioral Scientist* **50**(11), 1454(2007).

6. J. Moffat, *Complexity Theory and Network-Centric Warfare* (DOD Command and Control Research Program, Washington, DC, 2003).

7. M. Scheffer and F. R. Westley, *Ecology and Society* **12**(2), 36 (2007).

8. Y. C. Wang and E. L. Ferguson, *Nature* **434**(7030), 229 (2005).

9. C. P. Bagowski and J. E. Ferrell, *Current Biology* **11**(15), 1176 (2001).

10. T. C. Chamberlin, *J. Geol.* **5**, 837 (1897).

11. M. Gladwell, *Blink: The Power of Thinking without Thinking* (Little, Brown, and Co., New York, 2005).

12. G. Klein, *Sources of Power* (MIT Press, Boston, 1999).

13. M. R. Kruk, J. Halasz, W. Meelis et al., *Behavioral Neuroscience* **118**(5), 1062 (2004).

14. H. R. Arkes and P. Ayton, *Psychol. Bull.* **125**(5), 591 (1999).

15. R. Dawkins and T. R. Carlisle, *Nature* **262**(5564), 131 (1976).

16. B. M. Staw and H. Hoang, *Admin. Sci. Quarterly* **40**(3), 474 (1995).

17. H.R. Arkes, *J. Behavioral Decision Making* **9**(3), 213 (1996).

18. J. Brockner, *Academy of Management Rev.* **17**(1), 39 (1992).

19. L. P. Gerlach and V. H. Hine, *People, Power, Change: Movements of Social Transformation* (Bobbs-Merrill, Indianapolis, 1970).

20. J. Darley and B. Latane, *J. Personality and Social Psychol.* **8**, 377 (1968).

21. L. Festinger, H. W. Riecken, and S. Schachter, *When Prophecy Fails* (Harper and Row, New York, 1956).

22. S. Asch, *Sci. Am.* **193**, 31 (1955).

23. S. Milgram, *Psychology Today* **1**, 60 (1967).

24. E. M. Rogers, *Diffusion of Innovations* (Free Press, New York, 1983).

25. E. Hatfield, J. Copioppo, and R. Rapson, *Emotional Contagion* (Cambridge University Press, Cambridge, UK, 1994).

26. T. Kuhn, *The Structure of Scientific Revolution* (University of Chicago, Chicago, 1962).

27. W. Brock and S. Durlauf, *Econ. Theory* **14**, 113 (1999).

28. J. A. Holyst, K. Kacperski, and F. Schweitzer, *Ann. Rev. Computational Phys.* **9**, 253 (2002); K. Kacperski and J. A. Holyst. *Physica A* **269**(2-4), 511 (1999).

29. G. Schwartz and J. J. Nicols, *After Collapse: The Regeneration of Complex Societies* (The University of Arizona Press, Tucson, 2006).

30. M. A. Janssen, T. A. Kohler, and M. Scheffer, *Current Anthropology* **44**(5), 722 (2003).

31. E. Boulding, "Power and Conflict in Organizations: Further Reflections on Conflict Management," in *Power and Conflict in Organizations*, R. L. Kahn and E. Boulding, Eds., pp. 146-150 (Basic Books, New York, 1964).

32. A. Sih, A. Bell, and J. C. Johnson, *Trends Ecol. Evol.* **19**(7), 372 (2004); J. M. Koolhaas, S. M. Korte, S. F. De Boer et al., *Neurosci. Biobehav. Rev.* **23**(7), 925 (1999).

33. D. A. Levinthal and J. G. March, *Strategic Management J.* **14**, 95 (1993); J. March, *Primer on Decision Making: How Decisions Happen* (Free Press, New York, 1994).

34. C. Perrow, *Organizational Dynamics* **2**(1), 2 (1973).

35. B. Quinn, *Harvard Bus. Rev.* **May-June**, 73 (1985); J. T. Kidder, *The Soul of a New Machine* (Little, Brown, Boston, 1981); R. M. Kanter, *The Change Masters* (Free Press, New York, 1985).

36. H. Mintzberg and F. Westley, *Strategic Management J.* **13**, 39 (1992).

37. I. L. Janis, *Victims of Groupthink: A Psychological Study of Foreign-Policy Decisions and Fiascoes* (Houghton-Mifflin, New York, 1972).

38. M. Scheffer, F. Westley, and W. Brock, *Ecosystems* **6**(5), 493 (2003).

39. R. Inglehart and W. E. Baker, *Amer. Sociol. Rev.* **65**(1), 19 (2000).

3부 임계전이와 그 대응

14장 | 대체견인영역

1. M. Scheffer and S. R. Carpenter, *Trends Ecol. Evol.* **18**(12), 648 (2003).

2. G.E.P. Box, G. M. Jenkins, and G. C. Reinsel, *Time Series Analysis: Forecast ing and Control* (Prentice-Hall, Englewood Cliffs, NJ, 1994); A. R. Ives, B. Dennis, K. L. Cottingham et al., *Ecol. Monographs* **73**(2), 301 (2003); S. R. Hare and N. J. Mantua, *Prog. Oceanogr.* **47**(2-4), 103 (2000).

3. W. A. Brock, W. D. Dechert, B. LeBaron et al., *Economic Rev.* 15 (197-235)(1996).

4. S. R. Carpenter and M. L. Pace, *Oikos* 78(1), 3 (1997).

5. M. Liermann and R. Hilborn, Can. *J. Fish. Aquat. Sci.* **54**(9), 1976 (1997).

6. S. R. Carpenter, "Alternate States of Ecosystems: Evidence and Some Implications," in *Ecology: Achievement and Challenge*, M .C. Press, N. Huntly, and S. Levin, Eds., pp. 357-381 (Blackwell, London, 2001).

7. J. P. Sutherland, *Am. Nat.* **108**(964), 859 (1974).

8. J. H. Connell and W. P. Sousa, *Am. Nat.* **121**(6), 789 (1983).

9. M. Holmgren, M. Scheffer, E. Ezcurra et al., *Trends Ecol. Evol.* **16**(2), 89(2001).

10. C. M. Taylor and A. Hastings, *Ecol. Lett.* **8**(8), 895 (2005).

11. B. Konar and J. A. Estes, *Ecology* **84**(1), 174 (2003).

12. G. J. Van Geest, F. Roozen, H. Coops et al., *Freshwater Biol.* **48**(3), 440(2003).

13. B. Efron and R. J. Tibshirani, *An Introduction to the Bootstrap* (Chapman and Hall, New York, 1993).

14. T. D. Havlicek and S. R. Carpenter, *Limnol. Oceanogr.* **46**(5), 1021 (2001).

15. M. Scheffer, S. Szabo, A. Gragnani et al., *Proc. Natl. Acad. Sci. USA* **100**(7),4040 (2003).

16. M. Scheffer, S. Rinaldi, A. Gragnani et al., *Ecology* **78**(1), 272 (1997).

17. R. Hilborn and M. Mangel, *The Ecological Detective* (Princeton University Press, Princeton, NJ, 1993).

18. N. Giles, *Wildlife after Gravel: Twenty Years of Practical Research by the Game*

Conservancy and ARC (Game Conservancy Ltd, Fordingbridge, Hampshire, UK, 1992).

19. J. A. Drake, G. R. Huxel, and C. L. Hewitt, *Ecology* **77**, 670 (1996).

20. M. L. Meijer, E. Jeppesen, E. Van Donk et al., *Hydrobiologia* **276**, 457(1994).

21. M. Scheffer, *Ecology of Shallow Lakes*, 1st ed. (Chapman and Hall, London, 1998).

22. R. A. Matthews, W. G. Landis, and G. B. Matthews, *Environ. Toxicol. Chem.* **15**, 597(1996).

23. E. Van Donk and R. D. Gulati, Water *Sci. Technol.* **32**(4), 197 (1995).

24. T. M. Frost, S. R. Carpenter, A. R. Ives et al., "Species Compensation and Complementarity in Ecosystem Function," in *Linking Species and Ecosystems*, C. Jones and J. Lawton, Eds., pp. 224–239 (Chapman and Hall, New York, 1995).

25. M. L. Meijer, "Biomanipulation in the Netherlands—15 Years of Experience," PhD Thesis (Wageningen University, Wageningen, The Netherlands, 2000) p. 208; S. R. Carpenter, D. Ludwig, and W. A. Brock, *Ecol. Appl.* **9**(3), 751 (1999).

26. D. J. Augustine, L. E. Frelich, and P. A. Jordan, *Ecol. Appl.* **8**(4), 1260 (1998).

27. J. B. Wilson and A.D.Q. Agnew, *Adv.Ecol.Res.* **23**, 263 (1992).

28. D. A. Lashof, B. J. DeAngelo, S. R. Saleska et al., *Annu. Rev. Energ. Environ.* **22**, 75 (1997); D. A. Lashof., *Clim. Change.* **14**(3), 213 (1989); W. W. Kellogg, *J. Geophys. Res.* **88C**, 1263 (1983).

29. P. M. Cox, R. A. Betts, C. D. Jones et al., *Nature* **408**(6813), 750 (2000); P. Friedlingstein, L. Bopp, P. Ciais et al., *Geophys. Res. Lett.* **28**(8), 1543 (2001).

30. M. Scheffer, V. Brovkin, and P. M. Cox, *Geophys. Res. Lett.* **33** (doi: 10.1029/2005GL025044), L10702 (2006).

31. M. Scheffer and J. Beets, *Hydrobiologia* **276**, 115 (1994).

32. T. C. Chamberlin, *J. Geol.* **5**, 837 (1897).

33. J. F. Quinn and A. E. Dunham, *Am. Nat.* **122**(5), 602 (1983); J. Rough-garden. *Am. Nat.* **122**,583 (1983).

34. F. P. Chavez, J. Ryan, S. E. Lluch-Cota et al., *Science* **299**(5604), 217 (2003).

35. Q. Schiermeier, *Nature* **428**(6978), 4 (2004).

36. S. R. Carpenter, *Ecology* **77**(1), 677 (1996).

37. J. A. Bloomfield, R. A. Park, D. Scavia et al., in *Aquatic Modeling in the Eastern Deciduous Forest Biome, U.S.— International Biological Program*, E. Middlebrooks, D. H. Falkenberg, and T. E. Maloney, Eds., pp. 139 (Ann Arbor Science, Ann

Arbor, MI, 1974).

38. N. Oreskes, K. Shraderfrechette, and K. Belitz, *Science* **263**(5147), 641(1994).

39. R. Levins, *Am. Sri.* **54**(4), 421 (1966).

40. S. Rahmstorf, *Nature* **379**(6568), 847 (1996).

41. D. Ludwig, W. A. Brock, and S. R. Carpenter, *Ecol. Soc.* **10**(2) (2005).

15장 | 문턱상황의 예측

1. M. Scheffer, *Ecology of Shallow Lakes*, 1st ed. (Chapman and Hall, London, 1998).

2. E. H. Van Nes and M. Scheffer, *Am. Nat.* **169**(6), 738-747 (2007).

3. O. Ovaskainen and I. Hanski, *Theor. Popul. Biol.* **61**(3), 285 (2002).

4. A. R. Ives, *Ecol. Monographs* **65**,217 (1995).

5. V. Dakos, M. Scheffer, E. H. van Nes et al., *Proc. Natl. Acad. Sci. USA* **105**(38, 14308 (2008).

6. S. R. Carpenter and W. A. Brock, *Ecol. Lett.* **9**(3), 308 (2006).

7. A. Ganopolski and S. Rahmstorf, *Nature* **409**(6817), 153 (2001).

8. R.V. Sole, S. C. Manrubia, B. Luque et al., *Complexity* **1**(5), 13 (1996).

9. S. Kefi, M. Rietkerk, C. L. Alados et al., *Nature* **449**(7159), 213 (2007).

10. M. Pascual andF. Guichard, *Trends in Ecology and Evolution* **20**(2), 88 (2005).

11. P.E.McSharry,L.A.Smith,andL.Tarassenko, *Nat. Med.* **9**(3),241 (2003).

12. C. E. Elger and K. Lehnertz, *Eur. J. Neurosci.* **10**(2), 786 (1998).

13. B. Litt, R. Esteller, J. Echauz et al., *Neuron* **30**(1), 51 (2001).

14. J. E. Skinner, C.M. Pratt, and T.Vybiral, *Am. Heart J.* **125**(3), 731 (1993).

16장 | 과학에서 정책으로의 험난한 여정

1. M. Scheffer, W. Brock, and F. Westley, *Ecosystems* **3**(5), 451 (2000).

2. E. H. Van Nes, M. S. Van den Berg, J. S. Clayton et al., *Hydrobiologia* **415**, 335(1999).

3. D. Ludwig, S. R. Carpenter, and W. A. Brock, *Ecol. Appl.* **13**(4), 1135 (2003);
S. R. Carpenter, D. Ludwig, and W. A. Brock, *Ecol. Appl.* **9**(3), 751 (1999).

4. G. Hardin, *Science* **131**,1292(1960).

5. A. Smith, *The Wealth of Nations* (Modern Library, New York, 1937).

6. T. Dietz, E. Ostrom, and P. C. Stern, *Science* **302**(5652), 1907 (2003).

7. D. McCloskey, *The Applied Theory of Price* (Macmillan, New York, 1982).

8. S. Magee, W. Brock, and L. Young, *Black Hole Tariffs and Endogenous Policy Theory: Political Economy in General Equilibrium* (Cambridge University Press, Cambridge, UK, 1989).

9. E. Ostrom, G. Gardner, and J. Walker, *Rules, Games, and Common Pool Resources* (University of Michigan Press, Ann Arbor, 1994).

10. M. Scheffer, F. Westley, and W. Brock, *Ecosystems* **6**(5), 493 (2003).

11. G. Klein, *Sources of Power* (MIT Press, Cambridge, MA, 1998).

12. T. Colborn, J. Peterson Myers, and D. Dumanoski, *Our Stolen Future* (Little, Brown & Co., Boston, 1996).

13. M. R. Taylor, P. Holmes, R. Duarte Davidson et al., *Sci. Total Environ.* **233**(1-3), 181 (1999).

14. H. Mintzberg, *Power In and Around Organizations* (Prentice Hall, New York, 1983).

15. R. Pascale, *The Art of Japanese Management* (Simon and Schuster, New York, 1981).

17장 | 변화를 다루는 새로운 방법

1. J. Hrbacek, M. Dvorakova, V. Korinek et al., *Verhandlungen Internationale Vereinigung Theoretisch Angewandte Limnologie* **14**, 192 (1961).

2. J. L. Brooks and S. I. Dodson, *Science* **150**, 28 (1965).

3. E. Van Donk, M. P. Grimm, R. D. Gulati et al., *Hydrobiologia* **200-201**, 275(1990).

4. S. H. Hosper and M. L. Meijer, *Ecol. Eng.* **2**(1), 63 (1993).

5. B. Moss, J. Madgewick, and G. Phillips, *A Guide to the Restoration of Nutrient-Enriched Shallow Lakes* (Broads Authority/Environment Agency, Norwich, Nor folk, UK, 1996).

6. T. L. Lauridsen, J. P. Jensen, E. Jeppesen et al., *Hydrobiologia* **506**(1-3), 641 (2003); M. L. Meijer, I. De Boois, M. Scheffer et al., *Hydrobiologia* **408/409**, 13 (1999).

7. M. Holmgren and M. Scheffer, *Ecosystems* **4**(2), 151 (2001); M. Holmgren, B. C. López, J. R. Gutiérrez et al., *Global Change Biology 12*, 2263 (2006).

8. R. Adler, *Nature* **414**(6863), 480 (2001).

9. S. R. Carpenter, D. Ludwig, and W. A. Brock, *Ecol. Appl.* **9**(3), 751 (1999).

10. B. Ibelings, R. Portielje, E. Lammens et al., *Ecosystems* **10**(1), 4 (2007).

11. R. Portielje and R. E. Rijsdijk, *Freshwater Biol.* **48**(4), 741 (2003).

12. T. P. Hughes, L. H. Gunderson, C. Folke et al., *Ambio* **36**(7), 586 (2007).

13. T. P. Hughes, A. H. Baird, D. R. Bellwood et al., *Science* **301**(5635), 929(2003).

14. C. Walters and J. F. Kitchell, *Can. J. Fish. Aquat. Sci.* **58**(1), 39 (2001); J. A. Hutchings and J. D. Reynolds, *Bioscience* **54**(4), 297 (2004).

15. F. Berkes,T. P. Hughes, R. S. Steneck et al., *Science* **311** (5767), 1557 (2006).

16. S. Rahmstorf, *Clim. Change.* **46**(3), 247 (2000).

17. S. M. Howden, S. Crimp, J. Carter et al., *Enhancing Natural Resource Management by Incorporating Climate Variability into Tree Establishment Decisions,* Final Report for the Australian Greenhouse Office (Canberra, 2004).

부록

1. J. Bascompte, *Annales Zoologici Fennici* **40**(2), 99 (2003).

2. C. S. Holling, *The Canadian Entomologist* **91**(7), 385 (1959).

3. M. Scheffer, V. Brovkin, and P. M. Cox, *Geophys. Res. Lett.* **33** (doi:10.1029/2005GL 025044), L10702 (2006).

4. E. H. Van Nes and M. Scheffer, *Am. Nat.* **164**(2), 255 (2004).

5. M. Scheffer and S. Rinaldi, *Freshwater Biol.* **45**(2), 265 (2000).

6. M. Scheffer and R. J. De Boer, *Ecology* **76**(7), 2270 (1995).

7. M. Scheffer, S. Rinaldi, Y. A. Kuznetsov et al., *Oikos* **80**, 519 (1997).

8. J. von Hardenberg, E. Meron, M. Shachak et al., *Phys. Rev. Lett.* **8719**(19), Art. No. 198101 (2001); M. Rietkerk, S. C. Dekker, P. C. de Ruiter et al., *Science* **305**(5692), 1926(2004).

9. M. Rietkerk, M. C. Boerlijst, F. van Langevelde et al., *Am. Nat.* **160**(4), 524(2002).

10. M. Scheffer, *Ecology of Shallow Lakes,* 1sted. (Chapman and Hall, London, 1998).

11. M. Scheffer, S. Szabo, A. Gragnani et al., Proc. *Natl. Acad. Sci. USA* **100**(7), 4040 (2003).

12. J. Andreoni, *J. Political Economy* **106**(6), 1186 (1998).

13. W. Brock and S. Durlauf, Econ. Theory **14**,113 (1999); M. Scheffer, F. West-ley, and W. *Brock, Ecosystems* **6**(5), 493 (2003).

처음 책을 쓰기로 한 것은 사이먼 레빈과 샘 엘워시의 아이디어에서 나왔다. 그리고 프린스턴 대학 출판부의 로버트 커크의 도움도 받았다. 그리고 필자의 주 전공인 적도생태학이 아닌 분야에 대해서는 필자가 속한 바헤닝언(Wageningen) 대학 동료들의 유연한 조언이 큰 도움이 되었다. 이 책에 대해 조언을 해준 분은 다음과 같다. 마이클 벤튼, 프랭크 비렌스, 빅터 브로브킨, 닐스 단, 토비 엘름허스트, 칼 포크, 밀레나 홈그렌, 테리 휴, 요한 반 드 코펠, 팀 렌턴, 앤디 로터, 욘 노베르그, 막스 리트커트, 밥 스테네크, 브라이언 워커. 그리고 바실리스 다코스는 전체 원고를 평가해 주었으며 그의 덕택으로 조기경보신호에 대한 부분을 이 책에 넣을 수 있었다.

이 책에 제시된 아이디어는 필자와 함께 연구한 몇몇 동료 과학자들과의 협력으로 조금씩 발전한 것이라고 할 수 있다. 세르지오 리날디는 동역학계를 그림으로 나타나도록 하는 방법에 대하여 많은 도움을 주었다. 버즈 홀링은 필자를 그의 연구그룹인 〈Resilience Alliance〉에 초대해주었다. 다양한 전공 연구자로 구성된 이 연구그룹 덕분에 필자는 그 동안 볼 수 없었던 새로운 세계를 만날 수 있었다. 버즈 브록과 프랜시스 웨슬리 덕분에 사회과학에 관하여 알게 되었으며 스티브 카펜터가 시시각각 변하는 변화무쌍한 과학계에 대해 많은 조언을 해주었다. 끝으로 필자의 연구 파트너로서 그리고 오랫동안 안정점 역할을 해준 에버트 반 드 네스에게도 감사한다.

이 책의 대부분은 필자가 칠레 해안가에 머물면서 써내려갔다. 그 기간 동안 필자를 살펴준 비욘 홀그렌, 루스 우바, 그리고 파울로, 카밀라, 밀레나에게 이 책을 바친다.

필자는 1979년 대학입시에서 낙방한 경험이 있다. 그 점수 차이는 아마도 아주 작았을 것이라고 지금도 자위적으로 생각하고 있다. 다행히도 그 다음 해에는 더 작은 점수 차이로 겨우겨우 합격하였다. 그 점수 차이는 아주 작았지만 그 결과인 합격과 불합격의 차이는 엄청난 것이었으며 또한 대학생과 재수생의 삶 역시 비교할 수 없을 정도로 달랐다. 이와 같이 우리 삶에서 아주 작은 차이가 만들어내는 결과의 차이는 엄청나다. 사법고시 커트라인 근처의 작은 점수 차이가 만들어내는 결과는 대학입시보다 더 확연하다. 도망간 몇 마리의 황소개구리나, 몇 마리의 가물치가(북미의 경우) 생태계를 순식간에 점령하는 것도 작은 차이가 만들어내는 급변 현상의 좋은 예가 된다. 그리고 인간 사회에서 사람들이 사랑을 시작하거나, 헤어지게 되는 사건을 돌이켜보면 사랑과 이별을 만들어주는 계기는 아주 사소하며 정말 미미하다는 것을 우리는 여러 경험을 통해서 알고 있다. 이 책은 인간 사회와 자연계에서 일어나는 여러 급변 현상을 구체적인 사례와 일반적인 모형을 통해 그 전체 과정을 설명하고자 한다. 이 책의 주제어를 한 단어로 꼽으라면 '임계전이(critical transition)'라고 할 수 있다. 임계전이란 어떤 시스템이 한 상태에서 그 이전의 상태와 전혀 다른 상태로 옮겨가는 이행적 단계 또는 과정을 말한다.

이 책의 저자는 자연계와 인간 사회에서 나타나는 임계전이 현상을 다양한 예를 활용하여 설명한다. 그리고 이론적으로만 본다면 모든 임계전이, 또는 급변이 일어나기 전에는 그 전조가 다양한 형태로 나타난다. 급변이 일어나기 이전에 보이는 이 전조, 또는 조기신호를 우리가 잘 인식할 수 있으면 급변으로 인한 손해를 최소화할 수 있고, 새로운 바람직한 상태로의 변화를 모색할 수 있다는 것이 저자의 주장이다. 그러나 불행히도 이 조기신호와 전조 현상은 자연계 현상마다 제각각이며, 인간 사회에서도 제각각이므로 이를 일반화하여 적용하기는 어렵다는 것이다. 연인관계가 깨지기 전에 나타나는 현상은 각 사람이 처한 사회적 위치, 정서적 특성에 따라서 제각각인 것과 같은 원리일 것이다. 가장 중요한 포인트는 두 가지로 볼 수 있다. 하나는 임계전이가 가지는 불가역성이며 다른 하나는 임계전이가 일어나기 전에 필연적으로 나타나는 전조 현상이다.

임계전이가 일반적인 시스템의 상태전환과 다른 것은 전이 이후에 원래의 상태로 복원하는 과정이 전이 과정의 단순한 역과정이 아니라는 것이다. 예를 들어 자연계의 작은 변화로 말미암아 사막으로 임계전이되는 과정이 잘 연구되어 있다. 그러나 일단 사막이 되고 나면 그것이 원래의 숲으로 돌아가는 것은 매우 어렵다. 저자도 소개하고 있지만 자연계에서 특정 종의 몰락은 임계전이가 보여주는 불가역적 변화의 전형적인 예가 된다. 사람의 경우에도 비슷하다고 할 수 있는데, 평범한 사람이 우연한 기회로 건달이나 범죄자가 되는 경우에 비해서 건달이 다시 평범한 시민으로 전이되는 과정은 매우 어렵다. 따라서 우리가 급변을 연구하는 것은 일단 급변이 일어난 후에는 다시 그 이전의 과정으로 되돌리기는 매우 어렵기 때문에 어떻게 해서든지 급변 현상을 미리 감지해 임계전이로 진행되는 것을 막아야 한다. 일상에도 비슷한 예가 있다. 부부싸움으로 급변의 현상, 예를 들어 별거나 이혼 같은 임계전이적 급변 상황이 생기기 이전에 그 조짐을 알아차려서 갈등을 완화시키는 쪽으로 노력해야만 좋은 가정을 꾸려갈 수 있다.

임계전이를 연구하는 데 가장 중요한 또 하나의 주제는 임계전이, 또는 급변이 발생하기 전에 나타나는 조짐, 조기신호를 알아차리는 것이다. 조기신호를 인식하는 문제의 중요성은 임계전이로 인하여 나타날 급변 이후의 상황이 만들어낼 유해성과 비례한다고 할 것이다. 이 조기신호는 각 상황에 따라서 다르므로 이것을 현실의 여러 상황에서 어떻게 찾아내느냐가 가장 현실적인 문제가 된다. 복잡계 연구자들은 자신의 주 연구분야에서 임계전이의 전조가 무엇이며 전이를 일으키는 변동의 크기가 어느 정도일지 파악하는 데 전력을 쏟고 있다. 저자는 이 신호와 그 진행과정을 자연계의 각 분야, 즉 산호초, 바다, 토양의 예를 들어 매우 흥미롭게 제시하고 있으며 그 설명은 매우 설득력 있게 다가온다.

이 책에서 제시하는 급변과 그 조기신호와 진행방향에 대한 것은 추상적인 모형으로 제시되고 있으므로 일단 수리적 모형에 약간의 지식이 있어야 할 것이다. 그러나 2부에서 제시된 각종 사례연구부터 먼저 읽어보면 앞에서 제시한 일반 모형은 보다 쉽게 이해가 될 것이다. 2부의 사례들은 매우 다양하므로 가능하다면 책을 2부부터 먼저 읽어보는 것을 권하고 싶다. 2부에서는 대양, 호수, 사막 그리고 인간 사회에 이르기까지 저자가 찾아낸 매우 구체적인 급변 현상을 그 전단계, 초기단계, 전이단계에 걸쳐 발전하는 모습을 잘 설명해주고 있다. 그 내용은 특별한 과학지식이 없는 일반인들이 읽어 이해하기에도 별로 부족함이 없도록 쉽고 또한 재미있다.

크게 본다면 이 책은 복잡계 연구에 관한 책이라고 할 수 있다. 복잡계의 연구는 매우 다양하지만 일반적으로 기존의 전통적인 과학모형으로 해석하기 어려운 현상을 이해하기 위하여 고안된 분석틀이라고 할 수 있다. 물론 복잡계 연구도 우리의 기대만큼이나 미래를 예측해주지는 못하고 있다. 전통적인 과학이 미시적인 입자단위의 예측을 확대하여 거시적 시스템의 예측을 시도한 것에 비하면 복잡계 연구는 분명 진일보한 방법론이지만 우리의 기대에 이르지 못하는 것도 사실이다. 이게 가능했다면 기업과 국가에 엄청난 손해를 끼친 경제공황이나 주식폭락과 같은 사태는 이미 막을 수 있었을 것이다. 지나간 사건에 대한 설명에는 복잡계 이론이 도움을 상당히 주었지만 미래에 나타날 변화를 예측할 수 있는 복잡계 이론의 일반론은 아직도 요원한 실정이다. 그러나 이 책에서 저자가 제시하는 다양한 전조신호 해석법, 그리고 변화의 추이분석을 통하면 그 급변을 감지하는 데 도움이 될 것은 분명한 사실이다.

이 책은 부산대학교 사회급변현상연구소의 인문사회-과학기술 융합연구센터에서 운영하는 세미나 모임에서 강독용 교재로 선택되었다. 연구소 세미나팀 구성원의 다양한 배경지식이 본 책을 전반적으로 이해하는 데 큰 도움이 되었지만 번역은 또 다른 문제였다. 일단 복잡계 분야에 대한 한글 용어가 명확하게 정의되지 않은 것이 큰 문제였다. 관련 학회에서 사용하는 전문용어가 있었지만 실제 인터넷에서 일반적으로 사용되는 용어와 달라 이를 선택하는 과정이 매우 힘들었다. 그리고 전체적인 번역은 원 저자의 뜻이 온전히 전달되도록 의역에 중점을 두었다. 즉 원서에 나타난 대로 직역을 할 경우 일반 독자가 이해하기 힘든 부분은 가능한 의역을 하였으며 부족한 설명은 각주에 추가 설명을 하였다. 책 전체는 번역에 참여한

옮긴이의 말

열 명의 연구원이 1차, 2차 번역을 한 뒤 두 차례에 걸쳐 상호검증을 하였다. 검증을 위하여 번역된 내용을 중심으로 다시 세미나를 열어 그 내용을 다시 확인하였다. 그리고 번역자 중에서 우균, 조환규, 이연정, 이윤정, 이렇게 네 사람이 3차 편집위원으로 참가하여 전체 원고를 수정하였다. 이 과정에서 궁리출판사 편집부와 함께 두 차례에 걸쳐 재검증하였다. 검증 과정에서 발견된 번역상의 오류를 최대한 찾아내어 수정을 했지만 아직 그 수준은 만족할 만한 것이 아님을 미리 고백한다. 오류와 거친 표현은 모두 편집위원이 감당해야 할 부분이므로 잘못된 부분에 대해서는 복잡계 전문가와 일반 독자들의 지적을 겸허히 받아들이고자 한다.

미래를 예측하는 것은 고대부터 현대에 이르기까지 인간이 가진 욕망 중 으뜸일 것이다. 고대에는 점술이 그 역할을 했다면 현대는 과학이 이를 담당하고 있다. 미래를 예측하고자 하는 인간의 노력이 거둔 작은 결과에도 불구하고, 그 예측은 본원적으로 어렵다는 것을 현대의 복잡계 과학이 도리어 잘 보여준다. 그렇지만 미래를 엿보고자 하는 인간의 노력은 지금도 다양한 방법으로 시도되고 있다. 특히 바뀔 미래의 모습이 지금의 현재와는 근본적으로 달라지는 급변의 경우 이것을 조금이라도 일찍 예측하는 것은 개인의 행복은 물론이고 인류의 생존과도 밀접한 연관이 있기 때문에 이 사항은 점점 더 중요한 문제가 되어가고 있다. 사회급변현상연구소가 번역한 이 책이 미래를 엿보고자 하는 우리의 욕망에 조금이라고 희망의 조각을 던져줄 수 있기를 기대해본다.

2012년 10월
번역자들을 대표하여
조환규

사회급변현상연구소 번역 참여 연구원

강상훈(부교수) 부산대학교 경영학과(인문사회-과학기술 융합연구센터장)

류수열(부교수) 안동대학교 경제학과

박성균(부교수) 부산대학교 물리학과

우 균(교수) 부산대학교 정보컴퓨터공학부(편집위원)

이연정(연구원) 부산대학교 경제통상연구원(편집위원)

이윤정(박사) 부산대학교 BK21 사업단(편집위원)

윤성민(교수) 부산대학교 경제학부(사회급변현상연구소장)

조성진(교수) 부경대학교 응용수학과

조환규(교수) 부산대학교 정보컴퓨터공학부(편집위원장)

황정식(부교수) 성균관대학교 물리학과

* 사회급변현상연구소 홈페이지: http://risc.pusan.ac.kr

| 찾아보기 |

급변의 과학

1판 1쇄 찍음 2012년 10월 16일
1판 1쇄 펴냄 2012년 10월 25일

지은이 마틴 셰퍼
옮긴이 사회급변현상연구소

주간 김현숙
편집 변효현, 김주희
디자인 이현정, 전미혜
영업 백국현, 도진호
관리 김옥연

펴낸곳 궁리출판
펴낸이 이갑수

등록 1999. 3. 29. 제300-2004-162호
주소 110-043 서울특별시 종로구 통인동 31-4 우남빌딩 2층
전화 02-734-6591~3
팩스 02-734-6554
E-mail kungree@kungree.com
홈페이지 www.kungree.com
트위터 @kungreepress

ⓒ 궁리출판, 2012. Printed in Seoul, Korea.

ISBN 978-89-5820-243-1   93400

값 28,000원